第1个视频作品的分镜头画面（参见2.3节）

利用故事版粗编的分镜头画面（参见3.3节）

【叠化】转场特效（参见5.2节）

【3D运动】类转场（参见5.3节）

【叠化】类转场（参见5.3节）

【叠化】类转场（参见5.3节）

【擦除】类转场（参见5.3节）

【滑动】类转场（参见5.3节）

线性渐变、放射渐变和4色渐变（参见8.3.2节）

使用线性渐变的文字（参见8.3.2节）

使用放射渐变的文字（参见8.3.2节）

添加4色渐变的文字（参见8.3.2节）

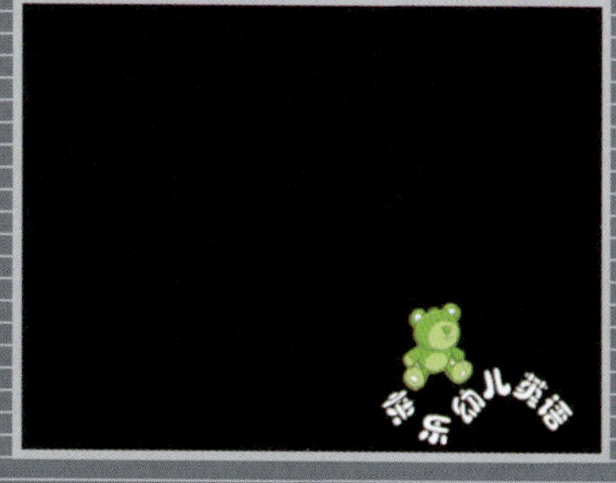

插入标志后的文字效果（参见8.4节）

应用不同样式的文字（参见8.6.3节）

使用【时间重置】特效实现同一段剪辑中不同部分速度的变化（参见9.6节）

原图与应用【反转】特效、【固态合成】特效后的效果（参见10.4.节）

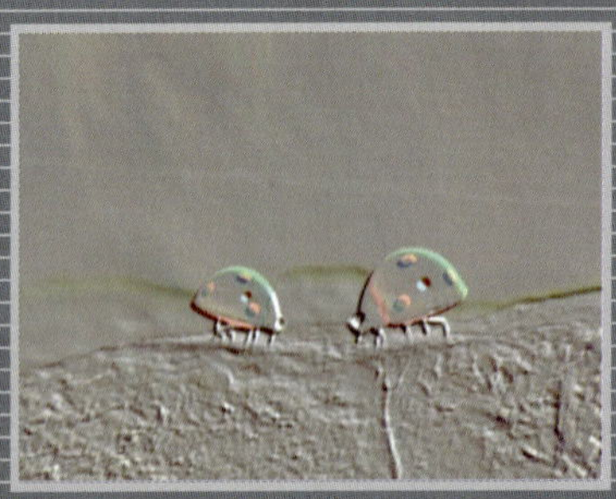

原图与应用【彩色浮雕】、【浮雕】特效后的效果 （参见10.4.节）

原图与应用【渐变】、【4色渐变】特效后的画面（参见10.4.节）

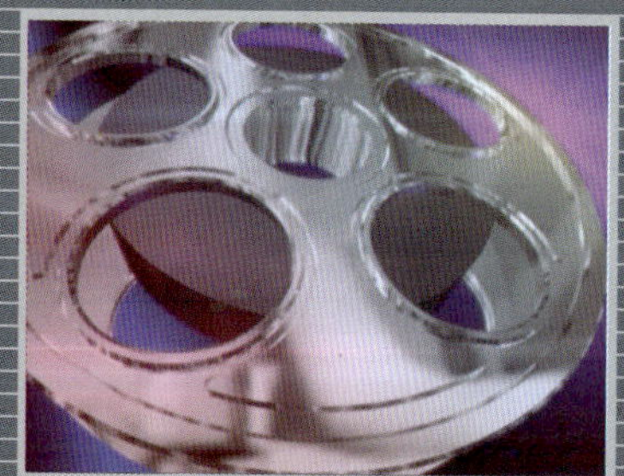

使用【透明度】特效的合成效果（参见11.1节）

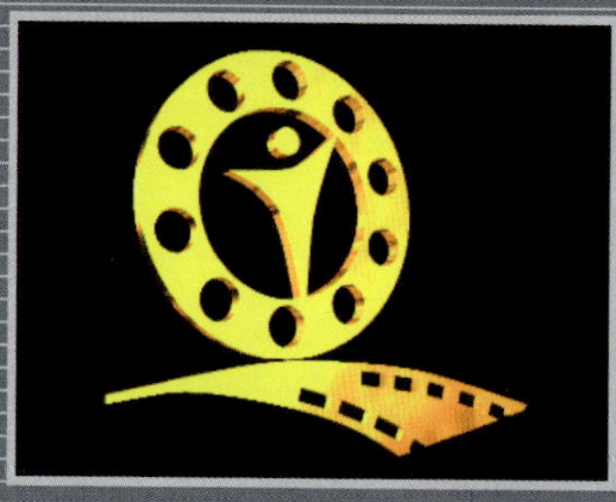

使用【材质纹理】特效的合成效果（参见11.2节）

利用Alpha通道的合成效果（参见11.3节）

使用【蓝屏键】特效的合成效果（参见11.4节）

使用【亮度键】特效和【Alpha调节】特效的合成效果（参见11.4节）

利用【轨道蒙板键】特效的合成效果（参见11.5节）

使用【黑＆白】特效前后的效果
（参见12.2节）

使用【RGB曲线】特效后的效果
（参见12.3.节）

使用【RGB曲线】特效后的效果
（参见12.3.节）

使用After Effects制作文字动画
（参见13.2节）

21世纪高等院校数字艺术类规划教材

21st Century University Planned textbooks of Digital Art

非线性影视编辑教程
——Premiere Pro CS3

王寿苹　宁翔　主编
丁翠红　张超　副主编

人民邮电出版社
北京

图书在版编目（CIP）数据

非线性影视编辑教程 : Premiere Pro CS3 / 王寿苹，宁翔主编. -- 北京 : 人民邮电出版社, 2010.10（2013.9 重印）
21世纪高等院校数字艺术类规划教材
ISBN 978-7-115-22644-0

Ⅰ. ①非… Ⅱ. ①王… ②宁… Ⅲ. ①图形软件，Premiere Pro CS3－高等学校－教材 Ⅳ. ①TP391.41

中国版本图书馆CIP数据核字(2010)第064380号

内 容 提 要

本书共分 14 章，全面系统地介绍了 Premiere Pro CS3 的操作方法及影视编辑技巧。内容包括 Premiere 基本操作、编辑技巧及编辑方法、视频转场特效、音频的编辑、静态及动态字幕的创建、运动特效、视频特效的应用、调色、抠像、透明与叠加技术、作品的输出等。本书融编辑技巧于软件的实际操作中，使读者能够快速掌握非线性编辑的精髓。

本书配有一张光盘，光盘中收录了书中实例涉及的素材、制作结果等文件，供课堂教学和读者自学使用。

本书可作为普通高等院校数字媒体、动画、游戏、艺术设计、工业设计等专业相关课程的教材，也可作为从事后期编辑以及相关专业工作初学者的参考用书。

21 世纪高等院校数字艺术类规划教材

非线性影视编辑教程——Premiere Pro CS3

♦ 主　　编　王寿苹　宁　翔
副 主 编　丁翠红　张　超
责任编辑　蒋　亮

♦ 人民邮电出版社出版发行　　北京市崇文区夕照寺街 14 号
邮编　100061　　电子邮件　315@ptpress.com.cn
网址　http://www.ptpress.com.cn
三河市海波印务有限公司印刷

♦ 开本：787×1092　1/16　　彩插：3
印张：20　　2010 年 10 月第 1 版
字数：578 千字　　2013 年 9 月河北第 4 次印刷

ISBN 978-7-115-22644-0

定价：46.00 元（附光盘）

读者服务热线：(010)67170985　印装质量热线：(010)67129223
反盗版热线：(010)67171154
广告经营许可证：京崇工商广字第 0021 号

前言

Premiere 是 Adobe 公司开发的非线性编辑软件，它能稳定地运行在 Windows 和 Mac OS 两大操作系统中，对硬件要求低，而且易于使用，是 Windows 和 Mac OS 平台目前应用最广泛的影视编辑软件之一，广泛应用于节目制作、广告制作、多媒体制作等领域。

本书采用理论介绍与实例操作相结合的方式，深入浅出地讲解了 Premiere 的使用方法及影视编辑技巧。本书对 Premiere 的编辑功能及视频特效等功能进行了系统的归类，每类功能都是先介绍关键的知识点，再配以相应的实例进行讲解，使读者可以快速了解影视后期编辑技巧，深入学习软件功能以及后期非线性编辑技术。在每章的最后都设有练习题，可以拓展读者的实际应用能力。

全书共分为 14 章。其中，第 1 章介绍影视编辑的发展历程、理论基础以及非线性编辑的技术基础；第 2 章介绍 Premiere 的基础知识，包括 Premiere Pro CS3 的主要功能、各个面板的功能及自定义工作界面、项目文件的创建及设置、作品的制作流程等；第 3 章介绍如何采集、导入、管理素材，项目面板的使用方法等；第 4 章介绍建立与管理序列，在素材源监视器、时间线面板中编辑素材的方法，常用编辑工具的使用及基本编辑技巧；第 5 章介绍添加特效转场的基本原则、基本操作、效果控制面板的使用及不同转场特效的效果；第 6 章介绍影视编辑的高级技巧及序列的嵌套、三点和四点编辑、修整监视器等高级编辑技术；第 7 章介绍音频的输入、音量的调节、调音台的使用及不同音频特效的功能；第 8 章介绍字幕的创建、字幕特效的设置、路径字幕的创建、字幕样式及模板的使用、滚屏字幕及游动字幕的创建等；第 9 章介绍运动特效、关键帧插值技术、时间重置等特效的使用方法；第 10 章介绍视频特效的添加、删除、参数设置、关键帧动画的设置方法及各种基本视频特效的功能；第 11 章介绍各种图层混合视频特效、键控组视频特效等的使用方法；第 12 章介绍用于调整素材的色彩、亮度、饱和度等的视频特效；第 13 章介绍使用 Photoshop、After Effects 增强非线性编辑功能的方法；第 14 章介绍将序列输出到磁带、输出单帧及输出影片的方法，及 Adobe Media Encoder 的使用方法。

本书可作为普通高等院校数字媒体、动画、游戏、艺术设计、工业设计等专业相关课程的教材，也可作为从事后期编辑以及相关专业工作初学者的参考用书。

本书配有一张光盘，按章收录了书中实例涉及的素材、制作结果等文件，供课堂教学和读者自学使用。考虑到一些色彩变化类效果印刷时不易识别，特将其放在书前彩页或光盘的“彩图效果”文件夹中。

本书由王寿苹、宁翔任主编，丁翠红、张超任副主编，参加编写及提供视频资料工作的还有沈精虎、韩洁、王振兵、聂劲权、陈茂辉、申海龙、李涛、黄心中、胡明、王延鹏、秦涵越、卢潇、李鸿婉、房蓄琛、张智祥、隋云善、魏生银等，在此表示衷心的感谢。

由于编者水平有限，书中难免存在疏漏之处，敬请广大读者批评指正。

编者

2010 年 04 月

目录

第 5 章 添加转场特效

第 6 章 高级编辑技巧

第 7 章 音频混合

第 8 章 创建字幕

第 14 章 作品的输出

第1章 非线性影视编辑基础

随着计算机多媒体技术的飞速发展，非线性编辑被广泛应用于影视的后期制作，对影视的编辑方式产生了革命性的影响。本章首先简要回顾影视编辑的发展历程；然后介绍非线性编辑的基本概念、常用软件及制作流程，使读者了解非线性编辑的技术基础；最后介绍蒙太奇理论的发展及各种表现形式，使读者了解影视编辑的理论基础。

【教学目标】

- 了解影视编辑的发展历程。
- 了解非线性编辑的基本概念。
- 了解非线性编辑的优点。
- 了解非线性编辑系统及流行的软件。
- 了解蒙太奇理论的主要表现形式。

1.1 数字化时代的影视编辑

数字技术在影视编辑中的介入和应用，使影视制作平台发生了巨大的变化，大大扩展了影视的表现空间和表现能力，创造出人们闻所未闻、见所未见、甚至想所未想的视听奇观，开辟了影视表现的新天地。最先使用数字技术制作电影的著名导演詹姆斯·卡梅隆认为：“视觉娱乐影像的制作和技术正在发生着一场革命，这场革命给制作电影和其他视觉媒体节目的方式带来了深刻的变化，以至于我们只能用出现了一场数字化文艺复兴运动来描述它。”

不论是前期准备、中期拍摄还是后期制作，数字技术贯穿于影视制作的每一个环节，其中最具价值的是在后期制作领域。数字非线性编辑系统使影视编辑就像操作文字处理软件一样简单和快捷，因此越来越受到制作人员的青睐。非线性编辑改变了传统的后期制作工艺，将拍摄的素材转成数字信号存储在计算机中，通过非线性编辑软件，可以对素材进行随机调用、反复查看、剪辑修改，还可以加入各种特效、动画、文字等效果。不需要传统的、复杂的专业设备，非线性编辑系统集各种功能于一身，为影视制作人员提供了前所未有、简便高效的创作空间。

1.2 影视编辑发展历程

在介绍非线性编辑之前，首先来回顾影视编辑的发展历程。Adobe Premiere Pro CS3 主要应用于电视节目制作领域，所以在这里只介绍电视编辑的发展历程。

1. 物理剪辑

早期的电视节目编辑沿用了电影的剪辑方式，首先借助放大镜对磁带上的磁迹进行定位，然后使用刀片或切刀在特定的位置切割磁带，找出一段段所需的节目片段后，用胶带把它们粘在一起。这种编辑对磁带的损伤是永久性的，制作过节目的磁带以后不能再使用。同时由于不能在编辑时查看画面，编辑点的选择也无法保证精确，编辑人员只能凭经验并借助刻度尺来确定每个镜头的大致长度。

2. 电子编辑

随着录像技术的发展和录像机功能的完善，电视编辑进入了电子编辑的阶段。第 1 台电子编辑机于 20 世纪 60 年代问世，采用这种方法不必剪断磁带就能进行编辑。通过电子控制的方法，使用快进和快速倒带功能在磁带上寻找编辑点，还可以使用暂停功能控制录像机的录制和重放。编辑人员连接一台放像机、一台录像机和相应的监视器，构成一套标准的对编系统，实现从素材到节目的转录。电子编辑避免了对磁带的永久性的物理损伤，制作人员在编辑过程中可以查看编辑结果，并可以及时进行修改。由于当时的录像机无法逐帧重放，电子编辑存在的主要问题是精度不高。此外，在编辑过程中，由于编辑人员手动操作录像键，录像键按下的时机掌握需要丰富的经验，一般无法保证编辑点的完全精确，而且录像机在开始录像和停止录像的时候带速不均匀，与放像机的走带速度存在差异，容易造成节目中各镜头接点处的跳帧现象。

3．时码编辑

受到电影胶片的片孔号码定位的启发，美国电子工程公司于 1967 年研制出了 EECO 时码系统。1969 年，使用小时、分钟、秒和帧对磁带位置进行标记的 SMPTE/EBU 时码在国际上实现了标准化。在电视节目后期制作领域，各种基于时码的编辑控制设备、大量新的编辑技术和编辑手段不断出现，如录像机、放像机同步预卷编辑、编辑预演、自动串编、脱机粗编和多对一编辑等。尽管如此，由于信号记录媒体的限制，仍然无法实现对素材的随机存取等功能，磁带复制造成的信号损失也无法彻底避免。一对一线性编辑系统组成如图 1-1 所示。

4．非线性编辑

自从 1970 年美国出现第 1 套非线性编辑系统以来，经过 30 多年的发展，现在的非线性编辑系统已经实现完全数字化以及与模拟信号的高度兼容，广泛应用于影视剧、电视广告、MTV、节目包装、多媒体开发等领域。非线性编辑克服了以前编辑系统存在的缺点，集合了物理编辑非线性与时码编辑精确性的优点。它的应用范围也已经大大超越了传统的编辑功能，不仅能够编辑影视节目，还可以处理数字特效、多层合成、各种 CG 素材，从而成为影视制作者充分发挥创造力和想像力的技术平台。非线性编辑系统组成如图 1-2 所示。

图 1-1　一对一线性编辑系统

图 1-2　非线性编辑系统

1.3 非线性编辑的基本概念

了解非线性编辑的基本概念，对有效使用非线性编辑系统进行编辑有着重要的意义。

1．线性编辑与非线性编辑

线性编辑是一种基于磁带的编辑方式，指利用电子手段，根据节目内容的要求将素材按时间顺序，从头至尾进行编辑的节目制作方式。在进行线性编辑时，通常先使用组合编辑，将素材按顺序编辑成新的连续画面；然后再使用插入编辑，对不合适的素材进行同样长度的替换。这种编辑方式要求编辑人员事先做好构思，对一系列镜头的组接顺序做出正确的判断，因为编辑一旦完成，不能轻易改动这些镜头的组接方式。例如，A、B、C 分别是磁带上按照时间顺序排列的 3 段剪辑，想要在 A、C 之间将素材 B 替换成另一段素材 D，如果 D 的长度和 B 的长度一致，可以通过插入编辑完成替换。如果 D 的长度和 B 的长度不一致，就需要搜索至素材 A 的结束点，录制素材 D 之后，再次重新录制素材 C。对于复杂的节目制作，重复修改是一件很麻烦的事情，往往因为一个细节错误而前功尽弃。

非线性编辑是针对线性编辑而言的，指对素材不按照原来的顺序和长短，随机进行编排、剪辑的编辑方式。非线性编辑不是一个新概念，由上面的介绍可以看出，影视编辑早期的物理剪辑阶段其实就是非线性编辑。现在的非线性是和“数字化”的概念联系在一起的，指在进行编辑时，先将编辑过程中要使用的各种素材，包括视频、图形图像、文字、动画、声音等各种素材全部转化成数字信号存储在计算机上，然后在以计算机为工作平台的非线性编辑系统上完成剪辑编辑、特效处理、字幕制作和最终输出的编辑方式。相比于传统的线性编辑，非线性编辑具有很大的优越性。它的使用更为方便，效率更高，在编成的节目中可以任意改变其中某个段落的长度或者插入其他段落。非线性编辑的优点体现在以下几个方面。

（1）素材存取随机化：在非线性编辑系统中，可以随机存取素材，节省了应用线性编辑卷带搜索的时间，大大加快了编辑速度，提高了编辑效率。

（2）编辑方式非线性：在非线性编辑中，镜头顺序可以任意编辑，可以从前到后进行编辑，也可以从后到前进行编辑；可以把一段剪辑插入到节目中的任意位置，也可以把任意位置处的剪辑从节目中删除。例如，同样要在 A、C 之间将剪辑 B 替换成另一段剪辑 D，可以直接在剪辑 A 的结束点插入剪辑 D，再稍微调整剪辑 C 的位置即可，省去重新录制的麻烦。

（3）多次复制信号不失真：非线性编辑将视音频信号作为数字信号处理，数字信号在存储、复制和传输的过程中不易受到干扰，并且多次复制不会引起图像质量下降，克服了线性编辑系统的致命弱点。

（4）制作集成化：非线性编辑系统集传统的编辑放像机、录像机、切换台、特技机、电视图文创作系统、动画制作系统、调音台、时基校正器等设备功能于一身，一套非线性编辑系统加上一台录像机几乎涵盖了所有的电视后期制作设备，结构简化、操作方便、性能均衡。

（5）编辑手段多样化：在非线性编辑系统中，可以在计算机平台上使用丰富的媒体资源，包括各种视频、音频、图形图像、动画等；可以设计出多种数字特技效果，而不仅仅依赖于硬件有限的数字特效，使节目制作的灵活性和多样性大大提高。

（6）节目制作网络化：非线性编辑系统的优势不仅仅在于其单机多功能集成功能，还在于可以多机联网。通过网络，可以使非线性编辑系统由单台集中操作变为多机同时工作，体现了节目制播一条龙的工作模式。网络化还可以实现资源共享，将素材上传到视频服务器，就可以实现网络共享。

2. 脱机与联机

大多数非线性编辑系统采用联机编辑方式工作，这种编辑方式可充分发挥非线性编辑的特点，提高编辑效率，但同时也受到素材硬盘存储容量的限制。如果使用的非线性编辑系统支持时码信号采集和 EDL（Edit Decision List，编辑决策表）输出，则可以采用脱机方式处理素材量较大的节目。脱机（Off-line）编辑又称为离线编辑，指的是采用较大压缩比（如 100 : 1）将素材采集到计算机中，按照脚本要求进行编辑操作，完成编辑后输出 EDL 表。该表又称为编辑决策表，记录了视音频编辑的完整信息。联机（On-line）编辑又称为在线编辑，指先将 EDL 表文件输入到编辑控制器内，控制广播级录像机以较小压缩比（如 2 : 1）按照 EDL 表自动进行广播级成品带的编辑，最终输出为高质量的成品带。在实际的制作中，常常将两者相互配合，利用脱机编辑得到 EDL 表，进而指导联机编辑，这样可以大大缩短工作时间，提高工作效率。

3. 压缩

压缩也称为编码，是一种非常复杂的数学运算过程，目的是为了减少文件的数据冗余，节省存储空间、缩短处理时间以及节约传送通道等。不同的信号源、不同的存储和传播媒介决定了压缩编码的方式、压缩比率和压缩的效果。目前，在非线性编辑系统中广泛使用的是 M-JPEG 有损压缩算法。M-JPEG 的基础是 JPEG 静止图像压缩标准，采用将视频序列作为连续静止图像处理的原理。通过对活动视频图像实时帧内编码，单独地压缩每一帧，在编辑过程中可以随机存取压缩的任意帧，与其前后帧无关。

M-JPEG 符合视频编辑逐帧进行的需要，并且这种算法的压缩与解压缩是对称的，可以由相同的软硬件来完成，算法简单，节约时间。表 1-1 列出了 M-JPEG 不同的压缩比与硬盘的存储关系。

▼ 表 1-1 不同的压缩比与硬盘的存储关系

压 缩 比	模拟视频质量	1GB 硬盘存储的素材长度
1∶1	无压缩 DI	49s
2∶1	数字 Betacam SP	1min37s
5～8∶1	Betacam SP，MII	4～6min30s
10～15∶1	U-matic，Hi-8mm	8～12min
20∶1	专业 VHS	16min
30～40∶1	普通 S_VHS 或 VHS	24～32min
60∶1	脱机	48min
90∶1	脱机	72min
120∶1	脱机	96min

4．帧速率

当一系列连续的图片映入眼帘的时候，由于视觉产生的错觉，人们会认为图片中的静态元素是运动的。而当图片显示得足够快的时候，人们便不能分辨每幅静止的图片，取而代之的是平滑的动画。每秒钟显示的图片数量称为帧速率，单位是帧/秒（fps）。大于 10 帧/秒的帧速度可以产生平滑的动画，反之则会产生跳动感。

传统电影的帧速率为 24 帧/秒。NTSC（National Television Standards Committee，国家电视标准委员会）制是美国、加拿大和日本等国家采用的电视标准制式，帧速率为 29.79 帧/秒。PAL（Phase Alternating Line，逐行倒相）制是欧洲应用最为普遍的电视标准制式，帧速率是 25 帧/秒，我国也采用这种制式。SECAM（法文 Sequentiel Couleur A Memoire 缩写，按顺序传送彩色与存储）制是中东、法国及东欧等国家采用的电视标准制式，帧速率也是 25 帧/秒。

5．场与场的顺序

在将光信号转换为电信号的扫描过程中，扫描总是从图像的左上角开始，水平向前行进，同时扫描点也以较慢的速率向下移动。当扫描点到达图像右侧边缘时，扫描点快速返回左侧，重新开始在第 1 行的起点下面进行第 2 行扫描，行与行之间的返回过程称为水平消隐。一幅完整的图像扫描信号，由水平消隐间隔分开的行信号序列构成，称为 1 帧。扫描点扫描完 1 帧后，要从图像的右下角返回到图像的左上角，开始新一帧的扫描，这一时间间隔，叫做垂直消隐。PAL 制信号采用每帧 625 行扫描，NTSC 制信号采用每帧 525 行扫描。

大部分的广播电视视频采用两个交换显示的垂直扫描场构成每一帧画面，称为交错扫描场。交错视频的帧由两个场构成，其中一个扫描帧的全部奇数场，称为奇场或上场；另一个扫描帧的全部偶数场，称为偶场或下场。场以水平分隔线的方式隔行保存帧的内容，在显示时首先显示第 1 个场的交错间隔内容，然后再显示第 2 个场来填充第 1 个场留下的缝隙。如图 1-3 所示，图（a）为第 1 场奇数扫描场，图（b）为第 2 场偶数扫描场，图（c）为两者叠加成一个完整的画面。

计算机操作系统是非交错形式显示视频，它的每一帧画面由一个垂直扫描场完成。电影胶片类似于非交错视频，它每次显示的是整个帧。如图 1-4 所示，一次扫描完一个完整的画面。

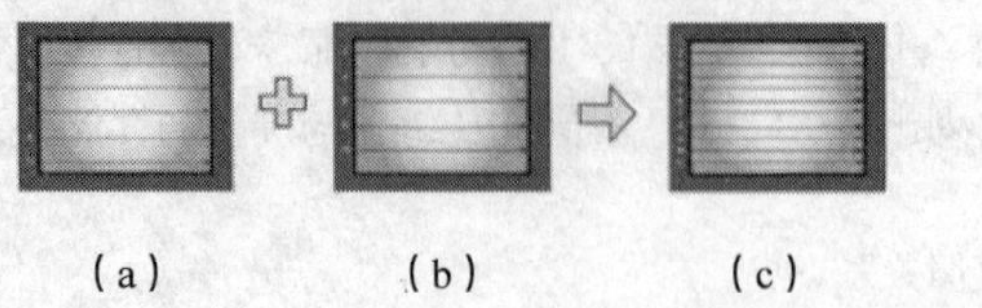

图 1-3 隔行扫描

图 1-4 逐行扫描

解决交错视频场问题的最佳方案是分离场。在分离场的时候，需要设置场的优先顺序。表 1-2 列出了一般情况下，各种视频标准录像带的场优先顺序。

▼ 表 1-2 场优先顺序

格式	场顺序	格式	场顺序	格式	场顺序
DV	下场	640*480NTSC DV	下场	768*576 PAL DV	上场
640*480NTSC	上场	640*480NTSC D1	通常是下场	768*576 PAL D1	上场
640*480NTSC Full	下场	768*576 PAL	上场	HDTV	上场或者下场

6．时码

为确定视频素材的长度及每一帧画面的时间位置，以便在播放和编辑时对其进行精确控制，现在国际上采用 SMPTE（Society of Motion Picture and Television Engineers，电影和电视工程协会）时间码为每一帧画面编号，这就是时码。SMPTE 时码的表示方法是：小时（h）：分钟（m）：秒（s）：帧（f）。例如，一段长度为“00：06：45：15”的视频片段的播放时间为 6 分钟 45 秒 15 帧。

1.4 非线性编辑系统及软件简介

随着计算机技术的发展，各种新型非线性系统不断涌现。根据硬件平台的不同，将非线性编辑系统分类如下。

1．基于 PC 平台的系统

一台普通的个人计算机，安装好非线性编辑软件后，再配以 IEEE 1394 接口或者 USB 2.0 接口作为数据输入输出的通道，即可成为一套简单的非线性编辑系统。这类产品以 Intel、AMD 公司生产的 CPU 为核心，型号及配置多样化，性价比较高，兼容性好，发展速度快，将是主导型系统。运行在个人计算机上的非线性编辑软件层出不穷，如 Adobe Premiere、After Effect、Edit、Avid Xpress DV 等。

2．基于非线性编辑板卡的系统

非线性编辑板卡的出现，使普通的个人计算机可以很方便地扩展为非线性编辑系统。Matrox 公司的 DigiSuite 系列非线编板卡、Pinnacle 公司的 ReelTime 系列非线编板卡是两款具有代表性的产品，国内许多非线性编辑系统由此类板卡开发而来。例如，大洋公司的 DY-3000 采用 Matrox DigiSuite LE 或者 DTV 卡，新奥特公司的神器 900 采用 Matrox DigiSuite 套卡。

3．基于工作站平台的系统

图形工作站中央处理器处理能力较强，内存容量大且多采用磁盘阵列，并集成了很多具有特殊功能的硬件，可以实现全分辨率、非压缩视频的实时操作，并且能够快速实现大量三维特技。Discreet 公司的 Inforno、Flame、Flint 系列非线性编辑软件是运行在 SGI 工作站平台上的代表产品。

1.5 非线性编辑制作流程

影视制作的 3 个阶段包括：前期准备阶段、中期拍摄阶段、后期编辑阶段。影视制作进入数字时代之后，许多方面都发生了改变，但是影视制作的 3 个阶段仍然保留着，只是每个阶段都介入了数字技术的力量。

1.5.1 前期准备阶段

传统的前期制作阶段包括剧本写作、分镜头脚本写作、故事板绘制、制作预算、演员选定、选景和场景设计、组建摄制组、拍摄日程安排。数字化的前期制作阶段仍然包含这些方面，但是由于计算机技术的引入，使每部分工作都更加方便快捷也更加精确。

例如，专业剧本写作程序具有标准化和规范化的特点，虽然它对于创作过程本身并无大的影响，但通过这类程序写出的剧本方便存储、复制、修改和分发，其中场景、角色出场次数、对话长度、整片时间等元素都可以得到精确的控制。由剧本转化为分镜头脚本和故事板的过程也相当方便快捷，进行分镜头脚本和故事板制作的软件有 Storyboard Artist、Toon Boom Storyboard 等。

1.5.2 中期拍摄阶段

按照制定的拍摄方案，在安排好的时间、地点，由摄制组按照拍摄脚本，使用摄像机进行拍摄。根据经验和作业习惯，为了提高工作效率，保证表演质量，镜头的拍摄有时并非按照拍摄脚本的镜头顺序进行，而是会将机位、景深相同或相近的镜头、同一场景的镜头一起拍摄。另外，为了确保拍摄的镜头足够剪辑，通常会从不同的角度拍摄。

数字化的摄像机是近年来备受青睐的拍摄工具，它将拍摄的高清晰度信号以数字格式直接存储在硬盘等的数字存储设备上，不需要进行采集、胶转磁等工作，就可以直接与后期工作平台相连接，节省了大量的时间。

数字化的现场控制设备也为拍摄提供了更多的创作空间，使传统拍摄过程难以实现的内容得到了实现，也使整个拍摄过程更加精确化。数字化的现场控制设备包括数字化的灯光照明系统、声音录制系统、带有计算机控制装置的摄像机、各种可使用计算机控制的机械装置以及动作捕捉装置等。

1.5.3 后期编辑阶段

后期制作阶段是受数字化影响最大的一个领域，数字化的非线性编辑系统可以快捷而精准地完成编辑工作，所需时间大大减少，修改与调整也变得简单方便。数字后期合成系统不仅可以进行诸如校正颜色、补充光照等画面修补工作，还可以进行抠像、追踪、创造虚拟场景与角色等各种复杂的工作，甚至一部影片 80%的工作要借助数字技术在后期阶段完成。

后期编辑包括采集素材、整理素材、粗编、精编、加入转场特效、添加电脑特技、编辑声音、生成、输出到磁带或 DVD。这是一个实际操作的阶段，其中采集素材是指从磁带上将信号采集到计算机平台中，如果是使用胶片拍摄的，还需要进行胶转磁的过程；如果是使用数字存储介质则可以直接复制到计算机中使用，不需要进行采集。整理素材要根据场记表进行，将素材分类可以方便查找使用。粗编是按照故事的情节线索将镜头排列的过程，一方面形成一个大致的轮廓，另一方面查找是否有需要补拍的内容。精编是对于编辑点精确的剪辑，要注意视觉的流畅性和编辑效果。转场通常通过拍摄完成，但某些转场也需要后期添加，转场的添加要注意量的把握以及与镜头的结合程度。电脑特技往往要在其他工作平台上完成，有赖于前期拍摄的素材以及工作人员的技术能力。如果使用的非线性编辑系统支持时码信号采集和 EDL（编辑决策表）输出，则可以结合使用脱机编辑和联机编辑，提高工作效率。

1.6 理论基础

蒙太奇理论是影视剪辑的理论基础，它通过运用剪接的手段达到造型、表意和叙事的目的，深刻理解和熟练应用蒙太奇理论是进行成功剪辑的前提。

1.6.1 蒙太奇的产生与发展

蒙太奇（Montage）原是法语建筑学的名词，意为“构成”。在影视作品中，蒙太奇是指依据情节的发展和观众注意力和关心的顺序，将一系列镜头画面及声音合乎逻辑、有节奏的连接起来，使观众得到一个明确、生动的印象或感觉，从而使他们正确了解事情发展的一种方法和技巧。

1902 年，美国人埃德文·鲍特制作了影片《一个美国消防队员的生活》。片中将反映消防队员活动的旧影片记录素材和补拍的抢救母亲和孩子的表演镜头接在一起，第 1 次表现了电影自由结构时间空间的可能性，确立了电影利用不同镜头组合表现同一运动的叙述形式。

之后，美国电影大师格里菲斯在他的影片《一个国家的诞生》（1915 年）、《党同伐异》（1916 年）中创造和运用了闪回、交替切入等蒙太奇叙事手法，有意识地采用多视点多空间表现动作对象，使观众能够通过描绘动作片段的镜头理解完整动作的意义，蒙太奇理论得到了进一步的完善。

以库里肖夫、爱森斯坦、普多夫金为代表的“苏联蒙太奇学派”总结了蒙太奇的基本美学规律，在代表作《战舰波将金号》、《母亲》中成熟地运用了隐喻式蒙太奇，使镜头组合产生了新的含义。苏联蒙太奇学派认为蒙太奇的作用不是靠单个镜头形成的，而是由于镜头的组接而产生，并且镜头的这种组接并不是简单的相加，例如镜头 1 与镜头 2 组接，并不等于“镜头 1+镜头 2”，而是变成了一个全新的“镜头 3”，爱森斯坦认为镜头 3 是一种全新的概念和性质。

蒙太奇理论在电影艺术中的运用使电影拥有了自身叙事、表意的手段，蒙太奇理论成为影视艺术区分于其他艺术的标志。

1.6.2 叙事蒙太奇与表现蒙太奇

按照镜头的功能，蒙太奇可以分为叙事蒙太奇和表现蒙太奇两大类。

叙事蒙太奇是影视片中最常用的一种叙事方法，它的特征是以交代情节、展示事件为主旨，按照情节发展的时间流程、因果关系来分切组合镜头、场面和段落，从而引导观众理解剧情。这种蒙太奇组接脉络清楚，逻辑连贯，明白易懂。

在运用叙事蒙太奇的时候，要注意两个原则：一是要使镜头的组接符合剧情的发展，能够推动动作或情节向前；二是镜头的组接要符合观众的心理感受。叙事蒙太奇实际上是删减了镜头的长度，起到了压缩时间和空间的作用。将时空打破之后再重组，而不是随心所欲地进行叙述，必须分析主要的情节线索以及观众理解的习惯，挑选最简洁、最合适的镜头组接方式，使破碎的镜头仍然能够表达一段完整的故事情节，而不会使观看者产生不真实、匪夷所思的感受。例如，要叙述一件工商部门接到群众举报电话，立即去现场办案的事情，不需要把整个过程全部拍摄下来，只需要拍摄如表 1-3 所示的几个镜头，将其组接起来就可以了。

▼ 表 1-3　工商部门接到群众举报电话后立即去现场办案镜头分析

镜　号	画 面 内 容	景　别	时　长
镜头 1	举报电话响起来	特写	2s
镜头 2	工作人员接起电话	近景	3s
镜头 3	工作人员作笔录	特写	2s
镜头 4	办案人员迅速跑下办公大楼	全景	3s
镜头 5	办案人员上车	近景	2s
镜头 6	车开出工商局大院	全景	3s
镜头 7	车开进群众举报的造假窝点	全景	4s
镜头 8	办案人员下车，进入现场	全景	4s

这样一个过程在实际生活中可能要几个小时的时间，但是在影片中只需要不到 30s 就可以叙述明白，这就是叙事蒙太奇压缩时间、转变空间的作用。

表现蒙太奇是以相连的或相叠的镜头、场面、段落在形式上或内容上的相互对照、冲击，产生比喻、象征的效果，引发观众的联想，创造更为丰富的涵义，从而表达某种心理、思想、情感和情绪。表现蒙太奇不像叙事蒙太奇那样是影片的主要组成部分，它使用的频率可能并不高，但是穿插在叙事蒙太奇中能够打破原有的叙事节奏，形成强烈的效果，起到突出创作者的情绪和观点，激发观众注意力和想像力的作用。

表现蒙太奇不注重故事性的表达，它不以事件的时空顺序来组接镜头，而是以渲染气氛、制造情绪为宗旨，强调情感的巨大力量。例如影片《情书》中女主角得知中学同学已死的消息，在回家的路上回想起多年前父亲的死，导演选取了漫天大雪中少女时代的女主角奔跑的画面，并不具有明确的叙事意义，但通过不同角度的全景、近景与特写镜头的切换，表达了缓慢的、悠长的、悲伤的情绪，并且通过具有隐喻含义的被冻死的蜻蜓点明了死亡主题。回忆的时空与当前的时空相交织，将原本并无事件性关联的父亲的死与同学的死联系起来，突出了当时女主角的心境，达到了极度悲伤的情绪效果，如图 1-5 所示。

图 1-5　影片《情书》中的表现蒙太奇

图 1-5 影片《情书》中的表现蒙太奇（续）

1.6.3 蒙太奇的各种表现形式

蒙太奇主要有平行、重复、积累、呼应、对比、隐喻等几种表现形式，下面分别介绍。

1．平行

两条或者两条以上的情节线，平行表现，分别叙述，最后统一在一个完整的情节结构中，或者两个或两个以上的事件，相互穿插表现，表现一个情节或者揭示一个统一的主题思想。电影《教父》的结尾，一边是在神圣的教堂里，一个婴儿在接受洗礼；一边是在迈克的命令下，科里昂家族重整江湖，清理门户。镜头在教堂洗礼和无数杀戮中不停地转换，祈祷和鲜血，祝福和杀戮，一连串的镜头组合在一起，形成鲜明的对比，蕴含着无数深层次的意义，产生巨大的感染效果，如图 1-6 所示。

图 1-6 影片《教父》中的平行蒙太奇

图 1-6　影片《教父》中的平行蒙太奇（续）

2．重复

代表某种含义的同一事物在画面中多次出现，形成强调，提起观众的注意，在剧情发展中起到一定的作用。这种事物可能是人物、道具、话语、场面、动作等各种形式，每次出现的角度、景别、运动方式、场面调度方式等往往有所区别，但是又清清楚楚地提醒观众这是上一次出现的某事物，引起观众特别关注其在情节发展中的作用，而这一事物往往也是导演所要特别表现的关键点。

3．积累

若干形象相似、气氛相同、情绪一致的影像反复出现，给观众视觉以冲击来形成高潮。它不以时空准则来组接镜头，而是强调镜头本质的一致性，通过这样一组存在内在联系的镜头对列，加速情绪的渲染和节奏的起伏。

4．呼应

把两个形象之间有着前呼后应、前因后果、承上启下关系的影像对列，这是影视艺术中很基本的叙事蒙太奇。它可以把一个特定的动作序列清楚展现出来，例如台词的应答、动作和动作的结果等，都可以按照逻辑关系衔接起来。

5．对比

把内容含义相反甚至冲突的影像对列起来，用闪出闪回组接，形成戏剧冲突。对列的镜头可能并无情节联系，但是能够产生全新的含义，例如这样两个镜头：①母亲在灯下做针线活，灯光昏黄，母亲的面容憔悴；②儿子在烟馆中醉生梦死，灯光同样幽暗，映出的是儿子行尸走肉般的面容。通过这样两个镜头对列，观众不难理解导演想要传达的含义：母亲的含辛茹苦与儿子的堕落形成鲜明的对比，强化影片所要表述的意思。

6．隐喻

用一个影像来喻示另一个影像，也即一个影像是作为另一个影像的符号而出现的。例如，鲜花喻示春天、少女、儿童……隐喻蒙太奇实际是一种“非直接”的表现。图 1-5 中的蜻蜓就是一种隐喻蒙太奇的表现形式，女主角看到雪地上冻死的蜻蜓后说“爸爸死了，是吗？”此时蜻蜓的死亦指父亲的死，以一种平静、含蓄的方式强化了女主角当时的心情。

小结

影视后期编辑既是一门技术，也是一门艺术，是技术与艺术相融合的过程。本章既介绍了非线性影视编辑的技术基础，也介绍了指导后期编辑的蒙太奇理论基础。在后期编辑中，如何把技术和艺术有机的融合起来，是一名后期创作人员的努力方向。

非线性编辑技术在带来技术革新的同时，也改变了编辑的思维方式与工作方法。本书以 Adobe Premiere Pro CS3 为平台，介绍了如何运用非线性编辑系统，利用视频、音频、图形图像、文字、动画等各种元素，创作出完整的影视作品。现在非线性编辑系统及软件层出不穷，但是万变不离其宗，它们使用方法的原理基本相似。

习题

1. 影视后期编辑经过了哪几个发展阶段？
2. 什么是线性编辑？什么是非线性编辑？非线性编辑有什么优点？
3. 什么是场？什么是帧速率？
4. 什么是蒙太奇？叙事蒙太奇和表现蒙太奇各有什么特点？
5. 蒙太奇的主要表现形式有哪些？
6. 非线性编辑的制作流程是怎样的？

第2章 Premiere 快速入门

Premiere 是 Adobe 公司推出的一款非线性编辑软件，集视音频采集、后期编辑和输出成品于一体，功能强大，应用广泛。无论是对小型的视频工作室还是广播级的非线性编辑系统，Premiere 可以满足大多数用户的需要。通过本章的学习，读者应了解和掌握 Premiere 的主要功能、各个窗口的功能及自定义工作界面、项目文件的基本操作，对如何使用 Premiere 编辑作品有一个初步的了解。

【教学目标】

- 了解 Premiere 的主要功能。
- 熟悉 Premiere Pro CS3 各个窗口的功能。
- 掌握如何创建自定义工作界面。
- 了解参数项的使用。
- 掌握如何进行项目设置。

2.1 Premiere Pro CS3 概览

Premiere 最早是 Adobe 公司在 Macintosh 平台上开发的视频编辑软件，经过十几年的发展，Premiere 功能不断扩展，现在已经被广泛应用于节目制作、广告制作、多媒体制作等，是在 Microsoft Windows 和 Power Macintosh 平台应用最广泛的视频编辑软件之一。

2.1.1 主要功能

Premiere 集视频和音频处理于一体，将视频、动画、声音、图形图像、文字等多种素材进行编辑合成，并添加各种特效和运动效果，最后输出为各种形式的作品。其主要功能如下。

（1）从摄像机或者录像机上捕获视频资料，从麦克风或者录音设备上捕获音频资料。

（2）将视频、音频、图形图像等素材剪辑成完整的影视作品。

（3）在前、后两个镜头画面间添加转场特效，使镜头平滑过渡。

（4）利用视频特效，制作视频的特殊效果。

（5）对音频素材进行剪辑，添加各种音频特效，产生各种微妙的声音效果。

（6）输出多种格式的文件，既可以输出.avi、.mov 等格式的电影文件，也可以直接输出到 DVD 光盘或者录像带上。

（7）可以和 Adobe Photoshop、After Effects、Adobe Illustrator 等结合使用，共同完成影片的编辑制作。

2.1.2 工作界面简介

在使用 Premiere 进行编辑之前，首先介绍 Premiere 的工作界面。

首先将本书附盘中的“第 2 章”目录复制到本地硬盘上，在以下的内容中将用到此目录中的文件。

启动 Premiere Pro CS3，在弹出的欢迎界面中选择【打开项目】选项，定位到要打开的项目文件“lesson2-1”，单击 打开(O) 按钮。打开的 Premiere Pro CS3 工作界面如图 2-1 所示，分为以下几个主要面板。

1.【项目】面板

【项目】面板是素材文件的管理器，用于放置项目素材文件的链接。这些素材包括视频文件、音频文件、图形图像和序列等。将素材导入到【项目】面板后，会在面板中显示素材的详细信息，如名称、类型、持续时间等，并在上方的预演区显示文件的缩略图和基本信息，如图 2-2 所示。在【项目】面板中，可以通过文件夹管理素材文件。

2. 监视器

监视器是用来播放素材和监控节目内容的窗口，分为【素材源】监视器和【节目】监视器。【素材源】监视器（见图 2-3（a））用来观看和剪切原始素材，【节目】监视器（见图 2-3（b））用来观看和设置编辑中的项目。双击【项目】面板中的素材文件，或者单击【素材源】监视器下方的播放按钮 ▶ 均可在【素材源】监视器观看素材，如图 2-3 所示。

图 2-1 Premiere Pro CS3 工作界面

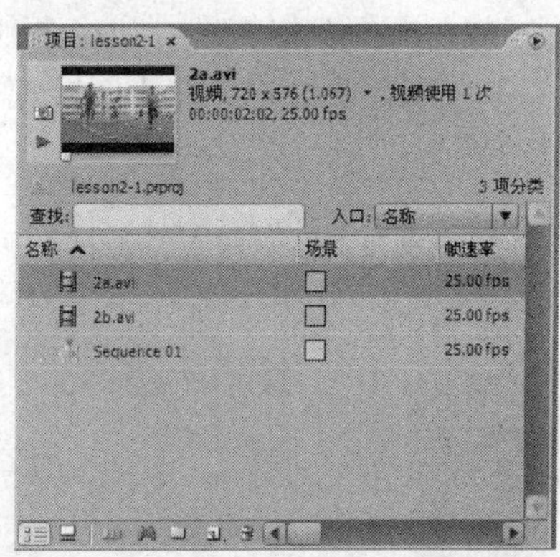

图 2-2 【项目】面板

（a）　　　　　　　　（b）

图 2-3 监视器

3.【时间线】面板

【时间线】面板是编辑节目的主要场所。在时间线上可以创建一个序列（指编辑过的视频片段或者整个项目文件），也可以创建多个序列，多个序列同时进行多线程的编辑工作。序列与序列之间可以嵌套使用。【时间线】面板如图 2-4 所示。

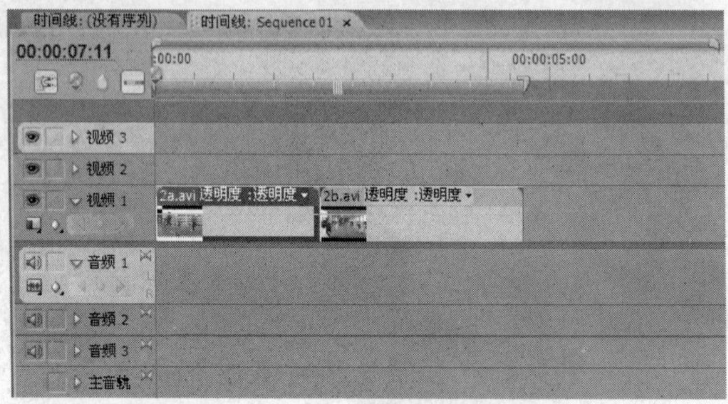

图 2-4 【时间线】面板

4.【效果】面板

效果即 Premiere 旧版本中的滤镜和切换。在【效果】面板中以效果类型分组存放 Premiere Pro CS3 的音频特效、音频切换特效、视频特效、视频切换特效。在该面板中用户还可以将经常使用的音频或者视频效果添加到预置文件夹下，以便快速使用。【效果】面板如图 2-5 所示。

5.【信息】面板

【信息】面板显示【项目】面板中当前选中的所有素材、序列中选取的所有剪辑或者特效的基本信息，显示的信息对编辑工作有很大的参考作用，如图 2-6 所示。

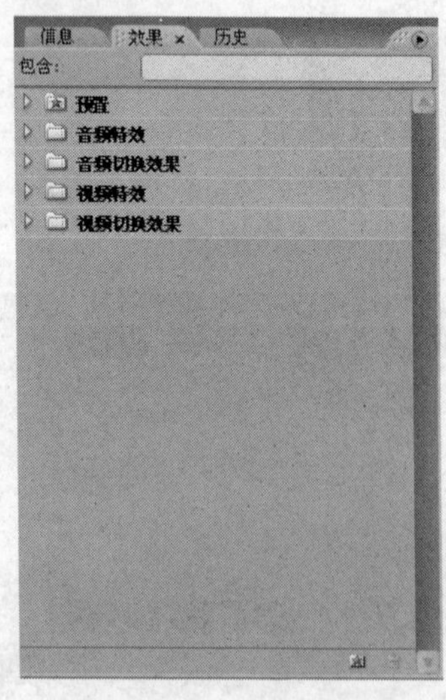

图 2-5 【效果】面板

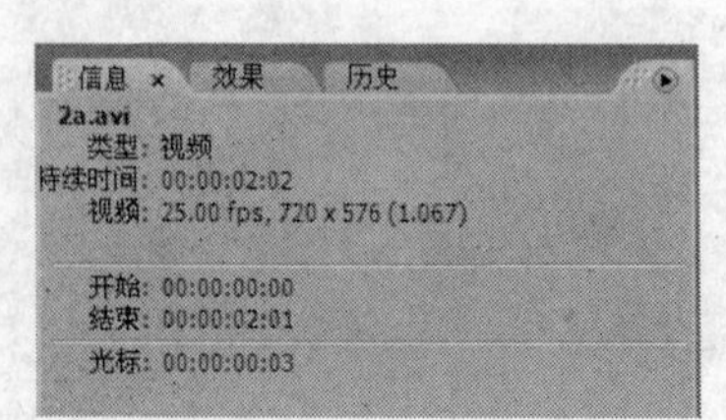

图 2-6 【信息】面板

6.【调音台】面板

在【素材源】监视器中，选择【调音台】选项卡，则会显示【调音台】面板。整个界面类似于传统的调音台，包括音量滑块和转动旋钮。【时间线】面板上每一轨音频都有一套控件，此外还有一个主音轨，如图 2-7 所示。

7.【工具】面板

【工具】面板的工具主要用于在【时间线】面板上编辑素材，如图 2-8 所示。选中某个工具，移动鼠标指针到【时间线】面板上，同时在工作界面下方的提示栏显示相应的编辑功能。各个工具的功能，会在以后的章节中一一介绍。

8.【效果控制】面板

在【素材源】监视器中，切换到【效果控制】选项卡，在时间线上选择任意一个剪辑，则会显示该剪辑的【效果控制】面板。每一段剪辑都有运动、透明度、时间重置 3 种特效，如图 2-9 所示。当为剪辑添加新的特效后，特效会出现在该面板中。用户可以在此调整特效的参数，并为其设置关键帧。

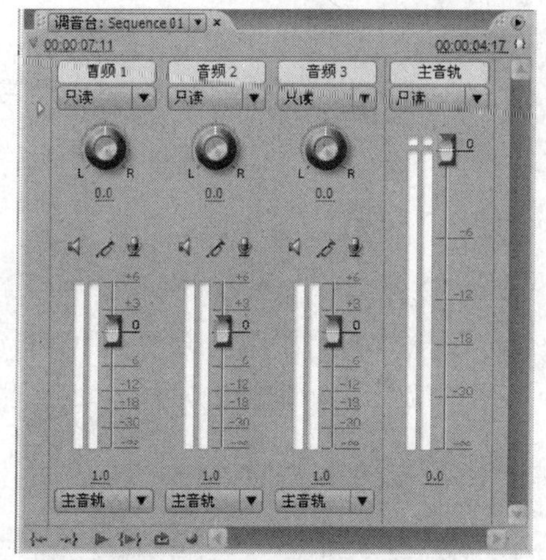

图 2-7 【调音台】面板

图 2-8 【工具】面板

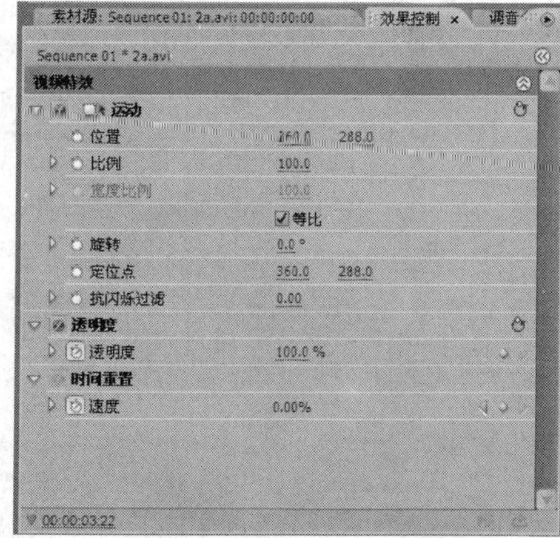

图 2-9 【效果控制】面板

2.1.3　定制工作区

针对不同阶段不同的工作重点，Premiere Pro CS3 提供了 4 种不同的工作区：效果、编辑、色彩校正、音频。通过在菜单栏中选择【窗口】/【工作区】命令，就可以选择使用预置的工作区，如图 2-10 所示。

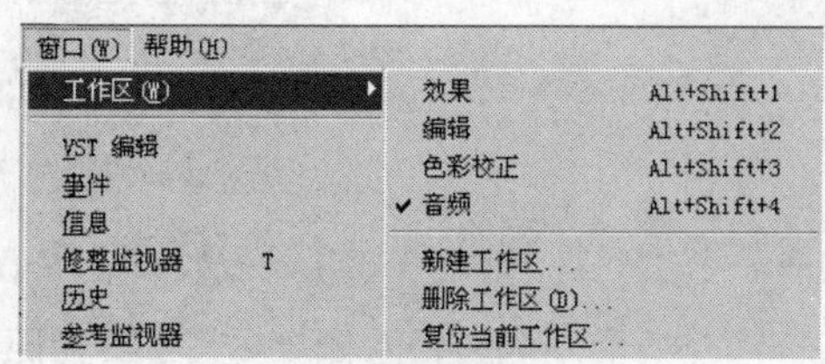

图 2-10　选择使用预置的工作区

Premiere Pro CS3 还支持用户根据个人需要，自行安排工作区域的设定。

在任意一个面板标题栏左侧的控制拉手处，单击并拖曳鼠标指针到另一个面板的上方，将出现蓝色的色块。移动鼠标指针到不同的位置，会出现不同形状、不同颜色的色块，以提示面板的叠加方式或者排列位置。释放鼠标之后，会按照色块决定的方式来排列面板，相关操作如下。

（1）拖曳一个面板到另一个面板的中心位置，蓝色色块以矩形方式显示，面板会与原面板或者面板组结组，对原面板或者面板组的位置没有影响，如图 2-11 所示。

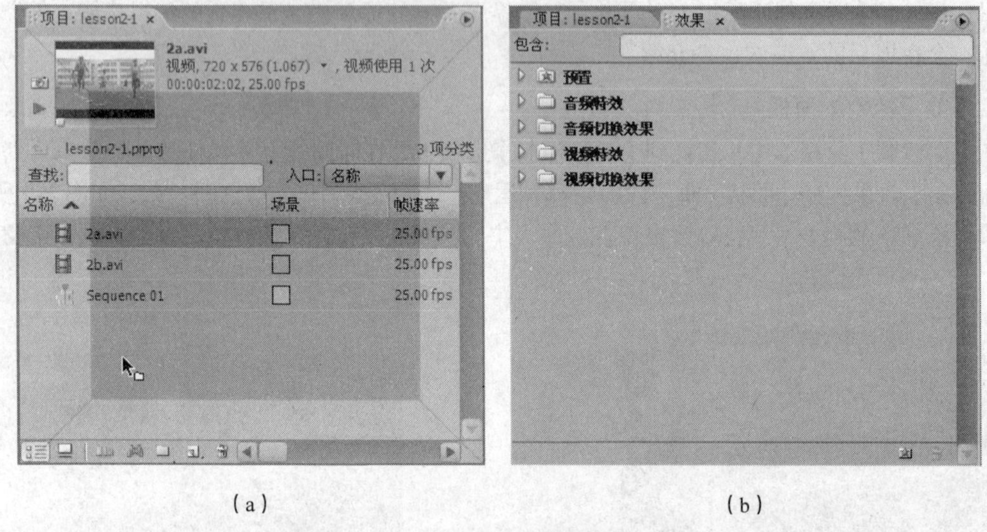

图 2-11　拖曳一个面板到另一个面板的中心位置

（2）拖曳一个面板到另一个面板的梯形区域，蓝色色块以梯形方式显示，面板会放置在原面板或者面板组相应方向的区域中，并且平分占据原面板或者面板组的位置，如图 2-12 所示。

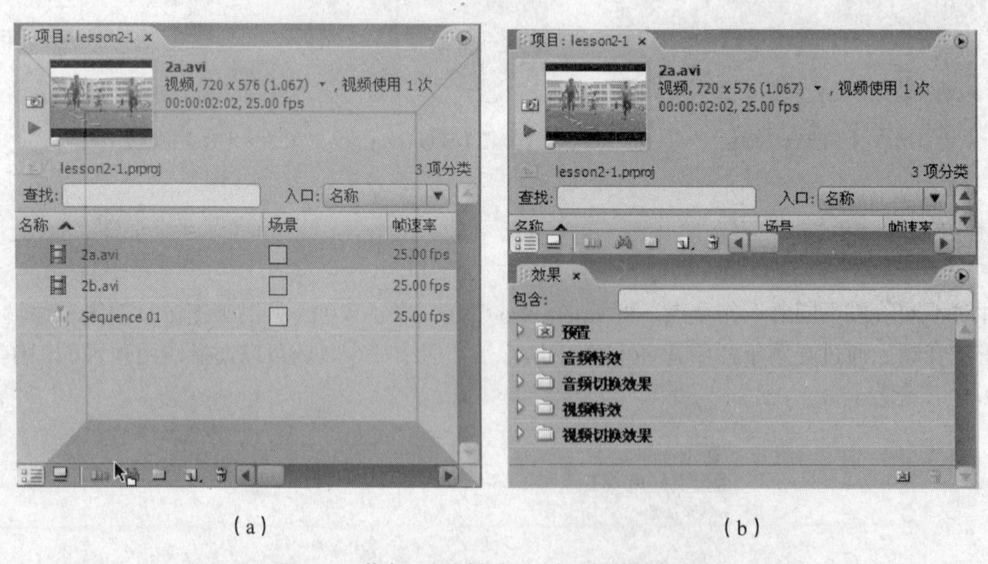

图 2-12　拖曳一个面板到另一个面板的梯形区域

（3）拖曳一个面板到另一个面板的最左侧或最右侧等位置，会在原面板上出现绿色的窄条，并且会在相应的位置新建一个完整的区域来放置移动的面板，如图 2-13 所示。

（4）当把鼠标指针放在相邻面板中间的分隔条上时，会出现双箭头标记，按住鼠标左键左右或上下拖曳分隔条，会改变相邻面板的尺寸，如图 2-14 所示。

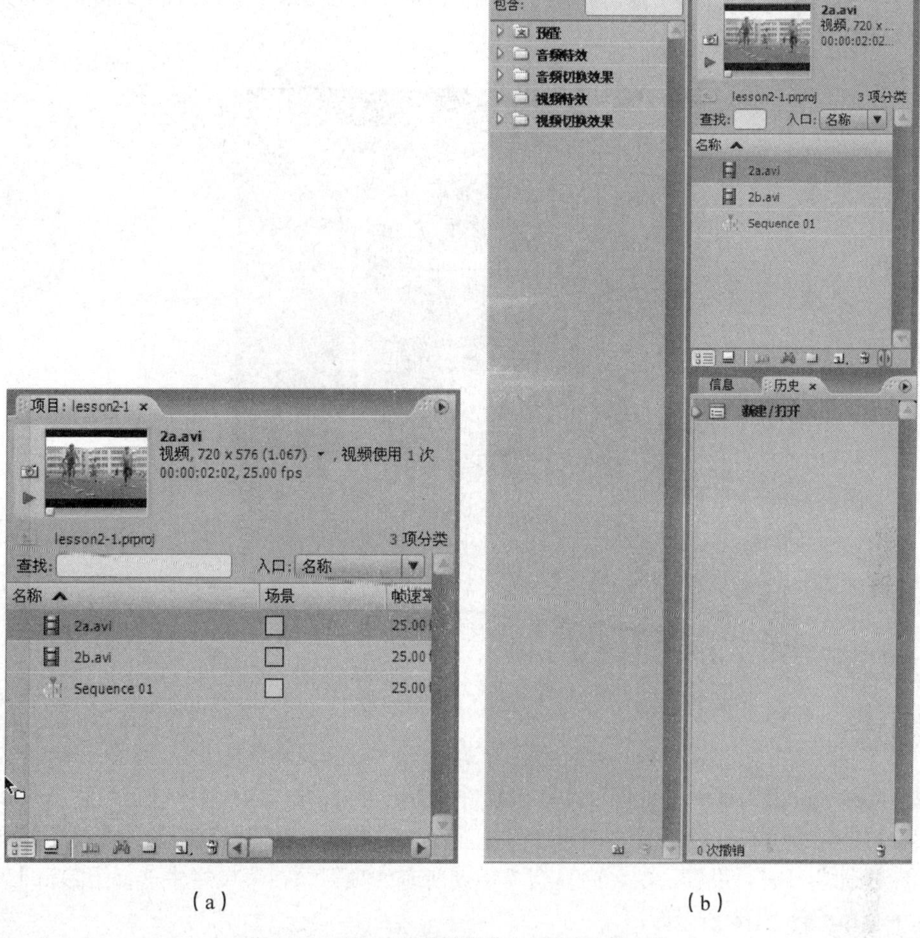

（a）　　　　　　　　　　　　（b）

图 2-13　拖曳一个面板到另一个面板的最左侧

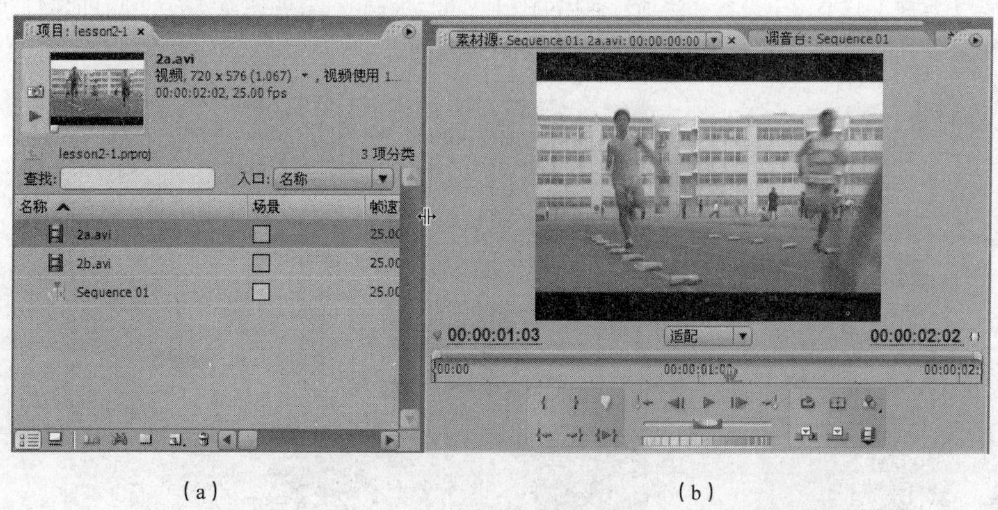

（a）　　　　　　　　　　　　（b）

图 2-14　拖曳分隔条

（5）按住 Ctrl 键的同时拖曳面板，将创建一个浮动窗口。使用浮动窗口将使面板的可视区超过框架边框，这在调整调音台、【效果控制】面板、【节目】监视器等参数时会带来很大的方便，调音台浮动窗口如图 2-15 所示。

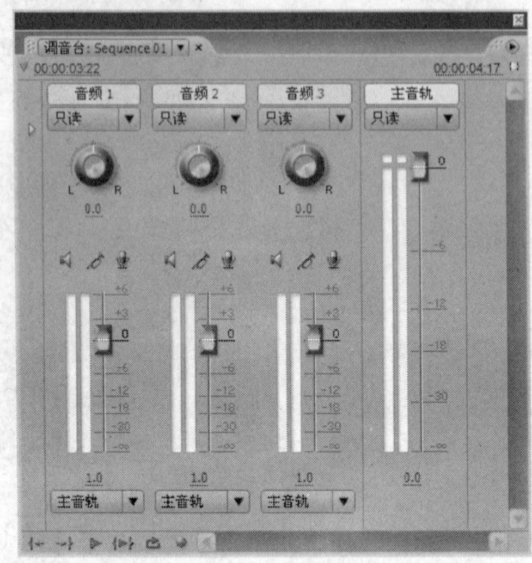

图 2-15　创建浮动窗口

2.1.4　参数

参数（Preferences）命令主要是对计算机硬件和 Premiere Pro CS3 系统进行设置。可以根据个人习惯及项目的需要，在开始项目之前，自行设置相关的参数。也可以随时修改参数，并使它们立即生效。参数通常只需要设置一次，而且会应用到所有的项目。在菜单栏中选择【编辑】/【参数】命令，其子菜单如图 2-16 所示。

（1）【常规】：在菜单栏中选择【编辑】/【参数】/【常规】命令，打开如图 2-17 所示的【参数】对话框。【常规】分类用于设置一些项目通用的选项，例如视频、音频切换特效的默认时间长度、静态图像的时间长度及采集过程中摄像机的预卷/后卷时间等。

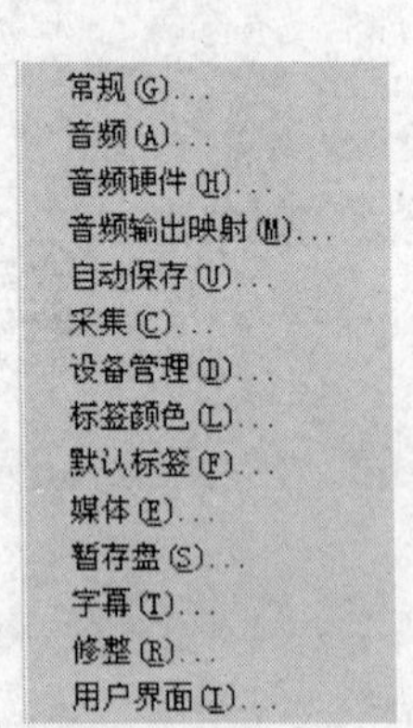

图 2-16 【参数】子菜单

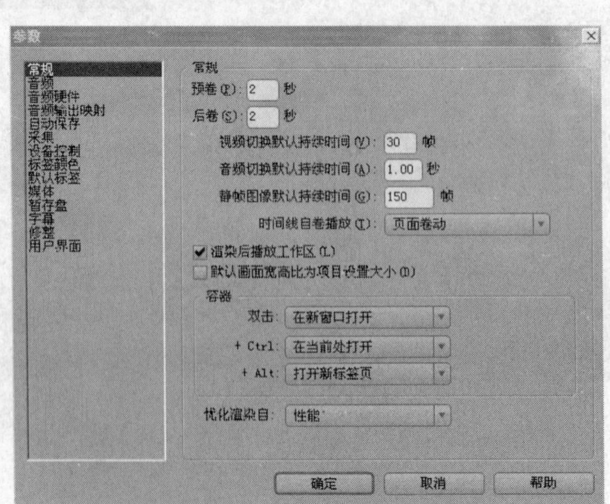

图 2-17 【常规】面板

（2）【音频】：进行音频方面的相关设置。例如 5.1 声道的混合方式、使用调音台改变音量或者声像时自动优化关键帧的设置等，如图 2-18 所示。

（3）【音频硬件】：设置默认的音频硬件设备，并进行 ASIO 设置，如图 2-19 所示。

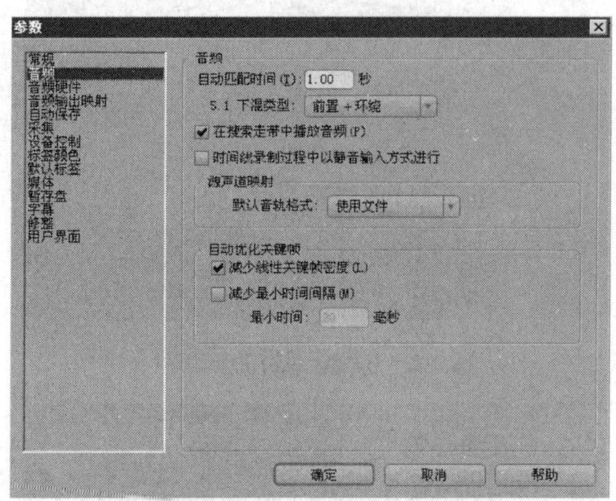

图 2-18 【音频】面板

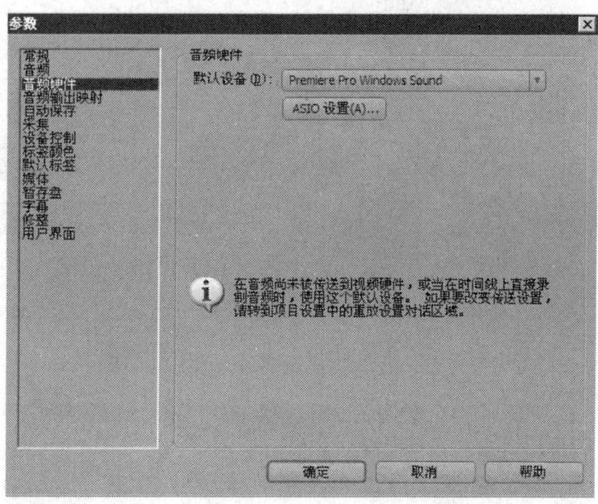

图 2-19 【音频硬件】面板

（4）【音频输出映射】：设置每个音频硬件设备通道对应的 Adobe Premiere Pro 音频输出通道，通常使用默认设置，如图 2-20 所示。

（5）【自动保存】：设置自动保存项目文件的频率及最大保存个数，如图 2-21 所示。勾选【自动保存】后，Premiere 自动在项目文件所在的文件夹中，创建 1 个名称为“Adobe Premiere Pro Auto-Save”的文件夹，以放置自动保存的项目文件。

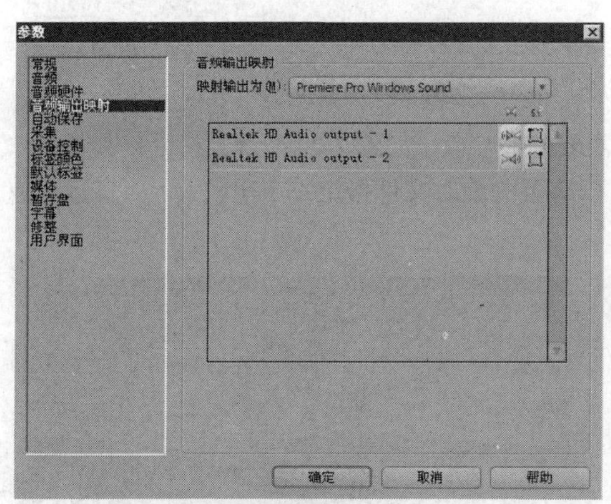

图 2-20 【音频输出映射】面板

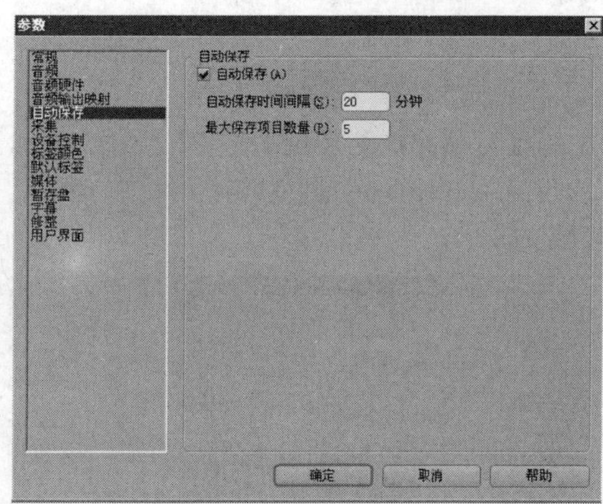

图 2-21 【自动保存】面板

（6）【采集】：设置采集时的相关选项，如图 2-22 所示。

（7）【设备控制】：设置设备的控制程序及相关选项，如图 2-23 所示。

（8）【标签颜色】：设置各种标签的具体颜色，如图 2-24 所示。

（9）【默认标签】：设置素材容器、序列和其他各种素材在默认状态下对应的标签种类，如图 2-25 所示。

（10）【媒体】：设置媒体的缓存空间及其他相关选项，如图 2-26 所示。

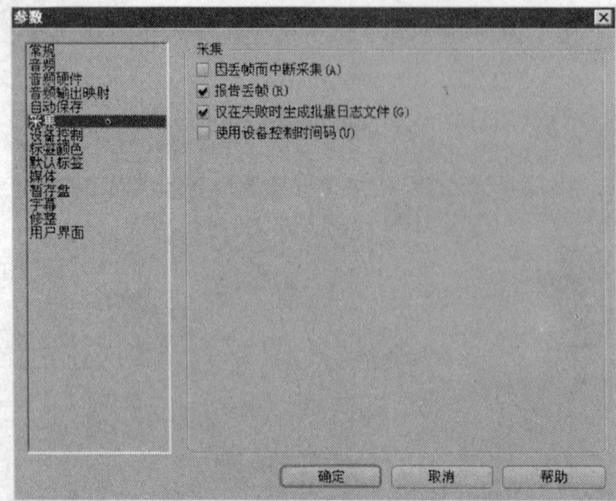

图 2-22 【采集】面板

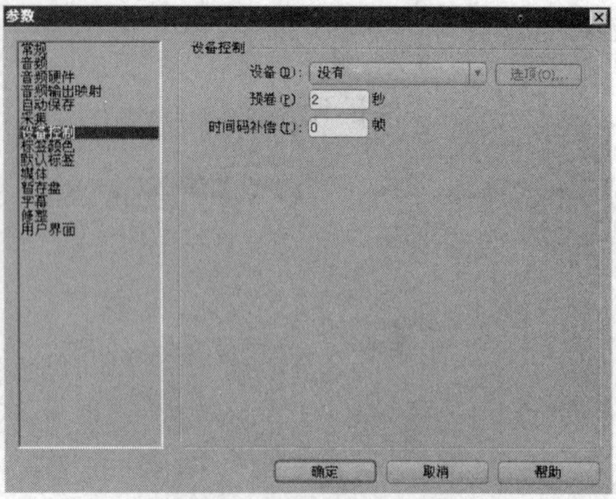

图 2-23 【设备控制】面板

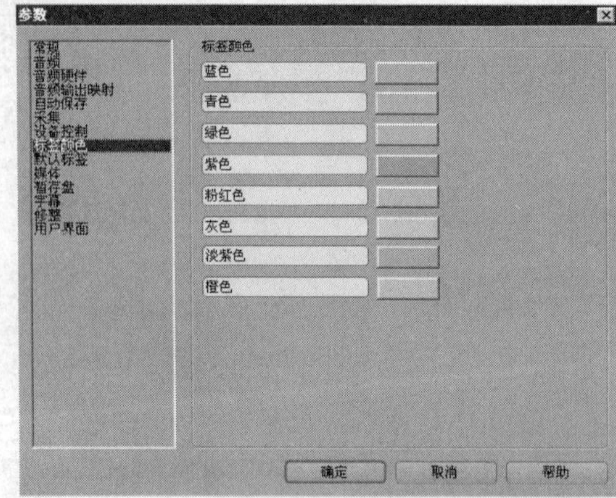

图 2-24 【标签颜色】面板

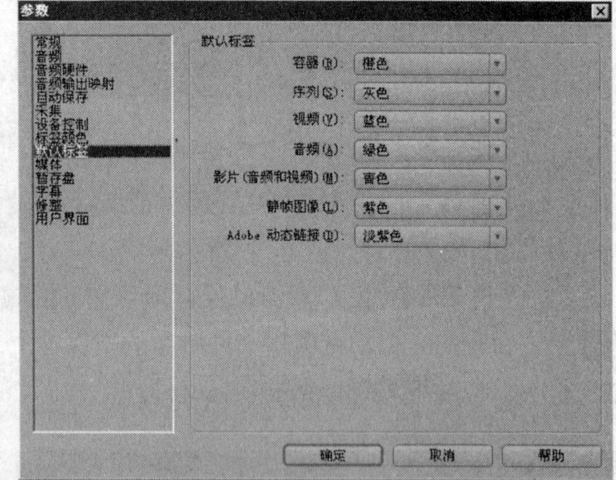

图 2-25 【默认标签】面板

（11）【暂存盘】：设置文件采集、编辑回放时需要的暂存盘，如图 2-27 所示。在采集、预演作品时，需要在计算机上建立临时文件。一般情况下，需要为临时文件指定一个比较大、而且运行速度较快的硬盘。

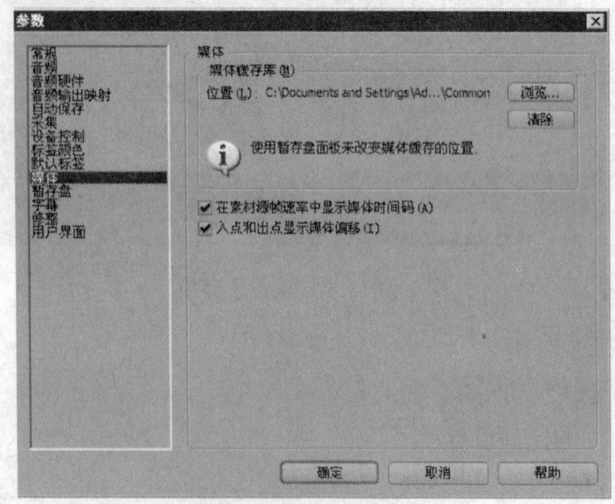

图 2-26 【媒体】面板

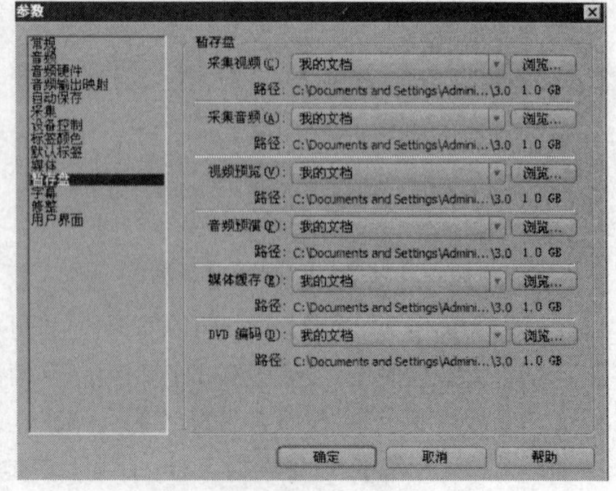

图 2-27 【暂存盘】面板

（12）【字幕】：设置在字幕设计窗口中显示的字体样本。【样式示例】选项设置样式预览时使用的字符；【字体浏览】选项设置浏览字体时显示的字符，如图 2-28 所示。

（13）【修整】：设置最大修整偏移量，如图 2-29 所示。

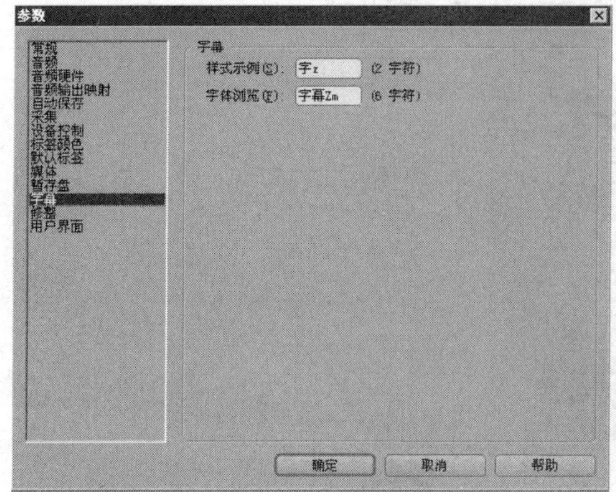

图 2-28 【字幕】面板

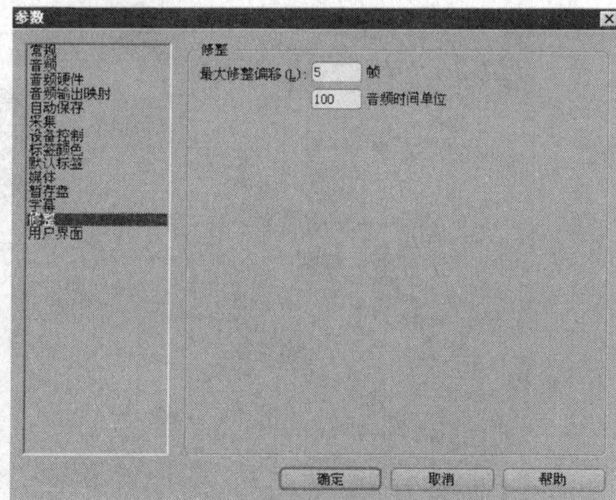

图 2-29 【修整】面板

（14）【用户界面】：设置用户工作界面的亮度，如图 2-30 所示。

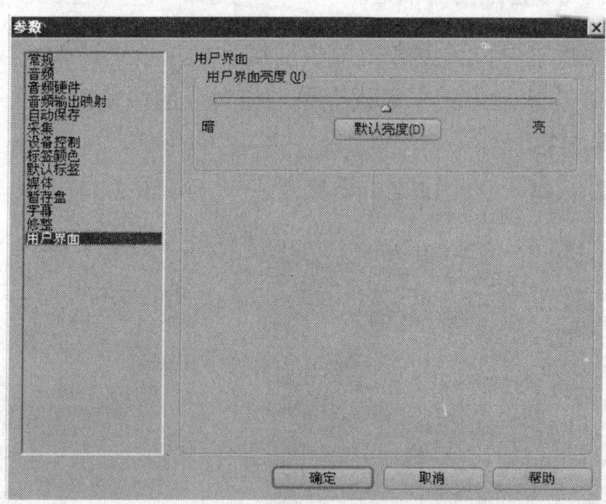

图 2-30 【用户界面】面板

2.1.5　自定义快捷键

对于一个好的编辑软件来说，能够高效率地工作是一个重要的方面。通过使用快捷键，可以节省查找、执行菜单命令的时间，从而提高编辑效率。Premiere Pro CS3 提供了完整的快捷键定制和管理工作。设置方法如下。

Effect 01

Step 01　在菜单栏中选择【编辑】/【自定义键盘】命令，弹出【键盘自定义】对话框，如图 2-31 所示。

Step 02　在【设置】下拉列表中可以选择"Adobe Premiere Pro 出厂默认"，也可以选择"Avid Xpress DV 3.5 快捷键"或者"Final Cut Pro 4.0 快捷键"。对于习惯使用后两种非线性编辑软件的用户，在 Premiere 中仍然可以使用以前的快捷键方式进行工作，省去再次记忆的烦劳，如图 2-32 所示。

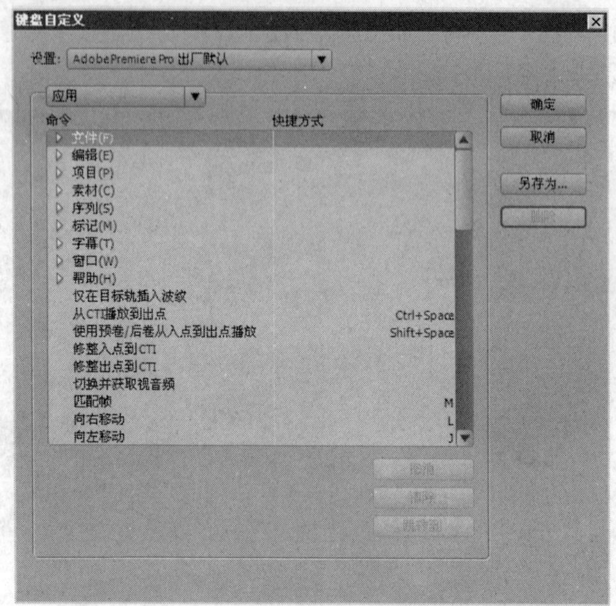

图 2-31 【键盘自定义】对话框

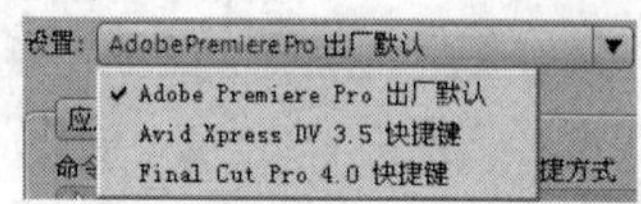

图 2-32 【设置】下拉列表

Step 03 在【命令】面板中可以预览和更改快捷键。如果要更改快捷键，可以选中要定义的命令，例如“采集（T）”，在【快捷方式】面板上单击使对应的快捷键激活，在键盘上按 F7 键，即可指定新的快捷键，如图 2-33 所示。

Step 04 新的快捷键方式出现在【设置】下拉列表中，如图 2-34 所示。

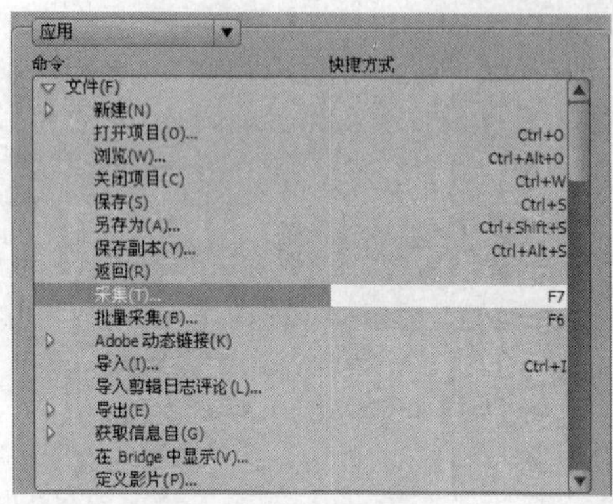

图 2-33 更改快捷键

图 2-34 新添加的快捷键

Step 05 单击 确定 按钮，即可使用自定义快捷键。

> **提示：** 有些时候无法使用快捷键，则需要把输入方式切换到英文状态。

2.2 建立项目文件

创建项目是整个编辑工作流程的第 1 步。双击桌面上的 Adobe Premiere 图标或在【开始】菜单中选择【Adobe Premiere】命令，启动 Premiere，如图 2-35 所示，在弹出的欢迎界面中选择【新建项目】选项，创建新项目。

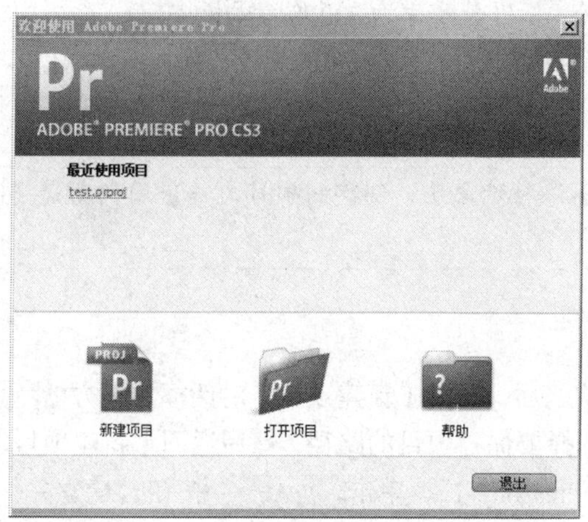

图 2-35 创建新项目

2.2.1 项目设置

每次创建新项目时，都会弹出【新建项目】对话框，可以在其中对项目进行初始设置。在 Premiere 中给出了多种预置的视频和音频配置，有 PAL 制、NTSC 制、24P 的 DV 格式以及 HDV 格式等，如图 2-36 所示。

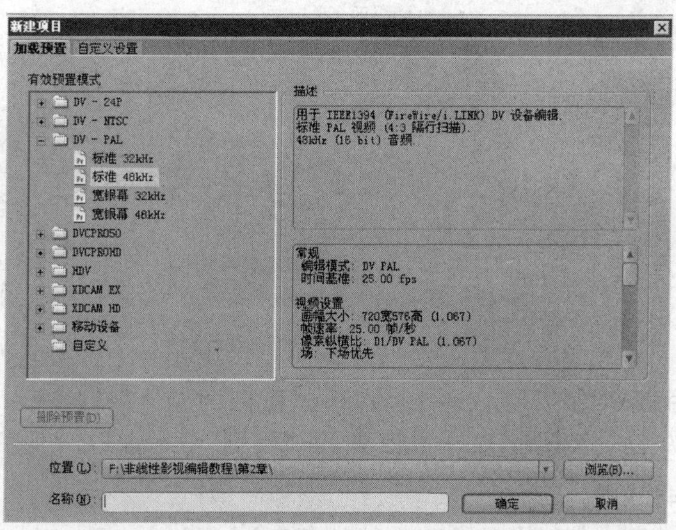

图 2-36 【新建项目】对话框

选择哪种预置模式完全由素材的格式以及对项目的要求来决定，如果使用的是 PAL 制摄像机，并且视频不是宽屏格式，就可以选择【DV-PAL】/【标准 48kHz】，其中 48kHz 指的是音频质量。

选择【DV-PAL】/【标准 48kHz】之后，在右边的【描述】选项中会给出相关的视音频要素介绍：数码摄像机上的视、音频信息由 IEEE 1394 端口传输到计算机中，标准的 PAL 制视频宽高比为 4∶3，采用隔行扫描方式，音频为 48kHz，信号每秒 25 帧，标准分辨率为 720 像素×576 像素，像素纵横比为 1.067。

如果素材是 NTSC 格式的，则需要在【新建项目】对话框中选择 NTSC 制的预置格式。另外，24P 格式用于设置每秒 24 帧，标准分辨率为 720 像素×480 像素，逐行扫描方式拍摄的素材。如果计算机中安装了采集卡，采集卡通常还会提供更多的预置选项。

如果对预置的项目不满意，可以切换到【自定义设置】选项卡，进行自定义设置。

提示：在本书中如果不做特殊说明，创建的项目文件采用的都是【DV-PAL】/【标准 48kHz】模式。

2.2.2 保存项目

选择了相应的预置模式之后，单击【新建项目】对话框右下方的 浏览(B)... 按钮，弹出【浏览文件夹】对话框，在其中选择要保存项目的路径，然后返回【新建项目】对话框。在【名称】文本框中为新项目命名，例如“lesson2-2”，单击 确定 按钮，建立并保存一个新的项目文件，如图 2-37 所示。

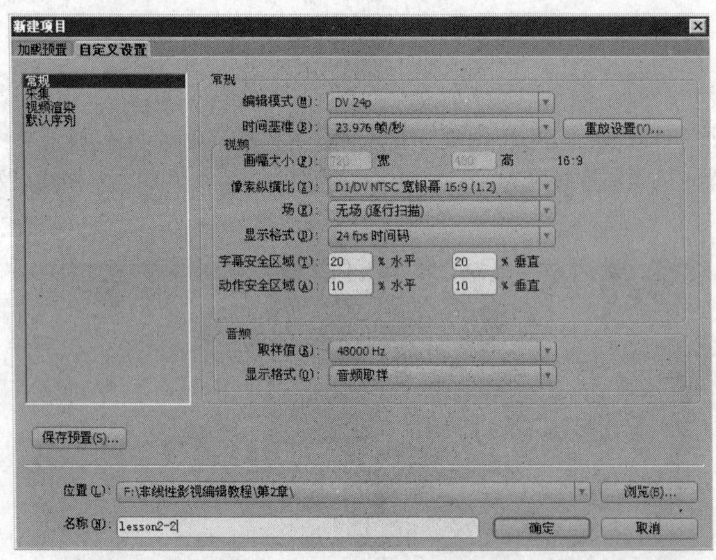

图 2-37　建立并保存一个新的项目文件

除了在创建项目完成时保存项目文件外，在编辑过程中，也应该养成随时保存文件的习惯，这样可以避免因死机、停电等意外事件造成的数据丢失。下面分别介绍手动或自动保存项目文件的方法。

1. 手动保存项目文件

在编辑过程中，可以根据工作的进程随时保存项目文件，操作步骤如下。

Effect 02

Step 01 在 Premiere Pro CS3 工作界面上，选择【文件】/【保存】命令，可以在项目原来的路径和名称上对文件进行保存。

Step 02 如果要改变文件的路径或者名称，选择【文件】/【另存为】命令，弹出【保存项目】对话框，并设置项目文件的路径和名称，单击 保存(S) 按钮，即可完成保存，如图 2-38 所示。

Step 03 如果保存路径中已有一个相同名称的项目文件，则系统会弹出一个提示对话框，让用户选择覆盖已有的项目还是放弃保存，如图 2-39 所示。

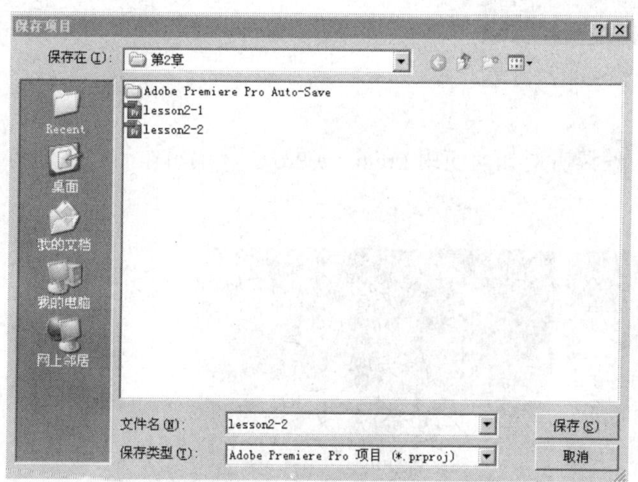

图 2-38　保存项目文件

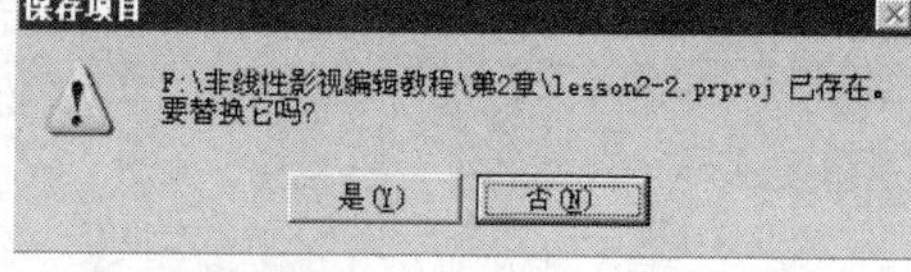

图 2-39　提示对话框

提示： 按 Ctrl + S 组合键可以随时快速保存文件。

2. 自动保存项目文件

通过设置系统自动保存，同样可以对文件进行保存，操作步骤如下。

Effect 03

Step 01 选择【编辑】/【参数】/【自动保存】命令，如图 2-40 所示，弹出【参数】对话框。

Step 02 在【自动保存】面板中，将【自动保存】复选框勾选，设置【自动保存时间间隔】和【最大保存项目数量】选项的参数，单击 确定 按钮，如图 2-41 所示。

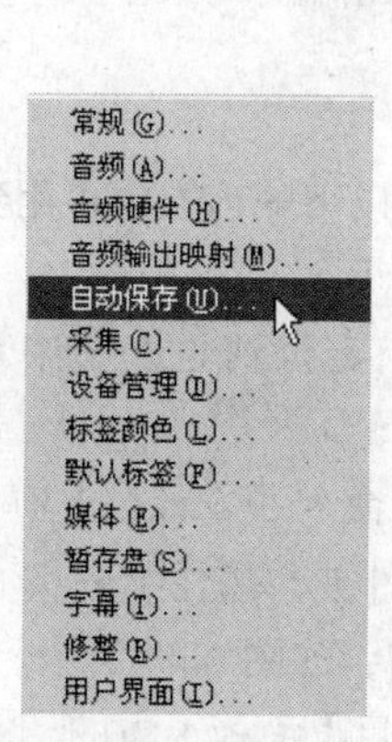

图 2-40　选择【自动保存】命令

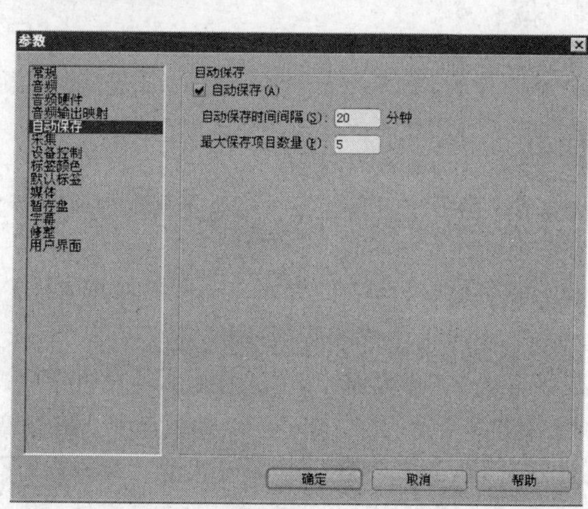

图 2-41　设置【自动保存】选项

设置【自动保存】选项后，编辑过程中系统会按照设置的时间间隔定时对项目进行自动保存，避免丢失工作数据。

2.3 制作第 1 个视频作品

本节将通过一个简单视频作品的制作，使读者对如何使用 Premiere Pro CS3 编辑作品有一个初步的了解。分镜头画面如图 2-42 所示。

图 2-42　分镜头画面

2.3.1　导入素材

通过【文件】/【导入】命令导入素材，也可以通过在项目面板中双击鼠标导入，操作步骤如下。

Effect 04

Step 01　将本书附盘中的“第 2 章”目录复制到本地硬盘上，在以下的内容中将用到此目录中的文件。

Step 02　启动 Premiere，在欢迎界面中选择【打开项目】选项，定位到 2.2 节中新建的项目“lesson2-2”，如图 2-43 所示，单击 打开(O) 按钮。

Step 03　在 Premiere 工作界面的菜单栏中选择【文件】/【导入】命令，或者在【项目】面板中双击鼠标，弹出【导入】对话框。定位到本地硬盘中“第 2 章”文件夹，按住 Ctrl 键的同时选择“2c.avi”、“2d.avi”、“2e.avi”、“2f.wav” 4 个素材，单击 打开(O) 按钮，如图 2-44 所示。

Step 04　导入的素材放置在项目面板中。单击该素材，单击【项目】面板上方的 ▶ 按钮，可以在【缩略图】视图中进行预览；双击该素材，单击【素材源】监视器下方的播放按钮 ▶，可以在【素材源】监视器中预览，如图 2-45 所示。

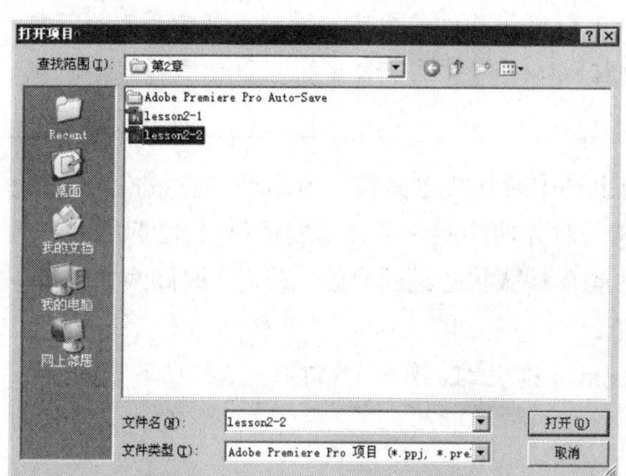

图 2-43 【打开项目】对话框

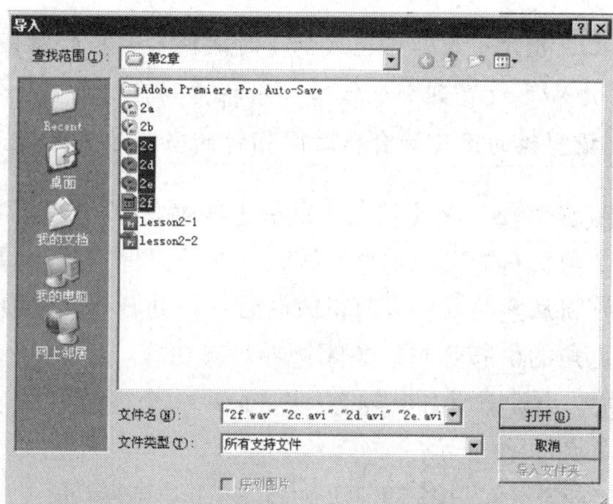

图 2-44 【导入】对话框

图 2-45　预览素材

2.3.2　将素材放到【时间线】面板

本节介绍如何将素材从【项目】面板放到【时间线】面板，操作步骤如下。

Effect 05

Step 01　在【项目】面板中选中“2c.avi”，并将其拖曳到【时间线】面板的【视频 1】轨道，将它的左边缘与轨道的起始点对齐，松开鼠标，如图 2-46 所示。

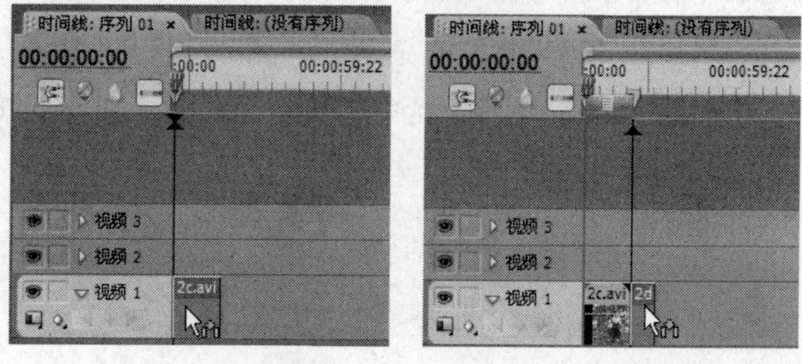

图 2-46 【时间线】面板

提示： 把素材拖曳到【时间线】面板的时候，素材会变成一个灰色的矩形，表示它的相对长度和要放置到哪个轨道。当将素材靠近轨道左侧时，时间指针下方会出现一条垂直黑线，表示该剪辑的第 1 帧会从时间指针的当前位置开始。

Step 02 将【项目】面板上的素材“2d.avi”拖曳到【时间线】面板，紧贴着“2c.avi”。当第 1 个剪辑右侧出现垂直黑线时，松开鼠标。垂直黑线是对齐功能的一部分，表示第 2 段剪辑的第 1 帧将从紧贴第 1 段剪辑的最后一帧处开始。这项功能在默认状态是开启的，单击【时间线】面板左上角的按钮可以关闭边界对齐功能。

Step 03 用同样的方法将最后一个视频剪辑“2e.avi”拖曳到【视频 1】轨道上，紧贴着“2d.avi”，如图 2-47 所示。

Step 04 按键盘上的 + 键，扩展视图，如图 2-48 所示。

图 2-47 拖曳素材到【时间线】面板

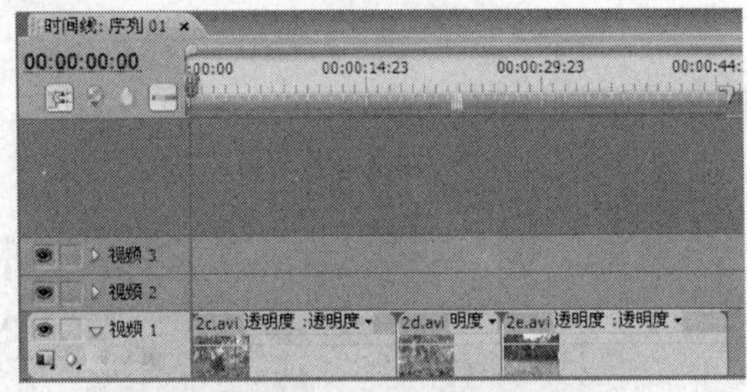

图 2-48 扩展视图

Step 05 按键盘上的空格键，对序列进行播放。

2.3.3 在【时间线】面板上进行编辑

本节将使用两种简单的剪切素材的方法，对剪辑进行精细的编辑，操作步骤如下。

Effect 06

Step 01 在【时间线】面板上拖曳时间指针到“00:00:10:03”处，单击【工具】面板的【剃刀】工具，将鼠标指针移动到时间指针上，鼠标指针显示为图标，单击剪切素材，如图 2-49 所示。

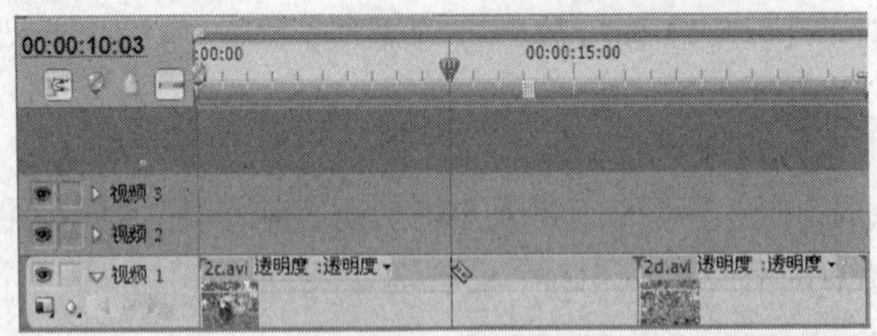

图 2-49 剪切素材

Step 02 单击【工具】面板的选择工具，选中“2c.avi”的开头部分，按键盘上的 Delete 键，将这部分剪辑删除，如图 2-50 所示。

图 2-50 删除剪辑的开头部分

Step 03 拖曳时间指针到“00:00:16:12”处，单击【工具】面板的剃刀工具，用同样的方法将“2c.avi”的后半部分删除，如图 2-51、图 2-52 所示。

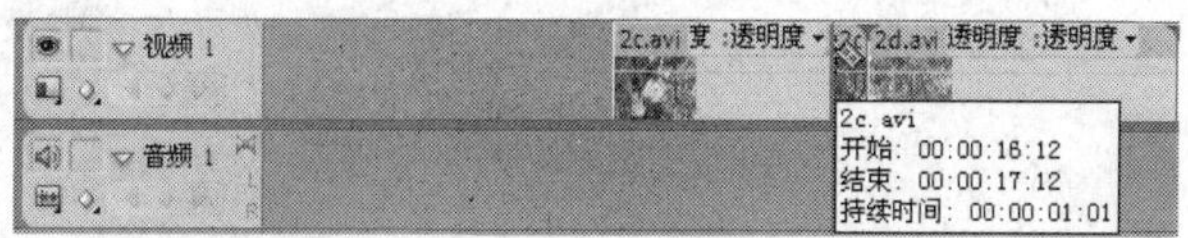

图 2-51 剪切素材

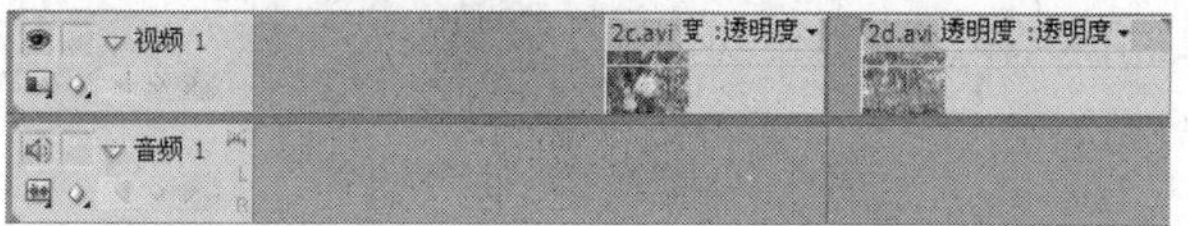

图 2-52 删除剪辑的后半部分

下面使用另外一种方法对剪辑进行剪切。

Step 01 拖曳时间指针到“00:00:18:03”处，单击【工具】面板的选择工具，将鼠标指针移动到“2d.avi”的左边界，鼠标指针显示为图标，向右拖曳直到时间指针上出现垂直黑线，松开鼠标。“2d.avi”的入点变为“00:00:18:03”，如图 2-53 所示。

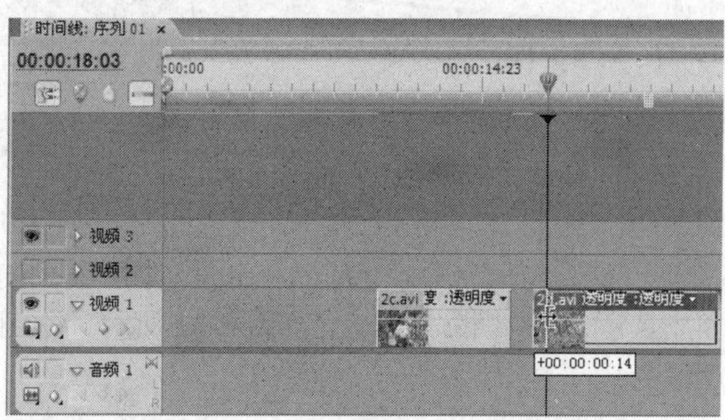

图 2-53 删除剪辑的开头部分

Step 02 拖曳时间指针到“00:00:20:23”处，单击选择工具，将鼠标指针移动到“2d.avi”的右边界，鼠标显示为图标，向左拖曳直到时间指针上出现垂直黑线，松开鼠标。“2d.avi”的出点变为“00:00:20:23”，如图 2-54 所示。

Step 03 再次拖曳时间指针到“00:00:27:11”、“00:00:30:14”处，分别通过工具将剪辑“2e.avi”前后过长的画面删除，如图 2-55、图 2-56 所示。

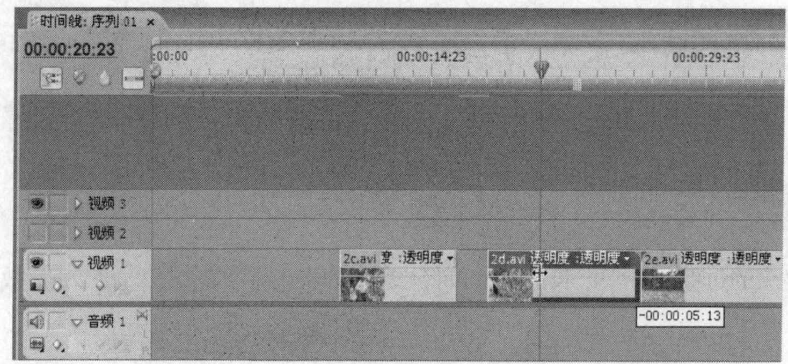

图 2-54 删除剪辑的后面部分

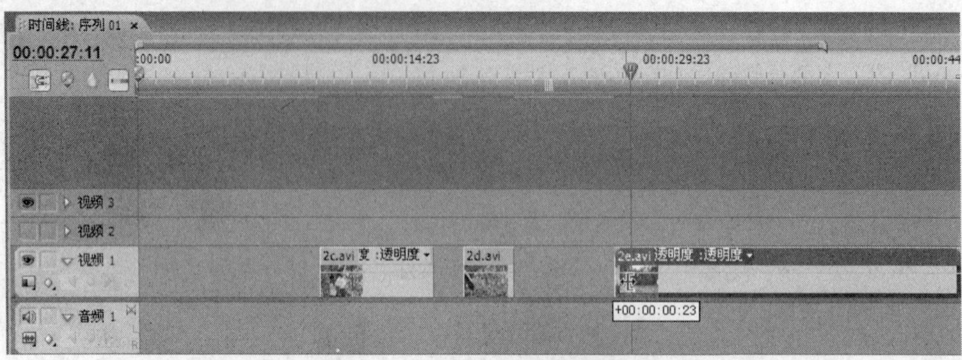

图 2-55　删除剪辑的开头部分

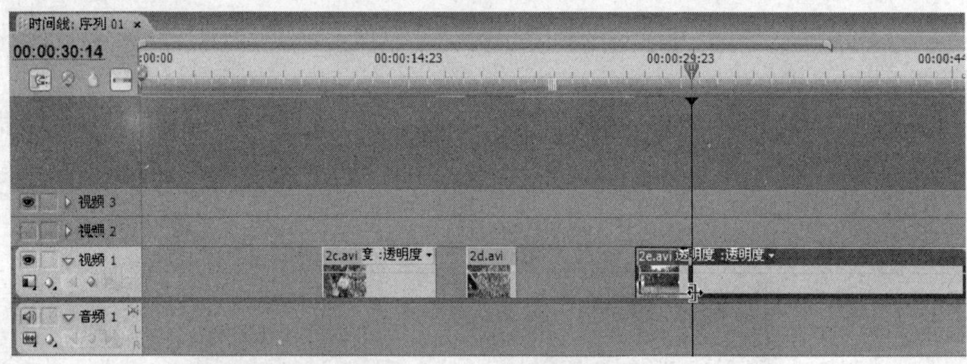

图 2-56　删除剪辑的后面部分

Step 04　由于对各个剪辑缩短了入点、出点，【时间线】面板上出现了空隙，在空隙处单击鼠标右键，在弹出的快捷菜单中选择【波纹删除】命令，如图 2-57 所示。将空隙删除，使剪辑连接起来，如图 2-58 所示。

图 2-57　选择【波纹删除】命令

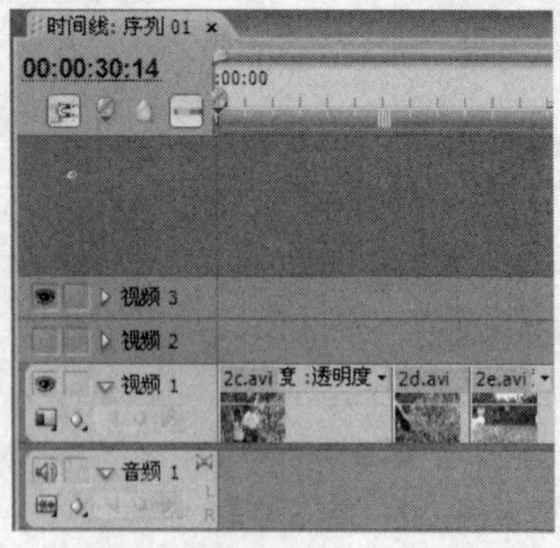

图 2-58　将剪辑的空隙删除

2.3.4　添加转场

转场可以使镜头的过渡更加平滑自然。本节将介绍如何在视频剪辑上添加转场特效，操作步骤如下。

Effect 07

Step 01　打开【效果】面板，如图 2-59 所示。

Step 02　展开【视频切换效果】选项，打开该文件夹，里面放置着 Premiere 提供的大量转场效果。展开【叠化】文件夹，选择【叠化】特效，将它拖曳到第 1 段剪辑和第 2 段剪辑之间，如图 2-60、图 2-61 所示。

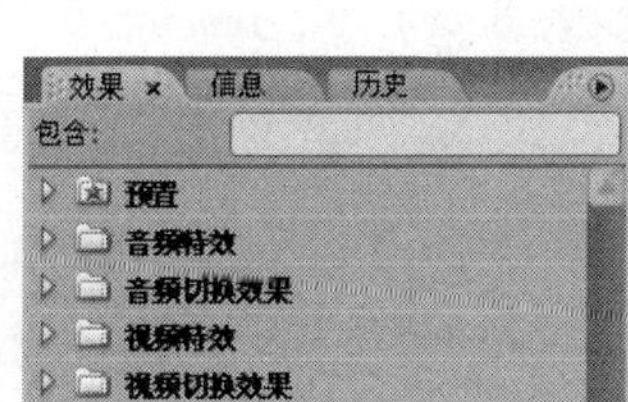

图 2-59　打开【效果】面板

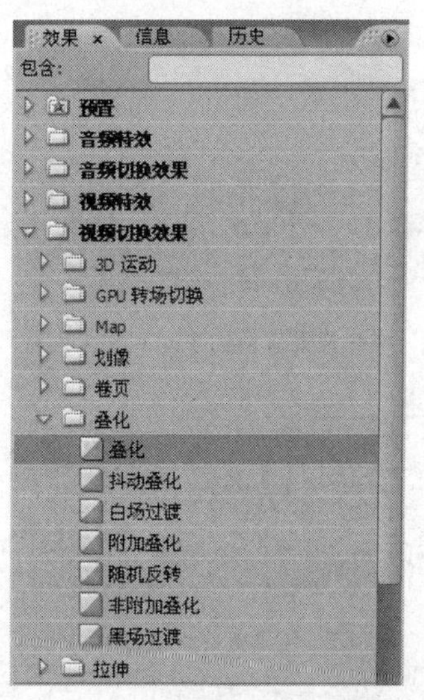

图 2-60　选择【叠化】特效

Step 03　拖曳时间指针到特效的起始处，按键盘上的空格键，预览叠化效果。

Step 04　用同样的方法将【叠化】特效拖曳到“2d.avi”和“2e.avi”之间，如图 2-62 所示。

图 2-61　添加【叠化】特效（1）

图 2-62　添加【叠化】特效（2）

Step 05　拖曳时间指针到序列的起始处，按键盘上的空格键，预览整个序列。

2.3.5　添加音乐

本节将简单介绍音乐的添加方法，操作步骤如下。

Effect 08

Step 01　将背景音乐“2f.wav”拖曳到【音频 1】轨道的起始点，如图 2-63 所示。

Step 02　拖曳时间指针到“00:00:11:00”处，单击【工具】面板的【钢笔】工具，将鼠标指针移动到音频剪辑的时间指针处。按 Ctrl 键，在黄色的音量电平线上单击鼠标，创建第 1 个关键帧，如图 2-64 所示。

Step 03　按 Ctrl 键，将鼠标指针移动到音频剪辑的末帧，单击鼠标，创建第 2 个关键帧，如图 2-65 所示。

Step 04　通过钢笔工具，把最后一帧处的关键帧拖曳到剪辑的底部，创建声音减弱的效果，如图 2-66 所示。

Step 05　将时间指针移动到序列的起始处，按键盘上的空格键，播放整个序列。

图 2-63　拖曳背景音乐到【时间线】面板

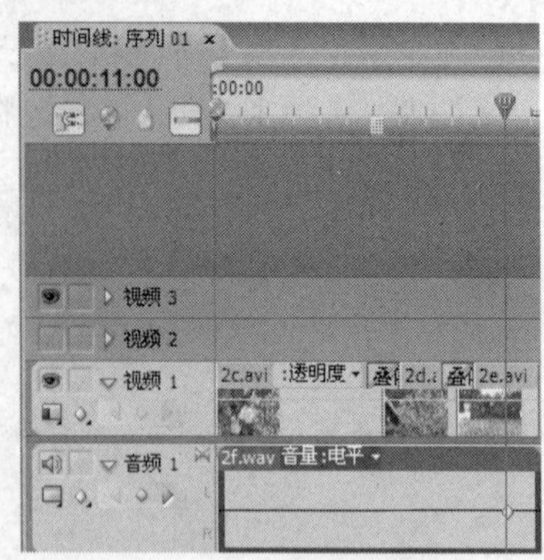

图 2-64　创建第 1 个关键帧

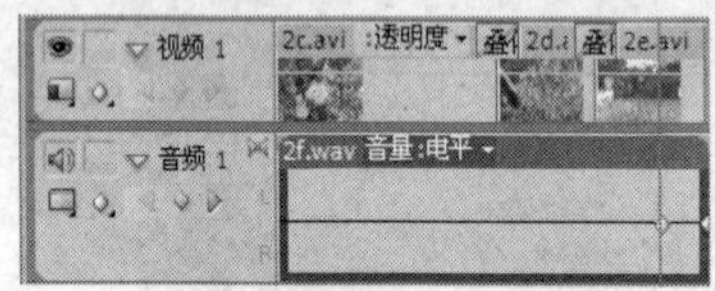

图 2-65　创建第 2 个关键帧

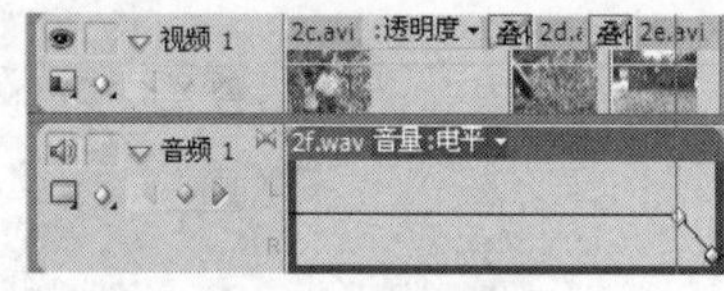

图 2-66　拖曳最后一帧处的关键帧到剪辑的底部

2.3.6　导出影片

在【时间线】面板完成所有编辑后，最后的工作就是按照需要的格式对作品进行输出，操作步骤方法如下。

Effect 09

Step 01　选择【文件】/【导出】/【影片】命令，如图 2-67 所示，在弹出的【导出影片】对话框中单击 设置... 按钮，如图 2-68 所示。

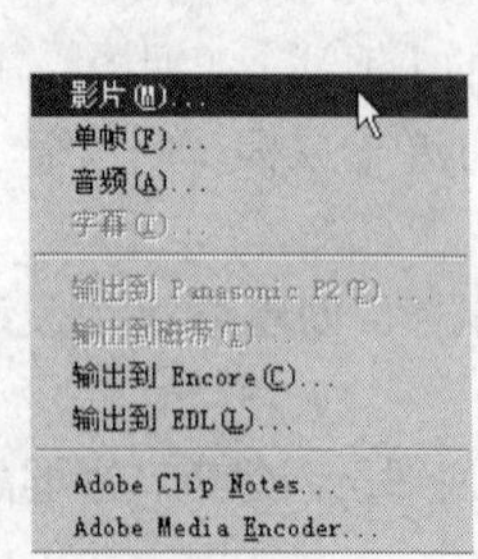

图 2-67　选择【影片】命令

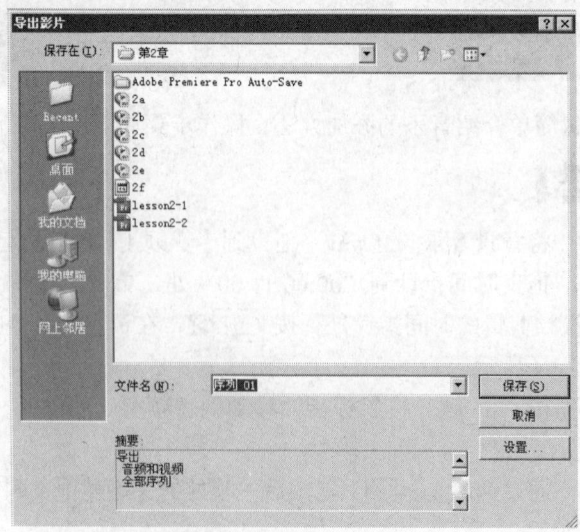

图 2-68　【导出影片】对话框

Step 02　弹出【导出影片设置】对话框，选择【常规】选项，在右边的【常规】面板中打开【文件类型】下拉列表，选择要输出的文件类型为“Microsoft DV AVI”，如图 2-69 所示。

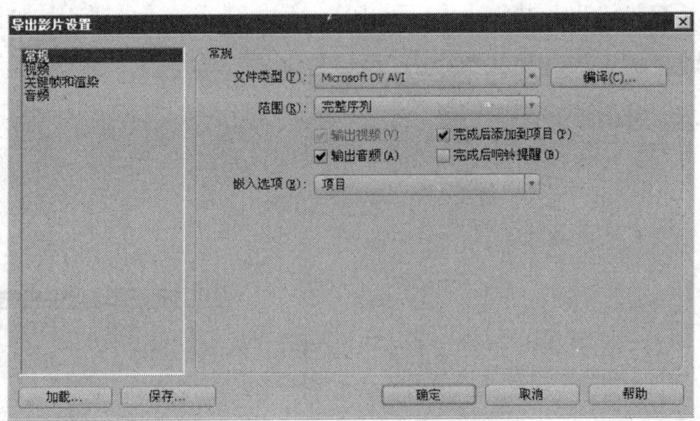

图 2-69　选择文件类型

Step 03　选择【视频】选项，在右边【视频】面板的【压缩】下拉列表中选择视频压缩的方式为“DV PAL”，如图 2-70 所示。

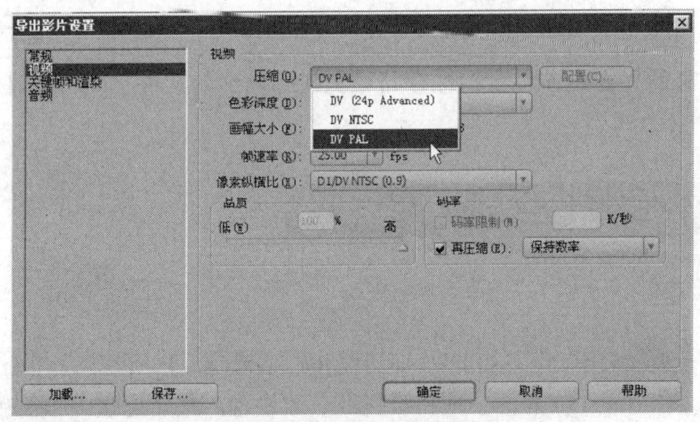

图 2-70　选择视频压缩方式

Step 04　选择【音频】选项，在右边的【音频】面板中设置音频的格式，包括压缩方式、取样值、声道等。这里采用默认设置，如图 2-71 所示。

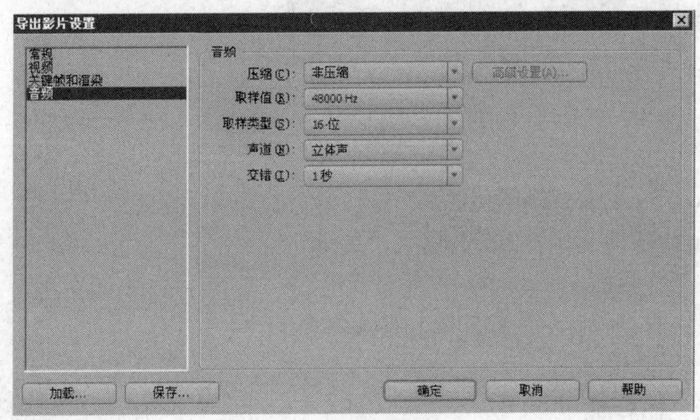

图 2-71　设置音频格式

Step 05　设置完影片的各种选项后，单击 确定 按钮，返回【导出影片】对话框。设置文件的保存路径及名称，单击 保存(S) 按钮，如图 2-72 所示。

Step 06 影片开始渲染输出，并弹出【已渲染】对话框显示渲染的进程，如图 2-73 所示。

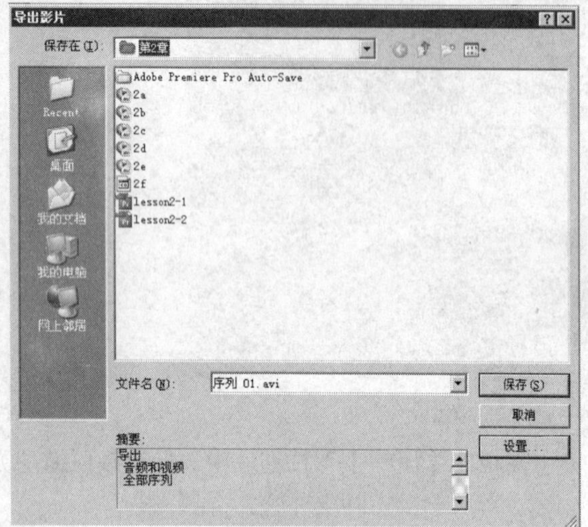

图 2-72 设置文件的保存路径及名称

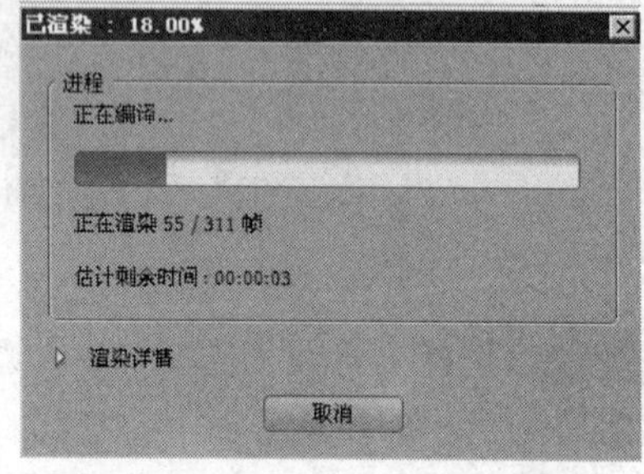

图 2-73 【已渲染】对话框

Step 07 渲染结束后，在刚才设置的保存路径上找到输出的文件，即可在其他播放器上播放并欣赏完成的作品。

小结

本章主要介绍了 Premiere Pro CS3 的基础知识和基本概念。内容包括：Premiere Pro CS3 的主要功能、工作界面、自定义工作界面、项目设置及参数设置。最后通过一个简单视频作品的制作，介绍了使用 Premiere 进行视频编辑的基本方法。读者应当了解和逐步熟悉这些相关知识，为后面的学习打下扎实的基础。

习题

一、简答题

1. Premiere Pro CS3 主要有哪些功能？
2. Premiere Pro CS3 的工作界面分为哪几个部分？
3. 如何自定义工作界面？
4. 如何设置系统自动保存的时间间隔和最大保存个数？

二、操作题

1. 定义自己的工作界面。
2. 创建一个 PAL 制的项目文件。
3. 将多个素材放到【时间线】面板上，并在剪辑之间创建叠化效果。

第3章 素材的采集、导入和管理

Premiere Pro CS3 可以从摄像机和录像机上采集各种视音频素材，也支持导入多种格式的视频、音频及静态的图形图像。利用 Premiere 的【项目】面板和 Adobe Bridge 能够对素材进行有效的管理，将【项目】面板的剪辑缩略图作为故事板，可以获得直观形象的效果，协助编辑者完成粗编。本章主要介绍如何采集、导入和管理素材。

【教学目标】

- 掌握进行数字视频采集的方法。
- 掌握导入视音频素材的方法。
- 掌握导入静态图像的方法。
- 掌握使用【项目】面板的方法。
- 掌握在 Adobe Bridge 中管理素材的方法。

3.1 采集视音频素材

在对作品进行编辑时，经常需要用到很多素材，包括数字摄像机拍摄的视音频素材、数码相机拍摄的图片、其他软件制作的 CG 素材等，其中最主要的是数字摄像机拍摄的视音频素材。采集可以将摄像机拍摄在磁带上的视音频信号传输到计算机硬盘上，然后在 Premiere 中导入到项目文件即可使用。

3.1.1 准备工作

在开始采集之前，首先确保硬件符合采集的条件。一般来说，目前的采集方式主要有两种，一种是通过 IEEE 1394/Firewire 端口进行采集，苹果公司的计算机上都具有 Firewire 端口，现在许多个人计算机上也配备了此种端口，它可以使操作系统接受数字摄像机上的数据。另一种是模数采集板，大部分个人计算机需要另外配备采集板，采集板的价格较高，但能够提供更清晰的数据和更快的采集速度，需要注意的是采集板的型号与计算机显卡以及软件存在兼容问题。

其次，在硬件设备满足要求之后，要进行正确的连接，使数字摄像机或数字录像机与计算机平台相连，之后才能通过 IEEE 1394/Firewire 端口、复合视音频线或者 S-Video 传输数据。

3.1.2 采集设置

采集之前要先进行相关属性的设置，操作步骤如下。

Effect 01

Step 01 启动 Premiere，在欢迎界面中选择【新建项目】选项，创建新项目。

Step 02 选择预置模式为【DV-PAL】/【标准 48kHz】，选择项目文件的保存路径，输入项目的名称“lesson3-1”，单击 确定 按钮，建立并保存一个新的项目文件。

Step 03 在菜单栏中选择【项目】/【项目设置】/【采集】命令，弹出【项目设置】对话框，在【采集格式】下拉列表中选择与素材匹配的设置，这里选择“DV 采集”，如果计算机中安装了采集板，还会提供采集板选项，完成后单击 确定 按钮，如图 3-1 所示。

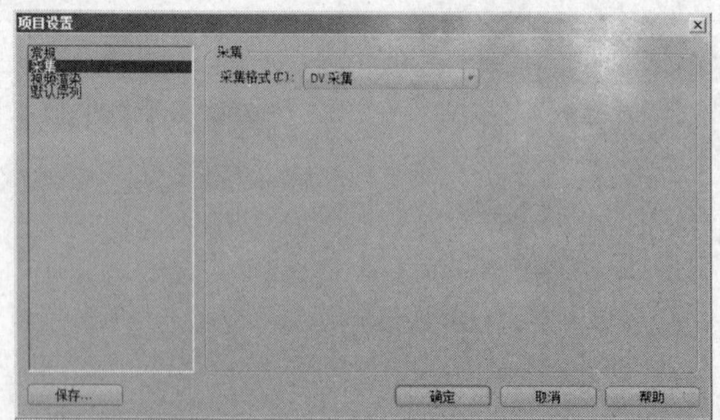

图 3-1 在项目设置中选择 DV 采集格式

Step 04 检查数字摄像机或录像机与计算机的连接无误之后，选择【文件】/【采集】命令，打开【采集】面板。在【记录】选项卡的【采集】下拉列表中有 3 个选项：选择“音频和视频”，同时采集音频和视频信号；选择“音频”，只采集音频信号；选择“视频”，只采集视频信号，如图 3-2 所示。

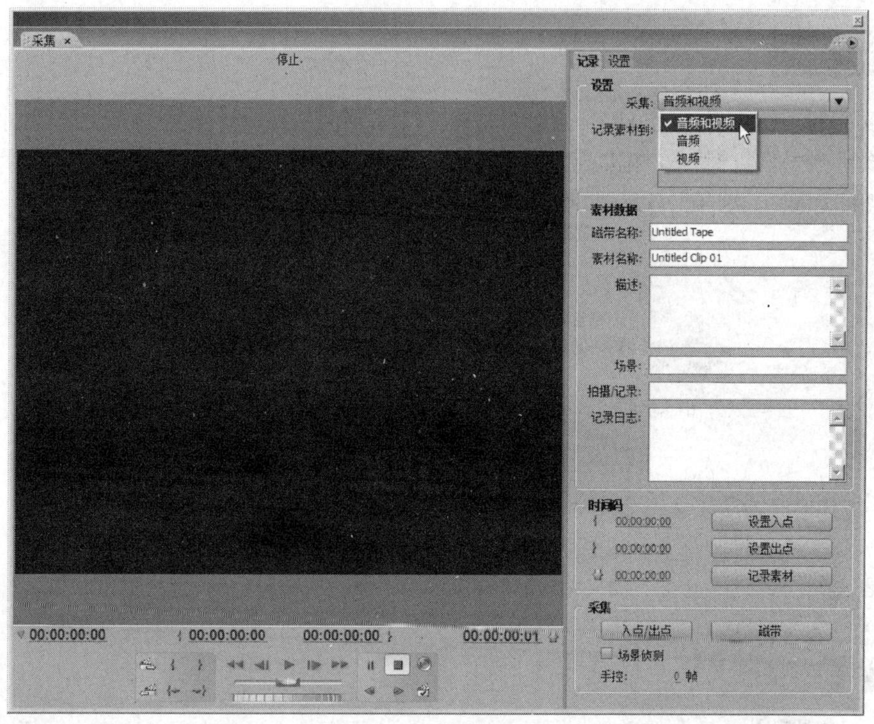

图 3-2　【采集】面板（1）

Step 05　切换到【设置】选项卡，在【采集位置】面板可以通过单击 浏览(B)... 按钮选择视频和音频信号存放的文件夹位置。还可以通过单击【采集】面板右上角的 按钮，打开面板菜单，在其中修改采集设置，选择采集视音频、视频或音频，展开或层叠窗口，如图 3-3 所示。

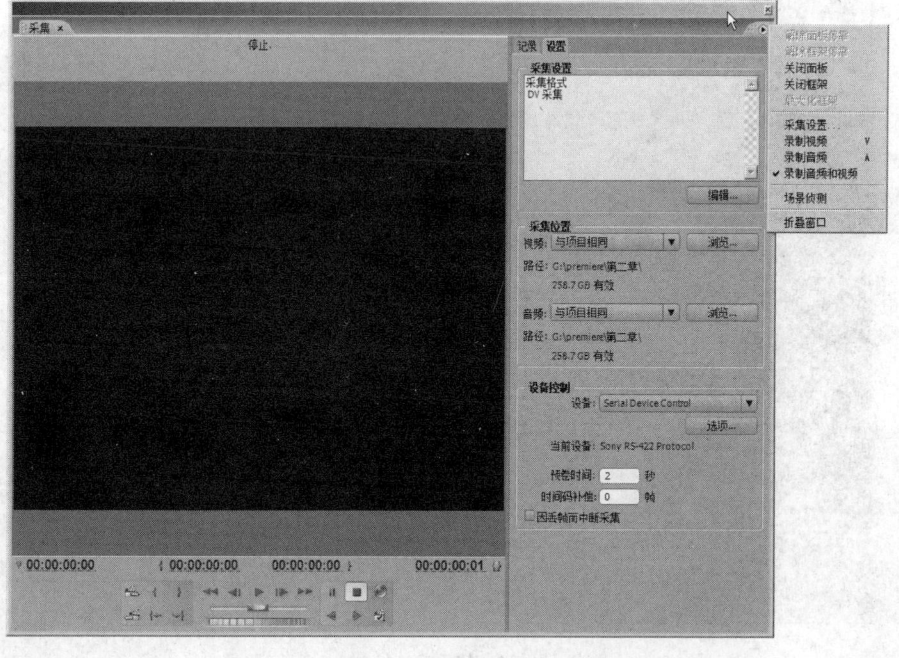

图 3-3　【采集】面板（2）

3.1.3 进行采集

完成以上的工作之后，就可以开始进行采集。如果硬件支持设备控制，可以使用 Premiere 遥控数字摄像机或录像机对视音频进行播放、停止、前进、后退等操作，【采集】面板中的设备控制按钮及其功能如图 3-4 所示，操作步骤如下。

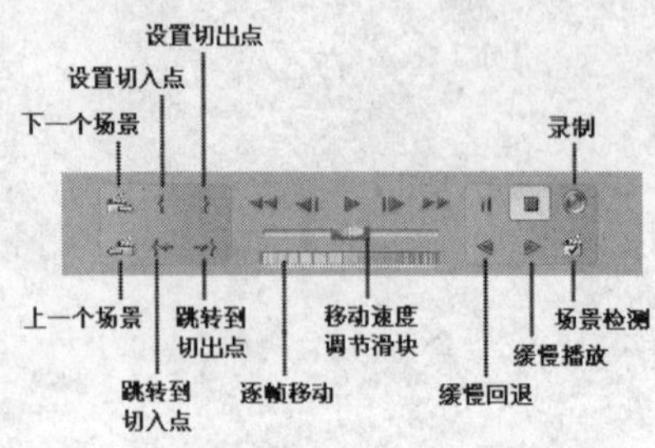

图 3-4 【采集】面板中的设备控制按钮

Effect 02

Step 01 切换到【设置】选项卡，打开【设备控制】面板的【设备】下拉列表，选择“DV/HDV 设备控制器”，如图 3-5 所示。

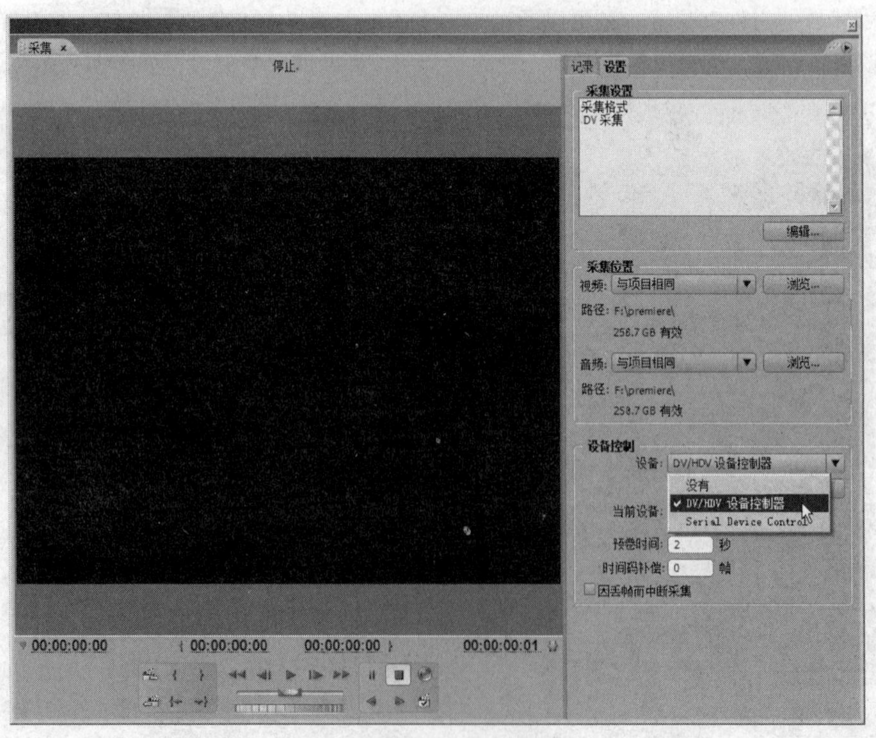

图 3-5 使用设备控制

Step 02　使用设备控制按钮的各个按钮移动磁带上的视频信号到开始采集的位置，单击设置切入点按钮，再移动到采集结束的位置，单击设置切出点按钮。为了确保有足够的长度添加切换特效，切换到【记录】选项卡，在【采集】面板的【手控】选项中输入“5”，这样将在这段素材切入点之前和切出点之后各添加 5 帧，单击入点/出点按钮进行采集，如图 3-6 所示。

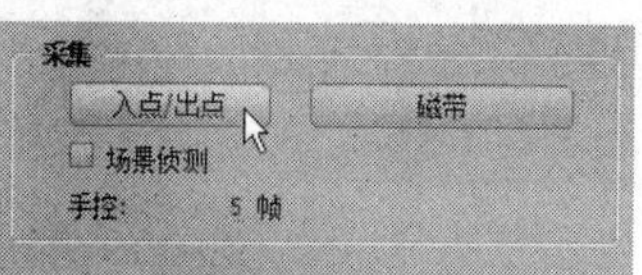

图 3-6　将【手控】选项设为 5 帧

Step 03　采集完毕弹出【文件名】对话框，在其中输入剪辑名称，如“clip1”，剪辑将自动出现在【项目】面板中。

如果对采集位置的精确程度要求不高，也可以在移动到磁带上需要开始采集信号的位置时，单击播放按钮播放素材，接着单击录制按钮进行采集，采集到的剪辑同样会出现在【项目】面板中。

3.2 导入素材

Premiere 不仅可以采集素材，也可以导入多种格式的素材文件，导入的素材会自动加载到【项目】面板中。

3.2.1　导入视频、音频

视频、音频素材是最常用的素材文件，导入视频、音频的操作步骤如下。

Effect 03

Step 01　将本书附盘中的“第 3 章”目录复制到本地硬盘上，在以下的内容中将用到此目录中的文件。

Step 02　启动 Premiere，新建一个项目文件，命名为“lesson3-2”。

Step 03　选择【文件】/【导入】命令，弹出【导入】对话框，打开【文件类型】下拉列表，Premiere 支持导入多种文件格式，如图 3-7 所示。

Step 04　定位到本地硬盘的“第 3 章”文件夹，选择视频文件“3a.avi”，单击打开(O)按钮，将其导入到 Premiere 的【项目】面板中。

Step 05　双击【项目】面板空白处，同样可以弹出【导入】对话框。选择视频文件“3b.avi”，按住 Ctrl 键的同时选择文件“3e.wav”、“3f.avi”，单击打开(O)按钮，一次性导入 3 个素材：“3b.avi”、“3e.wav”、“3f .avi”，如图 3-8 所示。

提示：按住 Shift 键可以选择连续的多个素材。

Step 06　导入的视频、音频素材出现在【项目】面板中，如图 3-9 所示。

有的视频或者音频文件不能被导入，则需要安装相应的视频或者音频解码器进行解码；还有些文件需要对其进行格式转换。例如，CD 音频文件的格式是 CDA，这些音频文件需要先用音频软件（如 Adobe Audition）将它们转换成 WAV 格式的音频文件，然后再导入到 Premiere 中。

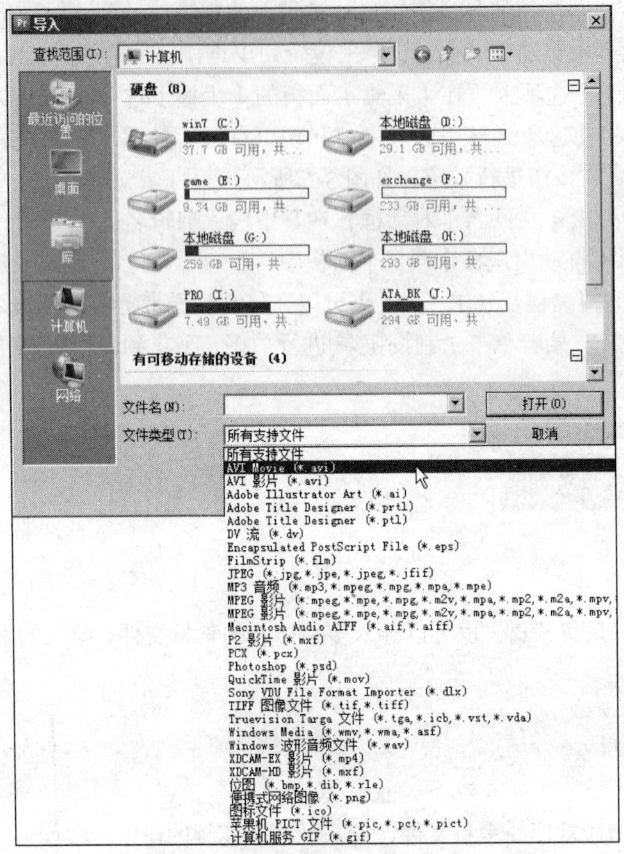

图 3-7　Premiere 支持导入的文件格式

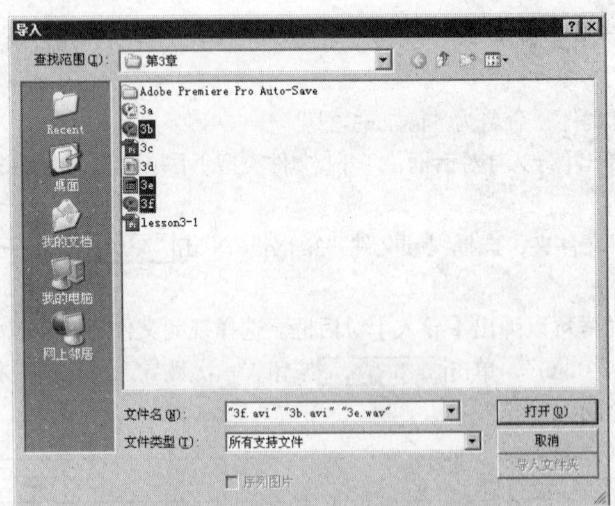

图 3-8　导入 3 个素材

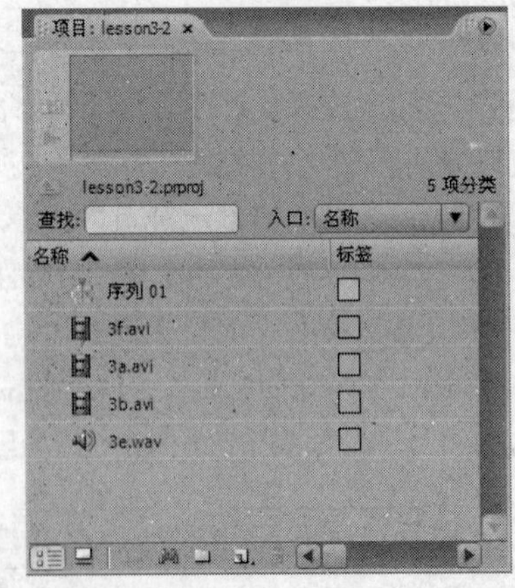

图 3-9　【项目】面板中导入的视、音频素材

3.2.2　导入图像素材

图像素材是静帧文件，可以在 Premiere 中被当作视频文件使用。导入图像素材的操作步骤如下。

Effect 04

Step 01 在【项目】面板中双击鼠标，弹出【导入】对话框。定位到本地硬盘“第 3 章”文件夹下，选择图像文件“3d.jpg”，单击打开(O)按钮，将其导入到 Premiere 的【项目】面板中，如图 3-10 所示。

Step 02 将图片“3d.jpg”拖曳到【时间线】面板的【视频 1】轨道，可以在【节目】监视器中预览图片。由于图片的尺寸比项目设置的尺寸大，此时显示的图片只是原图的一部分，并没有完全显示，如图 3-11 所示。

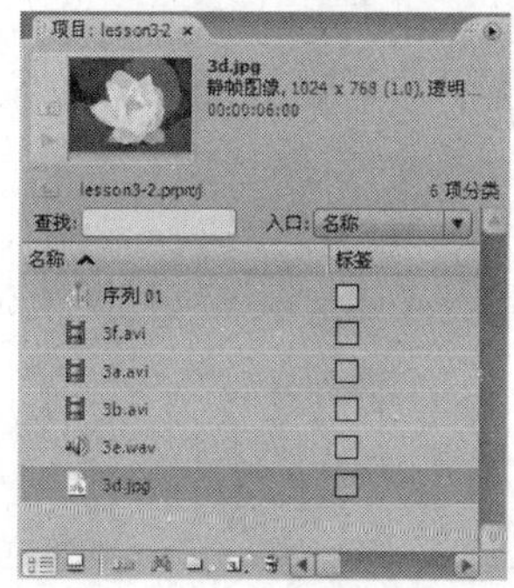

图 3-10　【项目】面板中导入的图像素材

图 3-11　【节目】监视器中的图片

Step 03 单击【工具】面板的选择工具，在【时间线】面板中选中图片。单击鼠标右键，在弹出的快捷菜单中选择【画面大小与当前画幅比例适配】命令，如图 3-12 所示。此时图片将完整的显示出来，如图 3-13 所示。

图 3-12　选择【画面大小与当前画幅比例适配】命令

图 3-13　调节图片显示比例

Step 04 也可以通过在【效果控制】面板中选择【运动】特效，调节图片的显示比例。

Step 05 单击【运动】特效左侧的▷图标，展开其参数面板。调节【比例】值，可以手动对图像大小进行缩放，如图 3-14 所示。

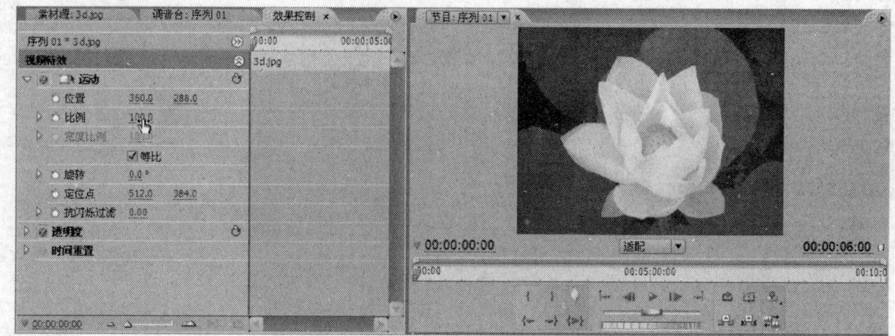

图 3-14　设置图片的显示比例

Step 06 如果希望图片在导入时画面大小自动与项目设置适配，可以选择【编辑】/【参数】/【常规】命令，弹出【参数】对话框，将【默认画面宽高比为项目设置大小】复选框勾选，这样图片导入时自动完成画面尺寸的适配，如图 3-15 所示。

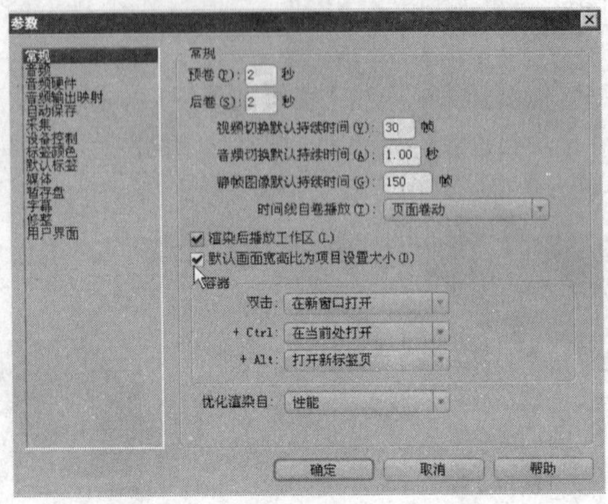

图 3-15 【参数】对话框

3.2.3 导入序列文件

序列文件是带有统一编号的一组图像文件。把序列图片中的一张图片导入到 Premiere 中，得到的是一张静态图片；如果按照序列全部导入，系统自动将整体作为一个视频文件。导入序列文件的操作步骤如下。

Effect 05

Step 01 在【项目】面板中双击鼠标，弹出【导入】对话框。定位到本地硬盘“第 3 章”文件夹下，选择“化妆品”文件夹，可以看到里面有多个带统一编号的图像文件，如图 3-16 所示。

Step 02 选中序列图像中的第 1 张图片，勾选【序列图片】复选框，然后单击 打开(O) 按钮，如图 3-17 所示。

图 3-16 【导入】对话框

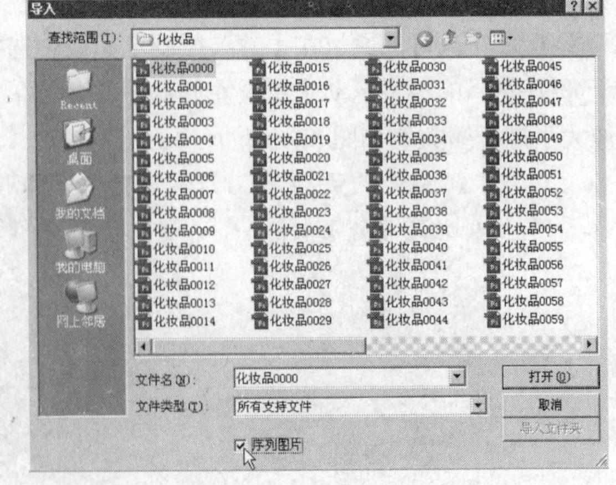

图 3-17 导入序列图像

Step 03 序列图片出现在【项目】面板中，它的图标显示与视频文件一样，而且后缀名与单张图片的后缀名一样都是".tga"，如图 3-18 所示。

Step 04　在【项目】面板中双击导入的序列文件，使其显示在【素材源】监视器中。单击▶按钮，即可预览序列文件，如图 3-19 所示。

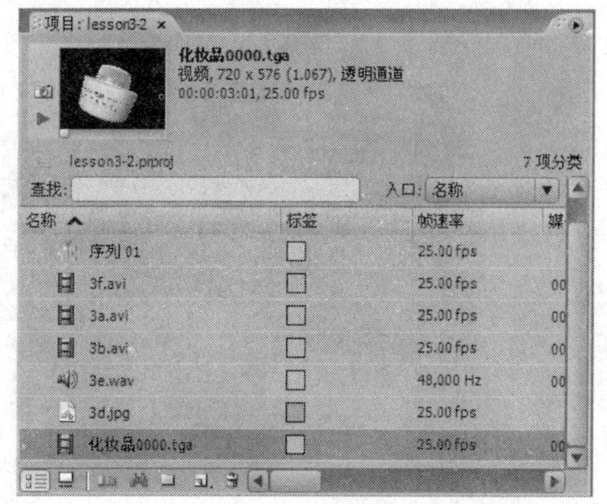

图 3-18　【项目】面板中导入的序列图片

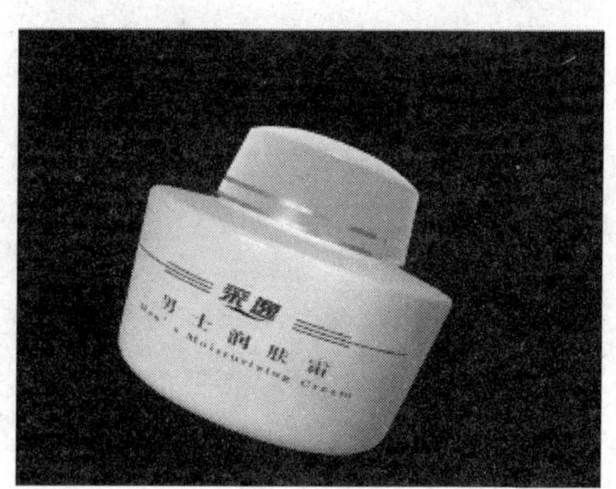

图 3-19　预览序列文件

3.2.4　导入图层文件

图层文件也是静帧图像文件，与一般图像文件的不同之处在于图层文件包含了多个相互独立的图像图层，例如 Adobe Photoshop 的.psd 文件。在 Premiere Pro CS3 中，可以将图层文件的所有图层作为一个整体导入，也可以单独导入其中的一个图层。导入图层文件的操作步骤如下。

Effect 06

Step 01　在【项目】面板中双击鼠标，弹出【导入】对话框。定位到本地硬盘"第 3 章"文件夹下，选择图像文件"3c.psd"，单击 打开(O) 按钮。

Step 02　弹出【导入层文件】对话框。在默认情况下，设置【导入为】为"影片素材"，【层选项】为"合并层"。按这种方式导入图像文件，所有图层将被合并为一个整体，如图 3-20 所示。

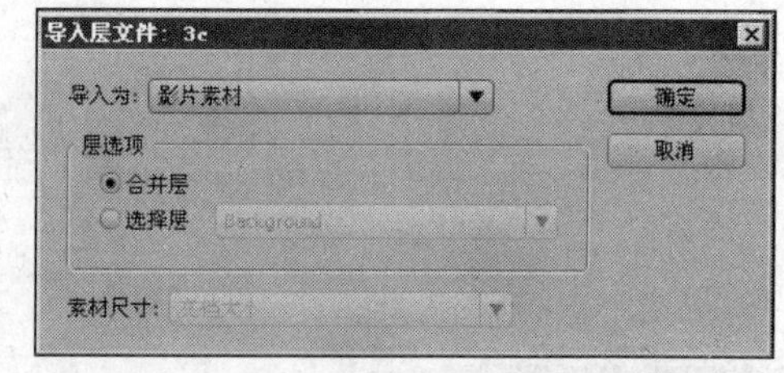

图 3-20　【导入层文件】对话框

Step 03　如果将【层选项】设置为"选择层"，可以在右侧的下拉列表中选择文件中的一个图层单独导入，如图 3-21 所示。

Step 04　将【导入为】设置为"序列"，可以将全部图层导入，并且保持各个图层的相互独立。选择该项后，单击 确定 按钮，如图 3-22 所示。

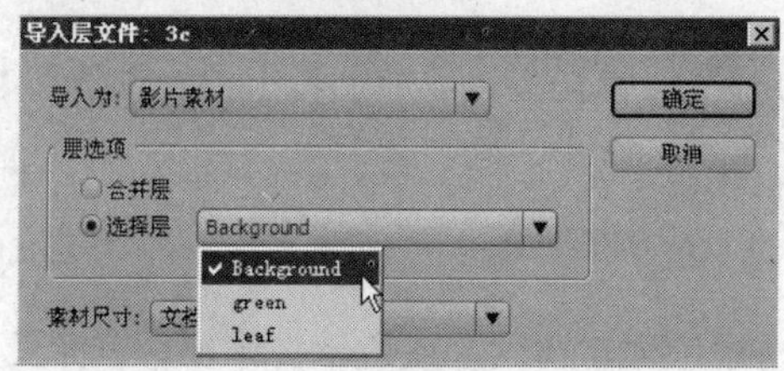

图 3-21　导入图层文件中的一个图层

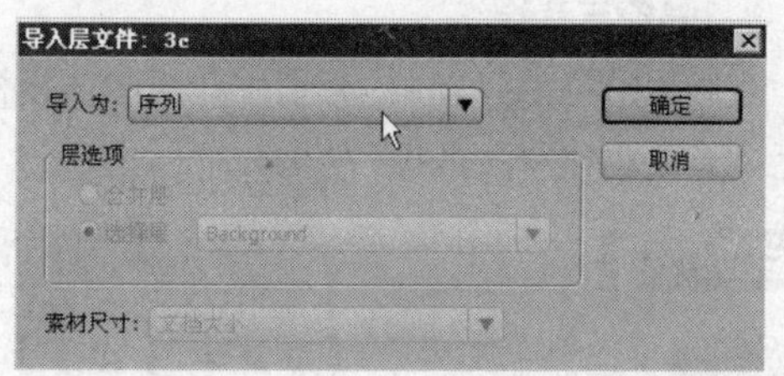

图 3-22　将【导入为】设置为"序列"

Step 05 展开导入的“3c”文件夹，可以看到文件夹下面包含多个独立的图层文件，并且创建了一个新的序列，如图 3-23 所示。在【时间线】面板中双击打开序列，所有的图层分别处于不同的视频轨上，并可以对其进行编辑，如图 3-24 所示。

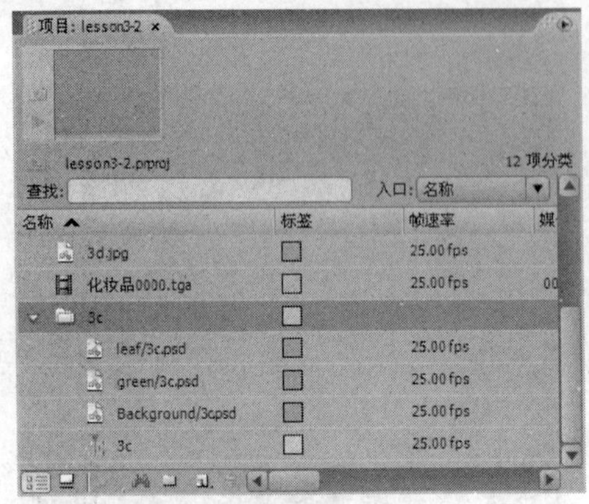

图 3-23 导入的“3c”文件夹

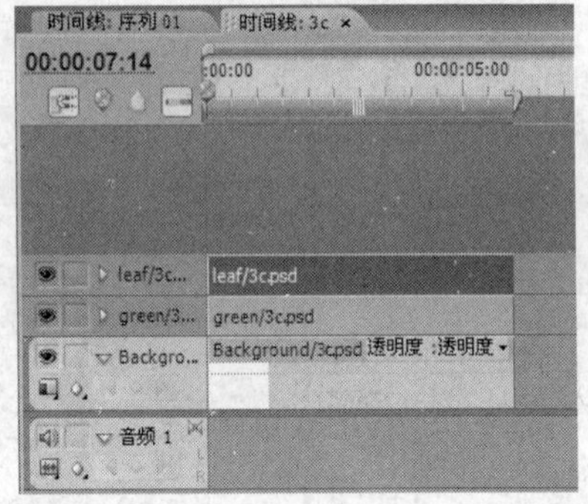

图 3-24 在【时间线】面板中打开分层文件的序列

Step 06 在【项目】面板中双击“3c”文件夹，会打开一个【容器】面板。在该面板中显示了文件夹下的所有独立图层，如图 3-25 所示。

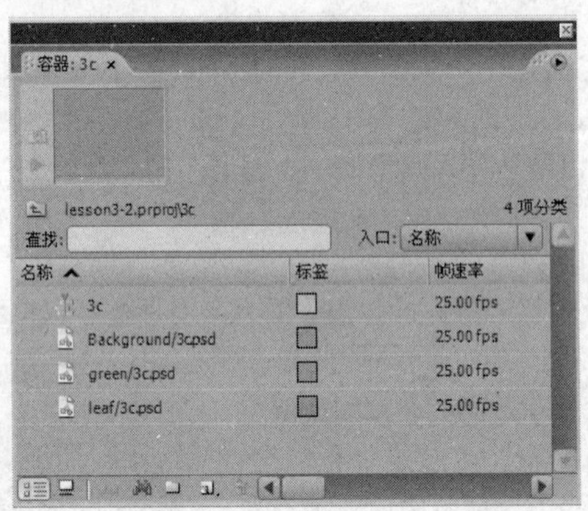

图 3-25 【容器】面板

3.2.5 新建元素

在 Premiere 中可以创建字幕、彩条、黑场和倒计时片头等一些常用元素。其中字幕的创建将在第 8 章介绍，这里先介绍其他元素的创建。

1. 彩条与音调

在制作节目的过程中，为了校准视频监视器和音频设备，常在节目前加上若干秒的彩条和 1kHz 的测试音。创建彩条的操作步骤如下。

Effect 07

Step 01 选择【文件】/【新建】/【彩条】命令，如图 3-26 所示。或者单击【项目】面板下方的按钮，在弹出的下拉菜单中选择【彩条】命令，如图 3-27 所示。这两种方法都可以在【项目】

面板中创建一个彩条。

Step 02 双击彩条使其显示在【素材源】监视器中，单击播放按钮▶，可以对彩条进行预览，并能听到测试音，如图 3-28 所示。

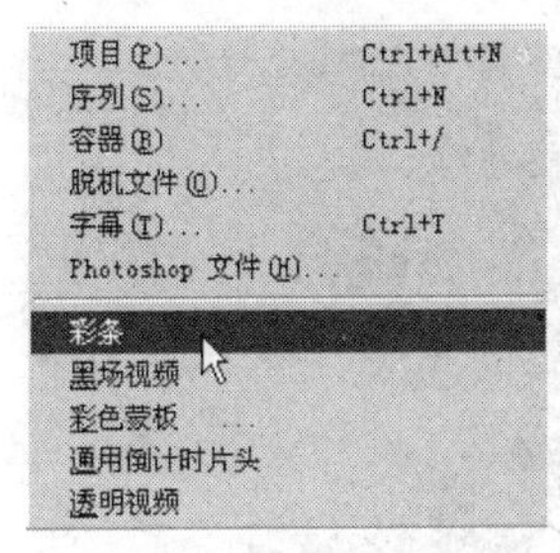

图 3-26　通过菜单命令新建彩条

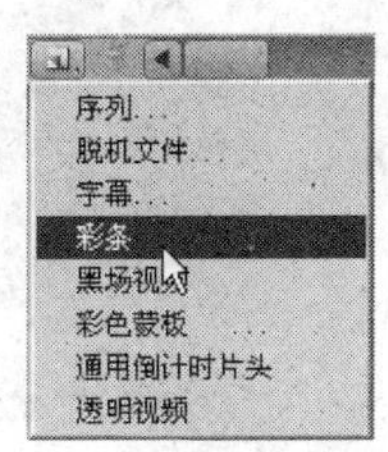

图 3-27　通过【项目】面板新建彩条

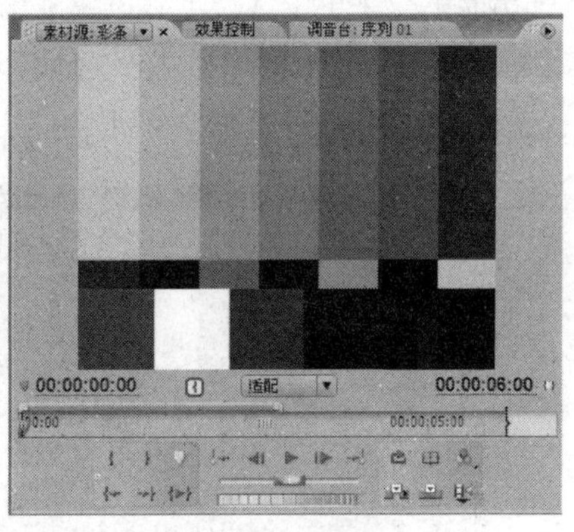

图 3-28　预览彩条

2. 黑场

在节目中，有时候需要黑色的背景，可以通过创建黑场，生成与项目尺寸相同的黑色静态图片。创建黑场的操作步骤如下。

Effect 08

Step 01 选择【文件】/【新建】/【黑场视频】命令，如图 3-29 所示。或者单击【项目】面板下方的按钮，在弹出的下拉菜单中选择【黑场视频】命令，如图 3-30 所示。这两种方法都可以在【项目】面板中创建一个黑场。

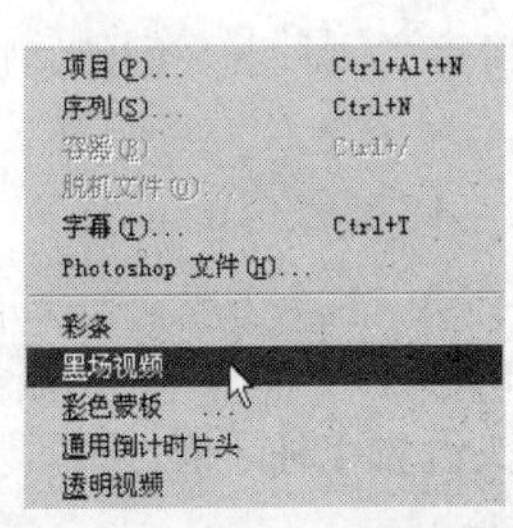

图 3-29　通过菜单命令新建黑场

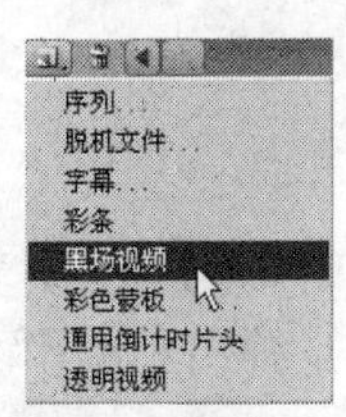

图 3-30　通过【项目】面板新建黑场

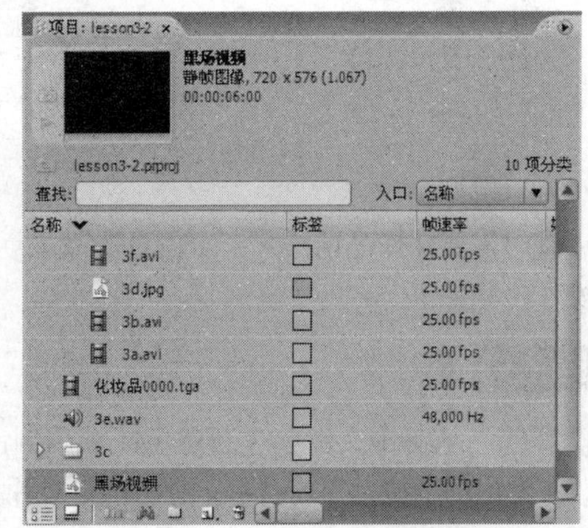

图 3-31　预览黑场视频

Step 02 选中黑场，在【项目】面板的【缩略图】视图上可以预览黑场，持续时间为 6s，如图 3-31 所示。

3. 颜色蒙版

颜色蒙版与黑场相似，但可以选择黑色以外的其他颜色。创建颜色蒙版的操作步骤如下。

Effect 09

Step 01 选择【文件】/【新建】/【彩色蒙版】命令，或者单击【项目】面板下方的按钮，在弹出的下拉菜单中选择【彩色蒙版】命令，弹出【颜色拾取】对话框，如图 3-32 所示。

Step 02 在【颜色拾取】对话框的颜色区域内选中一个颜色，并对颜色进行微调后，单击确定按钮，如图 3-33 所示。

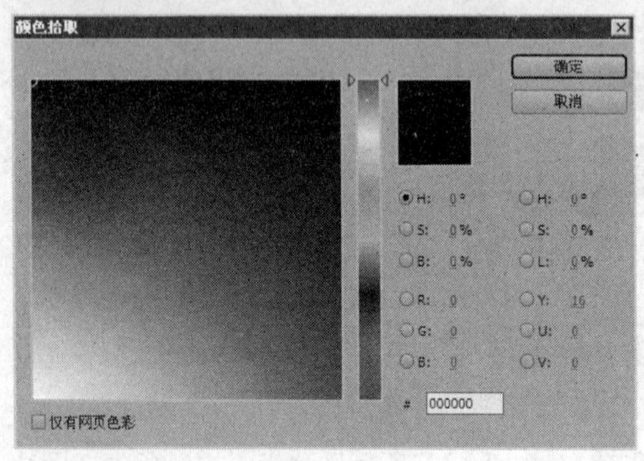

图 3-32 【颜色拾取】对话框

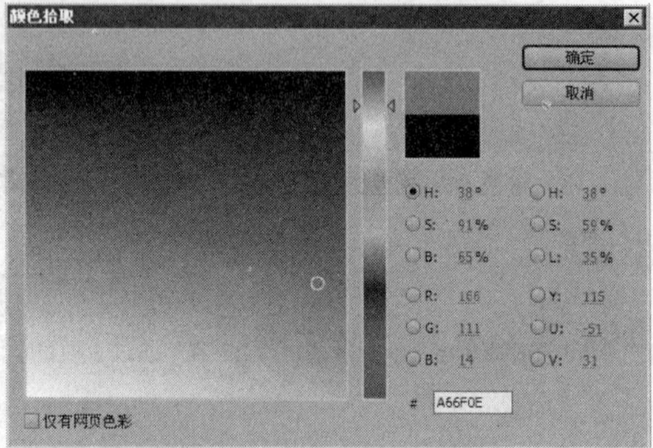

图 3-33 设置颜色

Step 03 弹出【选择名称】对话框，输入名称后单击确定按钮，如图 3-34 所示。【项目】面板中便出现一个所需的颜色蒙版文件。

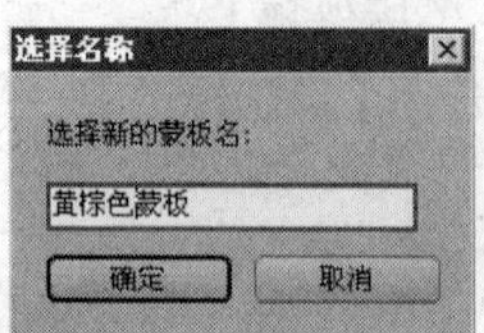

图 3-34 输入蒙版文件名称

4．倒计时

有时需要在作品前添加一个倒计时效果，Premiere 可以轻松创建并自定义倒计时。创建倒计时的操作步骤如下。

Effect 10

Step 01 选择【文件】/【新建】/【通用倒计时片头】命令，或者单击【项目】面板下方的按钮，在弹出的下拉菜单中选择【通用倒计时片头】，弹出【通用倒计时片头设置】对话框，如图 3-35 所示。

Step 02 设置完成后，单击确定按钮，即可在【项目】面板中创建一个倒计时文件。

5．透明视频

使用透明视频可以对空轨道添加效果。

选择【文件】/【新建】/【透明视频】命令，如图 3-36 所示，或者单击【项目】面板下方的按钮，在弹出的下拉菜单中选择【透明视频】命令，如图 3-37 所示，都可在【项目】面板中创建一个透明视频。

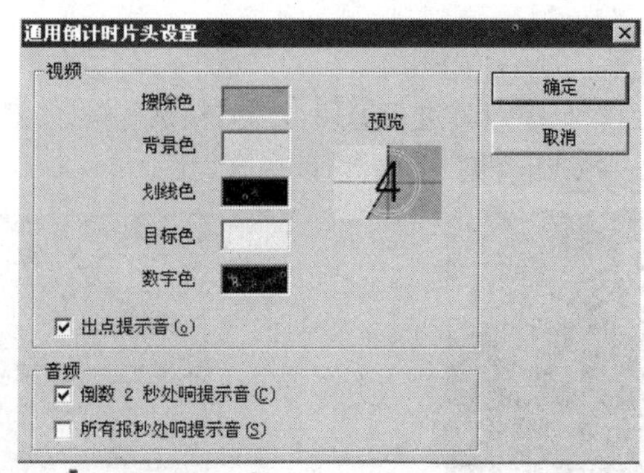

图 3-35　【通用倒计时片头设置】对话框

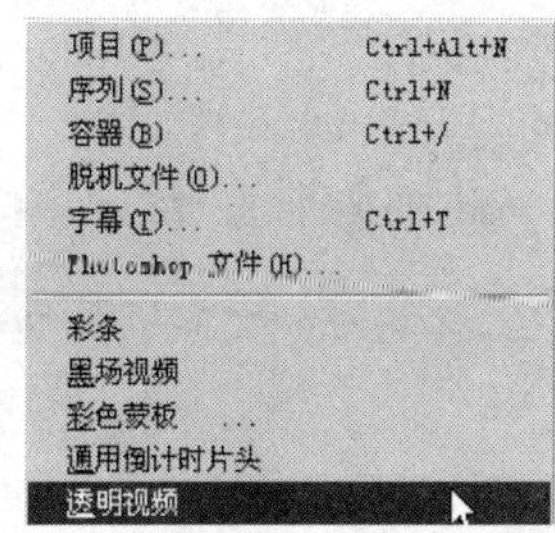

图 3-36　通过菜单命令新建透明视频

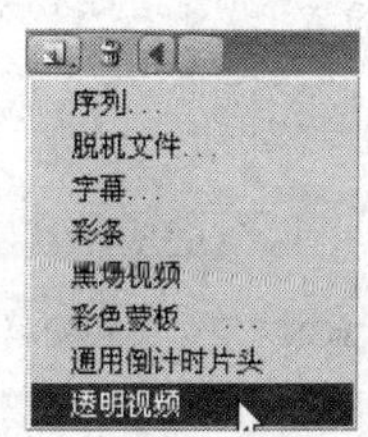

图 3-37　通过【项目】面板新建透明视频

3.3 管理素材

采集与导入素材后，素材便出现在【项目】面板中。【项目】面板会列出每一个素材的基本信息，可以对素材进行管理和查看，并根据实际需要对素材进行分类，以方便下一步的操作。

3.3.1　对素材进行基本管理

在 Premiere 的【项目】面板中可以对素材进行复制、剪切、粘贴、重命名等操作。管理素材的操作步骤如下。

Effect 11

Step 01　接上例。在【项目】面板中选中“3f.avi”，选择【编辑】/【副本】命令，可复制一个同样的视频素材到【项目】面板中，该素材的名称后面带有“副本”字样，如图 3-38 所示。

Step 02　选中复制的剪辑，选择【素材】/【重命名】命令，将其重命名为“空镜.avi”，如图 3-39 所示。

Step 03　选中剪辑“空镜.avi”，可以使用以下 4 种方法将其删除。

① 在菜单栏选择【编辑】/【清除】命令。

② 单击鼠标右键，在弹出的快捷菜单中选择【清除】命令。

③ 按Backspace键。

④ 单击【项目】面板下方的按钮。

Step 04 选中任意一个素材，可以对其进行剪切、复制、粘贴等操作，对应的快捷键分别是Ctrl+X组合键，Ctrl+C组合键，Ctrl+V组合键，读者可以自己尝试。

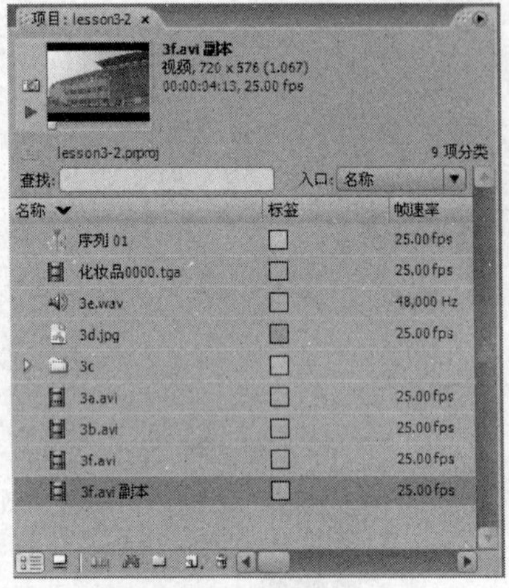

图 3-38 复制视频素材

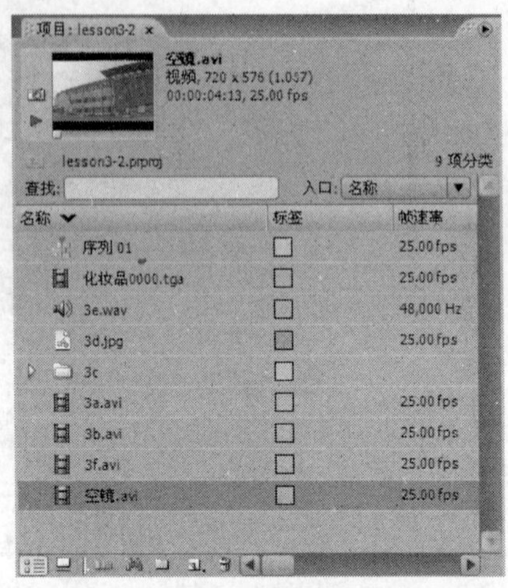

图 3-39 重命名素材

3.3.2 预览素材内容

通过预览，可以了解每一个素材中的内容，还可以对每一个素材进行标识。预览素材的操作步骤如下。

Effect 12

Step 01 接上例。此时观察【项目】面板中不仅有视频素材，还有音频素材和图片。按住Ctrl键的同时用鼠标拖曳【项目】面板，解除面板的停靠，使其变成浮动面板，拖曳【项目】面板边界将其拉大，可以看到每段素材的起止时间、入点、出点、持续时间和视音频信息等，如图 3-40 所示。

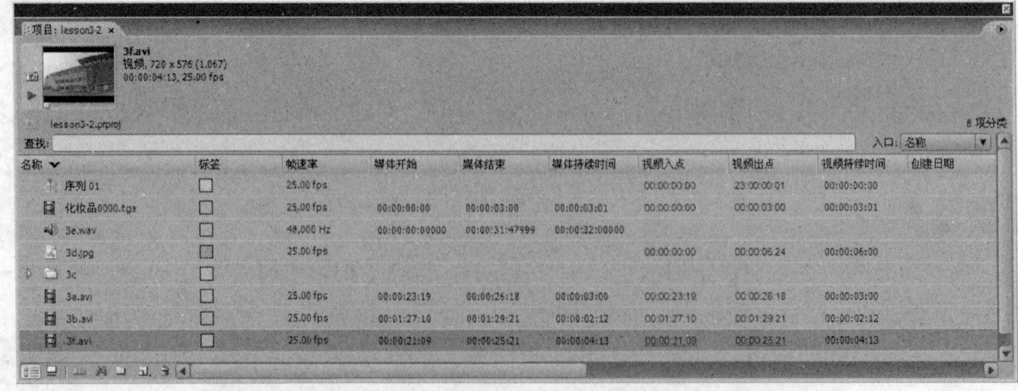

图 3-40 使【项目】面板变成浮动面板并拖曳其边界

Step 02 选中某段剪辑，单击左上角按钮，即可在【项目】面板上方的【缩略图】视图中播放，如图 3-41 所示。

Step 03　当前情况下，各素材以“列表”形式排列，单击按钮，各素材将以“缩略图”形式排列，如图 3-42 所示。

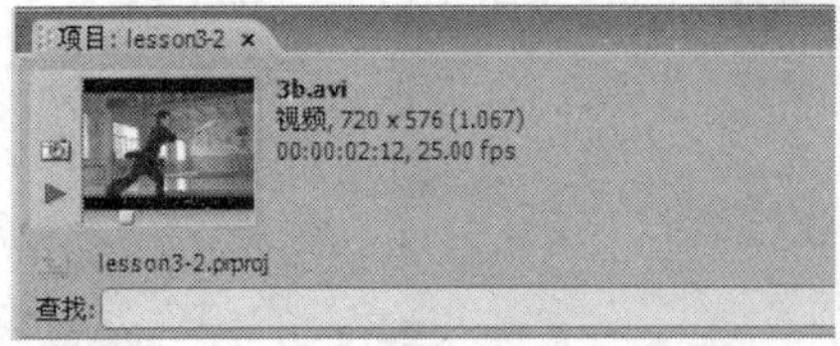

图 3-41　在【缩略图】视图中播放剪辑

图 3-42　素材以“缩略图”形式排列

Step 04　拖曳【缩略图】视图下方的时间滑块，查找一个可以代表该视频特征的画面。查找到所需的画面后，单击预览区左侧的标识帧按钮，为该剪辑在【项目】面板中创建新的缩略图标识，如图 3-43 所示。

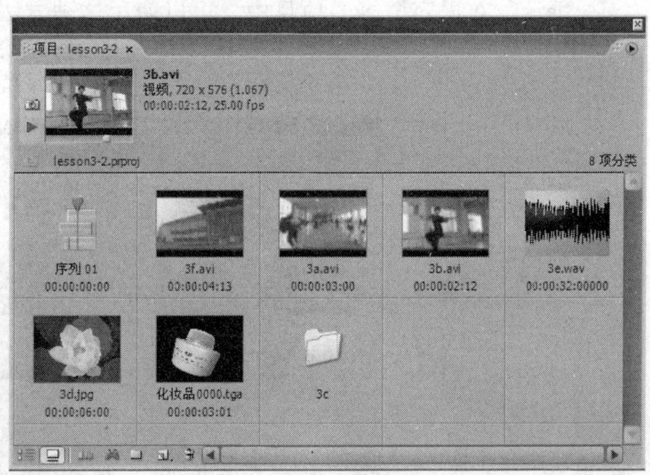

图 3-43　为剪辑标识图像

3.3.3　建立素材文件夹

在【项目】面板中建立素材文件夹，可以像 Windows 操作系统中的文件夹一样对项目中的内容进行分类管理。分类的方法一般有两种，一种是按照素材的内容分类；一种是按照素材的类型分类。两种分类的操作方法相似，这里根据素材的内容分类，操作步骤如下。

Effect 13

Step 01　单击按钮，新建一个文件夹，命名为“场景 1”，将视频素材“3f.avi”拖曳到文件夹“场景 1”中，可见“3f.avi”从【项目】面板中消失，如图 3-44 所示。

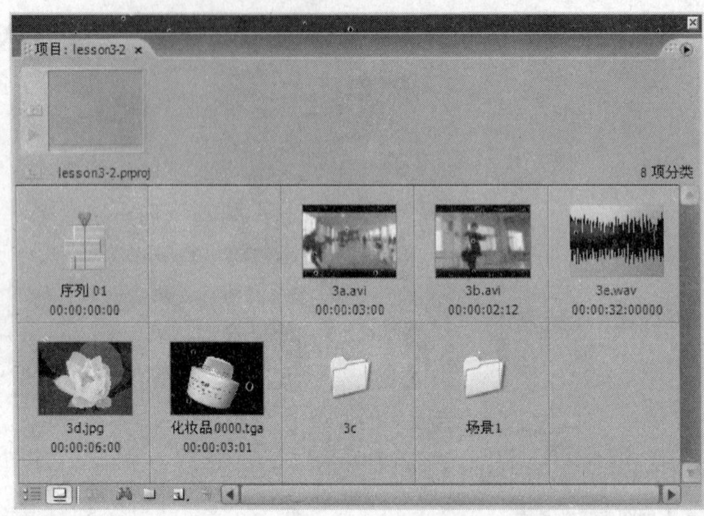

图 3-44 使用“文件夹”管理素材

Step 02 双击“场景 1”文件夹，可见“3f.avi”被移到其中，如图 3-45 所示。

Step 03 按照同样的方法，可以把视频素材“3d.jpg”、“3a.avi”、“3b.avi”都移动到“场景 1”文件夹中，如图 3-46 所示。在内容繁多的项目中，可以使用这种方法来强化对素材的分类管理。

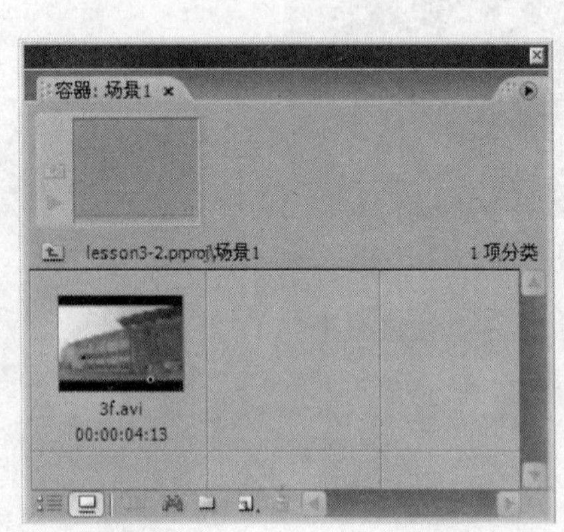

图 3-45 “场景 1”文件夹

图 3-46 移动素材到 “场景 1” 文件夹中

3.3.4 设定故事板

故事板是一种以照片或手绘的方式形象地说明情节发展和故事概貌的分镜头画面组合。在 Premiere 中，可以将【项目】面板的剪辑缩略图作为故事板，协助编辑者完成粗编，操作步骤如下。

Effect 14

Step 01　在【容器】面板中，选中素材，按住鼠标左键将素材拖曳到合适的位置。在场景 1 中，可以将素材按照这样的顺序排列："3f.avi"、"3a.avi"、"3b.avi"、"3d.jpg"，如图 3-47 所示。

Step 02　在【时间线】面板中拖曳时间指针到要放置素材的位置。按住 Shift 键，将【项目】面板中的 5 个素材全部选中，单击【项目】面板下方的按钮，弹出【自动匹配到序列】对话框，如图 3-48 所示。

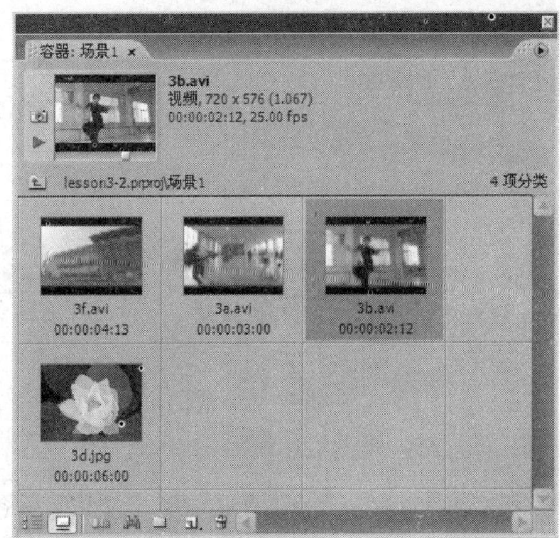

图 3-47　排列素材

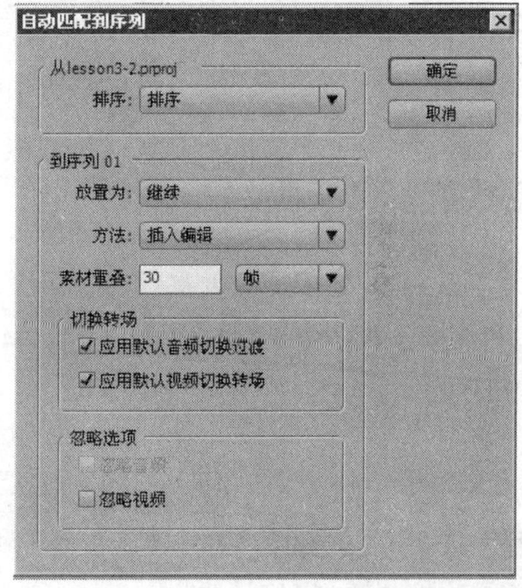

图 3-48　【自动匹配到序列】对话框

【自动匹配到序列】对话框中的常用参数介绍如下。

① 【排序】：下拉列表中有两个选项，选择"排序"，按照【项目】面板中的排列顺序放置；选择"选择顺序"，按照选择素材的顺序放置。

② 【方法】：下拉列表中有两个选项，选择"插入编辑"，将【时间线】面板上已有的剪辑向右移动；选择"覆盖编辑"，将替换【时间线】面板上已有的剪辑。

③ 【素材重叠】：设置默认过渡的帧数或秒数，设置为"30 帧"，意味着相邻剪辑各叠加 15 帧。

④ 【切换转场】：勾选【应用默认音频切换过渡】和【应用默认视频切换转场】复选框，将为相邻的两段剪辑添加默认的"交叉溶解"过渡效果，取消勾选则无过渡效果。

⑤ 【忽略选项】：勾选【忽略音频】复选框，则不放置音频；勾选【忽略视频】复选框，则不放置视频。

Step 03　在【自动匹配到序列】对话框中设置【素材重叠】为"0"，取消对【切换转场】选项组的勾选，单击 确定 按钮，如图 3-49 所示。

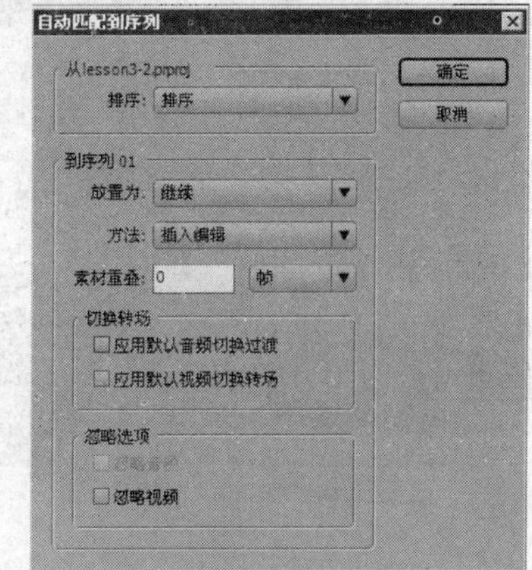

图 3-49　设置【自动匹配到序列】对话框

Step 04　在【时间线】面板中，按照素材在【项目】面板上的顺序，放置了一系列视频剪辑。这样可以完成序列的粗编，如图 3-50 所示。

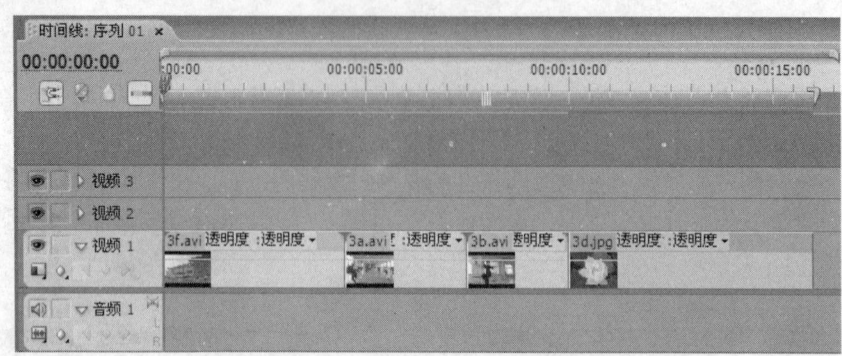

图 3-50　放置视频到【时间线】面板

3.3.5 使用 Adobe Bridge 管理素材

Adobe Bridge 是一种文件与资源管理应用程序，它通常与 Adobe 系列软件结合使用。通过 Premiere 可以直接访问 Adobe Bridge，在 Adobe Bridge 中进行文件的管理、组织和预览等工作。

选择【文件】/【浏览】命令，启动 Adobe Bridge。在【项目】面板中选中某一素材，选择【文件】/【在 Bridge 中显示】命令也可以启动 Adobe Bridge，并播放该素材，如图 3-51 所示。

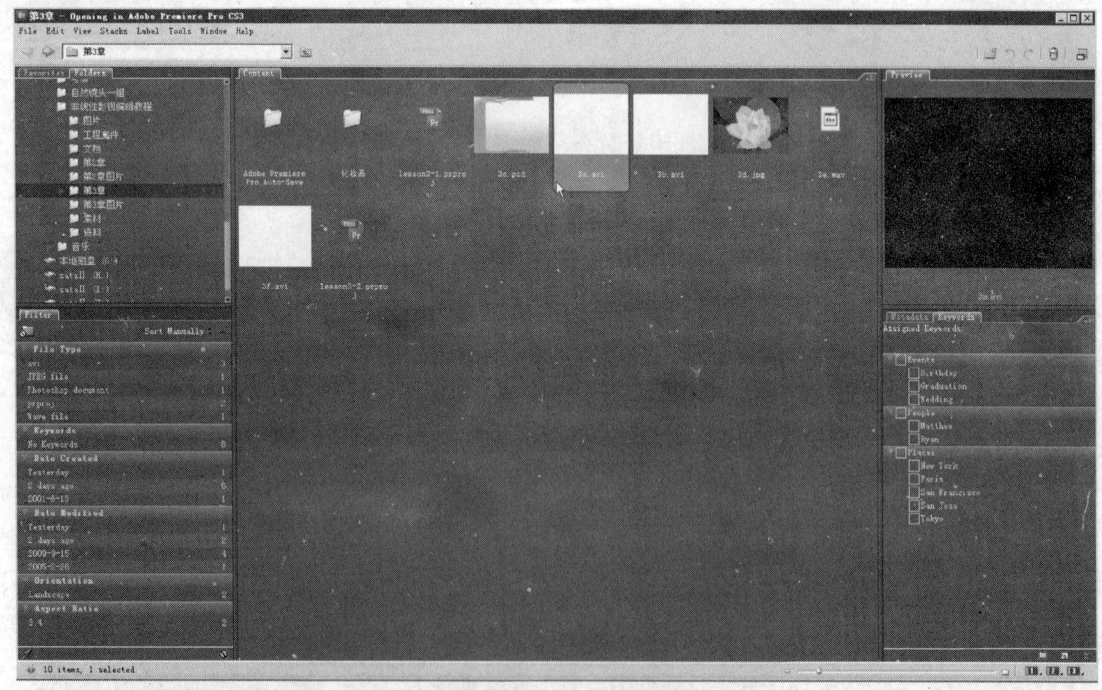

图 3-51　Adobe Bridge 工作界面

在 Adobe Bridge 中对于文件的操作方法类似于 Windows 操作系统的资源管理器：双击 Bridge 文件夹可以查看文件夹中的内容；单击 Bridge 文件夹的下拉列表可以快速跳转到某个文件夹；使用标

准的 Windows 操作命令可以对文件进行剪切、复制、粘贴或删除等操作。

小结

在 Premiere 中编辑作品时，首先要采集和导入各种各样的素材。本章主要介绍了如何从数字摄像机或者录像机上采集视音频，如何导入各种格式的视音频文件、图形图像文件，以及在【项目】面板中如何对它们进行管理。利用 Premiere 的【项目】面板，还可以设计故事板，对作品进行粗编。

习题

一、简答题

1. 在采集过程中，如何添加额外的帧，以确保有足够的长度添加切换特效？
2. 描述导入素材的两种方法。
3. 【项目】面板有什么作用？
4. 描述打开 Adobe Bridge 窗口的两种方法。

二、操作题

1. 从数字摄像机上或者录像机上采集一段视音频素材。
2. 新建一个项目文件，并导入视频文件、图像文件、序列文件素材。
3. 新建一个项目文件，导入需要的素材，并利用【项目】面板的故事板功能，完成作品的粗编。

第4章 创建与编辑序列

序列是【时间线】面板上所有编辑完成的视频、音频剪辑的组合。一段素材可以先在【素材源】监视器进行编辑，设置入点、出点后，通过插入编辑、覆盖编辑的方式放入【时间线】面板。在【时间线】面板中可以对剪辑进行各种编辑操作。本章将介绍建立与管理序列，在【素材源】监视器和【时间线】面板中编辑素材的方法，编辑工具和一些基本编辑技巧。

【教学目标】

- 掌握建立和管理序列的方法。
- 掌握在【素材源】监视器中编辑素材的方法。
- 掌握在【时间线】面板中编辑剪辑的方法。
- 掌握【工具】面板中各种工具的使用方法。
- 掌握镜头组接的编辑技巧。

4.1 建立和管理序列

在 Premiere Pro CS3 中，序列是时间线上所有编辑完成的视频、音频剪辑的组合。在一个【时间线】面板中编辑好一组视频、音频剪辑，并将它们按一定位置和顺序排列，就成为一个序列。序列最终将输出成为影片。

一个项目中可以创建多个序列。编辑制作较大的影视节目时，可以根据内容分为几个段落，每个段落都使用一个序列进行编辑。这样既能减少工作中的差错，也能使思路条理清晰。

> **提示：** 值得注意的是，本章提到的“序列”和素材类型中的“序列文件”是两个不同的概念。GIF 格式、TGA 格式的素材文件，在导入到 Premiere 中时，是一种“序列文件”，指的是文件格式。而本章提到的“序列”，则是指一个【时间线】面板中编辑好的所有剪辑。要注意两者的区别。

在【项目】面板中可以进行序列的管理，创建好的所有的序列都会出现在【项目】面板中。当启动 Premiere 创建新项目时，会在【项目】面板中创建一个默认的序列“序列 01”。

下面介绍如何在一个项目文件中创建新的序列。创建新序列的方法有两种：一是单击【项目】面板下方的新建分类按钮，在弹出的下拉菜单中选择【序列】命令，如图 4-1 所示；二是在菜单栏中选择【文件】/【新建】/【序列】命令。使用这两种方法都可以弹出【新建序列】对话框，如图 4-2 所示。

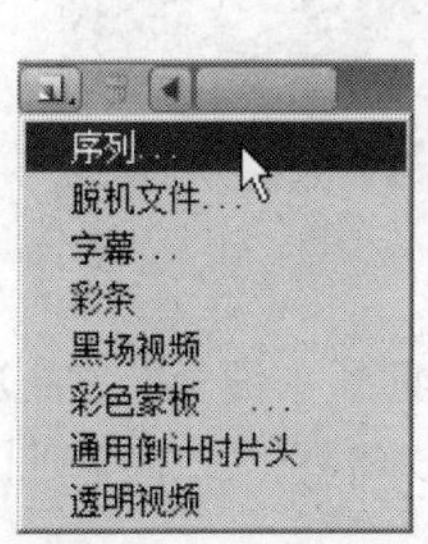

图 4-1　通过【项目】面板新建序列

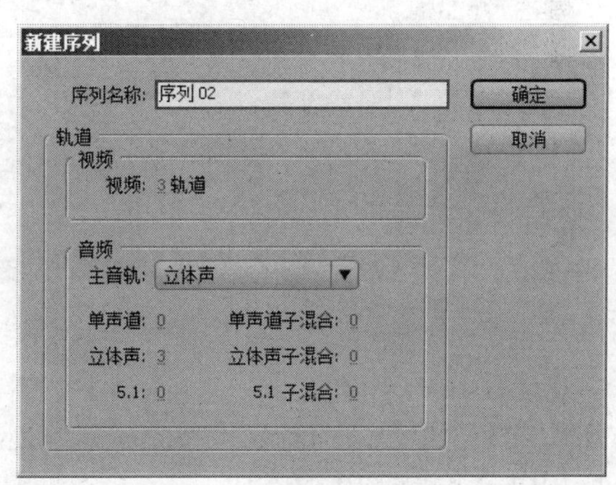

图 4-2　【新建序列】对话框

在【新建序列】对话框的【序列名称】文本框中输入新序列的名称。在下面的【轨道】面板中，可以单击【视频】后面的蓝色数字，输入要添加的视频轨道数目，或者将鼠标指针放到蓝色数字上进行左右拖曳来改变数值。在【主音轨】下拉列表中，可以选择“单声道”、“立体声”、“5.1”等选项。在下面各选项的蓝色数字上，都可以通过单击鼠标根据需要输入数值。

下面，通过实例介绍如何在一个项目文件中创建两个序列，并分别用来编辑不同的剪辑内容。

Effect 01

Step 01 将本书附盘中的“第 4 章”目录复制到本地硬盘上，在以下的内容中将用到此目录中的文件。

Step 02 启动 Premiere，新建项目文件“lesson4-1”，在【项目】面板中有一个默认序列“序列 01”。

Step 03 选择菜单栏中的【文件】/【导入】命令，定位到本地硬盘“第 4 章”文件夹，导入文件“4a.avi”、“4b.avi”、“4c.avi”、“4d.avi”、“4e.avi”、“电脑.jpg”，导入后的【项目】面板如图 4-3 所示。

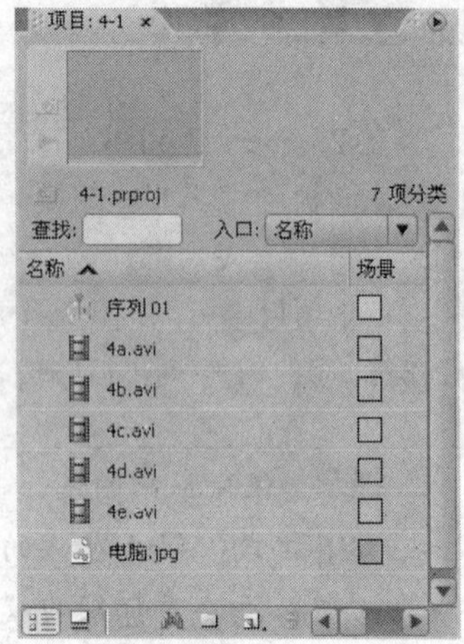

图 4-3 导入文件后的【项目】面板

Step 04 选中【项目】面板中的“4a.avi”，将其拖曳到【时间线】面板的【视频 1】轨道，与【视频 1】轨道的左端对齐。再分别选择【项目】面板中的“4b.avi”、“4c.avi”，并拖曳至【时间线】面板已有剪辑的后面并依次排列，这样就为第 1 个序列添加了剪辑，如图 4-4 所示。

Step 05 单击【项目】面板下方的新建分类按钮，在弹出的下拉菜单中选择【序列】命令，在弹出的【新建序列】对话框中单击 确定 按钮。在【项目】面板中出现了“序列 02”，如图 4-5 所示。

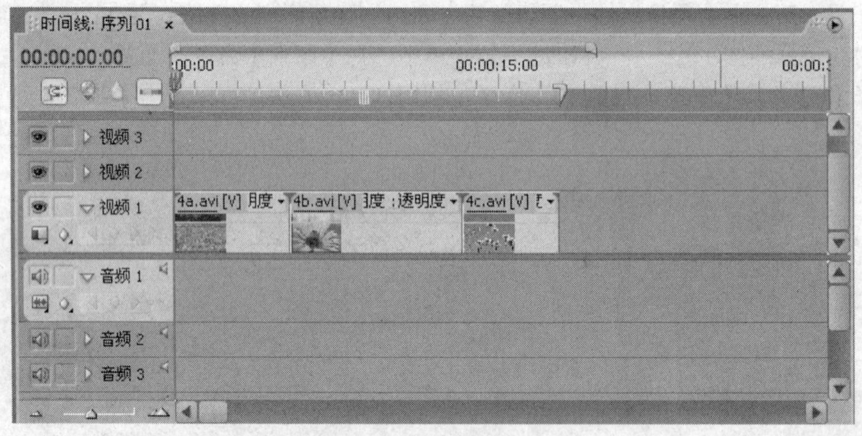

图 4-4 序列 01 的【时间线】面板

Step 06 观察【时间线】面板，可见增加了一个“序列 02”的【时间线】面板，在视频轨道上没有任何剪辑。分别选中【项目】面板的“4c.avi”、“4d.avi”、“4e.avi”，将其依次拖曳到【时间线】面板【视频 1】轨道上，如图 4-6 所示。

从以上操作可以看出，序列 01 和序列 02 是两个独立的【时间线】面板，可以互不影响、独立编辑各自不同的剪辑内容。

> **提示：**要在【时间线】面板中编辑不同的序列，需要先将该序列激活。要切换到不同序列的【时间线】面板，有两种方法：一是双击【项目】面板中相应的序列；二是切换【时间线】面板上方的【时间线】选项卡。被激活序列的【时间线】面板，会有橙黄色的外轮廓，表示可以在当前【时间线】面板进行编辑。

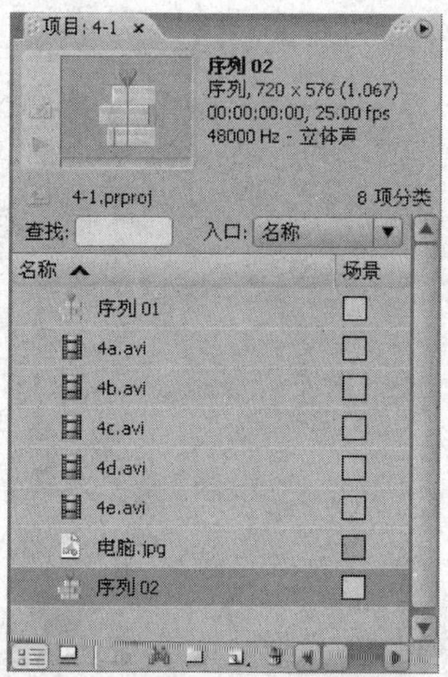

图 4-5　【项目】面板中新增的序列

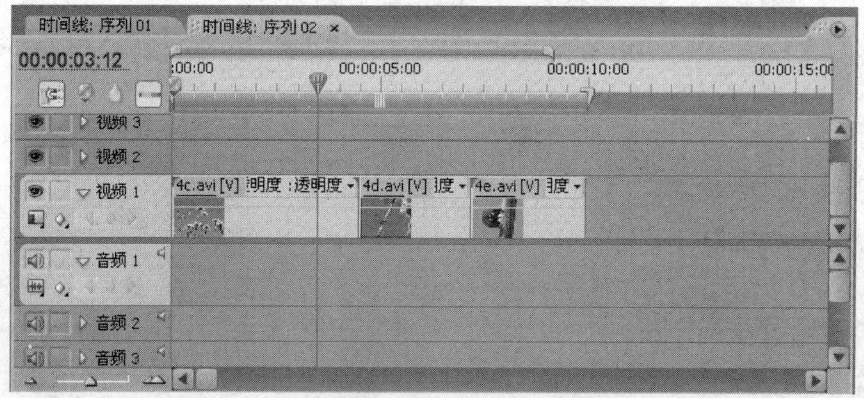

图 4-6　序列 02 的【时间线】面板

4.2 在【素材源】监视器中进行编辑

通常来讲，一段素材往往只需要截取其中的一部分放到时间线上使用。所谓入点是指一段素材放到时间线上的开始点，而出点是指放到时间线上的结束点。在【素材源】监视器中的时间线上对入点和出点做进一步的调整，可以减少下一步编辑工作的麻烦。图 4-7 所示为【素材源】监视器各部分的功能，上方的视频显示区域可以显示各种素材，下方的控制器区域可以对素材进行搜索、设置出入点、插入、覆盖等操作。

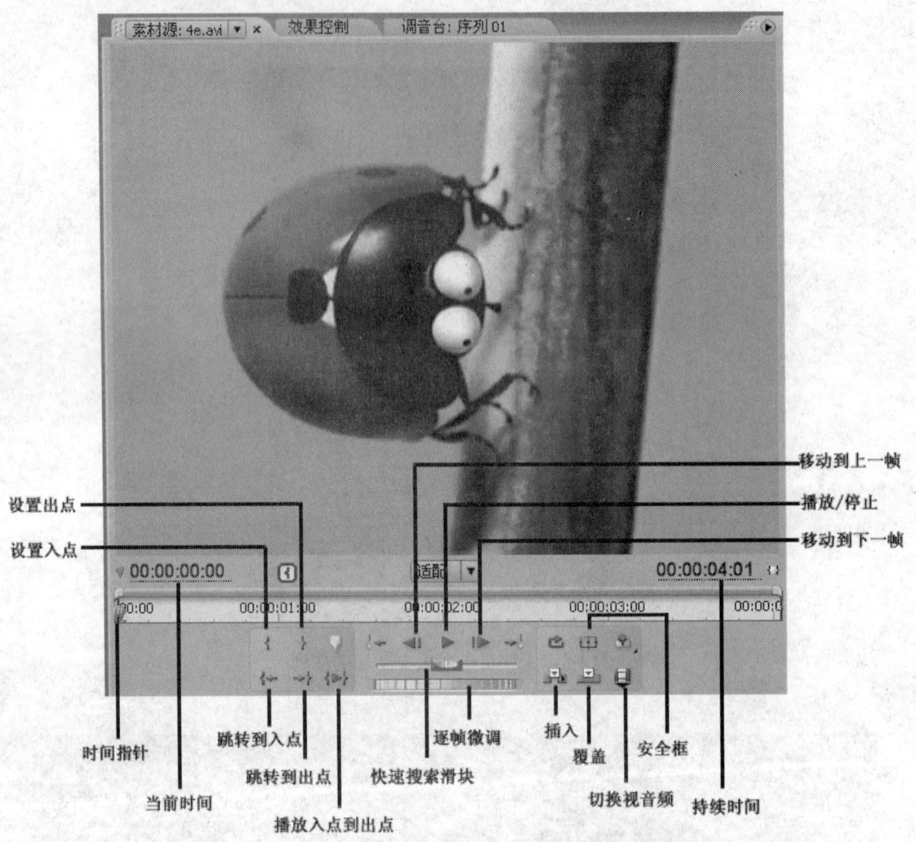

图 4-7 【素材源】监视器

4.2.1 选择和浏览剪辑

下面介绍如何在【素材源】监视器中浏览和选择剪辑，操作步骤如下。

Effect 02

Step 01 启动 Premiere，创建项目文件“lesson4-2”。选择【文件】/【导入】命令，导入“第 4 章”文件夹下的文件“4e.avi”、“4f.avi”。

Step 02 在【项目】面板中双击“4e.avi”，该素材显示在【素材源】监视器上中。另一种方法是将“4e.avi”直接拖曳到【素材源】监视器中。

Step 03 单击▶按钮播放素材，在浏览的同时寻找需要的部分，在合适的位置停止。

Step 04 前后拖曳时间指针，【素材源】监视器左下方的【当前时间】显示器会随着指针的移动而改变，观察图像的变化，定位素材所停留的帧数。【素材源】监视器右下方的【持续时间】显示器是指整段素材的时间长度，不会随时间指针的移动发生变化。

Step 05 单击安全框按钮⊞，视频显示区出现两个矩形框，如图 4-8 所示。安全框显示了图像运动和字幕的安全显示区域，外边框是图像安全区，内边框是字幕安全区，图像和字幕在相应区域内不会受到图像扫描的影响，能有效输出和播放。如果重要的图像内容和字幕超出相应的边框，那么有可能会因为信号传输中的技术原因，不能正常传输和播放。在【素材源】监视器和【节目】监视器中都可以查看安全框。

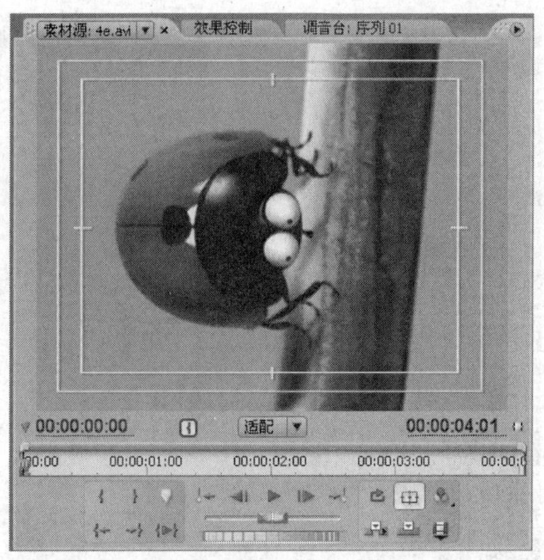

图 4-8　素材的安全显示区域

Step 06　在【项目】面板中双击素材“4f.avi”，这时，【素材源】监视器上方显示素材“4f.avi”的图像。使用相同的方法，可以对该素材进行浏览和定位。

在【素材源】监视器中，不仅可以浏览视频素材，还可以浏览【项目】面板中的音频素材、图像、字幕等。单击【素材源】监视器左上方监视器名称处的下拉菜单，可以对已浏览过的素材进行选择。

4.2.2　设置剪辑的入点和出点

下面为视频素材设置入点和出点，截取素材中的有用部分，为放入【时间线】面板进行编辑做好准备。设置入点、出点时，一定要对素材进行准确定位，操作步骤如下。

Effect 03

Step 01　在【项目】面板中双击素材“4e.avi”，在【素材源】监视器上方显示素材“4e.avi”的图像。

Premiere 提供了几种不同的方法精确定位素材，例如要将一段素材停留在“00:00:02:17”处，可以使用以下几种方法。

① 拖曳时间指针，同时结合按钮和按钮向前、向后逐帧移动，注意控制【素材源】监视器左下方的【当前时间】显示器，使其停留在“00:00:02:17”处。

② 结合使用滑块和工具使时间指针停留在“00:00:02:17”处。

③ 单击【素材源】监视器左下方的【当前时间】显示器，将原来的时间码数值选中，直接输入“217”后按 Enter 键，【当前时间】显示器将停留在“00:00:02:17”处。

> **提示**：在【当前时间】显示器上输入“45”后按 Enter 键，会显示为“00:00:1:20”，也就是 45 帧。如果项目设置的是 NTSC 制，【当前时间】显示器将显示为“00:00:1:15”，因为 NTSC 制每秒为 30 帧，而 PAL 制每秒只有 25 帧。

Step 02 将时间指针定位到“00:00:00:03”处，单击按钮设置入点。

Step 03 将时间指针定位到“00:00:02:17”处，单击按钮设置出点，如图 4-9 所示。

图 4-9 设置了入点与出点的【素材源】监视器

Step 04 单击按钮，在【素材源】监视器中播放入点至出点之间的视频内容，也可以通过单击按钮和按钮分别跳转到入点和出点。

Step 05 观察【素材源】监视器右下方的【持续时间】显示器，素材长度已经由原来的“00:00:04:01”变为“00:00:02:15”，这时的持续时间是指从入点到出点之间的时间长度。

提示：要删除已经设置的入点和出点，可以在时间指针上单击鼠标右键，在弹出的菜单中选择【清除素材标记】/【入点】或【出点】命令，或者按键盘上的D键（清除入点）或G键（清除出点），或者在菜单栏中选择【标记】/【清除素材标记】/【入点】或【出点】命令，都可以将入点或出点清除。

4.2.3 插入编辑和覆盖编辑

【素材源】监视器提供了两种将剪辑放置到【时间线】面板中的方式：插入编辑和覆盖编辑，如图 4-10 所示。

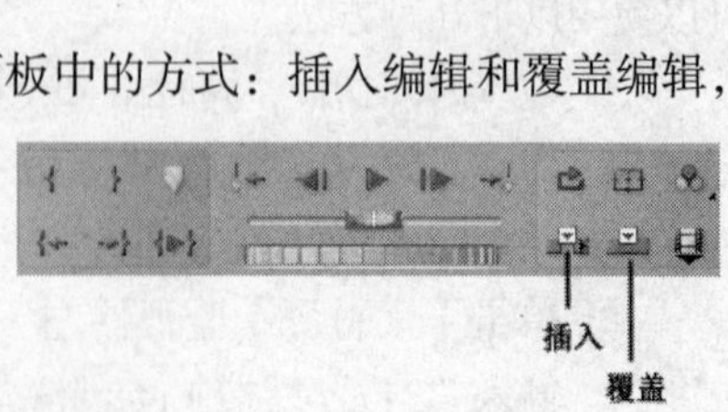

使用插入编辑时，【时间线】面板中已有的剪辑在时间指针处被截断，【素材源】监视器中入点至出点间的剪辑在时间指针处插入，将被截断素材的后半部分在时间线上右移，节目总长度变大。使用覆盖编辑时，【素材源】监视器中入点至出点间的剪辑也在时间指针处被插入，不同的是，新插入的素材会覆盖【时间线】面板中已有的部分剪辑。

插入
覆盖

图 4-10 插入编辑按钮和覆盖编辑按钮

下面将已设置了入点、出点的剪辑“4e.avi”分别采用插入编辑和覆盖编辑的方式放到【时间线】面板中，操作步骤如下。

Effect 04

Step 01　在【项目】面板中选中剪辑“4f.avi”，将其拖曳到【时间线】面板【视频 1】轨道的左端，如图 4-11 所示。单击【时间线】面板左上方的【当前时间】显示器，输入“221”，将时间指针定位在“00:00:02:21”处。

图 4-11　将剪辑放入【时间线】面板

Step 02　单击【素材源】监视器下方的按钮，其中有 3 个选项：视频、音频、视音频。选择视频模式只插入剪辑的视频部分，选择音频模式只插入剪辑的音频部分，选择视音频模式则同时插入剪辑的视频和音频。多次单击按钮可以在 3 个选项中进行切换，这里选择视频模式。

Step 03　单击按钮，或者在菜单栏中选择【素材】/【插入】命令，进行插入编辑。【时间线】面板中已有剪辑在指针处被截断，插入新的剪辑，被截断剪辑的后半部分右移，整个影片的时间被加长，如图 4-12 所示。

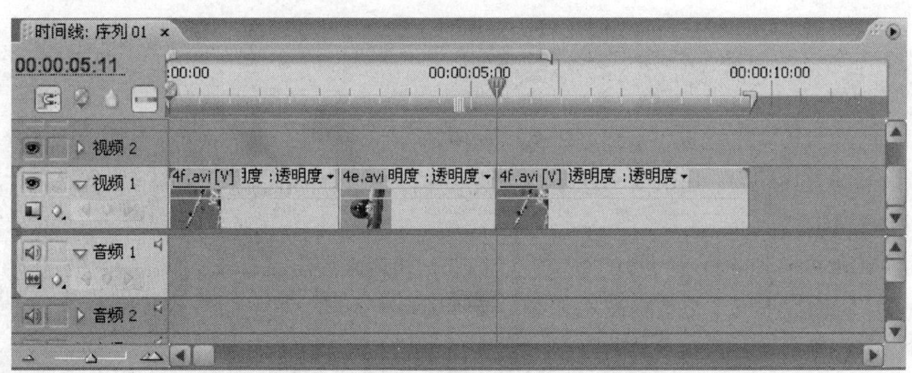

图 4-12　插入编辑后的【时间线】面板

Step 04　将【时间线】面板的时间指针移至轨道左端，单击【节目】监视器中的按钮，观看插入编辑后的效果。

Step 05　选择【编辑】/【撤销】命令，取消刚才的插入编辑操作。下面进行覆盖编辑的操作。

Step 06　同样将【时间线】面板上的时间指针定位到“00:00:02:21”处，单击按钮或者选择菜单栏中的【素材】/【覆盖】命令，进行覆盖编辑，如图 4-13 所示。【时间线】面板中原来的剪辑“4f.avi”在时间指针处被截断，被插入的新剪辑覆盖掉一部分，影片的总长度没有变化。

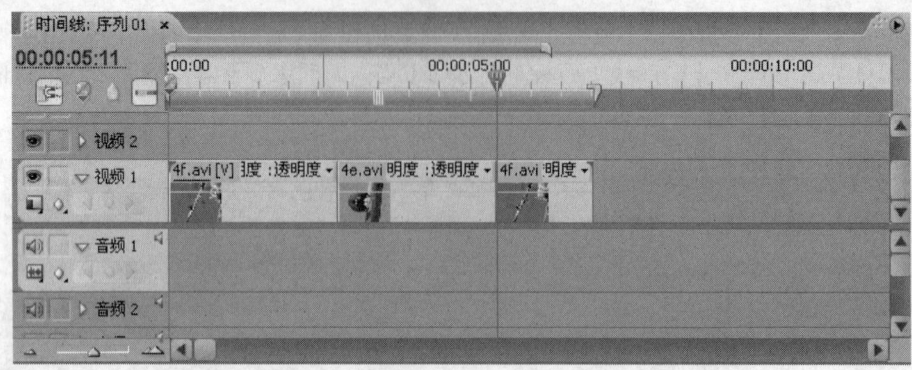

图 4-13 覆盖编辑后的【时间线】面板

Step 07 将【时间线】面板的时间指针移至轨道左端，单击【节目】监视器中的▶按钮，观看覆盖编辑后的效果。

读者可以对比图 4-12 和图 4-13，体会插入编辑和覆盖编辑的区别。

4.3 编辑技巧简介

镜头是影片最基本的组成单元，而编辑的关键在于处理镜头与镜头之间的关系，能够使镜头的连接变得顺畅、自然，既能明白简洁的叙事，又具有丰富的表现力和感染力。本节将介绍几种具体的编辑技巧和原则，认真揣摩和钻研这些技巧能够帮助初学者理解镜头的组成与编辑方式，但是要想真正编辑出流畅的影片，除了多观摩学习之外，更重要的是在具体的操作与实践中提高能力和积累经验。

4.3.1 编辑技巧之一 ——如何“切”镜头

观看影片的时候可以发现，绝大多数镜头和段落是通过“切”来完成的。“切”也就是“切换”，是利用镜头画面直接切入、切出的方法衔接镜头、连接场景、转换时空，以无技巧的方式进行镜头组接的编辑方法。

虽然编辑软件中通常给出大量的视频转场特效，如淡入淡出、划像、叠化等，但过于频繁的使用转场特效，反而使人看了之后觉得不流畅。与转场特效不同，直接切换看似没有技巧，实际上是最能检验一个编辑者水平高低的方式，是最重要的编辑技巧。

“切”是蒙太奇中最常用的编辑手法，如在本书第 1 章中提到的叙事蒙太奇的例子。

（1）镜头 1：举报电话响起来——特写——2s。

（2）镜头 2：工作人员接起电话——近景——3s。

（3）镜头 3：工作人员作笔录——特写——2s。

（4）镜头 4：办案人员迅速跑下办公大楼——全景——3s。

（5）镜头 5：办案人员上车——近景——2s。

（6）镜头 6：车开出工商局大院——全景——3s。

（7）镜头 7：车开进群众举报的造假窝点——全景——4s。

（8）镜头 8：办案人员下车，进入现场——全景——4s。

这个段落实际上就是以“切”的方式实现了时间的压缩和空间的转换，组成了一个蒙太奇的叙事语句，将既简练又能将说明事件的镜头提炼出来，省略了拖沓冗长的镜头部分。

提炼镜头所遵循的原则，其一是要强调镜头的内在联系，在人物关系、情节、动作等方面有合理的联系性。镜头的组接要能够讲明事件的发展状况，不能一味省略而使观众看不懂，要时刻考虑是否符合叙事的要求，观众能否理解和接受。例如，在“工商人员办案”这一段落中如果将镜头 5 省略，就会让人觉得不太流畅，少了“办案人员上车”这一信息的提供，观众对于办案人员的去向不明了，而对于下一个镜头中出现的车感到莫明其妙，缺少一种心理的铺垫，实际的效果会逊色许多。其二是要注意节奏的安排。影片的节奏由内部节奏和外部节奏组成。内部节奏是由影片的情节发展、矛盾冲突以及主体本身的运动变化而产生的；外部节奏主要指镜头的运动速度和镜头切换的速度。内部节奏由影片的剧本、结构以及拍摄手法决定；外部节奏由编辑方式决定。

电影理论家马赛尔•马尔丹曾指出，“一般来说，长镜头的节奏缓慢，或者使人感到压抑，或者在感觉上达到同自然的结合等。相反，大部分情感下，短镜头（或闪现镜头）常营造出一种快速的、冲动的、活泼的、易成悲剧的节奏，产生的效果是愤怒、速度、极大的活力、力量、剧烈的冲击等。”较长的镜头、较少的切换能够造成缓慢的节奏，适合于抒发情感和表达悠远绵长的情绪。而快切的手法用于表现富有动感和紧张刺激的场景，某些情况下还会采取镜头越来越短，切换越来越快的加速方式渲染紧张的气氛，使观众的情绪自然而然的随着镜头节奏加快而紧张起来。节奏的快慢要根据剧情表达的需要来组织安排。例如，刚才提到的“工商人员办案”的段落中，其内部节奏显然是十分紧张的，应当由较短的镜头和快切的手法完成。

4.3.2　编辑技巧之二 ——景别的运用

在拍摄过程中，经常会遵循主场景镜头拍摄法，这是一种有助于在后期将镜头顺畅地编辑到一起的拍摄方法。主场景镜头拍摄法首先拍摄主场景，用全景镜头来描述一个场景中所有的人物、动作等。主场景镜头是一个基准，决定了空间关系以及以后各个镜头的拍摄方式。在拍完主场景镜头之后就可以进一步拍摄不同角度和不同景别的镜头。

不同景别的镜头具有不同的含义，一般大全景、全景排列在开头或结尾，交代人物活动的环境，展现气氛气势；中景更重视具体动作和情绪交流，有利于交待人与人、人与物之间的关系；近景画面主体更加突出，环境和背景的作用降低，用来细致的表现人物的面部神态和情绪；适量的特写可以起到放大形象、强化内容、突出细节等作用，并达到透视事物深层内涵、揭示事物本质的目的。

按照全景、中景、近景、特写的顺序组织镜头是一种比较顺畅的编辑方式。一个场景的开始可以用全景或大全景交代情节发生的环境因素，可能是有主体活动的镜头，也可能是没有主体的空镜头，之后用中景、近景交代主体的活动，推动剧情的发展，其中适当的运用特写十分关键，在交代某种细节、突出某种特征的时候，特写是最有效的方式，但是特写不同于普通镜头，过于频繁使用效果会适得其反。

例如，描写一只瓢虫停留在一枝花上的一组镜头，在进行编辑时，可按照图 4-14 ~ 图 4-16 的顺序编辑。

图 4-14 全景

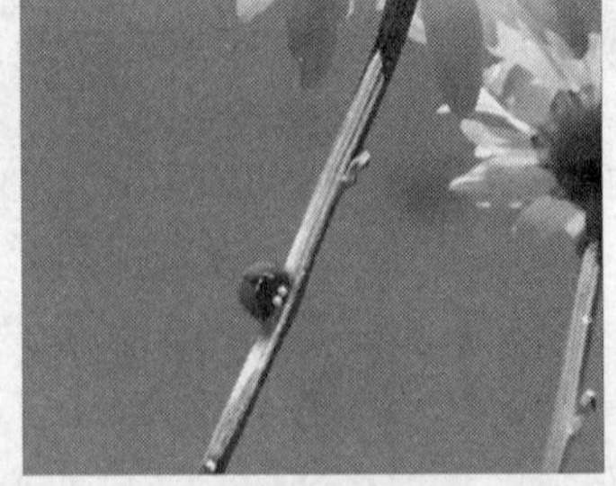
图 4-15 中景

图 4-16 近景

有时也可以按照特写、近景、中景、全景的顺序进行编辑，将特写放在前面，开门见山，先入为主地突出某人或某物。使用这样的组接顺序时，往往都是有非常重要的事情要使用特写来交代，并放在前边以提醒观众其重要性，如一个重要的道具，或者人物富有特点的表情等。

4.3.3 编辑技巧之三 ——镜头语言的省略与凝练

蒙太奇是一种省略的艺术，它可以将漫长的生活流程用短短的几个镜头表达出来，将要传达的意图提纲挈领地传达给观众。一部影片所包含的内容可能很多，要表达的故事可能很复杂，如何取舍、如何抓住讲述的重点十分关键。不加以取舍，影片就会像流水账一样，平淡无味。凝练也不等同于将所有的东西都省略、草率的讲述，不顾观众是否理解，而是在压缩时间的同时，也为情绪的表达增加写意空间，有紧有松，造成节奏的变化。

在影片中经常会发现省略的运用，如影片《天堂电影院》中，失明的老人和孩子在谈话，老人抚摸孩子的面颊，待老人的手放下，孩子已经长成年轻人。通过几个镜头就交代了好几年的时间，快速推动了剧情的进程。

再如讲述一个女孩苦苦等待恋人，只用一组季节变换的镜头来展现女孩落寞的身影，简洁凝练，向观众表明这一过程的漫长与难熬，更能感动人心，如图 4-17 所示。

图 4-17 省略的运用

4.4 在【时间线】面板中进行编辑

【时间线】面板是非线性编辑的核心面板。在【时间线】面板中，从左到右按顺序排列的视频、音频剪辑，将最终渲染成为影片。视频、音频剪辑的大部分编辑合成工作和特效制作都要在该面板中完成，如图 4-18 所示。

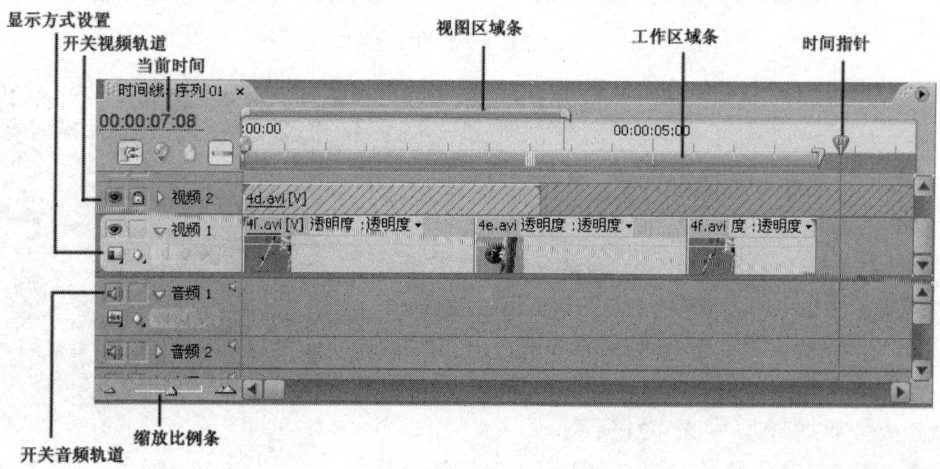

图 4-18　【时间线】面板

从图 4-18 中可以看出，【时间线】面板被一条灰色的线分为上、下两部分，上面是视频编辑轨道，下面是音频编辑轨道，默认情况下视频和音频各有 3 条轨道。在实际操作中，可根据需要增加或减少视音频轨道。【时间线】面板也分为左右两部分，左边为轨道的操作区，右边为各轨道中剪辑的编辑区。

4.4.1 【时间线】面板中的基本操作

下面将介绍【时间线】面板中常用的基本操作。

Effect 05

Step 01 启动 Premiere，新建项目文件“lesson4-3”。选择【文件】/【导入】命令，导入“第 4 章”文件夹下的“4a.avi”、“花朵.bmp”。

Step 02 将鼠标指针放到【时间线】面板左侧【视频 3】轨道名称上，单击鼠标右键，弹出如图 4-19 所示的快捷菜单。

① 【重命名】：为选中的轨道重新命名。

② 【添加轨道】：选择该命令，弹出【添加视音轨】对话框，根据需要设置要增加的轨道数目。

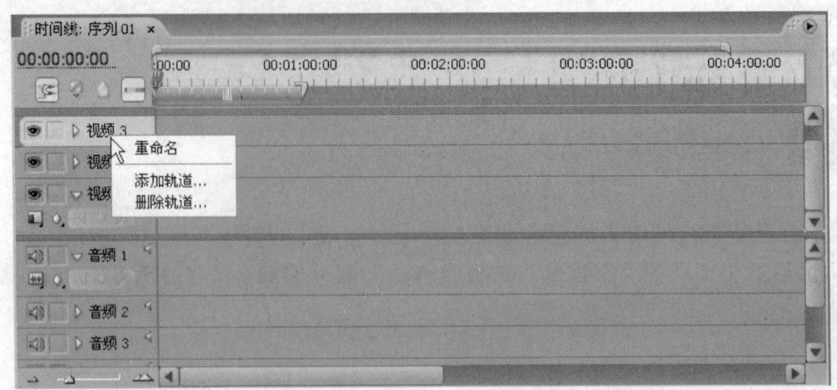

图 4-19　轨道名称的快捷菜单

③【删除轨道】：选择该命令，弹出【删除视音轨】对话框，根据需要选择要删除的轨道。

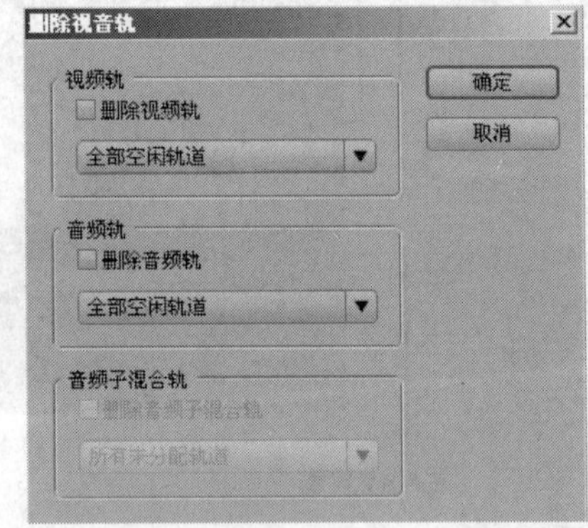

图 4-20　【删除视音轨】对话框

Step 03　选择【删除轨道】命令，弹出【删除视音轨】对话框，如图 4-20 所示。

Step 04　勾选【删除视频轨】复选框，在【全部空闲轨道】下拉列表中选择“目标轨”，单击 确定 按钮退出对话框。【时间线】面板中的【视频 3】轨道被删除。

Step 05　在【视频 1】轨道名称上单击右键，在弹出的菜单中选择【重命名】命令，输入“动态”。用同样的方法，将【视频 2】轨道改名为“静态”，如图 4-21 所示。

Step 06　在【动态】轨道左侧的操作区单击将其选中，该轨道左侧的操作区呈亮灰色显示。选择【项目】面板的“4a.avi”，按住鼠标左键拖曳至【动态】轨道左侧，当轨道左侧出现黑色竖线时，松开鼠标，如图 4-22 所示。

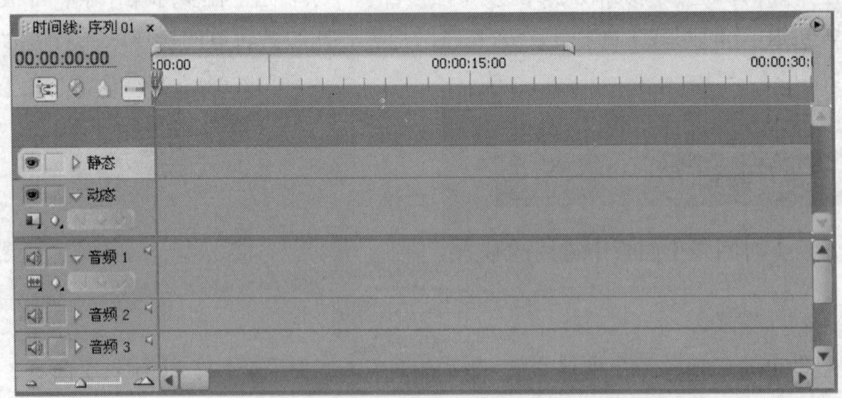

图 4-21　重命名轨道后的【时间线】面板

Step 07　按键盘上的 + 键，扩展时间线视图；按 − 键，缩小时间线视图。将鼠标指针移动至【时间线】面板上方的视图区域条的右端，按住鼠标左键左右拖曳，或者拖曳【时间线】面板左下角的滑块，也可以缩放视图。

Step 08　单击【动态】轨道左侧的设置显示方式按钮，选择不同选项，观察该轨道剪辑的不同显示风格，如图 4-23 所示。

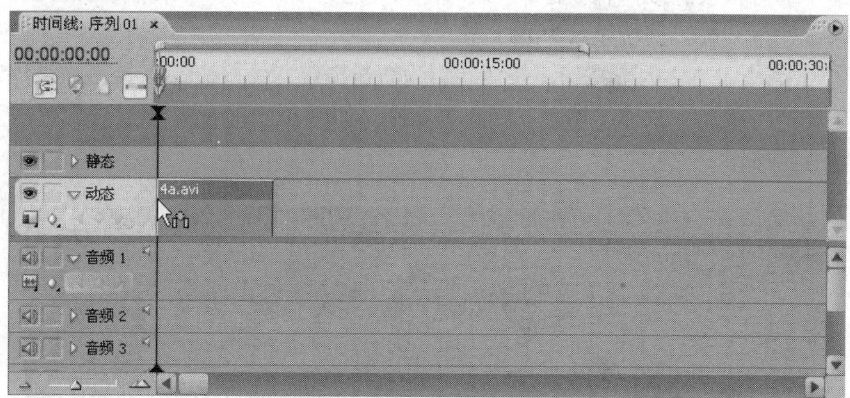

图 4-22　将素材放入选中的视频轨道

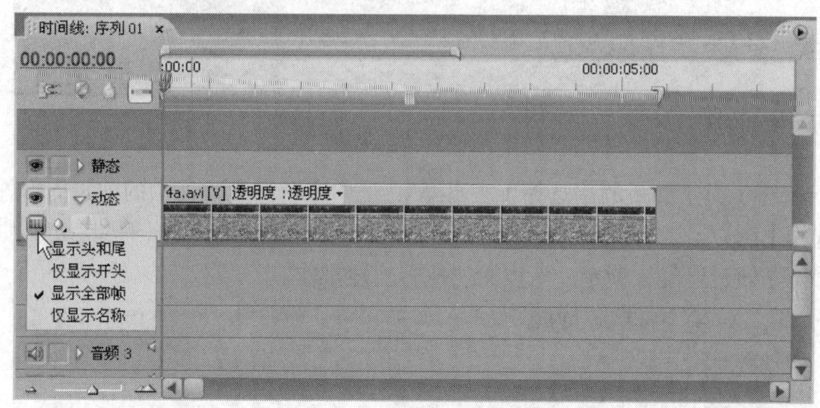

图 4-23　改变剪辑的显示风格

Step 09　选择【项目】面板中的素材“花朵.bmp”，将其拖曳至【静态】轨道，和轨道左端对齐，单击【静态】轨道名称左边的小三角图标▷，将该轨道展开显示，如图 4-24 所示。再次单击该图标，该轨道被折叠。

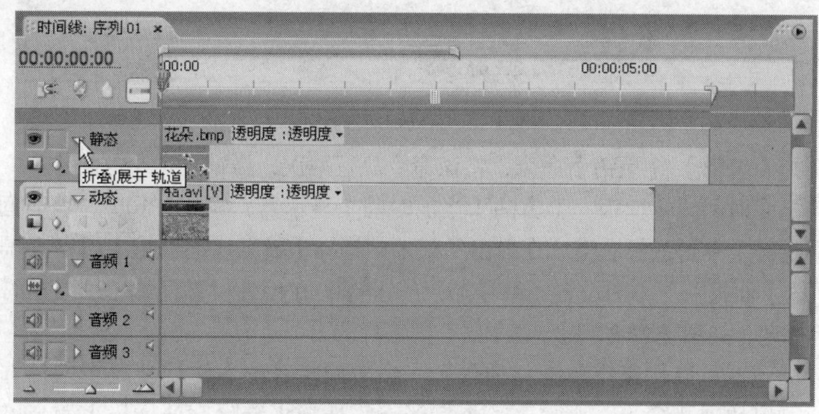

图 4-24　展开轨道

Step 10 单击【静态】轨道左侧的开关轨道输出按钮，该按钮显示为状态，在【节目】监视器中该轨道中的剪辑被隐藏，不再显示。如果将该序列输出为影片，则该轨道的内容也不会被渲染。再次单击该按钮，按钮重新显示为状态。

Step 11 单击按钮右边的按钮，按钮转换为轨道锁定开关按钮，该轨道被锁定，不能对该轨道内的剪辑进行移动、拉伸、切割、删除等操作，如图 4-25 所示。如果再次单击按钮，则按钮重新显示为按钮。

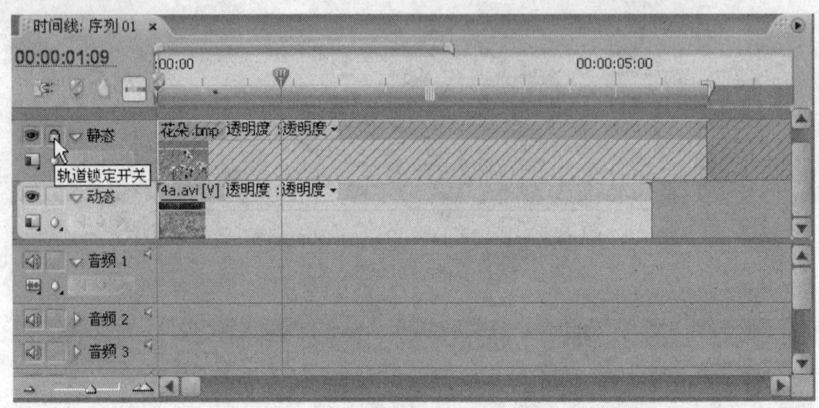

图 4-25 锁定轨道

Step 12 选择【工具】面板的【选择】工具，选中【动态】轨道中的剪辑向右拖曳，移动剪辑的位置。选择【剃刀】工具，在【动态】轨道剪辑的中间位置单击，将其截断，如图 4-26 所示。由于【静态】轨道已经被锁定，所以无法执行上述操作。

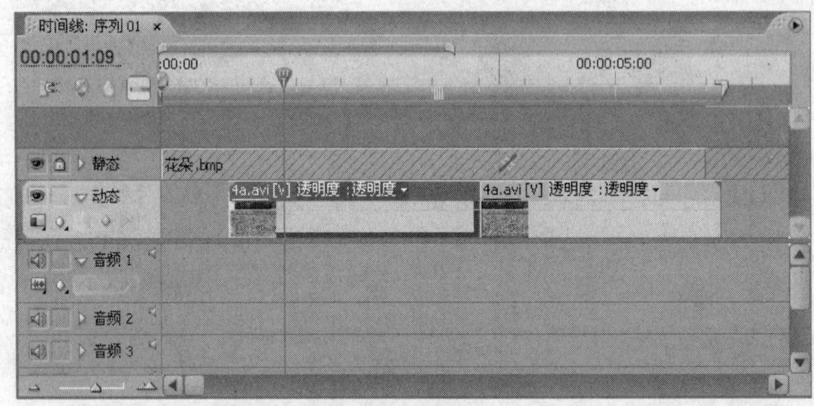

图 4-26 移动和切割剪辑

Step 13 选择【编辑】/【撤销】命令，将该命令执行两次，撤销上一步的操作。

Step 14 单击【时间线】面板左上方的【当前时间】显示器，输入“100”，将时间指针定位在 1s 处，在时间指针上单击鼠标右键，在弹出的菜单中选择【设置序列标记】/【无编号】命令，或者单击【时间线】面板左上方的设置无编号标记按钮，在该处设置标记。用同样的方法在 2s、3s、4s 处设置标记，如图 4-27 所示。

通过设置标记，可以快速定位素材的位置。在时间指针的右键快捷菜单中，选择【跳转序列标记】命令可以快速找到上一个、下一个标记点，选择【清除序列标记】命令可以清除添加的标记。

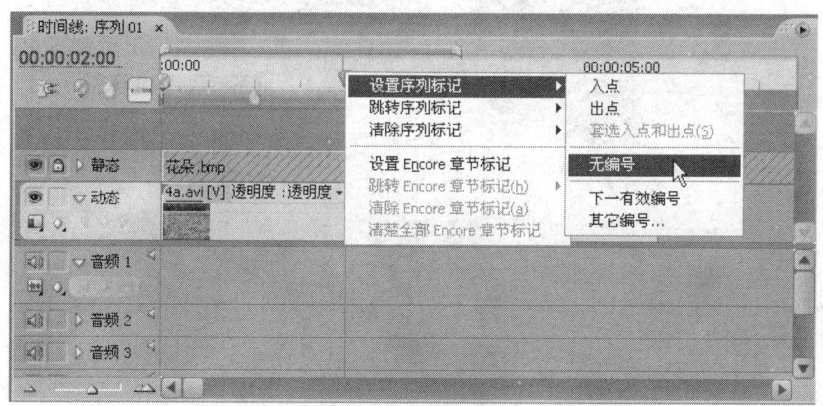

图 4-27 设置标记

4.4.2 设置剪辑的入点和出点

在编辑过程中，经常需要设置剪辑的入点和出点。入点和出点既可以在【时间线】面板中设置，也可以在【节目】监视器中设置。具体操作步骤如下。

Effect 06

Step 01 启动 Premiere，新建项目文件“lesson4-4”。选择【文件】/【导入】命令，导入“第 4 章”文件夹下的“4f.avi”。

Step 02 选择【项目】面板中的“4f.avi”，拖曳至【时间线】面板的【视频 1】轨道，按键盘上的+键，扩展视图，如图 4-28 所示。

图 4-28 在【时间线】面板中放入剪辑

Step 03 将时间指针移动至“00:00:01:12”处，在时间指针上单击鼠标右键，在弹出菜单中选择【设置序列标记】/【入点】命令，或者选择菜单栏中的【标记】/【设置序列标记】/【入点】命令，在该处设置入点。

Step 04 将时间指针移动至“00:00:03:03”处，在时间指针上单击鼠标右键，在弹出的快捷菜单中选择【设置序列标记】/【出点】命令，或者选择菜单栏中的【标记】/【设置序列标记】/【出点】命令，在该处设置出点，如图 4-29 所示。

图 4-29　在【时间线】面板设置入点和出点

在【时间线】面板中，入点和出点间的时间标尺呈蓝灰色显示。

Step 05　在【时间线】面板设置的入点和出点在【节目】监视器中也可以看到。将鼠标指针移动至【节目监视器】下方的视图区域条右端，按住鼠标左键向左拖曳，直至看到入点和出点，如图 4-30 所示。

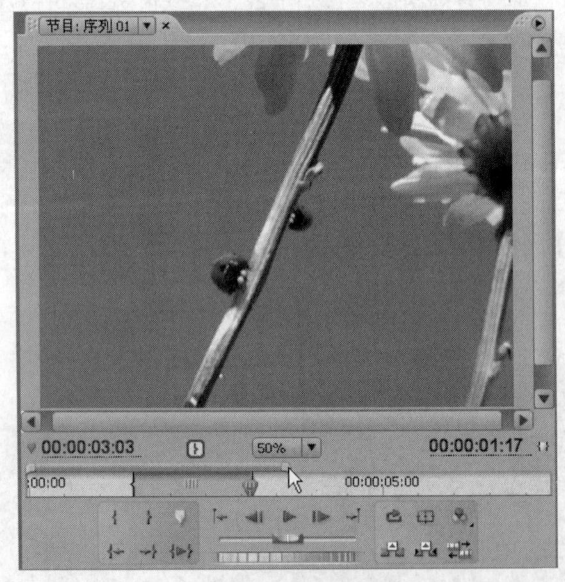

图 4-30　【节目】监视器中的入点和出点

在【节目】监视器右下方的【持续时间】显示器中，可以看到入点和出点间的长度为 1 秒 17 帧。

提示：也可以在【节目】监视器中为【时间线】面板中的剪辑设置入点和出点，单击按钮设置入点，单击按钮设置出点。

4.4.3　提升编辑和提取编辑

在前面的操作中，为【时间线】面板中的剪辑设置了入点和出点，使用提升编辑和提取编辑，可以把入点至出点间的内容删除。具体操作步骤如下。

Effect 07

Step 01 在上面的操作中，为【时间线】面板上的剪辑设置了入点和出点，如图 4-31 所示。

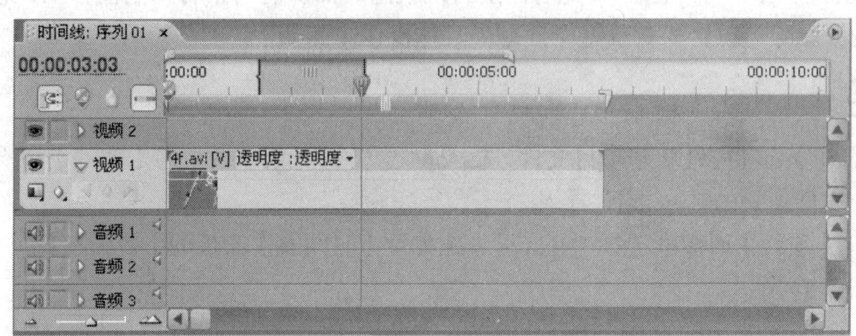

图 4-31 设置入点和出点后的【时间线】面板

Step 02 在【节目】监视器中，单击提升工具按钮，时间线上入点至出点间的剪辑被删掉，中间留下空隙，如图 4-32 所示。

图 4-32 提升编辑后的【时间线】面板

Step 03 选择菜单栏中的【编辑】/【撤销】命令，撤销上一步的操作。在【节目】监视器中，单击提取工具按钮，时间线上入点至出点间的剪辑被删掉，后段剪辑左移，中间不留空隙，如图 4-33 所示。

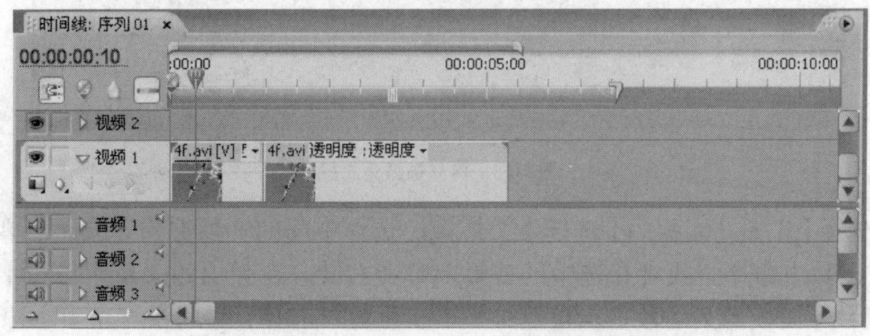

图 4-33 提取编辑后的【时间线】面板

4.4.4 删除波纹

在【时间线】面板中编辑素材时，有时需要删掉中间的一段素材，在时间线上会留下空隙，在Premiere Pro CS3中称其为“波纹”，此时需要将同轨道后面所有的素材都向前移动，这样无疑是很麻烦的，将波纹删除可以轻松解决这个问题。具体操作步骤如下。

Effect 08

Step 01 启动Premiere，新建项目文件“lesson4-5”。选择菜单栏中的【文件】/【导入】命令，将“第4章”文件夹下的“4g.avi”导入。

Step 02 在【项目】面板中选择“4g.avi”，拖曳至【时间线】面板的【视频1】轨道，和轨道左端对齐，如图4-34所示。

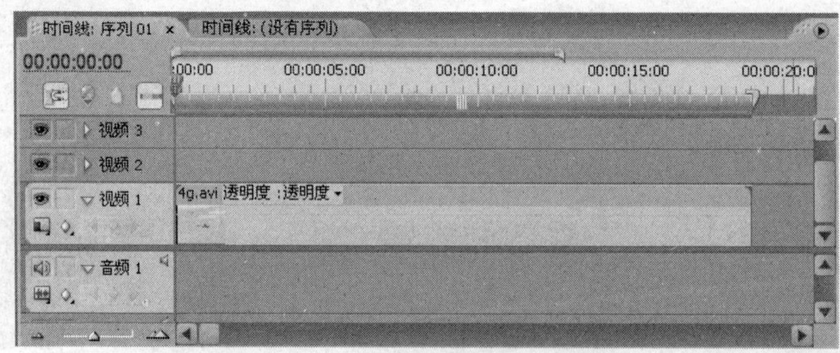

图4-34 【时间线】面板中的素材

Step 03 将时间指针移至“00:00:03:02”处，选择【工具】面板的【剃刀】工具，在时间指针处单击将剪辑截断。将时间指针移至“00:00:11:12”处，再次将剪辑截断。此时【时间线】面板的剪辑变为3段，如图4-35所示。

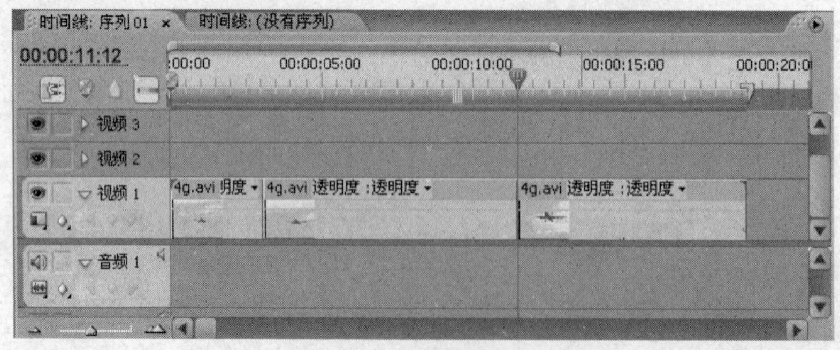

图4-35 素材被截为3段

Step 04 选择【工具】面板的【选择】工具，选择中间的一段剪辑，选择菜单栏中的【编辑】/【波纹删除】命令；或者在选中的剪辑上单击右键，在弹出的菜单中选择【波纹删除】命令。【时间线】面板的第2段剪辑被删掉，第3段剪辑前移，中间没有留下空隙，如图4-36所示。

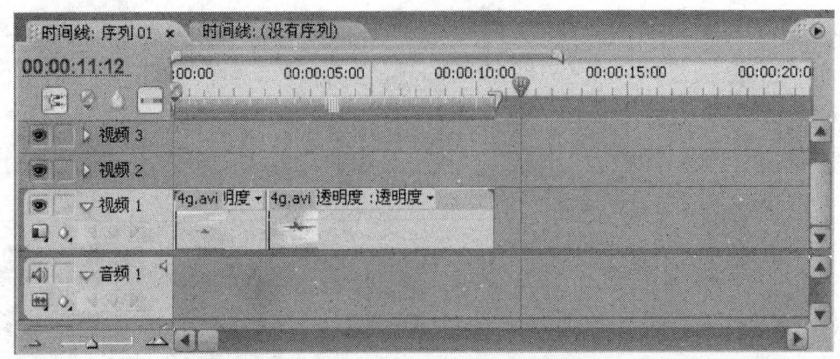

图 4-36　执行【波纹删除】命令后的【时间线】面板

Step 05　选择菜单栏中的【编辑】/【撤销】命令，撤销上一步的操作。选择中间的一段剪辑，选择菜单栏中的【编辑】/【清除】命令；或者在选中的剪辑上单击鼠标右键，在弹出的菜单中选择【清除】命令；或者直接按键盘上的 Delete 键。【时间线】面板的第 2 段剪辑被删掉，在第 1 段剪辑和第 3 段剪辑中间留下了空隙，如图 4-37 所示。在【节目监视器】中单击▶按钮预览，会发现没有素材的部分出现黑场。

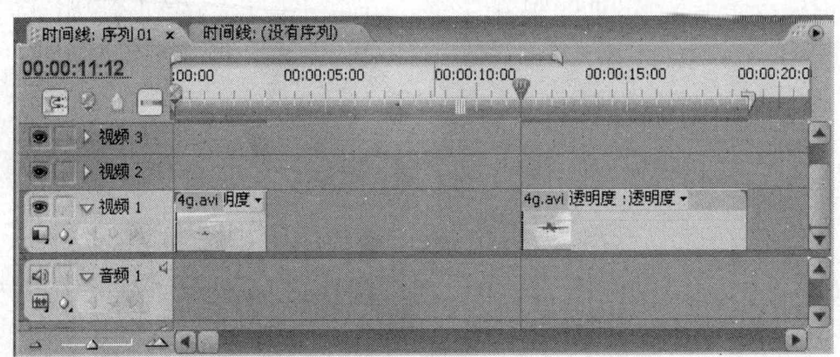

图 4-37　执行【清除】命令后的【时间线】面板

对比图 4-36 和图 4-37，可以看出【波纹删除】和【清除】命令的不同。如果还要在中间的空隙处添加其他剪辑，那么就应该选择【清除】命令。但是如果中间的空隙不再添加剪辑，选择【清除】命令后，还需要将中间的空隙删除。

Step 06　在两段剪辑中间的空隙处单击鼠标，选择菜单栏中的【编辑】/【波纹删除】命令，或者在空隙处单击鼠标右键，在弹出的菜单中选择【波纹删除】命令。此时会发现第 3 段剪辑前移，中间的空隙被填补。【时间线】面板与图 4-36 所示效果一致。

4.4.5　改变剪辑的速度和方向

在影视节目的后期编辑过程中，有时需要改变剪辑的速度，不让剪辑按照正常的速度播放，如快放、慢放或者倒放等。

1．改变剪辑速度

通过【比例缩放】工具，可以改变一段剪辑的播放速度，实现剪辑的快放、慢放效果。具体操作步骤如下。

Effect 09

Step 01 启动 Premiere，新建项目文件“lesson4-6”。选择菜单栏中的【文件】/【导入】命令，将“第 4 章”文件夹下的“4h.avi”导入。

Step 02 在【项目】面板中选择“4h.avi”，拖曳到【时间线】面板的【视频 1】轨道，和轨道左端对齐，如图 4-38 所示。

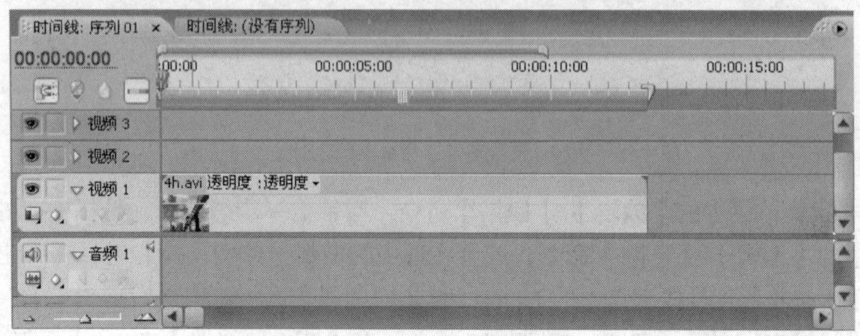

图 4-38 【时间线】面板中的素材

Step 03 将时间指针拖曳到“00:00:03:03”处，选择【工具】面板的【剃刀】工具，在时间指针处单击将素材截断。选择【工具】面板的【选择】工具，将第 2 段剪辑向右移动一段距离，如图 4-39 所示。

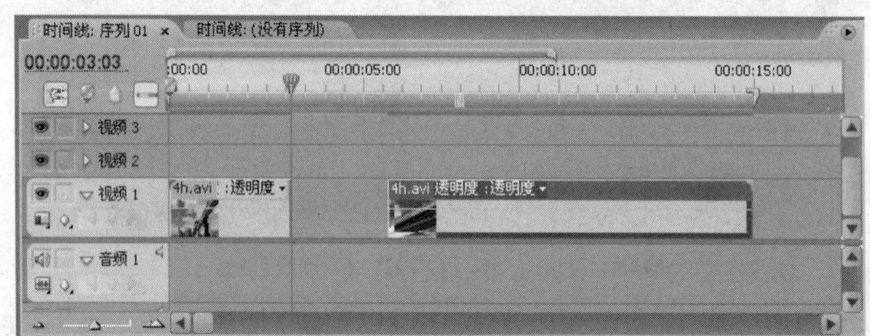

图 4-39 截断的剪辑被分开

Step 04 选择【工具】面板的【比例缩放】工具，将鼠标指针放置到第 1 段剪辑的右边界，向右拖曳直到与第 2 段剪辑对齐，如图 4-40 所示。这相当于拉长了第 1 段剪辑的时间，使它的播放速度变慢。

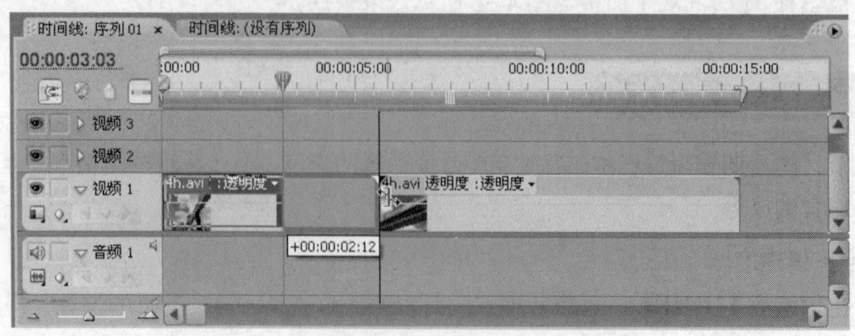

图 4-40 将第 1 段剪辑拉长

Step 05 将时间指针移动到轨道左端，按键盘上的空格键，在【节目】监视器中观看改变速度后的效果。

Step 06 选择【工具】面板的【比例缩放】工具，将鼠标指针放置到第 2 段剪辑的右边界，按住鼠标左键向左拖曳一段距离，如图 4-41 所示。这相当于缩短了第 2 段剪辑的时间，加快了它的播放速度。

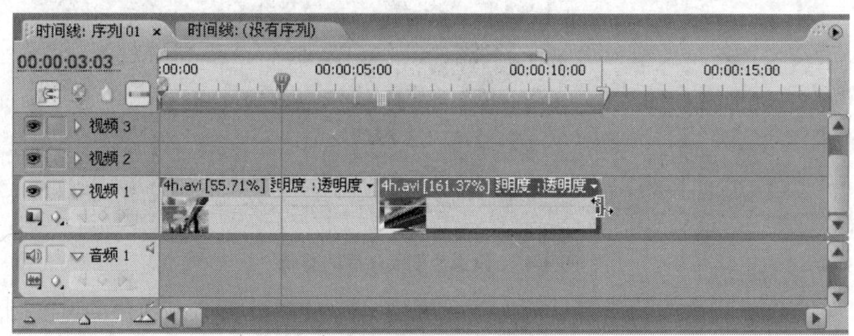

图 4-41　将第 2 段剪辑缩短

Step 07 将时间指针移动到轨道左端，按 Enter 键进行渲染。渲染完毕后，可在【节目】监视器中观看播放效果。

在图 4-41 中还可以看到，在两段剪辑上显示了改变速度后的百分比。在第 1 段剪辑上，有“55.71%”的字样，说明它的播放速度变为正常速度的“55.71%”。在第 2 段剪辑上，有“161.37%”的字样，说明它的播放速度变为正常速度的“161.37%”。

2. 改变剪辑方向

通过在【素材速度/持续时间】对话框中进行设置，不但能实现快放、慢放，还可以实现剪辑的倒放效果。具体操作步骤如下。

Effect 10

Step 01 接上例。选择【工具】面板的【选择】工具，分别选中【时间线】面板的两段剪辑，按键盘上的 Delete 键，将其删除。再次将【项目】面板的素材“4h.avi”拖曳到【时间线】面板的【视频 1】轨道。

Step 02 在【时间线】面板的剪辑上单击鼠标右键，在弹出的快捷菜单中选择【速度/持续时间】命令，弹出【素材速度/持续时间】对话框，如图 4-42 所示。

素材速度 / 持续时间
速度: 100 %
持续时间: 00:00:12:12
速度反向
保持音调
确定　取消

图 4-42　【素材速度/持续时间】对话框

①【速度】：当前速度与原速度的百分比值，该值大于“100%”时速度加快；该值小于“100%”时速度减慢。速度的改变会改变剪辑在【时间线】面板的长度。

②【持续时间】：当前剪辑的持续时间，增大该数值，可使速度减慢，反之速度加快。

③【速度反向】：勾选该复选框，改变剪辑的播放方向，使剪辑倒放。

④【保持音调】：如果剪辑有音频部分，勾选该复选框，音频部分的速度保持不变。

⑤ 图标：代表速度与持续时间呈链接状态，单击图标，图标呈状态，表明解除链接。

Step 03 在【持续时间】选项中输入“700”，使剪辑的总长度变短，播放速度加快，单击 确定 按钮。将时间指针移动到轨道左端，按 Enter 键进行渲染，并在【节目】监视器中预览效果。

Step 04 在剪辑上单击鼠标右键，在弹出的菜单中选择【速度/持续时间】命令，弹出【素材速度/持续时间】对话框，勾选【速度反向】复选框，单击 确定 按钮，如图 4-43 所示。

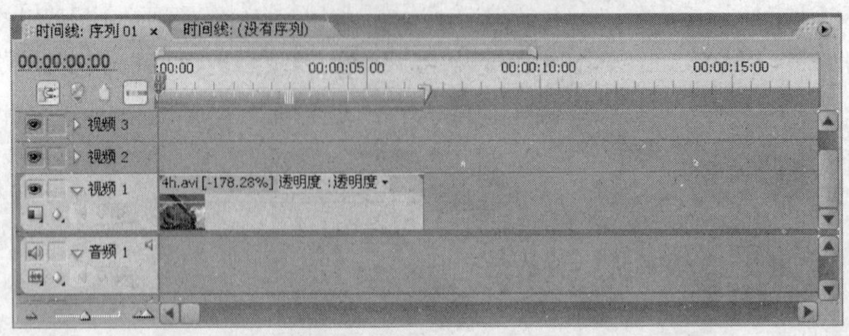

图 4-43 设置速度反向后的剪辑

在剪辑上，可以看到当前的速度显示为“−178.28%”，此时剪辑会以加快的速度倒放。按 Enter 键进行渲染，并在【节目】监视器中预览效果。

4.4.6 帧定格命令

在后期编辑中，有时需要制作画面定格的效果。例如，模拟相机拍照效果时，需要某一画面瞬间定格数秒钟；在编辑运动员投篮的镜头时，希望在篮球入筐的瞬间定格数秒钟。这时就需要创建帧定格效果。具体操作步骤如下。

Effect 11

Step 01 启动 Premiere，新建项目文件“lesson4-7”。选择菜单栏中的【文件】/【导入】命令，将“第 4 章”文件夹下的“4h.avi”导入。

Step 02 在【项目】面板中选择“4h.avi”，用鼠标拖曳至【时间线】面板的【视频 1】轨道，和轨道左端对齐，如图 4-44 所示。

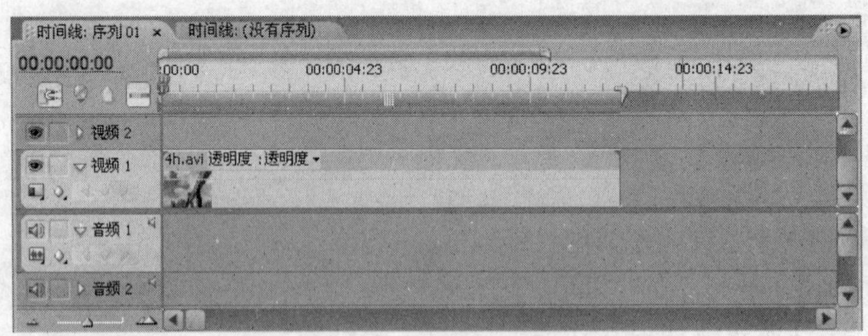

图 4-44 【时间线】面板中的素材

Step 03 在【节目】监视器中，将时间指针移至最左端，单击 按钮，观看视频。下面将“00:00:02:14”帧处的视频画面定格 2s，然后继续播放。

Step 04 将时间指针移至“00:00:02:14”处，选择【剃刀】工具，在时间指针处单击将剪辑截断。

Step 05 将时间指针移至“00:00:04:14”处，选择【剃刀】工具，在时间指针处单击，再次将剪辑截断，如图 4-45 所示，【时间线】面板的一段剪辑被切割为 3 段，第 2 段剪辑持续时间为 2s。

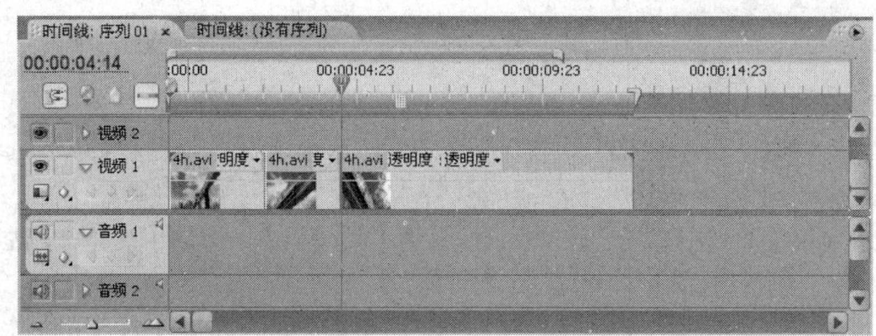

图 4-45　剪辑被切割为 3 段

Step 06　选择【工具】面板的【选择】工具，选择第 2 段剪辑，选择菜单栏中的【编辑】/【复制】命令，确认时间指针处于“00:00:04:14”处，再选择菜单栏中的【编辑】/【粘贴插入】命令，如图 4-46 所示，剪辑变成了 4 段，中间两段内容相同。

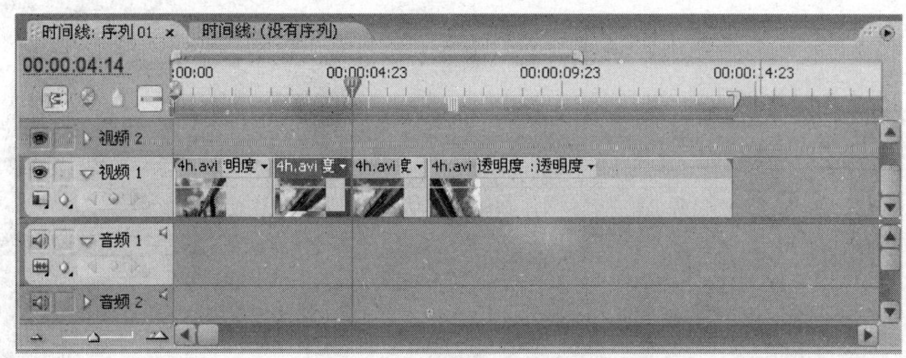

图 4-46　复制第 2 段剪辑后的【时间线】面板

Step 07　选择【时间线】面板上的第 2 段剪辑，在右键菜单中选择【帧定格】命令，弹出【帧定格选项】对话框，如图 4-47 所示。

① 【定格在】：勾选此复选框，使选中的剪辑定格为一帧画面，从后面的下拉列表中选择“入点”、“出点”、“标记 0”，可以确定剪辑定格在哪一帧。

图 4-47　【帧定格选项】对话框

② 【定格滤镜】：如果对该段剪辑添加了动态特效，或者为特效设置了关键帧的变化，勾选此复选框后，特效的动态效果将不起作用。

③ 【反交错】：勾选此复选框，可消除锯齿，提高定格帧的质量。

Step 08　勾选【定格在】复选框，并从后边的下拉列表中选择“入点”，单击 确定 按钮。

Step 09　将时间指针移动到【时间线】面板的左端，单击【节目】监视器中的按钮，开始预览，可以看到第 2 段素材在入点处定格，成为静止画面。

4.4.7　断开视音频链接

如果一段素材包含视频和音频两个部分，导入【时间线】面板后，默认情况下视频和音频部分处于链接状态。在对视频部分进行移动、剪切、变速等操作时，因为两者存在链接关系，所以音频和视频将同步变更。如果只需要对视频部分或者音频部分进行编辑操作，或只需要删除视频或音频部分，则需解除视频和音频之间的链接关系。具体操作步骤如下。

Effect 12

Step 01 启动 Premiere，新建项目文件“lesson4-8”。选择菜单栏中的【文件】/【导入】命令，将“第 4 章”文件夹下的“4i.avi”、“tupian.jpg”导入。

Step 02 在【项目】面板中选择“4i.avi”，拖曳到【时间线】面板的【视频 1】轨道，和轨道左端对齐，该剪辑包含视频和音频两个部分。

Step 03 选择【工具】面板的【选择】工具，选中该剪辑，在【视频 1】轨道上向右拖曳，会发现【视频 1】轨道和【音频 1】轨道的剪辑同时移动。如果对该剪辑执行剪切、变速等操作，【视频 1】轨道和【音频 1】轨道的修改也将同步进行，如图 4-48 所示。

Step 04 选中该剪辑，选择菜单栏中的【素材】/【解除视音频链接】命令，或者在剪辑上单击鼠标右键，在弹出的快捷菜单中选择【解除视音频链接】命令，如图 4-49 所示。

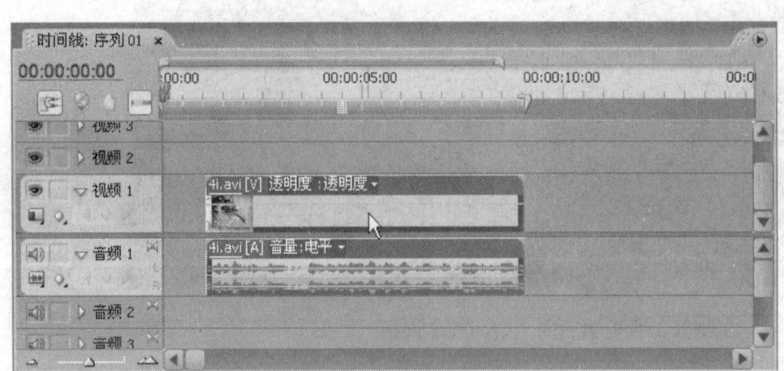

图 4-48 剪辑的视频和音频同步移动

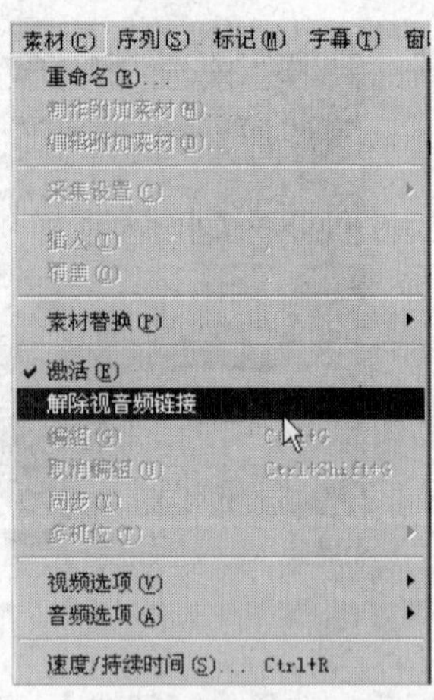

图 4-49 选择【解除视音频链接】命令

Step 05 选择【工具】面板中的【选择】工具，在没有剪辑的空白处单击鼠标左键，取消对任意剪辑的选择。再次单击【视频 1】轨道上的视频将其选中，按住鼠标左键并拖曳，会发现音频剪辑不会一起移动，如图 4-50 所示。

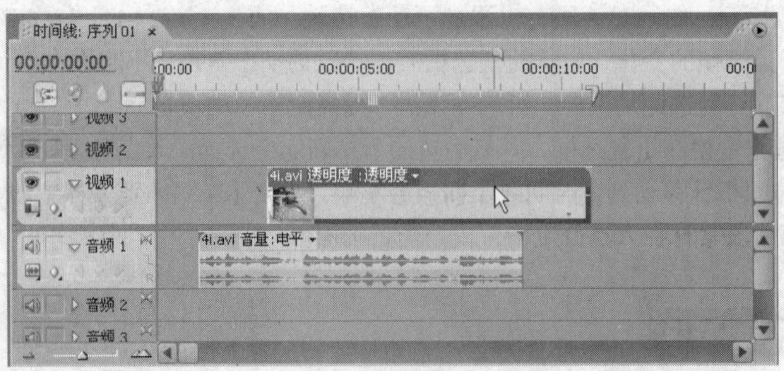

图 4-50 解除链接后的视音频

Step 06 选中【视频 1】轨道上的视频剪辑，在右键菜单中选择【清除】命令，将视频轨道的内容删除。将【音频 1】轨道上的音频剪辑向左拖曳至时间线左端，如图 4-51 所示。

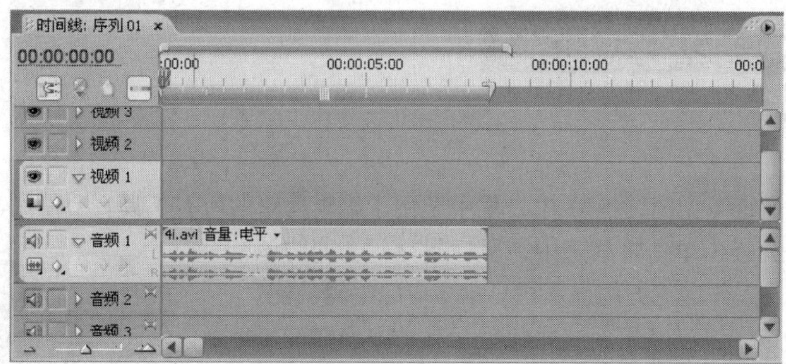

图 4-51　清除视频轨道的内容

Step 07　在【项目】面板选择“tupian.jpg”，拖曳到【时间线】面板【视频 1】轨道上，和轨道左端对齐。

Step 08　选择【工具】面板的【选择】工具，将鼠标指针移动到【视频 1】轨道上剪辑的右边界，按住鼠标左键向右拖曳，使其长度和【音频 1】轨道内容相同，如图 4-52 所示。

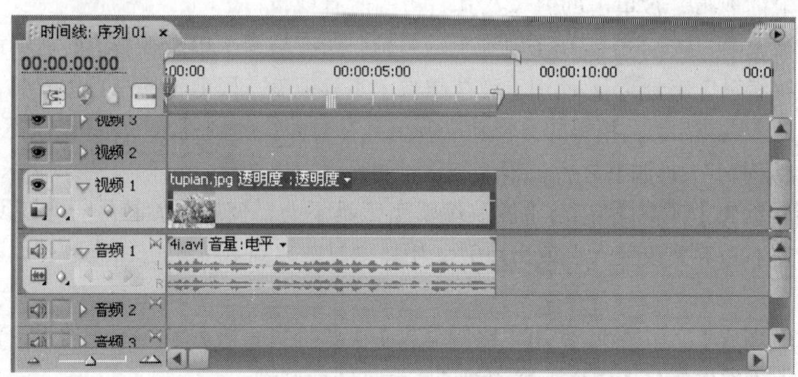

图 4-52　新的视频素材和音频内容长度相同

Step 09　按键盘上的 Shift 键，分别单击【视频 1】和【音频 1】轨道上的内容，同时将它们选中。选择菜单栏中的【编辑】/【链接视音频】命令，将视频和音频部分组合起来。如果移动【时间线】面板的视频或音频部分，二者将同时移动，如图 4-53 所示。

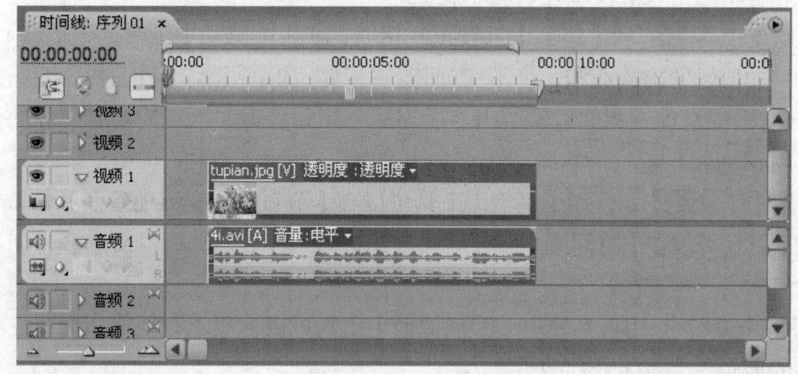

图 4-53　重新链接后的视音频一起移动

4.5 编辑工具介绍

在【工具】面板（见图 4-54）中，集中了用于编辑剪辑的所有工具。要使用其中的某个工具时，在【工具】面板中单击将其选中，鼠标指针就会变为该工具的形状，并在工作区下方的提示栏显示相应的编辑功能。

在前边的章节中，已经用到一些编辑工具，下面对编辑工具做系统介绍。

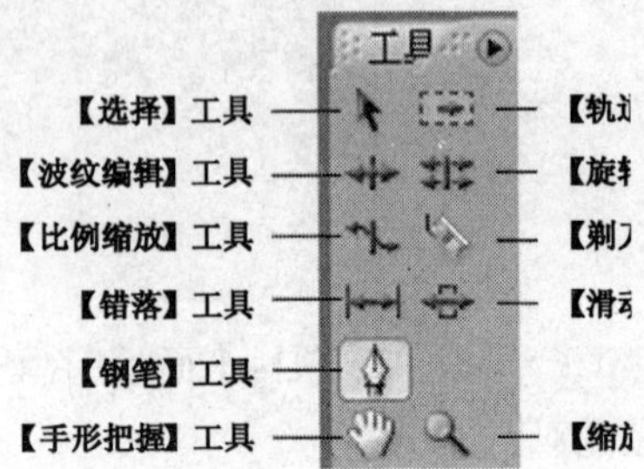

图 4-54 【工具】面板

（1）【选择】工具：使用【选择】工具可以选中轨道上的一段剪辑，并可以拖曳一段剪辑的左右边界，改变入点或出点。按 Shift 键，通过【选择】工具可以选中轨道上的多个剪辑。

（2）【轨道选择】工具：使用【轨道选择】工具单击轨道上的剪辑，被单击的剪辑及其右边的所有剪辑全部被选中。按 Shift 键单击轨道上的剪辑，所有轨道上单击处右边的剪辑都被选中。

（3）【波纹编辑】工具：使用【波纹编辑】工具拖曳一段剪辑的左右边界时，可以改变该剪辑的入点或出点。相邻的剪辑随之调整其在时间线的位置，入点和出点不受影响。使用【波纹编辑】工具调整之后，影片的总时间长度发生变化。

（4）【旋转编辑】工具：与【波纹编辑】工具不同，使用【旋转编辑】工具拖曳一段剪辑的左右边界，改变入点或出点时，相邻素材的出点或入点也相应改变，影片的总长度不变。

（5）【比例缩放】工具：使用【比例缩放】工具拖曳一段剪辑的左右边界，该剪辑的入点和出点不发生变化，而该剪辑的速度将会加快或减慢。

（6）【剃刀】工具：使用【剃刀】工具单击轨道上的剪辑，该剪辑在单击处被截断。按 Shift 键单击轨道上的剪辑，所有轨道里的剪辑都在该处被截断。

（7）【错落】工具：使用【错落】工具选中轨道上的剪辑并拖曳，可以同时改变该剪辑的出点和入点，而剪辑总长度不变，前提是出点后和入点前有必要的余量可供调节使用。同时相邻剪辑的出入点及影片长度不变。

（8）【滑动】工具：和【错落】工具正好相反，使用【滑动】工具选中轨道上剪辑并拖曳，被拖曳的剪辑的出入点和长度不变，而前一相邻剪辑的出点与后一相邻剪辑的入点随之发生变化，前提是前一相邻剪辑的出点后与后一相邻剪辑的入点前要有必要的余量可以供调节使用。

（9）【钢笔】工具：使用【钢笔】工具可以在【节目】监视器中绘制和修改遮罩。用【钢笔】工具还可以在【时间线】面板对关键帧进行操作，但只可以沿垂直方向移动关键帧的位置。

（10）【手形把握】工具：使用【手形把握】工具可以拖曳【时间线】面板的显示区域，轨道上的剪辑不会发生任何改变。

（11）【缩放】工具：使用【缩放】工具在【时间线】面板中单击，时间标尺将放大并扩展视图。按住 Alt 键的同时使用【缩放】工具在【时间线】面板中单击，时间标尺将缩小并缩小视图。

小结

本章主要介绍了在【素材源】监视器和【时间线】面板进行编辑的基本操作。如何使用插入编辑和覆盖编辑，并了解其区别是一个重点。提升和提取编辑、删除波纹、解除视音频链接等也是实际工作中经常用到的编辑方法。掌握一定的编辑技巧，对实际的编辑操作有着非常重要的指导作用。

习题

一、简答题

1. 入点和出点的含义是什么？作用是什么？
2. 如何删除设置的入点和出点？
3. 插入编辑或覆盖编辑的作用是什么？
4. 提升编辑和提取编辑的作用是什么？
5. 描述基本的编辑技巧。

二、操作题

1. 在【素材源】监视器为剪辑设置入点和出点。
2. 使用插入编辑或覆盖编辑的方式将剪辑放入【时间线】面板。
3. 使用提升编辑和提取编辑的方式修改【时间线】面板的剪辑。
4. 制作剪辑的定格效果，让剪辑中间定格 2s 再开始播放。
5. 使用两种不同的方法改变一段剪辑的播放速度。
6. 制作一段剪辑倒放的效果。

第5章 添加转场特效

在影视节目中，画面之间的组接方式有两种：直接切换和利用转场特效。直接切换是主要的组接方式，然而适当利用特效转场，则可以使作品的视觉效果更流畅、更能吸引观众的注意力。Premiere Pro CS3 提供了近 80 种切换特效，这些特效易于使用，并且可以定制。本章主要介绍转场特效的基本原则、基本操作，【效果控制】面板的使用方法及不同转场特效的效果。

【教学目标】

- 了解转场特效的应用原则。
- 掌握转场特效的添加、替换及删除方法。
- 掌握如何在【效果控制】面板中改变特效参数。
- 熟悉自定义转场的设置方法。
- 掌握细调转场特效的方法。
- 熟悉不同转场特效的效果。

5.1 编辑技巧之四——转场特效的应用原则

利用特效进行转场即利用特效将前后两个画面连接起来，使观众明确意识到前后画面间、前后段落间的隔离转换，可以避免镜头变化带来的跳动感，并且能够产生一些直接切换不能产生的视觉及心理效果。使用特效转场应注意以下原则。

1．连接性

利用特效进行转场应具有较好的连接性，技巧形式应该与上下画面内容相互融合，形成一个有机的整体。如第 2 章中的例子是一段恋人手牵着手跑到草地上，然后惬意地躺在草地上的画面，没有将恋人一连串的动作，由一个镜头直接切换到另一个镜头，而是使用【叠化】特效转换镜头，将柔和的过渡形式与抒情的表现内容有机地统一起来，得到自然平滑的视觉心理效果。分镜头画面如图 5-1 所示。

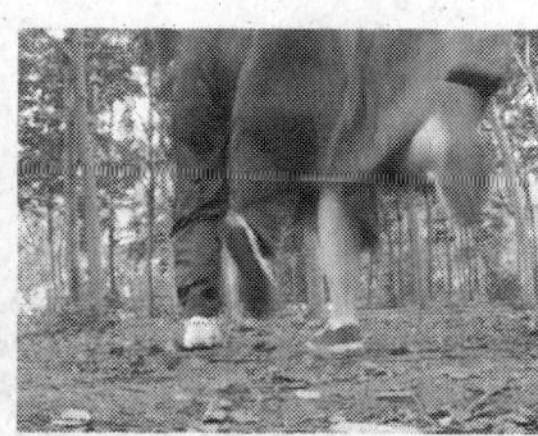

图 5-1　利用特效转场

2．节制

使用转场特效要有节制。过多地使用技巧进行转场，容易造成作品结构的松散，使人感觉作品过于零碎，并且由于人为痕迹过于明显，会影响作品的真实性。

5.2 转场特效的初步尝试

Premiere Pro CS3 提供了 11 种类型的几十种视频转场特效效果。在两段剪辑之间应用特效转场的方法很简单，只需要通过鼠标拖曳即可，Premiere Pro CS3 也提供了相应的参数面板以供调整。

5.2.1　添加转场特效

为剪辑加入转场特效的方法如下。

Effect 01

Step 01　启动 Premiere，新建一个项目。

Step 02　将本书附盘中的“第 5 章”文件夹复制到本地硬盘上，下面操作中将用到此文件夹中的文件。

Step 03　定位到本地硬盘中的“第 5 章”文件夹，导入视频素材“5a.avi”和“5b.avi”，并拖动到【时间线】面板的【视频 1】轨道上，按键盘上的键扩展视图，如图 5-2 所示。两段剪辑的左上角和右上角都出现了灰色的小三角，说明剪辑处于原始的没有被剪切的状态。

图 5-2　将剪辑放到视频轨道上

Step 04　切换到【效果】选项卡，打开【效果】面板。依次单击【视频切换效果】文件夹、【叠化】文件夹左侧的卷展控制图标，展开【叠化】文件夹下的所有切换特效。【叠化】特效周围有一个红色框，如图 5-3 所示，表明它是默认的切换特效。

Step 05　将【叠化】特效拖放到两段剪辑之间，弹出警告对话框，如图 5-4 所示。这是因为剪辑的出点、入点已经到头，没有可扩展区域。

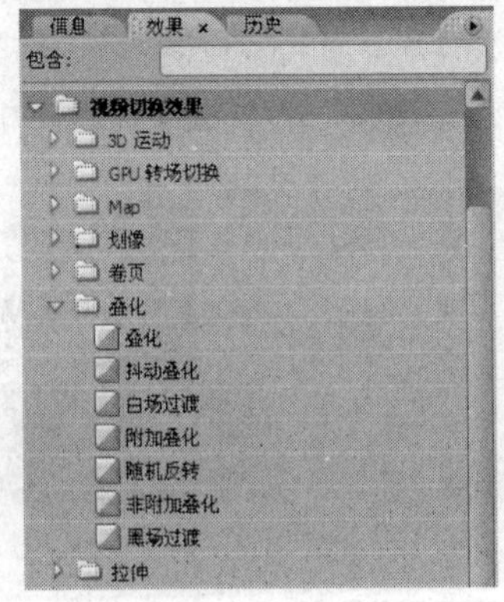

图 5-3　展开叠化文件夹

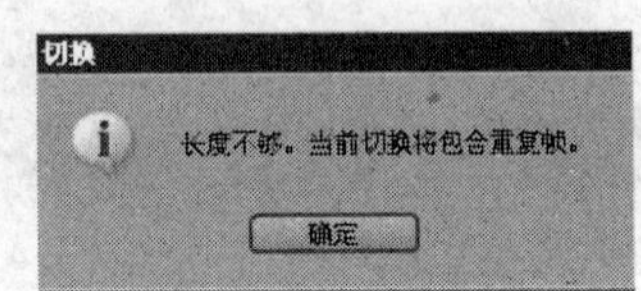

图 5-4　警告对话框

Step 06　单击 确定 按钮，系统会自动在剪辑出点和入点处加入一段静止画面来完成转场，特效矩形框上显示斜条纹，如图 5-5 所示。

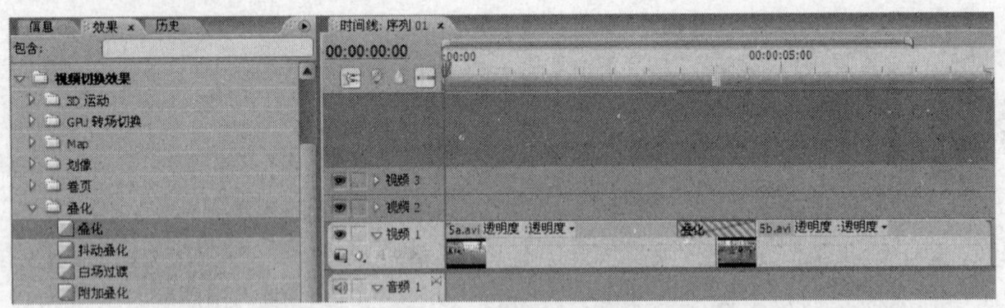

图 5-5　将【叠化】特效拖放在到段剪辑之间

Step 07　选中特效，单击鼠标右键，在弹出的菜单中选择【清除】命令，删除【叠化】特效，如图 5-6 所示。

图 5-6　删除【叠化】特效

Step 08　为了让转场特效能够更平滑流畅，需要对剪辑进行剪切，让一些不需要的头尾帧在两个剪辑之间重叠。选择【工具】面板的【波纹编辑】工具，将第一段剪辑的结束点向左拖动，使其缩短约 2s。

Step 09 同样使用【波纹编辑】工具，将第 2 段剪辑的起始点向右拖动，使其缩短约 2s。

Step 10 把【叠化】特效拖到序列上两段剪辑之间，释放鼠标，如图 5-7 所示。现在两段剪辑的出点、入点有了足够的尾帧、头帧，矩形框上不再显示斜条纹。

图 5-7　添加叠化特效

> **提示：** 一般情况下，特效在同一轨道的两段相邻剪辑之间使用，称之为双边转场。除此之外，也可以单独为一段剪辑的头尾添加特效，即单边转场，剪辑将与下方轨道的视频进行转场。但此时，下方的轨道视频只是作为背景使用，并不被特效控制。

Step 11 将当前时间指针放在【叠化】特效的前方，按空格键播放，看到在前一段剪辑画面逐渐消失的同时，后一段剪辑画面逐渐显现。

Step 12 为剪辑添加特效后，可以改变特效的长度。最简单的方法是在序列中选中叠化特效，把鼠标放在特效的左右边界，分别出现剪辑入点图标和剪辑出点图标，并分别拖动特效的边缘即可改变转场特效的长度，如图 5-8、图 5-9 所示。

图 5-8　拖动特效左边缘改变转场特效的长度

图 5-9　拖动特效右边缘改变转场特效的长度

Step 13 在【时间线】面板中双击特效矩形框，打开【效果控制】面板。在【效果控制】面板中设置【持续时间】参数也可以改变特效的长度，如图 5-10 所示。

工作中经常会使用到某一种特效，在这种情况下，可以将常用的转场设置为默认转场。具体操作步骤如下。

Step 14 选择某种特效，如【白场过渡】，单击【效果】面板右上角的按钮，在弹出的菜单中选择【设置所选为默认切换效果】命令，该特效左侧图标的边缘显示为红色，如图 5-11 所示。

Step 15 单击【效果】面板右上角的按钮，在弹出的菜单中选择【默认切换持续时间】命令，弹出参数对话框，显示默认的视频、音频切换时间，如图 5-12 所示。可以根据实际需要输入数值，修改特效默认持续时间。

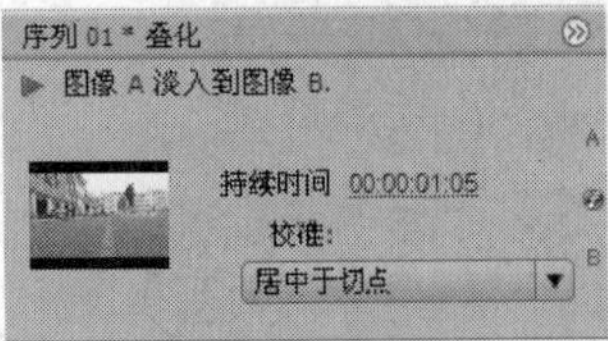
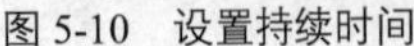

图 5-10　设置持续时间

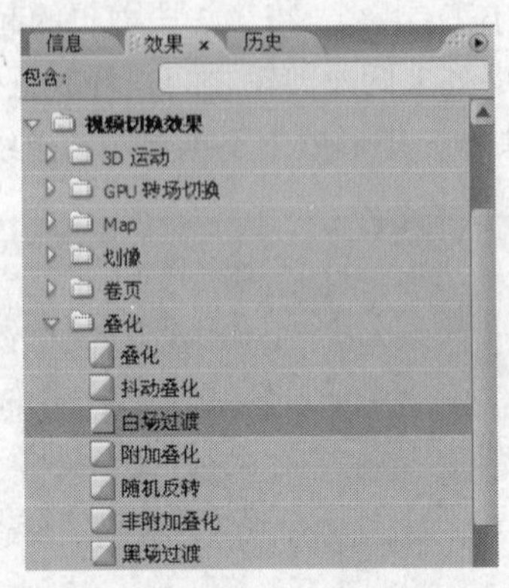

图 5-11　白场过渡为默认特效

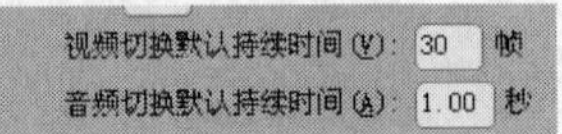

图 5-12　设置视、音频切换持续时间

Step 16　将当前时间指针移动到要加入默认转场特效的位置，可以通过 PageUp 和 PageDown 快捷键，快速找到编辑点。

Step 17　单击选定要添加转场特效的【视频 1】轨道，该轨道变成灰白显示。按住 Ctrl+D 组合键，默认转场特效自动被加入到序列上，如图 5-13 所示。

Step 18　按住鼠标左键并拖动，框选【时间线】面板上的剪辑“5a.avi”和“5b.avi”，按键盘上的 Delete 键将其删除。按住 Shift 键的同时，在【项目】面板中再次选择“5a.avi”和“5b.avi”，单击【项目】面板下方的【自动匹配到序列】按钮，打开【自动匹配到序列】对话框，如图 5-14 所示。进行各项设置后单击 确定 按钮，则导入到【时间线】面板中剪辑之间的自动设置的转场效果就是当前默认的转场效果。

图 5-13　通过组合键添加转场特效

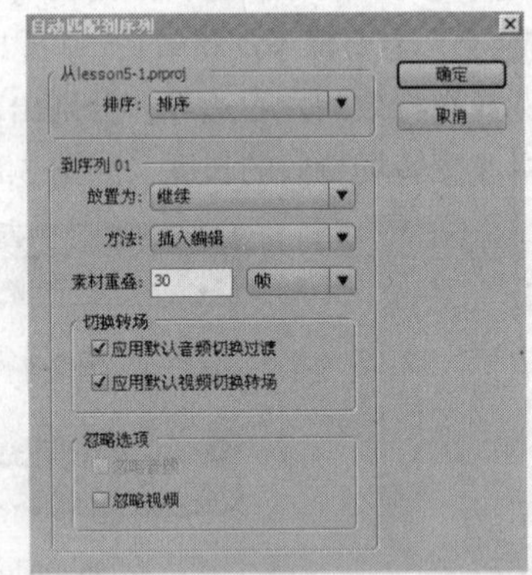

图 5-14　【自动匹配到序列】对话框

5.2.2　替换、删除转场特效

当修改项目时，往往需要对转场效果进行替换和删除。具体操作步骤如下。

Effect 02

Step 01　选择要使用的效果，选中【划像】/【点交叉划像】特效。

Step 02　将【点交叉划像】直接拖放到序列上原有转场的位置即可完成替换，如图 5-15 所示。

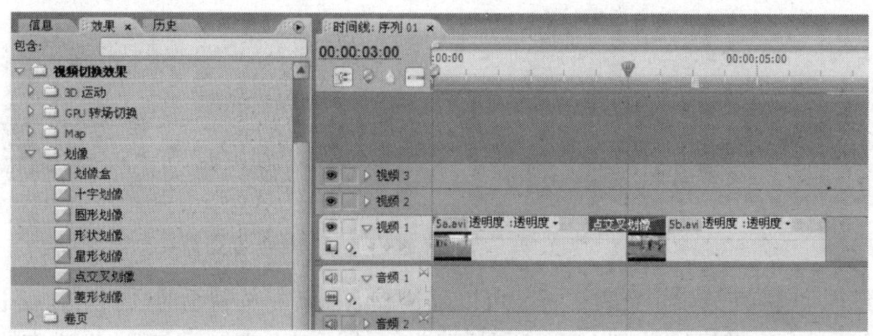

图 5-15　替换转场特效

替换完成后，对齐方式、时间长度保持不变，其他属性会自动更新到新转场的默认设定。

Step 03　如果要删除转场特效，除了可以选择【清除】命令外，还可以在选择转场后，按 Delete 键或 BackSpace 键，将其删除，如图 5-16 所示。

图 5-16　删除转场特效

5.2.3　在【效果控制】面板中调整参数

对剪辑应用视频转场特效后，特效的属性及参数都将显示在【效果控制】面板中。双击视频轨道上的转场特效矩形框，调出【效果控制】面板。单击面板右上角的按钮，打开时间线区域，如图 5-17 所示。

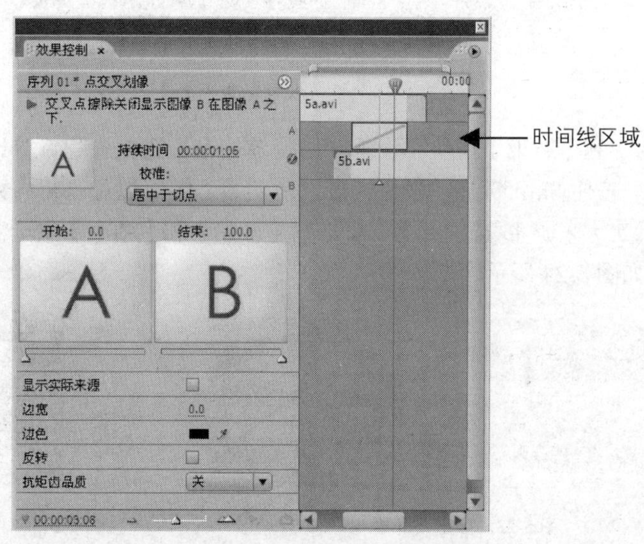

图 5-17 【效果控制】面板

1．选项设置

在【效果控制】面板左侧的转场设置栏中，可以对转场进行进一步的设置。

（1）按钮：单击此按钮，可以在缩略图视窗中预览切换效果，如图 5-18 所示。对于某些有方向性的切换，可以单击缩略图视窗边缘的箭头改变切换方向，如图 5-19 所示。

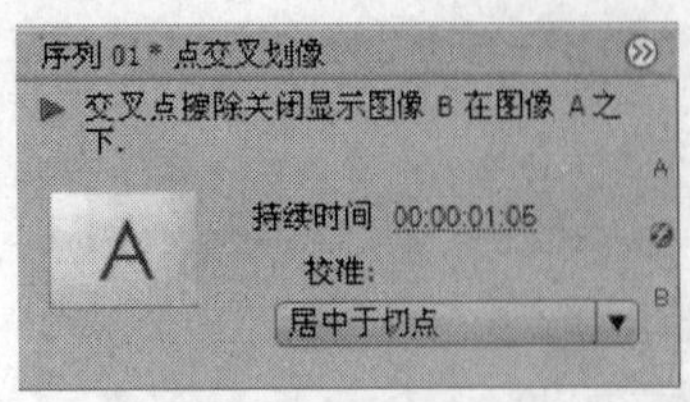

图 5-18　在缩略图视窗中预览切换效果

图 5-19　单击箭头改变切换方向

（2）【持续时间】：在该栏中拖曳鼠标，可以延长或缩短转场的持续时间，这和在【时间线】面板上拖动转场边缘改变转场的时间长度效果是相同的。也可以双击鼠标左键，在文本框中直接输入数值，做精细的调节。

（3）【校准】：可在该项的下拉列表中选择对齐方式，包括【居中于切点】、【开始于切点】、【结束于切点】、【自定义开始】4 个选项，如图 5-20～图 5-23 所示。【自定义开始】在默认情况下不可用，当在【时间线】面板或者时间线区域直接拖曳转场特效，并将其放到一个新的位置时，校准自动设定为“自定义开始”。

图 5-20　居中于切点

图 5-21　开始于切点

图 5-22　结束于切点

（4）【开始】和【结束】滑块：设置转场特效始末位置的进程百分比，可以单独移动特效的开始和结束状态。按住 Shift 键拖动滑块，可以使开始、结束位置以相同数值变化。

（5）【显示实际来源】：选中此项，可以在【开始】和【结束】预览窗口中显示剪辑转场开始和结束帧画面，如图 5-24 所示。

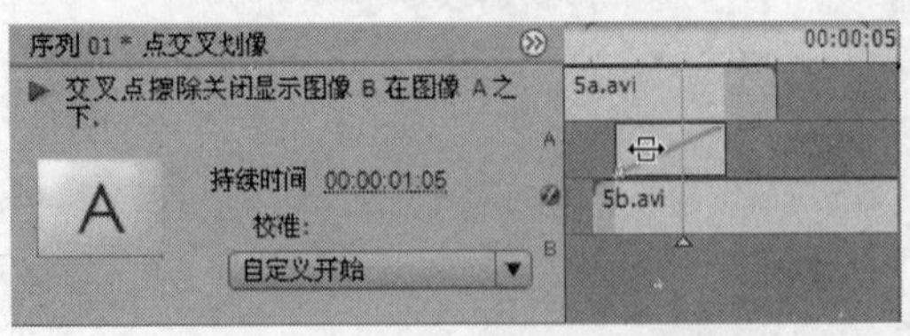

图 5-23　自定义开始

图 5-24　勾选【显示实际来源】复选框

（6）【边宽】：调节转场边缘的宽度，默认值为 0。有些转场没有边缘。

（7）【边色】：设定转场边缘的颜色。单击颜色框可以调出【拾色器】，选择所需要的颜色，也可以使用吸管在屏幕上选择颜色。

（8）【反转】：使转场特效运动的方向相反。例如，对于【点交叉划像】特效，不勾选【反转】复选框，剪辑“5b.avi”从画面四周向中心移动，逐渐覆盖剪辑“5a.avi”；勾选【反转】复选框，剪辑“5b.avi”从画面中心向四周移动，逐渐覆盖剪辑“5a.avi”。

（9）【抗锯齿品质】：调节转场边缘的平滑程度。

2．自定义转场

【渐变擦除】转场和【卡片翻转】转场等转场特效可以设置自定义转场，通过使用图片或者其他方式自由定义转场方式。这类转场方式形式自由，可以充分发挥制作者自己的想像力，创造出千变万化的转场效果，但是大多数转场不支持自定义功能。

【渐变擦除】转场类似于一种动态蒙版，使用这种效果时，剪辑按照灰度由黑到白在相应的位置上取代另一剪辑中的像素，直到第 2 个剪辑完全显示为止。具体操作步骤如下。

Effect 03

Step 01 接上例。展开【视频切换效果】文件夹，单击【擦除】文件夹左侧的卷展控制图标▷将其展开，选择【渐变擦除】转场，将其拖动到【视频 1】轨道上相邻两段剪辑之间，如图 5-25 所示。

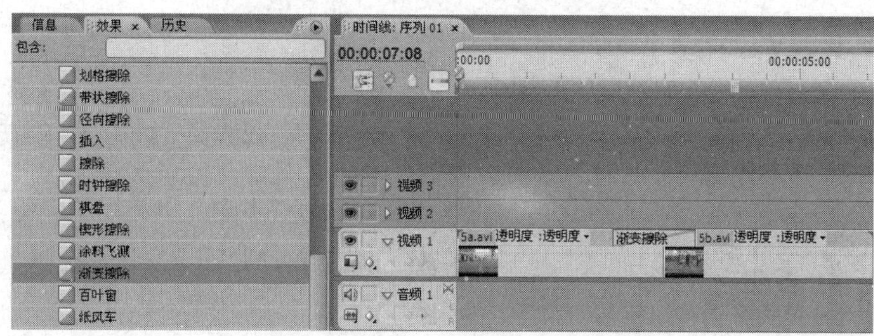

图 5-25　设置【渐变擦除】转场

Step 02 在【效果控制】面板中，设置【校准方式】为“居中于切点”，如图 5-26 所示。

Step 03 单击【效果控制】面板中的 自定义... 按钮，打开【渐变擦除设置】对话框。

Step 04 单击 选择图像... 按钮，选择事先准备好的灰度图，也可以使用系统提供的灰度图。

Step 05 拖动滑块调节渐变擦除的柔和度，也可以直接在【柔化】选项中输入数值，如图 5-27 所示。

图 5-26　设置“居中于切点”

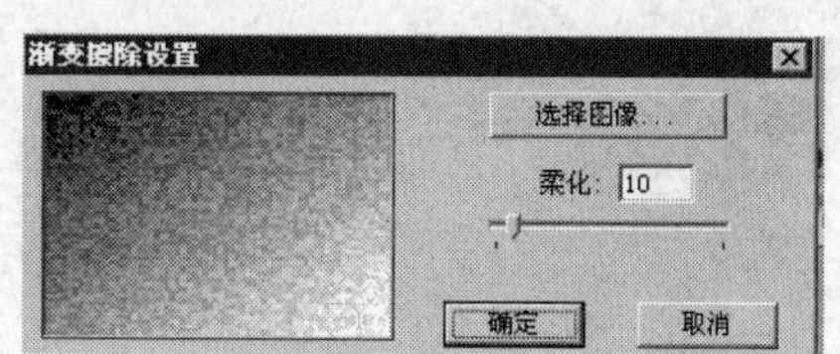

图 5-27　设置【渐变擦除】参数

> **提示：**【柔化】用于设置擦除的柔和度，数值越大画面显示速度越快，转场过程颗粒越柔和；数值越小画面显示的速度越慢，转场过程中的颗粒越清晰。

Step 06 设置完毕单击 确定 按钮。

【卡片翻转】转场特效是将一个画面分成多个小方块，依次翻转小方块，从而显示出下一个画面。使用【卡片翻转】特效的步骤如下。

Step 07 展开【GPU 转场切换】文件夹，拖动【卡片翻转】特效到轨道上两段剪辑之间，替换【渐变擦除】特效，如图 5-28 所示。

Step 08 单击【效果控制】面板中的 自定义... 按钮，打开【卡片翻转设置】对话框，如图 5-29 所示。

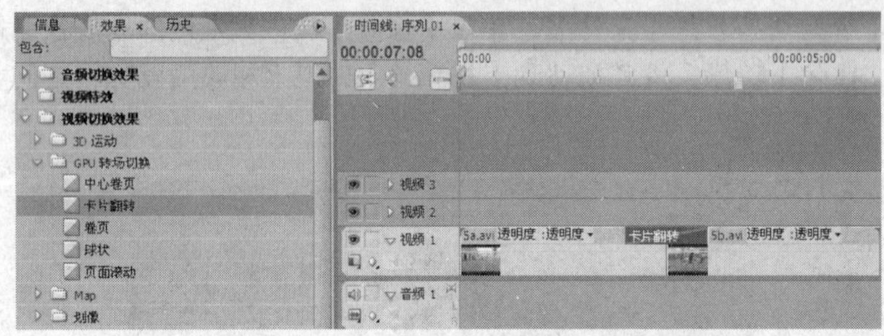

图 5-28 设置卡片翻转转场

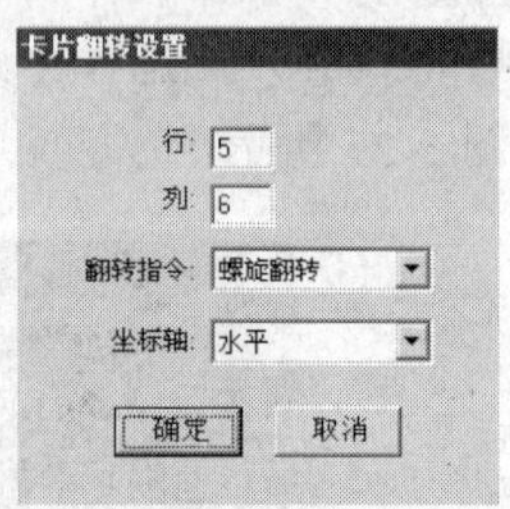

图 5-29 设置卡片翻转转场参数

Step 09 设置翻转【行】数、【列】数、【翻转指令】和【坐标轴】，设置完毕单击 确定 按钮。

3．使用 A/B 模式细调转场特效

A/B 模式是一种比较古老的编辑手法，存在于 Premiere Pro 以前的版本和传统的线性编辑系统中。其优点是可以较容易地修改转场特效的位置、起点和终点。在 Premiere Pro CS3 中，A/B 模式功能被整合到【效果控制】面板中。具体操作步骤如下。

Effect 04

Step 01 接上例。展开【叠化】文件夹，用【叠化】特效替换【卡片翻转】特效，如图 5-30 所示。

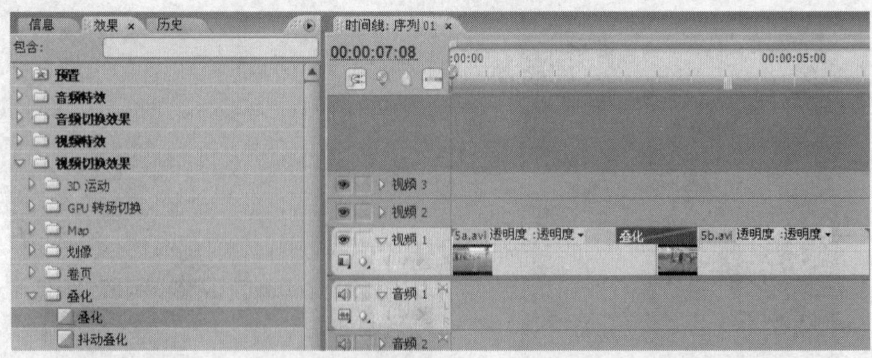

图 5-30 添加【叠化】特效

Step 02 在【时间线】面板中双击【叠化】特效，展开【效果控制】面板。在两段剪辑间加入转场后，【时间线】面板上会看到一个重叠区域，这个区域是发生转场的范围。与【时间线】面板只显示剪辑的编

辑出点、入点不同，在【效果控制】面板的【时间线】面板会在两个轨道上分别显示两段剪辑的完整长度。边角带有的小三角说明是剪辑的原始结束点、原始开始点。在【时间线】面板可以随时改变剪辑参与转场的位置。图 5-31 所示为改变了前一段剪辑参与转场的位置，也改变了整个序列的长度。

Step 03　将鼠标放在【A/B 时间线】区域中该切换特效矩形框中心的白色编辑线上。这是两段剪辑之间的编辑点，鼠标指针显示为旋转编辑工具光标，如图 5-32 所示。

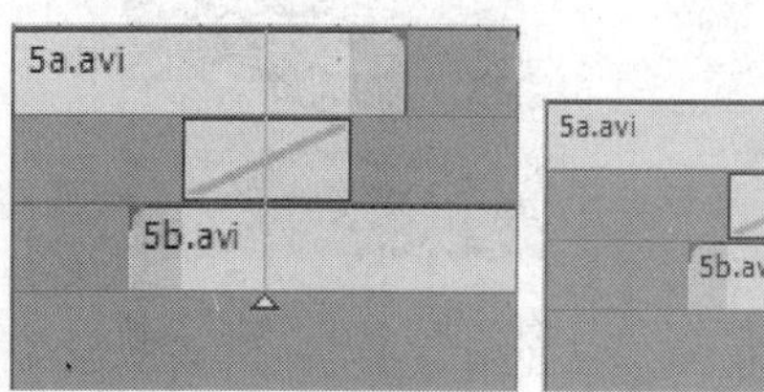

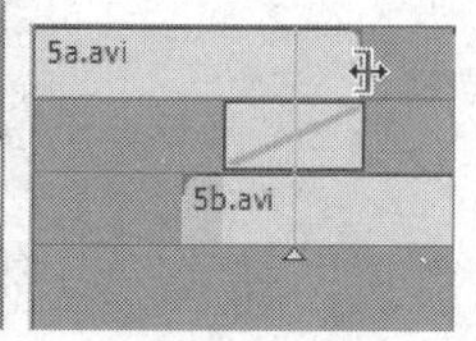

图 5-31　改变剪辑参与转场位置的前后画面

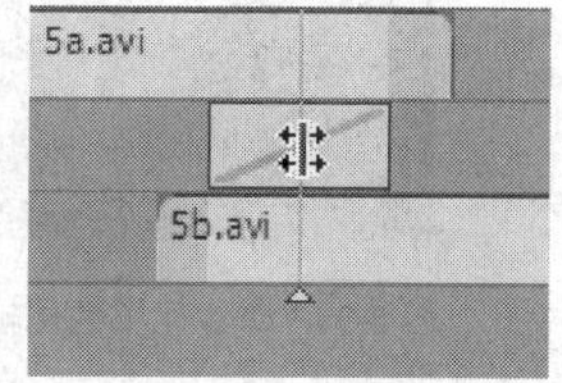

图 5-32　放置鼠标在白色编辑线上

Step 04　左右拖动鼠标，移动白色编辑线，注意【节目】监视器中左边剪辑的出点和右边剪辑的入点的变化，如图 5-33 所示。左右移动旋转编辑工具光标，不会改变整个序列的长度，但是会改变两段剪辑之间的编辑点。

Step 05　松开鼠标左键，稍稍左右移动鼠标，鼠标指针显示为滑动工具光标，如图 5-34 所示。

图 5-33 【节目】监视器中编辑出入点的变化

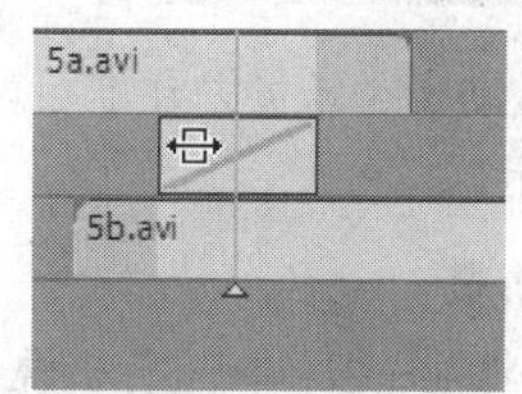

图 5-34　放置鼠标在白色编辑线左右

Step 06　左右拖动鼠标，移动特效矩形框，改变了转场特效的起点和终点，新的起点和终点显示在【节目】监视器中，如图 5-35 所示。左右移动滑动工具光标，不会改变整个序列的长度，也不会改变两段剪辑之间的编辑点。

Step 07　拖动转场特效的左右边缘，可以改变转场的时间长度，如图 5-36 所示。

图 5-35 【节目】监视器中转场的起始点-终止点

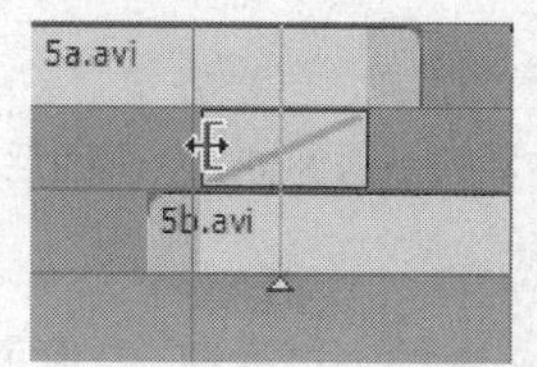

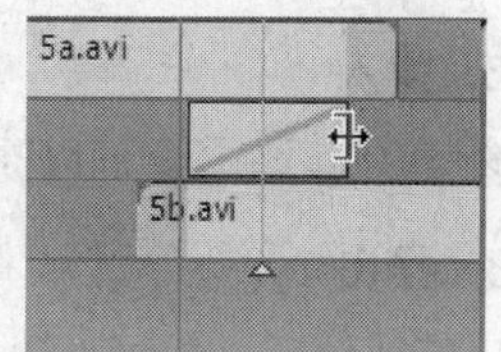

图 5-36　改变转场的时间长度

Step 08　如果转场时头尾帧帧数不足，在【时间线】面板、【A/B 时间线】区域上的转场矩形框内会出现斜线。如果把“5a.avi”后面删除的帧复原，斜线会出现在矩形框的右侧，说明缺少足够的尾帧，如图 5-37 所示；如果把“5b.avi”前面删除的帧复原，斜线会出现在矩形框的左侧，说明缺少足够的头帧，如图 5-38 所示。系统会自动把缺少帧的部分转换成静态图像以完成转场。

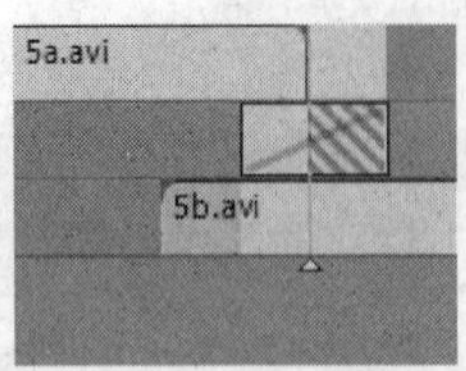

图 5-37　缺少足够的尾帧

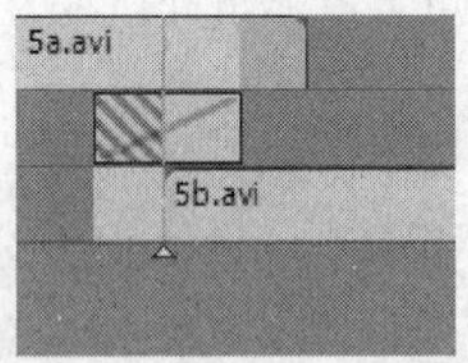

图 5-38　缺少足够的头帧

5.3 转场特效分类讲解

Premiere Pro CS3 中转场特效按照不同的分类，分别放置在不同的文件夹里。本节将按照不同的分类对转场进行介绍。

5.3.1 【3D 运动】类转场

【3D 运动】类转场是在前后两个画面间生成二维到三维的变化，包含 10 种转场特效，如图 5-39 所示。

1. 上折叠

该特效将前一段画面进行折叠，越折越小，从而显露出后一段画面，如图 5-40 所示。

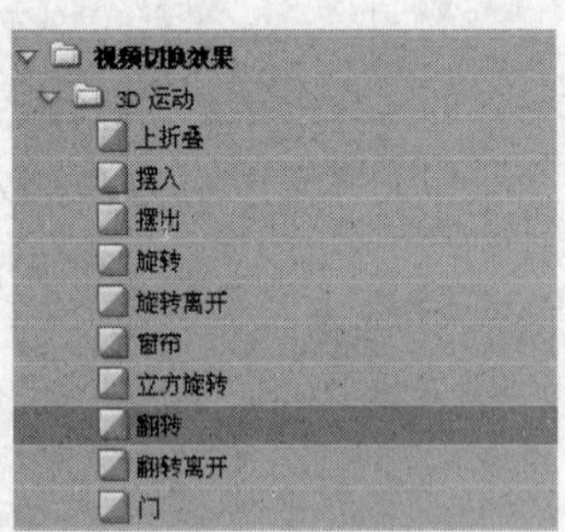

图 5-39　3D 运动类转场

图 5-40　上折叠

2. 摆入

该特效使后一段画面以屏幕的一边为轴，从画面后方透视旋转进来，直至完全显示，如图 5-41 所示。

3. 摆出

该特效使后一段画面以屏幕的一边为轴，从画面前方透视旋转进来，直至完全显示，如图 5-42 所示。

图 5-41 摆入

图 5-42 摆出

4. 旋转

该特效使后一段画面从屏幕的中间旋转进来，直至完全显示，如图 5-43 所示。

5. 旋转离开

该特效使后一段画面从屏幕的中间以透视角度旋转进来，直至完全显示，如图 5-44 所示。

图 5-43 旋转

图 5-44 旋转离开

6. 窗帘

该特效使前一段画面从画面中间分开，像掀开窗帘一样逐渐显示后一段画面，如图 5-45 所示。

7. 立方旋转

该特效使前后两段画面相当于正方体两个相邻的面，以旋转的方式实现画面的转换，如图 5-46 所示。

图 5-45 窗帘

图 5-46 立方旋转

8. 翻转

该特效使前一段画面翻转到后一段画面。在【效果控制】面板中单击 自定义... 按钮，打开【翻转设置】对话框，如图 5-47 所示。设置带状值为“6”，翻转效果如图 5-48 所示。

（1）【带状】：设置翻转时画面的数量。

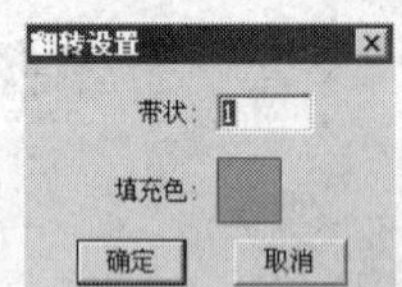

图 5-47 【翻转设置】对话框

图 5-48 翻转

（2）【填充色】：设置翻转时空白区域的颜色。

9．翻转离开

该特效使前一段画面旋转的同时逐渐缩小消失，显示出后一段画面，如图 5-49 所示。

10．门

该特效使后一段画面以关门的方式显示出来，如图 5-50 所示。

图 5-49 翻转离开

图 5-50 门

5.3.2 【GPU 转场切换】类转场

【GPU 转场切换】类转场是 Premiere Pro CS3 新增的转场类。该类转场以滚动或者翻转的方式由前一段画面过渡到后一段画面，包含 5 种转场特效，如图 5-51 所示。

1．中心卷页

该特效使前一段画面从屏幕中心分割成 4 部分，并向 4 个角卷起，直至完全显示后一段画面，如图 5-52 所示。

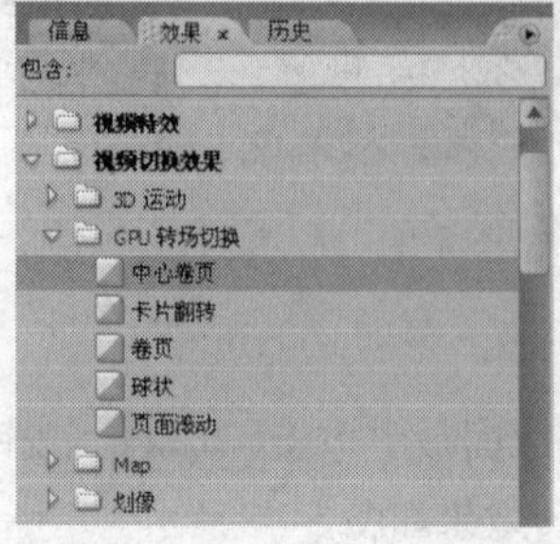

图 5-51 GPU 转场切换类转场

图 5-52 中心卷页

2．卡片翻转

该特效可将前一段画面分成多个小方块，依次翻转小方块，逐渐显示出后一段画面，如图 5-53 所示。

3．卷页

该特效产生从屏幕的一角对前一段画面进行翻页，逐渐显示出后一段画面的效果，如图 5-54 所示。

图 5-53　卡片翻转

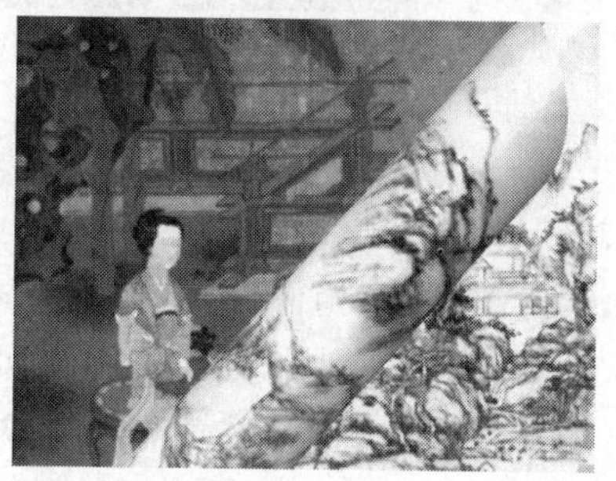

图 5-54　卷页

4．球状

该特效使前一段画面变成球状，逐渐滚出画面，显示出后一段画面，如图 5-55 所示。

5．页面滚动

该特效产生前一段画面从屏幕的一侧，从左到右进行卷页，逐渐显示出后一段画面的效果，如图 5-56 所示。

图 5-55　球状

图 5-56　页面滚动

5.3.3　【Map】类转场

通过对前后两段画面某些通道和亮度信息的叠加实现画面的转场。在【Map】类转场中，只包括【亮度映射】和【通道映射】两种转场，如图 5-57 所示。

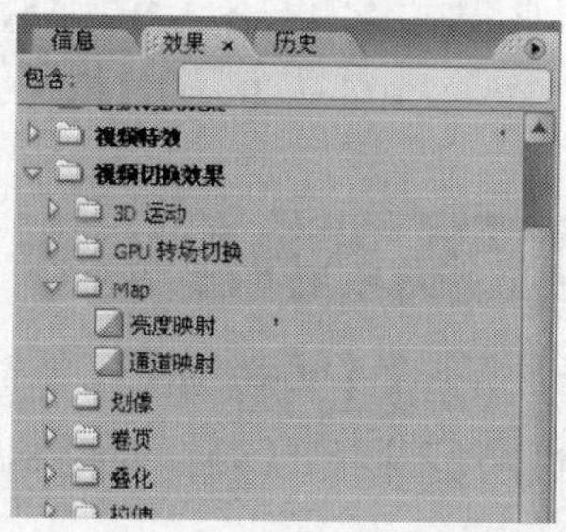

图 5-57　Map 类转场

1．亮度映射

该特效通过画面的亮度信息将两段画面叠加到一起，实现画面的转场。如图 5-58 所示，图（a）为前一段画面，图（b）为亮度映射转场效果，图（c）为后一段画面。

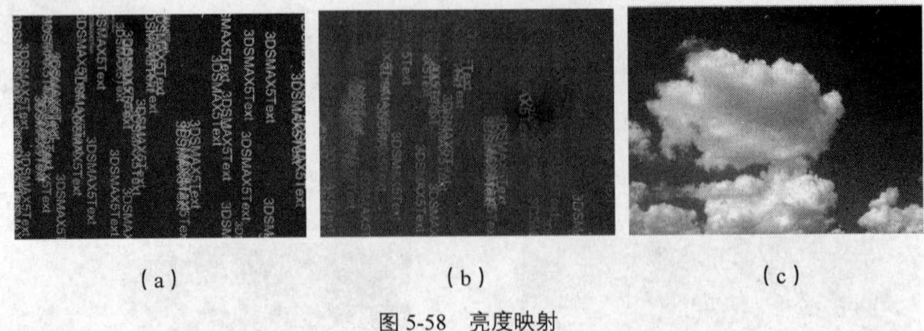

（a）　　（b）　　（c）

图 5-58　亮度映射

2．通道映射

该特效通过画面的通道信息实现画面的转场。在自定义面板中可以设置通道的混合类型，设置映射为“Source B-Blue”到目标蓝色通道，如图 5-59 所示。效果如图 5-60 所示，图（a）为前一段画面，图（b）为通道映射转场效果，图（c）为后一段面面。

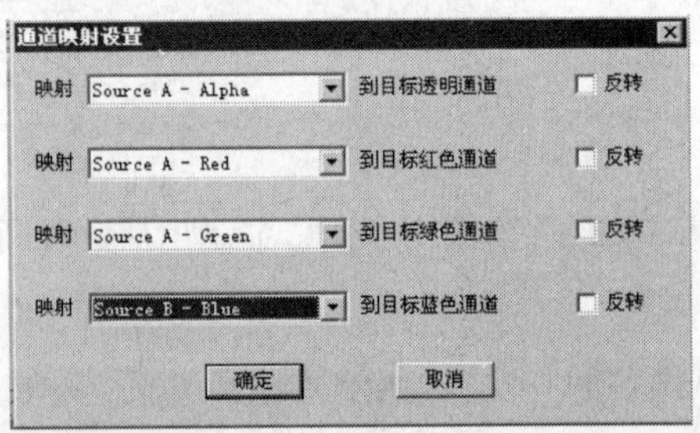

图 5-59【通道映射设置】面板

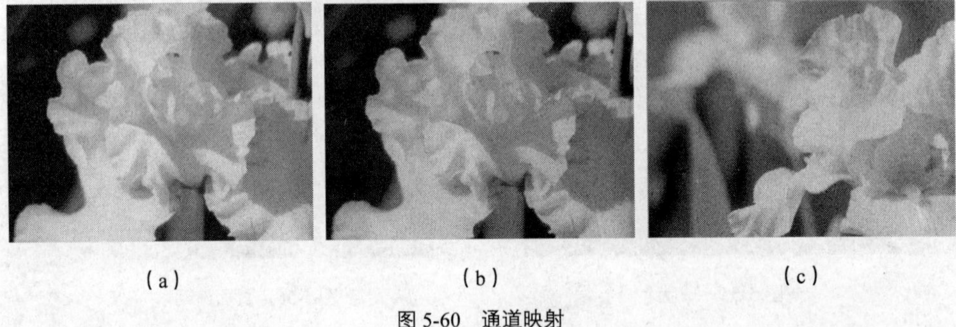

（a）　　（b）　　（c）

图 5-60　通道映射

（1）【映射】：利用映射的下拉选项，可以选择开始画面的透明通道、红色通道、绿色通道、蓝色通道，右侧的文字指明这个通道将对应结束画面的通道。

（2）【反转】：反转相应的通道值。

5.3.4　【划像】类转场

【划像】类转场通过画面中不同形状的孔形面积的变化，实现前后两段画面直接交替切换，包含 7 种不同的转场，如图 5-61 所示。

1．划像盒

使用该特效，后一段画面以矩形的形状从屏幕中央出现，逐渐变大直至完全显示，如图 5-62 所示。

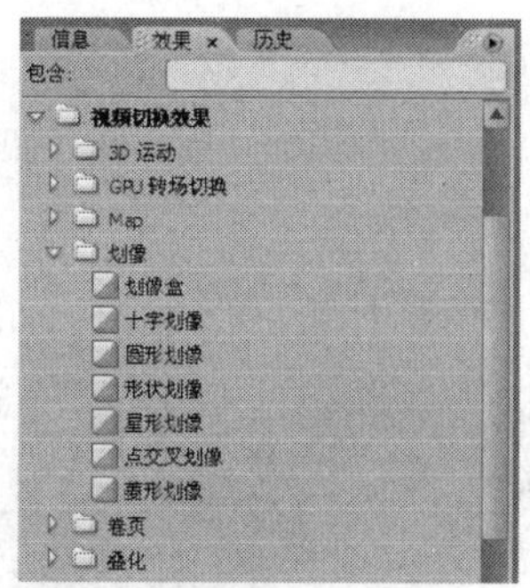

图 5-61　划像类转场

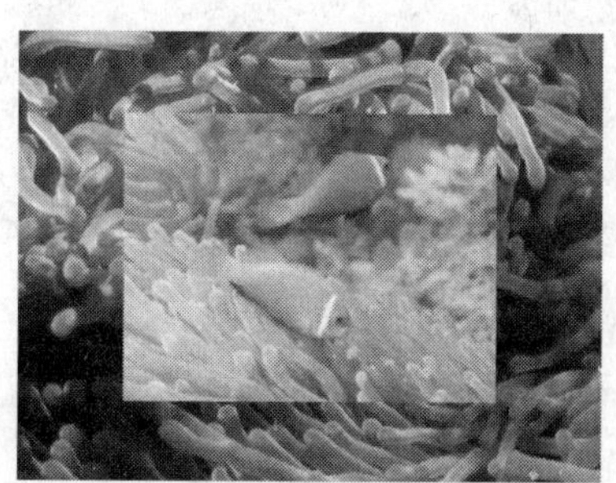

图 5-62　划像盒

2．十字划像

使用该特效，前一段画面从中心被十字形分割成 4 部分，各个部分分别向 4 个角移动，直到后一段画面完全显示，如图 5-63 所示。

3．圆形划像

使用该特效，后一段画面以圆形的形状从屏幕中央出现，逐渐变大直至完全显示，如图 5-64 所示。

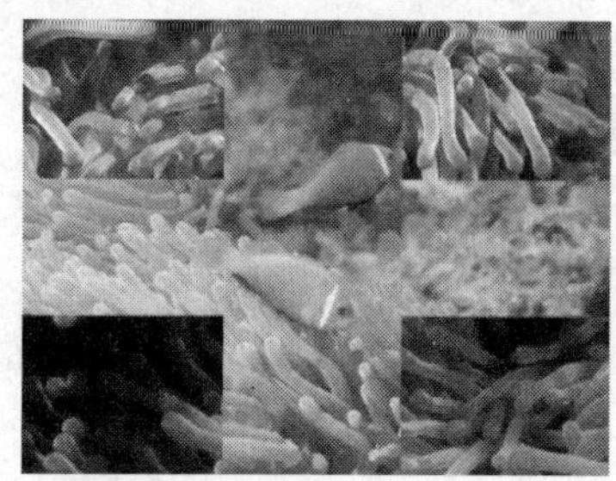

图 5-63　十字划像

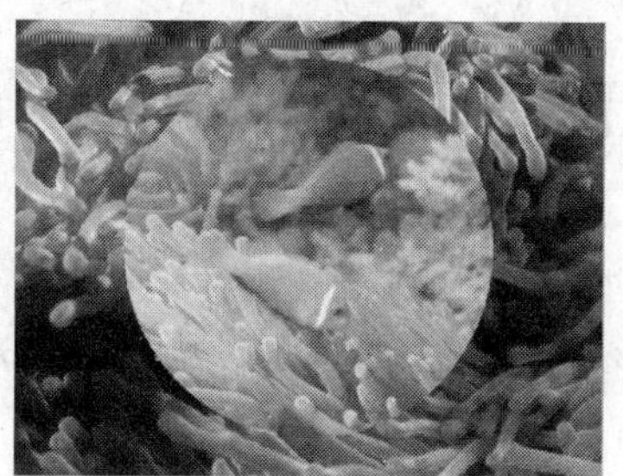

图 5-64　圆形划像

4．形状划像

使用该特效，后一段画面以菱形的形式在前一段画面中出现，逐渐变大直至完全显示。在【效果控制】面板中单击 自定义... 按钮，打开【形状划像设置】对话框，如图 5-65 所示。采用默认设置，转场效果如图 5-66 所示。

（1）【形状数量】：拖曳【宽】、【高】滑块，设置划像形状宽、高的数量。

（2）【形状类型】：可以选择【矩形】、【椭圆】、【菱形】3 种划像形状。

5．星形划像

使用该特效，后一段画面以五角星的形状从屏幕中央出现，逐渐变大直至完全显示，如图 5-67 所示。

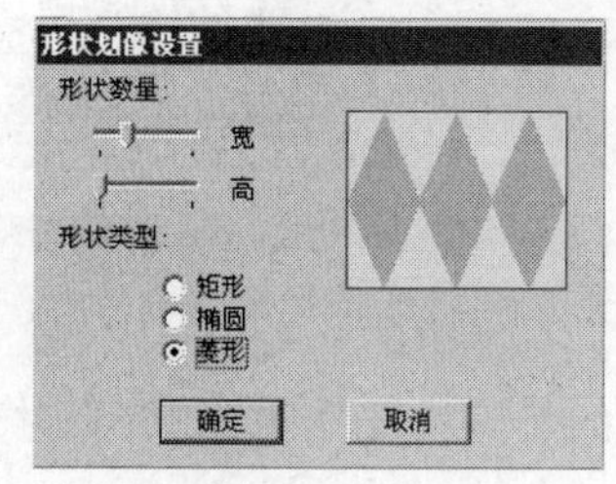

图 5-65 【形状划像设置】对话框

图 5-66　形状划像

图 5-67　星形划像

6. 点交叉划像

使用该特效，后一段画面以×形从屏幕的四周向中心移动，逐渐覆盖前一段画面，如图 5-68 所示。

7. 菱形划像

使用该特效，后一段画面以菱形形状从屏幕中央出现，逐渐变大直至完全显示，如图 5-69 所示。

图 5-68 点交叉划像

图 5-69 菱形划像

5.3.5 【卷页】类转场

【卷页】类转场是模拟书翻页的效果，将前一段画面作为翻去的一页，从而显露后一段画面，包含 5 种不同的转场，如图 5-70 所示。

1. 中心卷页

使用该特效，前一段画面从屏幕中心分裂成 4 部分向四角卷起，逐渐显示后一段画面。与 GPU 转换切换中的中心卷页不同，卷页上不显示前一段画面，如图 5-71 所示。

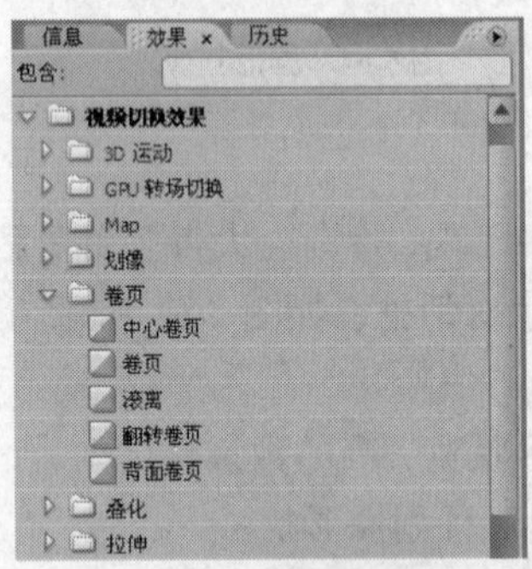

图 5-70 卷页类转场

图 5-71 中心卷页

2. 卷页

使用该特效，前一段画面从画面的一角以翻页的形式卷起，逐渐显示后一段画面，如图 5-72 所示。

3. 滚离

使用该特效，前一段画面从左到右进行卷页，以显示后一段画面，如图 5-73 所示。

4. 翻转卷页

该特效与【卷页】特效相似，从画面的一角卷起进行翻折，不同的是前一段画面进行卷页时，是以透明的方式进行的，如图 5-74 所示。

图 5-72　卷页

图 5-73　滚离

5．背面卷页

使用该特效，可将前一段画面从屏幕中心分为 4 部分，按照顺时针顺序，前一段画面依次从中间向 4 个角卷起，以显示后一段画面，如图 5-75 所示。

图 5-74　翻转卷页

图 5-75　背面卷页

5.3.6　【叠化】类转场

【叠化】类转场主要通过画面的溶解消失，实现画面的过渡，包含 7 种不同的转场，如图 5-76 所示。

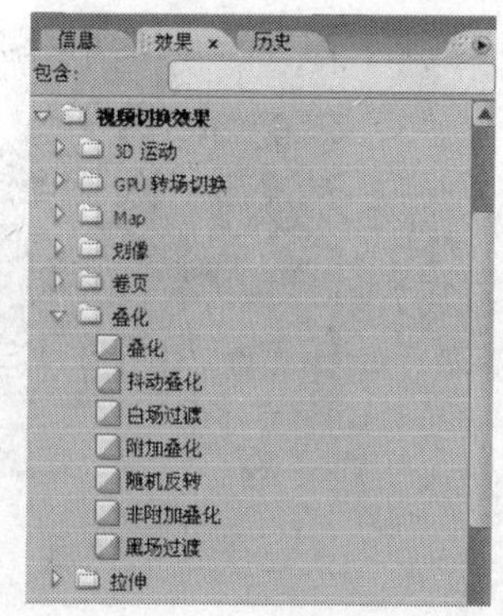

图 5-76　叠化类转场

1．叠化

使用该特效，产生前一段画面逐渐消失的同时后一段画面逐渐出现，直至完全显示的效果。如图 5-77 所示，图（a）为前一段画面，图（b）为叠化转场效果，图（c）为后一段面面。

2．抖动叠化

使用该特效，前后两段画面以一种网格纹路的变化进行溶解叠化。如图 5-78 所示，图（a）为前一段画面，图（b）为抖动叠化转场效果，图（c）为后一段面面。

（a）

（b）

（c）

图 5-77　叠化

（a） （b） （c）

图 5-78 抖动叠化

3．白场过渡

使用该特效，前一段画面先淡出变为白色场景，然后由白色场景淡入变为后一段画面，如图 5-79 所示。

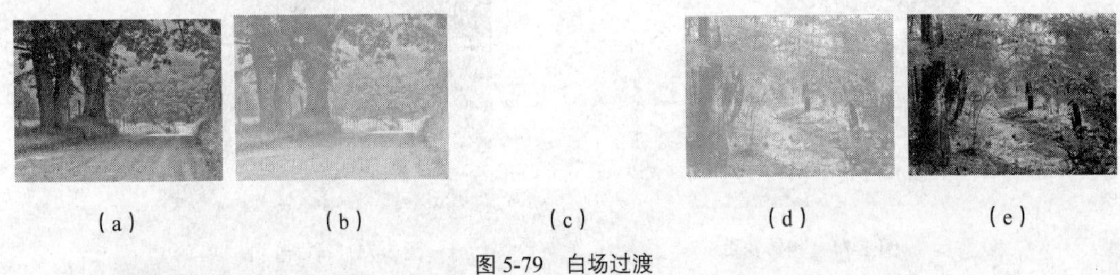

（a） （b） （c） （d） （e）

图 5-79 白场过渡

4．附加叠化

使用该特效，前一段画面以加亮的方式，叠化成后一段画面。如图 5-80 所示，图（a）为前一段画面，图（b）为通道映射转场效果，图（c）为后一段面面。

（a） （b） （c）

图 5-80 附加叠化

5．随机反转

使用该特效，前一段画面以随机反相的形式显示直到消失，然后随机翻转出后一段画面。在【效果控制】面板中单击自定义...按钮，打开【随机翻转设置】对话框，如图 5-81 所示。使用默认设置，效果如图 5-82 所示，图（a）为前一段画面，图（b）为随机翻转转场效果，图（c）为后一段面面。

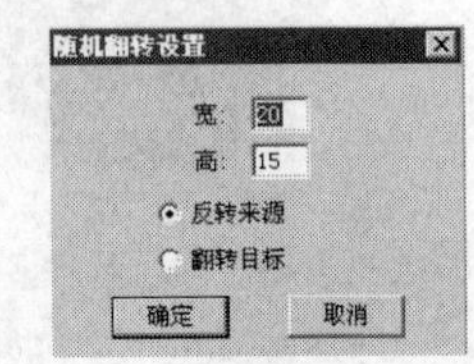

图 5-81 【随机翻转设置】对话框

（1）【宽】、【高】：设置画面水平、垂直随机块数量。

（2）【反转来源】：显示前一段画面的色彩反相效果。

（a）　（b）　（c）

图 5-82　随机反转

（3）【翻转目标】：显示后一段画面的色彩反相效果。

6．非附加叠化

使用该特效，后一段画面中亮度较高的部分首先叠加到前一段画面中，然后按照由明到暗的顺序逐渐显示后一段画面。如图 5-83 所示，图（a）为前一段画面，图（b）为通道映射转场效果，图（c）为后一段面面。

（a）　（b）　（c）

图 5-83　非附加叠化

7．黑场过渡

该特效与【白场过渡】特效相似，不同的是前一段画面先淡出变为黑色场景，然后由黑色场景淡入变为后一段画面，如图 5-84 所示。

（a）　（b）　（c）　（d）　（e）

图 5-84　黑场过渡

5.3.7　【拉伸】类转场

【拉伸】类转场主要通过画面的伸缩来转换场景，其中包括 4 种不同的转场效果，如图 5-85 所示。

1．交接伸展

使用该特效，后一段画面通过伸展，挤压前一段画面，直至完全显示，如图 5-86 所示。

2．伸展入

使用该特效，前一段画面淡出，后一段画面由拉伸到正常状态流入画面，如图 5-87 所示。

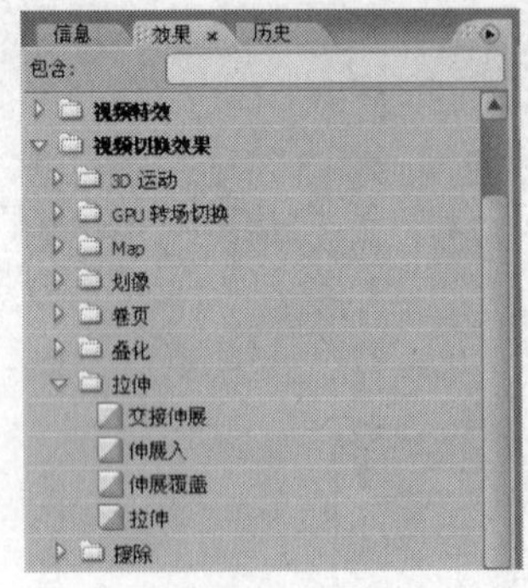

图 5-85　拉伸类转场

图 5-86　交接伸展

3．伸展覆盖

使用该特效，后一段画面从屏幕中线呈伸缩状态，通过垂直伸展覆盖前一段画面，如图 5-88 所示。

4．拉伸

使用该特效，后一段画面呈压缩状态，通过水平伸展覆盖前一段画面，如图 5-89 所示。

图 5-87　伸展入

图 5-88　伸展覆盖

图 5-89　拉伸

5.3.8　【擦除】类转场

【擦除】类转场主要通过各种形状和方式的擦除，实现画面的过渡转场。该类视频转场是 Premiere 中包含种类最多的一类，其中包括 17 种不同的转场，如图 5-90 所示。

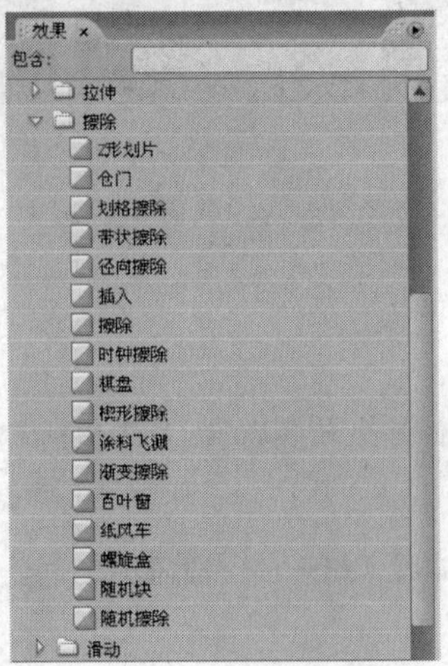

图 5-90　擦除类转场

1. Z 形划片

使用该特效，后一段画面以 Z 字形状扫过前一段画面，将前一段画面覆盖。在【效果控制】面板中单击 自定义... 按钮，打开【Z 形块设置】对话框，如图 5-91 所示。使用默认参数，效果如图 5-92 所示。

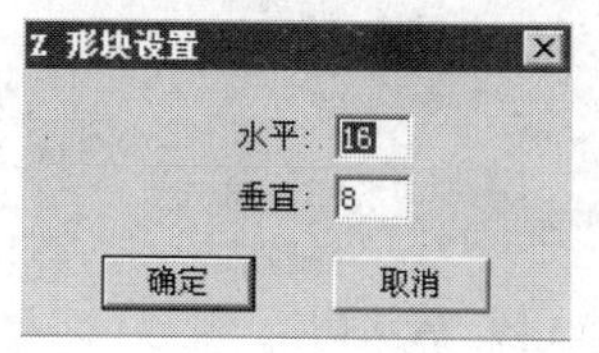

图 5-91 【Z 形块设置】对话框

图 5-92　Z 形划片

（1）【水平】：设置水平划片的数量。

（2）【垂直】：设置垂直划片的数量。

2. 仓门

使用该特效，后一段画面以开门的方式从屏幕中线打开，将前一段画面覆盖，效果如图 5-93 所示。

图 5-93　仓门

3. 划格擦除

使用该特效，后一段画面分成多个方格，以方格擦除的方式逐渐将前一段画面覆盖。在【效果控制】面板中单击 自定义... 按钮，打开【棋盘格擦出设置】对话框，如图 5-94 所示。使用默认参数，效果如图 5-95 所示。

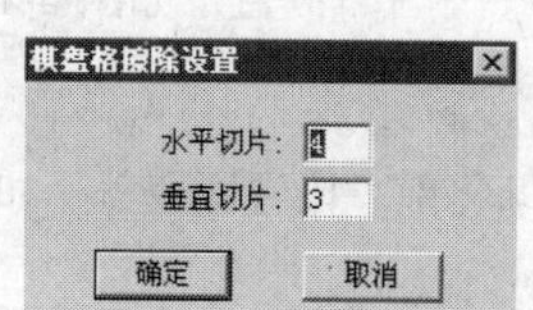

图 5-94 【棋盘格擦除设置】对话框

图 5-95　划格擦除

（1）【水平切片】：设置水平切片的数量。

（2）【垂直切片】：设置垂直切片的数量。

4. 带状擦除

使用该特效，后一段画面从屏幕的两侧进入，以交错横条的方式逐渐将前一段画面覆盖。在【效果控制】面板中单击 自定义... 按钮，打开【带状擦除设置】对话框，可以设置条带的数量，如图 5-96 所示。使用默认参数，效果如图 5-97 所示。

5．径向擦除

使用该特效，后一段画面从屏幕的一角进入，以扫描的方式逐渐将前一段画面覆盖，如图 5-98 所示。

图 5-96 【带状擦除设置】对话框

图 5-97　带状擦除

6．插入

使用该特效，后一段画面从屏幕的一角以矩形的方式进入，逐渐将前一段画面覆盖，如图 5-99 所示。

图 5-98　径向擦除

图 5-99　插入

7．擦除

使用该特效，后一段画面从屏幕的一侧进入，逐渐将前一段画面覆盖，如图 5-100 所示。

8．时钟擦除

使用该特效，后一段画面以时钟的方式，按顺时针方向逐渐将前一段画面覆盖，如图 5-101 所示。

图 5-100　擦除

图 5-101　时钟擦除

9．棋盘

使用该特效，后一段画面以棋盘格的方式逐行出现，逐渐将前一段画面覆盖。在【效果控制】面板中单击 自定义... 按钮，打开【棋盘设置】对话框，如图 5-102 所示。使用默认参数，效果如图 5-103 所示。

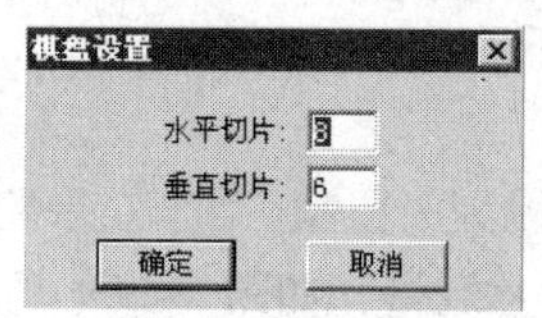

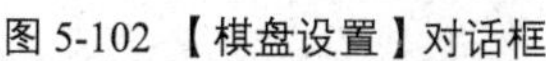

图 5-102 【棋盘设置】对话框

图 5-103　棋盘

（1）【水平切片】：设置转场时水平方向棋盘方块的数量。

（2）【垂直切片】：设置转场时垂直方向棋盘方块的数量。

10．楔形擦除

使用该特效，后一段画面从屏幕的中心，像打开的扇子一样逐渐将前一段画面覆盖，如图 5-104 所示。

11．涂料飞溅

使用该特效，后一段画面以泼溅的方式，逐渐将前一段画面覆盖，如图 5-105 所示。

12．渐变擦除

【渐变擦除】特效的使用方法比较复杂，前面已经详细地介绍过。渐变擦除类似于一种动态蒙版，使用一张图片作辅助，后一段画面按照灰度等级由黑到白逐渐显示，逐渐将前一段画面取代，如图 5-106 所示。

图 5-104　楔形擦除

图 5-105　涂料飞溅

图 5-106　渐变擦除

13．百叶窗

使用该特效，后一段画面以百叶窗的方式逐渐将前一段画面覆盖。在【效果控制】面板中单击 自定义... 按钮，打开【百叶窗设置】对话框，可以设置叶片数量，如图 5-107 所示。使用默认参数，效果如图 5-108 所示。

图 5-107 【百叶窗设置】对话框

图 5-108 百叶窗

14. 纸风车

使用该特效，后一段画面以旋转风车的形式逐渐将前一段画面覆盖。在【效果控制】面板中单击 自定义... 按钮，打开【纸风车设置】对话框，可以设置叶片数量，如图 5-109 所示。使用默认参数，效果如图 5-110 所示。

图 5-109 【纸风车设置】对话框

图 5-110 纸风车

15. 螺旋盒

使用该特效，后一段画面以条状旋转的方式逐渐将前一段画面覆盖。在【效果控制】面板中单击 自定义... 按钮，打开【螺旋盒设置】对话框，如图 5-111 所示。使用默认参数，效果如图 5-112 所示。

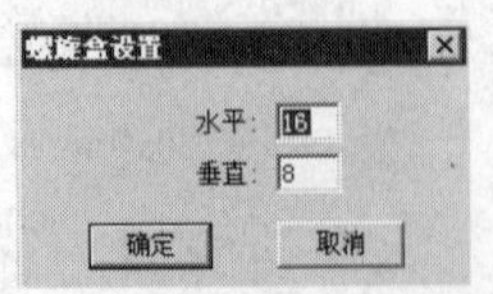

图 5-111 【螺旋盒设置】对话框

图 5-112 螺旋盒

（1）【水平】：设置螺旋盒过渡时水平方向的数量。

（2）【垂直】：设置螺旋盒过渡时垂直方向的数量。

16．随机块

使用该特效，后一段画面以随机小方块的形式出现，逐渐将前一段画面覆盖。在【效果控制】面板中单击 自定义... 按钮，打开【随机块设置】对话框，可以设置宽和高方向小方块的数量，如图 5-113 所示。使用默认参数，效果如图 5-114 所示。

17．随机擦除

使用该特效，后一段画面以随机小方块的形式出现，从屏幕的一侧开始划像，逐渐将前一段画面覆盖，如图 5-115 所示。

图 5-113 【随机块设置】对话框

图 5-114　随机块

图 5-115　随机擦除

5.3.9 【滑动】类转场

【滑动】类转场主要通过条状或块滑动的方式，实现画面的转场，包括 12 种特效效果，如图 5-116 所示。

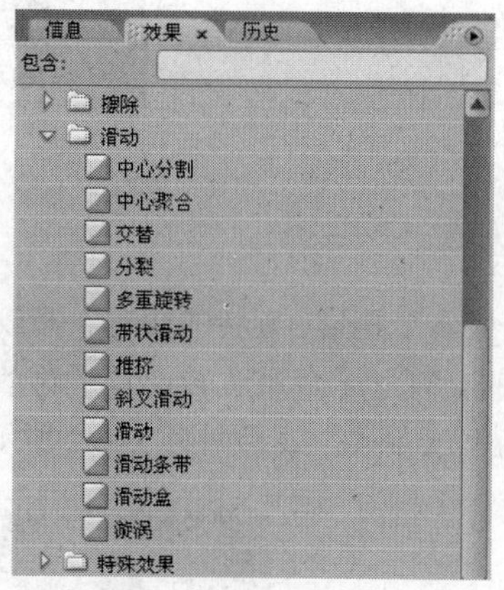

图 5-116　滑动类转场

1．中心分割

使用该特效，前一段画面从中心分割成 4 部分，同时向 4 个角移动，逐渐显示后一段画面，如图 5-117 所示。

2．中心聚合

使用该特效，前一段画面被分成 4 部分，分别从 4 个角向屏幕中心运动，逐渐消失，并显示后一段画面，如图 5-118 所示。

图 5-117 中心分割

图 5-118 中心聚合

3．交替

使用该特效，后一段画面从前一段画面后方转向前方，逐渐将前一段画面覆盖，如图 5-119 所示。

4．分裂

使用该特效，前一段画面从屏幕中心分开向两侧运动，逐渐显示后一段画面，如图 5-120 所示。

图 5-119 交替

图 5-120 分裂

5．多重旋转

使用该特效，后一段画面被分成多个矩形，旋转的同时不断放大，逐渐覆盖前一段画面。在【效果控制】面板中单击 自定义... 按钮，打开【多重旋转设置】对话框，可以设置水平和垂直方向的方格数量，如图 5-121 所示。使用默认参数，效果如图 5-122 所示。

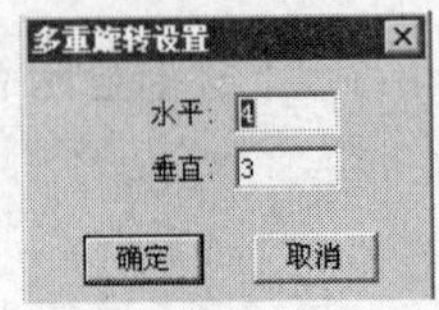

图 5-121 【多重旋转设置】对话框

图 5-122 多重旋转

6．带状滑动

使用该特效，后一段画面以交错条的形式从屏幕的两侧进入画面，逐渐将前一段画面覆盖。在【效果控制】面板中单击 自定义... 按钮，打开【带状滑动设置】对话框，可以设置转换条带的数量，如图 5-123 所示。使用默认参数，效果如图 5-124 所示。

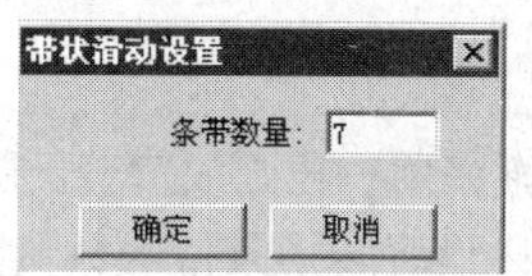

图 5-123 【带状滑动设置】对话框

图 5-124　带状滑动

7．推挤

使用该特效，后一段画面将前一段画面逐渐推出画面，直至完全显示后一段画面，如图 5-125 所示。

图 5-125　推挤

8．斜叉滑动

使用该特效，后一段画面以条形的形式逐渐插入到前一段画面中，直至完全显示。在【效果控制】面板中单击 自定义... 按钮，打开【斜线滑动设置】对话框，可以设置转换切片的数量，如图 5-126 所示。使用默认参数，效果如图 5-127 所示。

图 5-126 【斜线滑动设置】对话框

图 5-127　斜叉滑动

9．滑动

使用该特效，后一段画面滑进画面，逐渐将前一段画面覆盖，如图 5-128 所示。

10．滑动条带

使用该特效，后一段画面以百叶窗的形式，逐渐显示出来，如图 5-129 所示。

图 5-128　滑动

图 5-129　滑动条带

11．滑动盒

使用该特效，后一段画面被分成带状，依次滑进画面，逐渐将前一段画面覆盖。在【效果控制】面板中单击 自定义... 按钮，打开【滑动盒设置】对话框，可以设置转换条带的数量，如图 5-130 所示。使用默认参数，效果如图 5-131 所示。

图 5-130 【滑动盒设置】对话框

图 5-131　滑动盒

12．漩涡

使用该特效，后一段画面被分成多个矩形，从屏幕的中心旋转放大，逐渐覆盖前一段画面。在【效果控制】面板中单击 自定义... 按钮，打开【漩涡设置】对话框，如图 5-132 所示。使用默认参数，效果如图 5-133 所示。

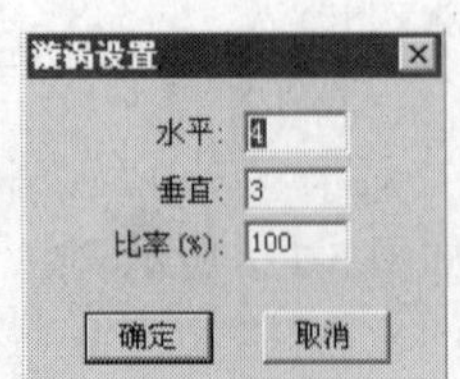

图 5-132 【漩涡设置】对话框

图 5-133　漩涡

（1）【水平】：设置水平方向产生的方块数量。

（2）【垂直】：设置垂直方向产生的方块数量。

（3）【比率】：设置旋转角度。

5.3.10　【特殊效果】类转场

【特殊效果】类转场主要包括一些特殊效果的转场，有 3 种不同的特效，如图 5-134 所示。

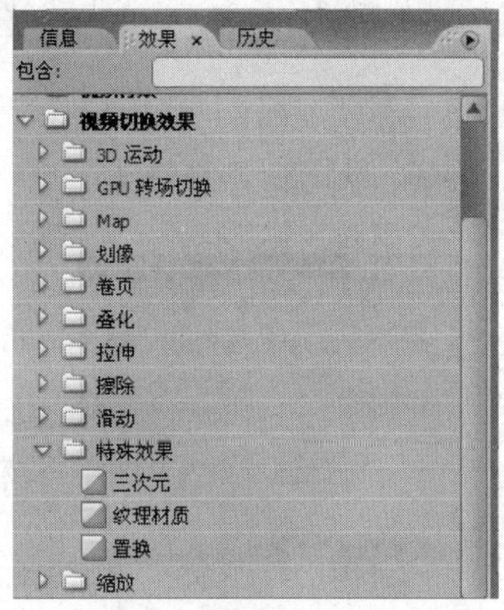

图 5-134　特殊效果类转场

1．三次元

使用该特效，将前一段画面的红色和蓝色通道混合到后一段画面中，实现转场。如图 5-135 所示，图（a）为前一段画面，图（b）为三次元转场特效效果，图（c）为后一段画面。

（a）　（b）　（c）

图 5-135　三次元

2．纹理材质

使用该特效，把前一段画面作为纹理图和后一段画面进行色彩混合，实现转场。如图 5-136 所示，图（a）为前一段画面，图（b）为三次元转场特效效果，图（c）为后一段画面。

3．置换

使用前一段画面作为位移图，以其像素颜色值的明暗，分别用水平和垂直方向的错位来影响后一段画面。在【效果控制】面板中单击 自定义... 按钮，打开【置换设置】对话框，如图 5-137 所示。使用默认参数，效果如图 5-138 所示。

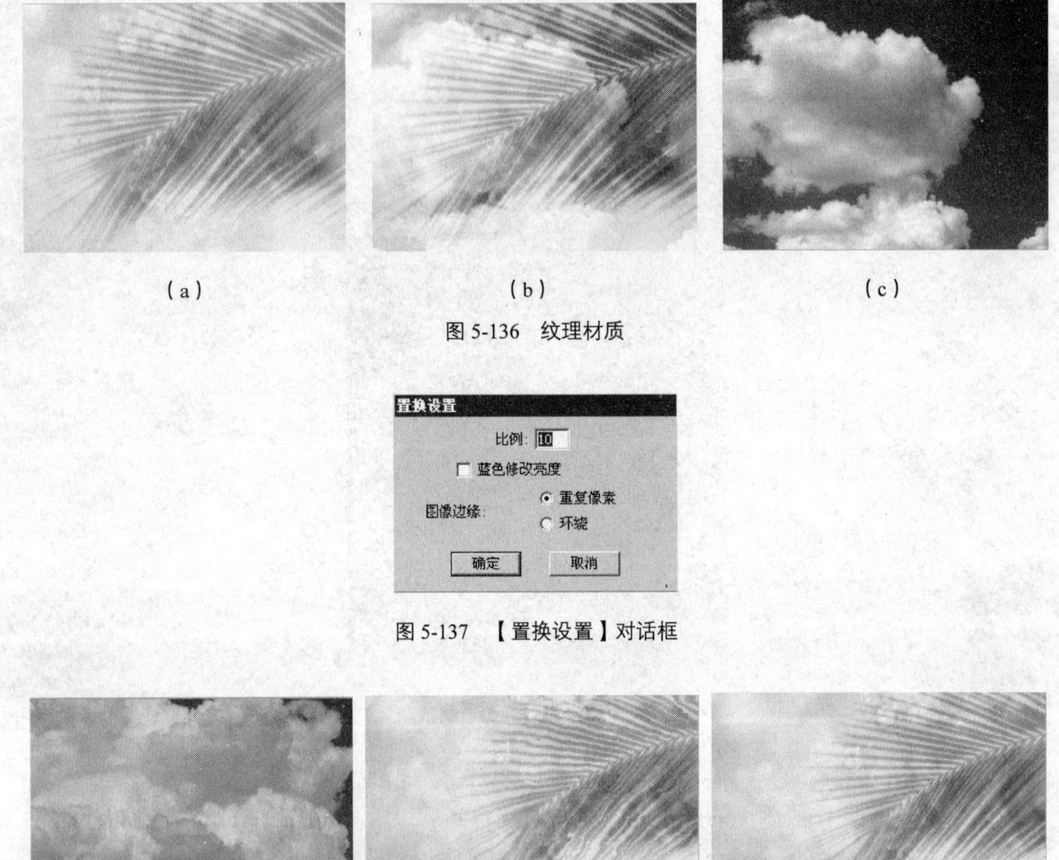

(a) (b) (c)

图 5-136 纹理材质

图 5-137 【置换设置】对话框

(a) (b) (c)

图 5-138 置换

（1）【比例】：设置最大位移值。

（2）【蓝色修改亮度】：以蓝色模式改变图像亮度。

（3）【图像边缘】：选择【重复像素】选项，重复图像边缘像素；选择【环绕】选项，使用图像填充边缘。

5.3.11 【缩放】类转场

【缩放】类转场主要是通过对前后画面进行放缩来进行转场，包括 4 种不同的效果，如图 5-139 所示。

1. 交叉缩放

使用该特效，前一段画面逐渐放大虚化，然后后一段画面由大变小为实际尺寸，形成一种画面推拉效果，如图 5-140 所示。

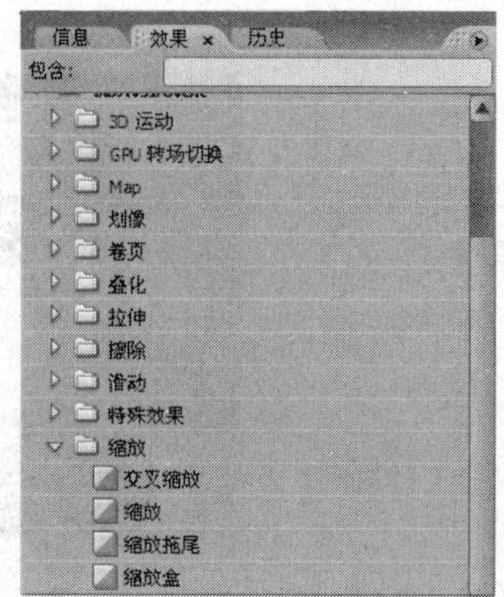

图 5-139　缩放类转场

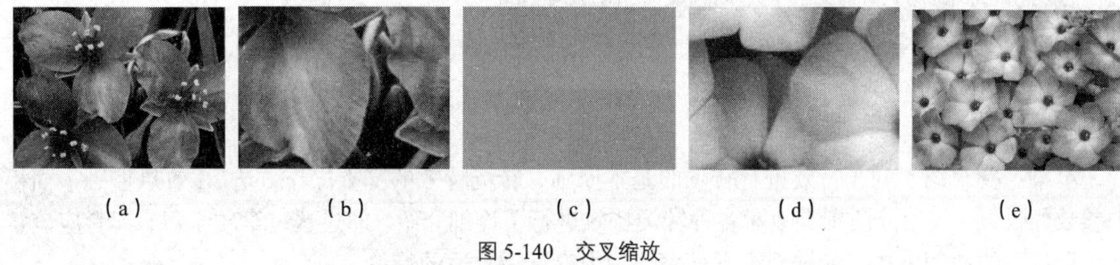

（a）　（b）　（c）　（d）　（e）

图 5-140　交叉缩放

2．缩放

使用该特效，后一段画面从屏幕中心出现，逐渐放大同时覆盖前一段画面，如图 5-141 所示。

3．缩放拖尾

使用该特效，前一段画面逐渐缩小，并产生拖尾消失，直至显示后一段画面。在【效果控制】面板中单击 自定义... 按钮，打开【缩放拖尾设置】对话框可以设置过渡时前一段画面缩入的数量，如图 5-142 所示。使用默认参数，效果如图 5-143 所示。

图 5-141　缩放

图 5-142 【缩放拖尾设置】对话框

图 5-143　缩放拖尾

4．缩放盒

使用该特效，后一段画面分割成多个矩形框，从画面各个位置出现，并且逐渐放大，直至将前一段画面覆盖。在【效果控制】面板中单击 自定义... 按钮，打开【缩放盒设置】对话框，可以设置宽、高方向矩形框的数量，如图 5-144 所示。使用默认参数，效果如图 5-145 所示。

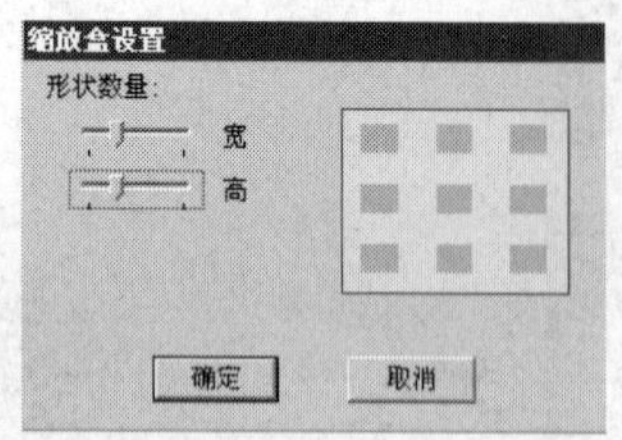

图 5-144 【缩放盒设置】对话框

图 5-145 缩放盒

小结

本章主要介绍了利用特效进行转场的基本原则、转场特效的基本操作方法、【效果控制】面板中参数的设置，最后分门别类地对各种转场特效进行了详细介绍。通过这一章的学习，读者应该掌握转场特效的使用方法，能够根据画面表达的内容选择合适的特效。

习题

一、简答题

1. 如何改变默认【切换】特效的长度?
2. 如果应用了【叠化】特效，如何调出其参数设置对话框?
3. 【效果控制】面板中【反转】特效有什么功能?
4. 改变转场特效的时间长度有哪几种方法?

二、操作题

1. 利用叠化类特效，实现四季交替效果。
2. 利用各种转场特效，制作一个电子相册，主题不限。
3. 利用摆入特效，完成电视节目结尾常见的画面摆入到一定的位置停止，画面内容继续播放的效果。

第6章 高级编辑技巧

在非线性编辑过程中，为了让复杂的编辑工作变得井然有序，可以使用嵌套序列的方法。三点和四点编辑也是专业后期剪辑中常用的技巧，用来在【时间线】面板上已有剪辑中间插入或替换素材。【修整】监视器能够调整时间线上相邻两段剪辑的入点和出点，调节两个剪辑的衔接点。本章将介绍视频编辑的高级技巧，包括序列的嵌套、三点和四点编辑，以及【修整】监视器和多摄像机模式的使用。

【教学目标】

- 掌握序列嵌套的方法。
- 掌握三点和四点编辑的方法。
- 掌握【修整】监视器的使用方法。
- 掌握多摄像机模式的使用方法。

6.1 嵌套序列

每个序列可以编辑不同的剪辑内容，互不影响。一个序列也可以像素材一样，将其用鼠标拖曳到其他序列中，实现序列的嵌套。

在制作较大、较为复杂的影片时，可以将整个影片按照剧本分为几个大的段落，每个段落在不同的序列中进行编辑，最后通过嵌套序列将各个段落组合到一个总的序列中。在以下情况中也会用到嵌套序列的方法。

（1）把一种或多种特效应用到该序列的所有剪辑中。

（2）通过多个序列来组织和简化操作，避免编辑中的冲突和误操作。

（3）对一个序列中所有剪辑创建画中画效果。

（4）重复使用同一个序列的内容，可以将该序列多次嵌套至其他序列中。

（5）创建多摄像机模式，可以通过序列嵌套来实现。

下面通过实例介绍使用嵌套序列对多个剪辑创建画中画效果，操作步骤如下。

Effect 01

Step 01 将本书附盘中的“第 6 章”目录复制到本地硬盘上，在以下的内容中将用到此目录中的文件。

Step 02 启动 Premiere，新建项目文件“lesson6-1”。选择【文件】/【导入】命令，定位到本地硬盘“第 6 章”文件夹，导入“6a.avi”、“6b.avi”、“6c.avi”、“电脑.jpg”。

Step 03 选中【项目】面板中的素材“6a.avi”，用鼠标拖曳到【时间线】面板的【视频 1】轨道。用同样的方法，将“6b.avi”、“6c.avi”分别拖曳到【视频 1】轨道并依次排列，如图 6-1 所示，它们都在默认的“序列 01”的【时间线】面板中。

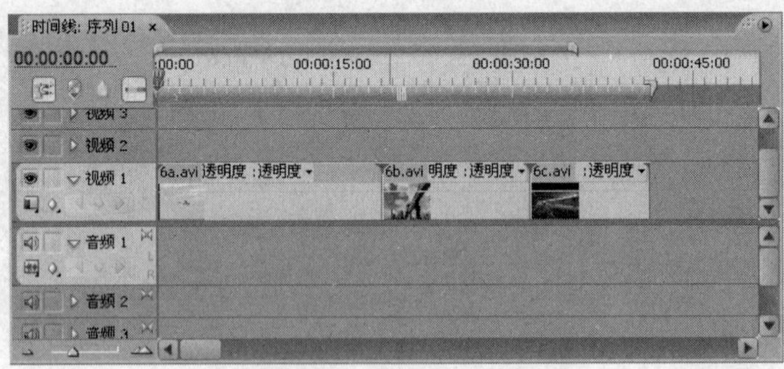

图 6-1 “序列 01”中的剪辑

Step 04 单击【项目】面板下方的按钮，在弹出的菜单中选择【序列】命令，弹出【新建序列】对话框，新建“序列 02”，单击 确定 按钮退出对话框。

Step 05 在【项目】面板中双击“序列 02”，激活“序列 02”的【时间线】面板。在【项目】面板中选择素材“电脑.jpg”，将其拖曳到【时间线】面板，和【视频 1】轨道左端对齐，如图 6-2 所示。

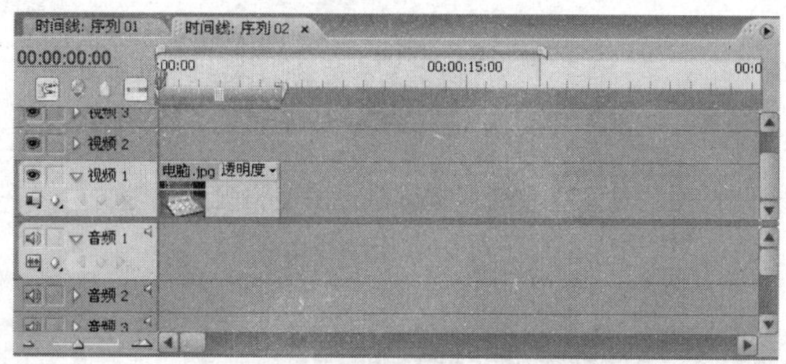

图 6-2　在“序列 02”中导入图片

Step 06 在【项目】面板中，选择“序列 01”并将其拖曳到【时间线】面板，和【视频 2】轨道左端对齐。按-键缩小视图，将鼠标指针放到【视频 1】轨道中剪辑的右边界，按住鼠标左键向右拖曳直至和【视频 2】轨道剪辑右边界对齐，如图 6-3 所示。

Step 07 打开【效果】面板，选择【视频特效】/【扭曲】/【边角固定】特效，将其拖曳至【时间线】面板中【视频 2】轨道的“序列 01”上再释放鼠标。

Step 08 选中【时间线】面板上的“序列 01”剪辑，打开【效果控制】面板，在【边角固定】特效名称上单击，使其变为黑色高亮显示，如图 6-4 所示。

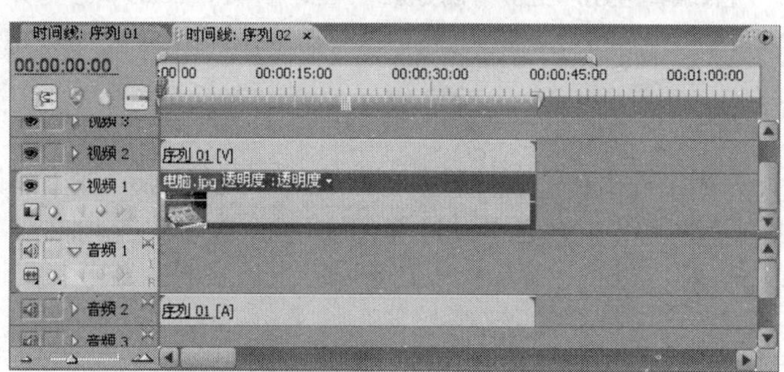

图 6-3　将“序列 01”嵌套入“序列 02”

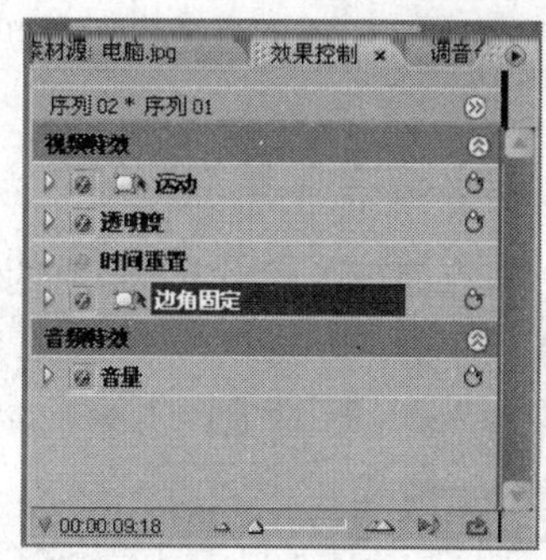

图 6-4　【效果控制】面板

Step 09 【节目】监视器中图像的 4 个角上出现圆形控制钮，分别选中 4 个控制钮，按住鼠标左键并拖曳，直到和【视频 1】轨道中的计算机显示器的 4 个角对齐，如图 6-5 所示。

图 6-5　在【节目】监视器中拖曳圆形控制钮

提示：如果不拖曳控制钮，单击【边角固定】前边的▷按钮将其展开，并修改其下4个选项的参数，也可以调整图像，使其与【视频1】轨道中计算机显示器的4个角对齐。

Step 10 将时间指针移动至时间线左端，按键盘上的空格键开始渲染，可在【节目】监视器中预览。在计算机显示器中依次播放了“序列01”中的每个剪辑。

6.2 三点编辑和四点编辑

三点编辑和四点编辑是在专业视频编辑工作中常用的编辑技巧，可以在【时间线】面板已有剪辑上插入或覆盖另一段剪辑，使用时需要在【素材源】监视器和【节目】监视器中同时设置入点或出点，然后指定要插入或覆盖的剪辑片段和其在时间线上的位置。

三点、四点是指入点和出点的个数。如果在【素材源】监视器和【节目】监视器同时设置了入点和出点，即有了4个编辑点，就是四点编辑。如果只设置两个入点一个出点，或者一个入点两个出点，那么就是三点编辑。通常来讲，三点编辑比四点编辑应用广泛。下面分别对三点编辑和四点编辑进行介绍。

6.2.1 三点编辑

三点编辑在使用中一般有两种情况，第1种是在【素材源】监视器中只设置入点，在【节目】监视器中设置入点与出点；第2种是在【素材源】监视器中设置入点与出点，在【节目】监视器中只设置入点。下面通过实例来介绍第1种情况。

Effect 02

Step 01 启动Premiere，新建项目文件“lesson6-2”。选择菜单栏中的【文件】/【导入】命令，将“第6章”文件夹下的“6a.avi”、“6b.avi”导入。

Step 02 在【项目】面板中选择“6b.avi”，拖曳至【时间线】面板的【视频1】轨道，如图6-6所示。

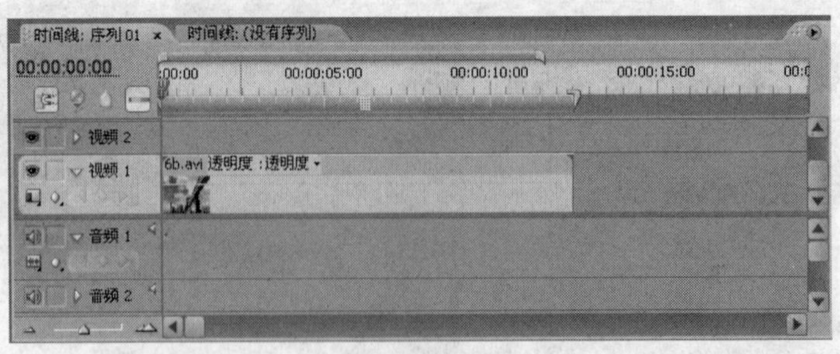

图6-6 【时间线】面板

Step 03 在【时间线】面板的剪辑中间，插入一段“6a.avi”的内容。通过浏览剪辑，确定在【时间线】面板的“00:00:02:18”～“00:00:05:08”处插入。

Step 04 在【时间线】面板中，将时间指针移动至“00:00:02:18”处，单击【节目】监视器中的{按钮，设置入点；将时间指针移动至“00:00:05:08”处，单击【节目】监视器中的}按钮，设置出点，如图 6-7 所示。

图 6-7　设置了入点和出点的【时间线】面板

> **提示**：还可以在时间指针上单击鼠标右键，在弹出的菜单中选择【设置序列标记】/【入点】或【出点】命令，或者选择菜单栏中的【标记】/【设置序列标记】/【入点】或【出点】命令，都可以设置入点和出点。

Step 05 在【项目】面板中双击"6a.avi"，在【素材源】监视器中预览。将【素材源】监视器中的时间指针移至"00:00:07:07"处，单击按钮，设置入点，如图 6-8 所示，3 个编辑点设置完毕。

Step 06 将【时间线】面板中的时间指针移至"00:00:09:17"处，这里移动时间指针并不是为了设置编辑点，而是要验证时间指针的位置对于插入操作有无影响。单击【素材源】监视器的覆盖按钮，将【时间线】上入点和出点间的内容替换，效果如图 6-9 所示。

图 6-8　设置了入点的【素材源】监视器

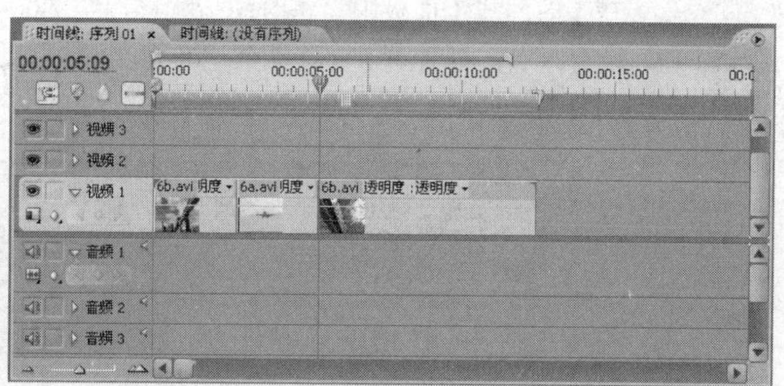

图 6-9　使用三点编辑进行覆盖编辑后的效果

从图 6-9 中可以看出，【时间线】面板中"00:00:02:18"～"00:00:05:08"间的剪辑被替换了，影片的总长度不变。插入的位置与【时间线】面板中入点和出点位置有关，而时间指针的位置不会对其产生影响。

Step 07 选择菜单栏中的【编辑】/【撤销】命令，撤销上一步的操作。单击【素材源】监视器的插入按钮，此时，【时间线】面板上的剪辑如图 6-10 所示。

从图 6-10 中可以看出，在【时间线】面板中"00:00:02:18"～"00:00:05:08"处插入新剪辑，原来的剪辑在入点处截断，后半部分右移，影片的总长度变长。

在三点编辑中，还经常在【素材源】监视器中设置入点与出点，在【节目】监视器中只设置入点。这种情况的操作方法和第 1 种情况基本相同，这里不再详细介绍。

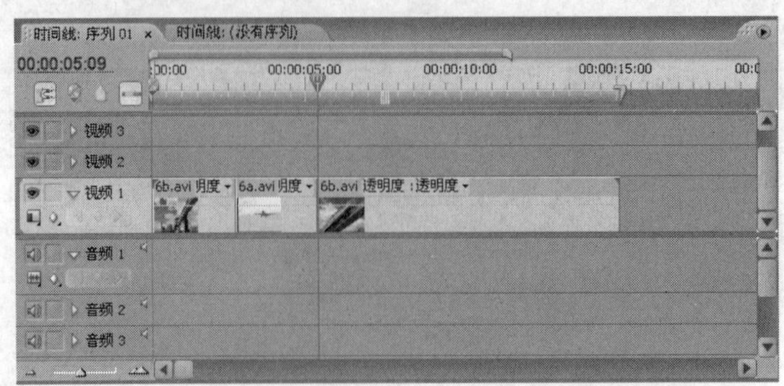

图 6-10　使用三点编辑进行插入编辑后的效果

6.2.2　四点编辑

在四点编辑中，如果【素材源】监视器中入点和出点间的持续时间和【时间线】面板中入点和出点间的持续时间不一致，就要注意时间匹配的问题。四点编辑使用方法如下。

Effect 03

Step 01　启动 Premiere，新建项目文件“lesson6-3”。选择菜单栏中的【文件】/【导入】命令，将“第 6 章”文件夹下的“6a.avi”、“6b.avi”导入。

Step 02　在【项目】面板中选择“6b.avi”，拖曳至【时间线】面板的【视频 1】轨道，和轨道左端对齐。仍然要在【时间线】面板的剪辑中间插入一段“6a.avi”的内容。通过浏览剪辑，确定在【时间线】面板的“00:00:02:18”～“00:00:05:08”处插入。

Step 03　在【时间线】面板中，将时间指针移动至“00:00:02:18”处，单击【节目】监视器中的按钮，设置入点；将时间指针移动至“00:00:05:08”处，单击【节目】监视器中的按钮，设置出点，如图 6-11 所示。

图 6-11　设置了入点和出点的【时间线】面板

Step 04　设置的入点和出点在【节目】监视器中可同时看到，将鼠标指针放到图 6-12 中【区域缩放条】右端，向左拖曳直至看到入点到出点。在【节目】监视器右下方的【持续时间】显示器中，可以看到入点至出点间的持续时间为“00:00:02:16”。

Step 05　在【项目】面板中双击“6a.avi”，在【素材源】监视器中进行预览。将【素材源】监视器中的时间指针移动至“00:00:07:03”处，单击按钮，设置入点；再将时间指针移动至“00:00:13:16”处，单击按钮，设置出点，如图 6-13 所示。【素材源】监视器右下方的【持续时间】显示器上显示入点到出点间的持续时间为“00:00:06:14”。

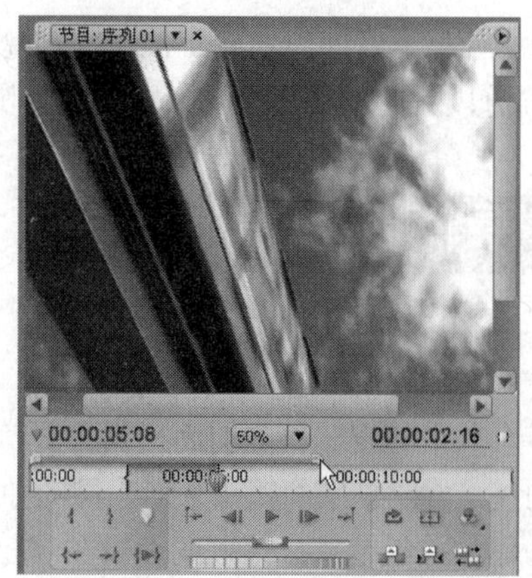

图 6-12　入点和出点在【节目】监视器中的显示

图 6-13　设置了入点和出点的【素材源】监视器

从图 6-12 和图 6-13 可以看出，【时间线】面板中入点至出点的时间长度和【素材源】监视器中入点至出点的时间长度不一致。

Step 06　单击【素材源】监视器中的覆盖按钮。弹出【适配素材】对话框，如图 6-14 所示。

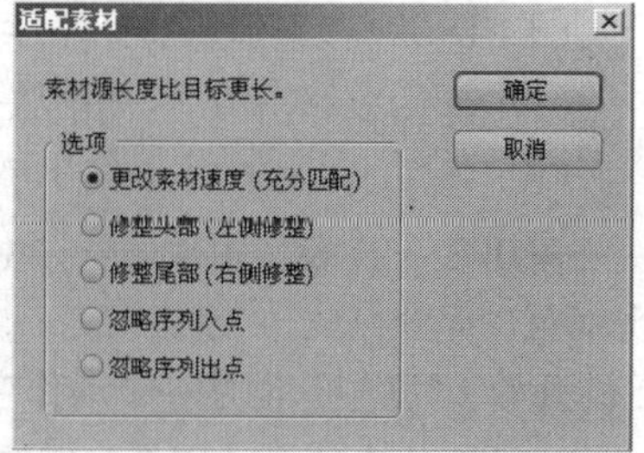

图 6-14 【适配素材】对话框

①【更改素材速度（充分匹配）】：在时间线上的入点至出点间插入剪辑，根据情况将素材剪辑的速度加快或减慢，以充分匹配入点和出点。

②【修整头部（左侧修整）】：根据情况调整【素材源】监视器中剪辑的入点，在时间线上的入点至出点间插入剪辑。

③【修整尾部（右侧修整）】：根据情况调整【素材源】监视器中剪辑的出点，在时间线上的入点至出点间插入剪辑。

④【忽略序列入点】：忽略时间线上设置的入点，出点不变，插入【素材源】监视器中入点至出点间的剪辑。

⑤【忽略序列出点】：忽略时间线上设置的出点，入点不变，插入【素材源】监视器中入点至出点间的剪辑。

Step 07　单击【更改素材速度（充分匹配）】单选按钮，单击 确定 按钮。

Step 08　四点编辑完成后，【时间线】面板的效果如图 6-15 所示。在图中可以看出，【时间线】面板上的入点至出点间插入了一段持续时间为“00:00:02:16”的新剪辑，将原来的一部分剪辑覆盖，节目总长度不发生变化。

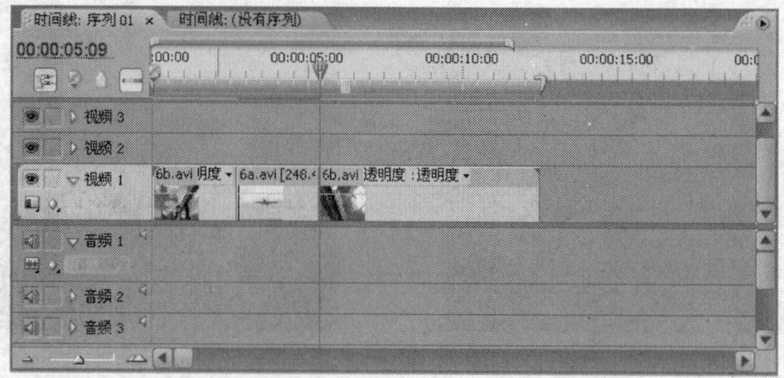

图 6-15　执行四点编辑后的【时间线】面板

Step 09 激活【时间线】面板，按 Home 键，将时间指针移至时间线左端，按 Enter 键进行渲染。在【节目】监视器中预览效果，会发现插入的剪辑部分因为时间被压缩，播放速度加快了。

6.3 编辑技巧之五——连贯的主体动作

编辑中经常遇到需要用两个或更多镜头表现一个连续动作的情况，例如前面提到的主场景拍摄法，在拍摄了表现总体环境的全景之后，分别拍摄不同角度、不同景别的镜头来对不同的拍摄方式进行讲述，提高镜头语言的丰富性。要将表现一个连贯动作的一组镜头无痕迹的编辑在一起，而不使人产生跳跃的感觉，需要掌握其中的一些技巧。

首先，应该选取动作变化的关键点进行组接。例如，表现一个人走到屋前张望，中间有这样几个动作：向前走—停住—张望—上台阶。要使用3个镜头来表现，可以在停住、张望这两个关键点进行组接。

（1）镜头 1：走到屋前，停住——全景。

（2）镜头 2：停住后，向前张望——近景。

（3）镜头 3：张望后，低头迈上台阶——全景。

要让这 3 个镜头组接顺畅，不产生跳跃感，应该让同一个动作的关键点在相邻两个镜头中被重现或至少部分重现。“停住”是一个动作变化的关键点，这个动作应该出现在镜头 1 的结束和镜头 2 的开始，“张望”也是一个动作变化的关键点，应该出现在镜头 2 的结束和镜头 3 的开始。这样的组接才会让人感觉动作是连贯的。

其次，对于相同景别的主体动作，如果前后两个镜头中，主体的位置、景别、动作都相同，组接时容易产生跳跃感，这时要注意主体的出画与入画。例如，表现两个人在街上走，有两个相同景别、相同动作的镜头，要组接时，可以在镜头 1 中让人物走出镜头，再接镜头 2 中的人物；或者在镜头 2 中，先拍摄一段没有主体的画面，让人物走入镜头。也就是说，让主体在前一镜头出画，或者在后一镜头入画，这样就避免了相同主体、相同景别、相同动作的镜头组接时产生的跳跃感。

再如有两个镜头，是一群苍蝇追赶一只瓢虫的运动镜头，要对它们进行组接。如果前一个镜头的切出点和后一个镜头的切入点中，苍蝇和瓢虫在镜头中的位置、景别、动作方向都大致相同，只有作为背景的地点发生变化，那么会产生跳跃感，如图 6-16 所示。如果组接时，在第 2 个剪辑中，先拍摄没有主体的画面，再让苍蝇和瓢虫入画，这样就避免了跳跃感，在下一节中将对这两个镜头的组接点进行调整。

（a）

（b）

图 6-16 组接点选择不当产生跳跃感

主体动作是否连贯，组接的镜头是否流畅，决定于相邻两段剪辑的出点和入点是否衔接合适，在动作变化的关键点，有时多一帧、少一帧都会影响动作的连贯性。要精细调整相邻剪辑的出点和入点，使用【修整】监视器可以轻松解决。

6.4 使用【修整】监视器

在对相邻两个镜头进行组接时，编辑点的选择十分重要。将编辑好的视频剪辑在【时间线】面板中排列好后，常常需要检查两段剪辑之间是否衔接合适，这就需要浏览上一个剪辑的出点与下一个剪辑的入点，将二者对比之后进行细致调整，使用【修整】监视器可以解决这个问题。下面通过实例来说明。

Effect 04

Step 01 打开“第 6 章”文件夹下的项目文件“lesson6-4”。【时间线】面板中已经排列了两段剪辑，如图 6-17 所示。

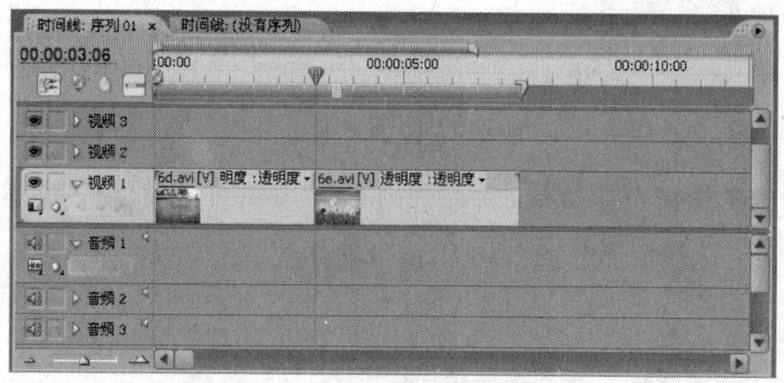

图 6-17 【时间线】面板中的两段剪辑

在【节目】监视器中，单击▶按钮进行预览。可见画面中是一只瓢虫被一群苍蝇追赶的动画。第 1 段剪辑中，瓢虫被苍蝇追赶着飞过一片草丛；第 2 段剪辑中，在另一片草地上，瓢虫被苍蝇追赶着，渐渐飞远。

现在调整两段剪辑间的衔接点。在第 1 段剪辑中，瓢虫和苍蝇逐渐飞远，当它们在视线中最远、最小的时候，作为出点；在第 2 段剪辑中，当瓢虫和苍蝇快要进入镜头的时候，作为入点。

Step 02 将时间指针移至两段剪辑的衔接处，选择菜单栏中的【窗口】/【修整监视器】命令，打开【修整】监视器，如图 6-18 所示。左边的视图显示的是上一个剪辑的出点，右边的视图显示的是下一个剪辑的入点。

① 将鼠标指针放至【输出出点】、【出点移动】时间码处，按住鼠标左键左右拖曳，或者左右拖曳【微调出点】工具，或者将鼠标指针放到左边的视图上，按住鼠标左键左右拖曳，都可以调整第 1 段剪辑的出点位置。调整后【时间线】面板上的第 1 段剪辑时间长度发生变化，第 2 段剪辑会相应左移或右移，保证和第 1 段剪辑的出点在【时间线】面板上相接，影片总长度随之发生变化。

② 将鼠标指针放至【引入入点】、【入点移动】时间码处，按住鼠标左键左右拖曳，或者左右拖曳【微调入点】工具，或者将鼠标指针放到右边的视图上，按住鼠标左键左右拖曳，都可以调整第 2 段剪辑的入点位置。调整后【时间线】面板上的第 2 段剪辑会相应变长或变短，影片总长度随之发生变化。

③ 将鼠标指针放在两个视图的中间位置，按住鼠标左键左右拖曳，或者左右拖曳【微调入点

和出点】工具，可以同时调整前一个剪辑的出点和后一个剪辑入点，影片的总长度不改变。

图 6-18 【修整】监视器

Step 03 两段剪辑间的衔接点调整好之后，单击播放编辑按钮，可以检查调整的结果。如果需要重复预览，可以单击循环播放按钮，再进行播放。

Step 04 将鼠标指针放到左边的视图上，鼠标指针显示为图标，按住鼠标左键向右拖曳，直到【输出出点】变为“00:00:04:02”，画面中的飞虫在镜头中变为最小。

Step 05 将鼠标指针放到右边的视图上，鼠标指针显示为图标，按住鼠标左键向左拖曳，直到【引入入点】变为“00:00:01:18”，画面中的飞虫都还未进入镜头，如图 6-19 所示。

图 6-19 调整后的【修整】监视器

在图 6-19 中，可以看到衔接点已经调整到预定位置。单击按钮，预览调整的效果。

Step 06　调整后的【时间线】面板如图 6-20 所示。因为第 1 段剪辑出点右移，第 2 段剪辑入点左移，在【时间线】面板上调整后的影片总长度也随之增大。

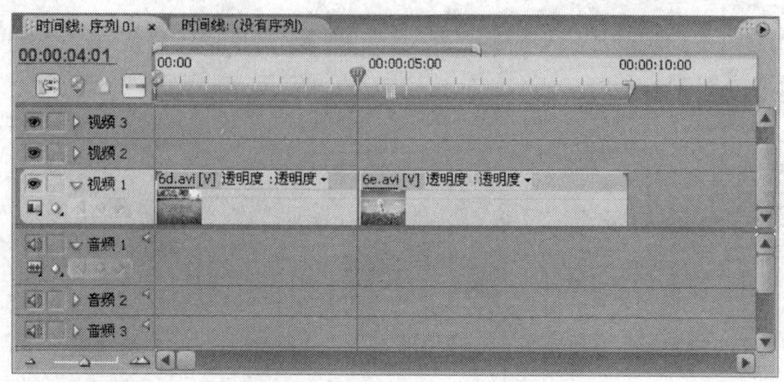

图 6-20　调整后的【时间线】面板

6.5 多摄像机模式编辑

在现场直播节目的录制过程中，为了多角度表现主体和更好地展示空间关系，往往需要在现场进行多机位拍摄，后期制作中也需要不断切换机位进行录制，实现多机位切换效果。

6.5.1　设置多摄像机模式

利用 Premiere 的多摄像机模式可以模拟现场直播节目制作中的多机位切换效果，下面通过实例来说明。

Effect 05

Step 01　启动 Premiere，新建项目文件“lesson6-5”。选择菜单栏中的【文件】/【导入】命令，将“第 6 章”文件夹中的素材“6f.avi”、“6g.avi”、“6h.avi”导入【项目】面板。

Step 02　在【项目】面板中选中“6f.avi”，将其拖曳到【时间线】面板的【视频 1】轨道，和轨道左端对齐。用相同的方法，将“6g.avi”和“6h.avi”分别拖曳到【视频 2】轨道和【视频 3】轨道，和轨道左端对齐，如图 6-21 所示。

Step 03　选择菜单栏中的【文件】/【新建】/【序列】命令，在弹出的【新建序列】对话框中，将新建的序列命名为“多机位切换”，单击确定按钮。【项目】面板中出现新的序列，如图 6-22 所示。

Step 04　在【项目】面板中双击序列“多机位切换”，打开“多机位切换”的【时间线】面板。在【项目】面板中选择“序列 01”，将其拖曳到【视频 1】轨道上，和轨道左端对齐，如图 6-23 所示，将“序列 01”嵌套进“多机位切换”序列中。

Step 05　选中【视频 1】轨道上的“序列 01”，选择菜单栏中的【素材】/【多机位】/【激活】命令，激活多机位模式。也可以在“序列 01”的右键菜单中选择【多机位】/【激活】命令，激活多机位模式。

Step 06　选择菜单栏中的【素材】/【多机位】命令，可见下级菜单中“摄像机 1”、“摄像机 2”、“摄像机 3”处于可用状态，如图 6-24 所示。这是因为在“序列 01”中放置了 3 个轨道的视频，这里最多可以设置 4 个轨道的视频。

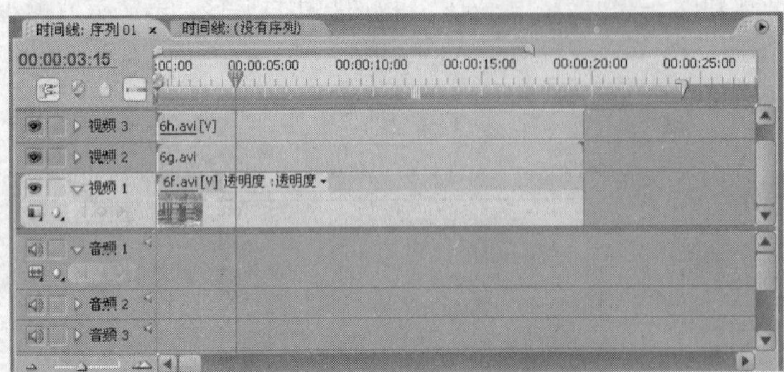

图 6-21　将 3 段素材分别放在 3 个轨道上

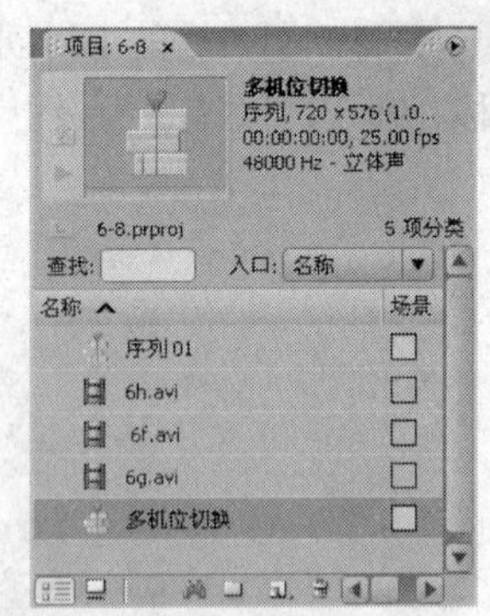

图 6-22　新建序列后的【项目】面板

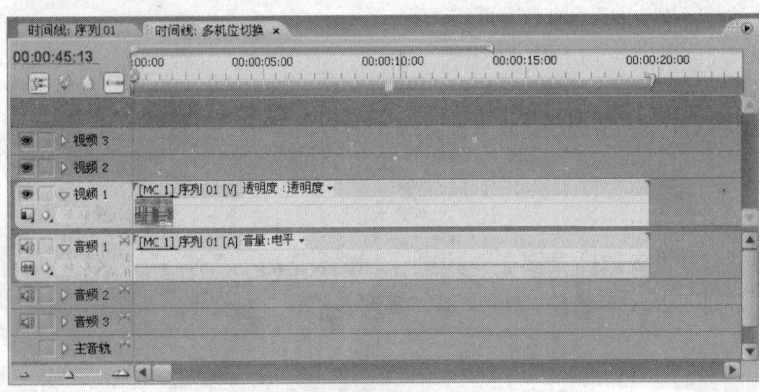

图 6-23　将“序列 01”嵌套进“多机位切换”序列

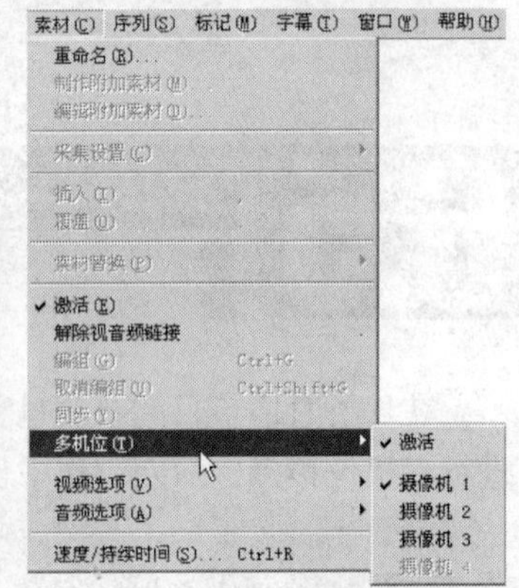

图 6-24　3 个摄像机选项被激活

此时，如果选择“摄像机 1”，那么【节目】监视器会显示“序列 01”中【视频 1】轨道的剪辑。如果选择“摄像机 2”、“摄像机 3”，【节目】监视器分别会显示【视频 2】、【视频 3】轨道的剪辑。

Step 07　选择菜单栏中的【窗口】/【多机位监视器】命令，打开【多机位】监视器，如图 6-25 所示。

图 6-25　【多机位】监视器

在【多机位】监视器中，左边被分为 4 个视图，其中显示的 3 个画面分别是“序列 01”中 3 个轨道上的剪辑，单击其中的一个轨道图像，该轨道剪辑被选中，四周显示黄色边框，右边的全屏预览视图显示该轨道的图像。在进行节目录制时，被选中轨道的内容会被录制。不断切换不同轨道，可以实现多机位切换效果。

Step 08　单击【多机位】监视器下方的▶按钮，或者移动时间指针，可以同时看到多轨道信号的动态变化。在浏览的同时，观察各个轨道的视频图像，确定一个粗略的录制方案。

由此可以看出，多摄像机模式对于嵌套时间线的多轨道操作提供了非常方便的方法，方便用户快速地进行多轨道的切换编辑。

6.5.2　录制多摄像机模式的编辑内容

现在介绍对多机位切换的操作进行录制的方法。

Effect 06

Step 01　接上例，来进一步实现多机位切换效果的录制。录制前，先确定大体录制方案如下。

① 0～4s，录制【轨道 3】素材——泉水远景。

② 4～8s，录制【轨道 1】素材——泉水中景。

③ 8～11s，录制【轨道 2】素材——泉水近景。

④ 11～16s，录制【轨道 1】素材——中景拉出至全景。

⑤ 16～19s，录制【轨道 3】素材——泉水远景。

录制后节目的播放顺序如图 6-26 所示。

（a）　（b）　（c）

（d）　（e）

图 6-26　预定的录制方案

Step 02　在【多机位】监视器中将时间指针移动到左端。选中左边的第 3 轨图像，即选中“序列 01”中【轨道 3】的剪辑内容，单击下方的录制开关按钮，单击▶按钮开始录制，如图 6-27 所示。

Step 03 当时间指针移动到第 4s，单击左边的第 1 轨图像，开始录制【轨道 1】的内容；当时间指针移动到第 8s，单击左边的第 2 轨图像，开始录制【轨道 2】的内容；当时间指针移动到第 11s，单击左边的第 1 轨图像，开始录制【轨道 1】的内容；当时间指针移动到第 16s，单击左边的第 3 轨图像，开始录制【轨道 3】的内容。

Step 04 录制结束后，单击【多机位】监视器中的按钮，在右边的全屏预览视图中预览录制效果。浏览完毕后，单击【多机位】监视器上方的按钮，将其关闭。

图 6-27 开始多机位切换的录制

Step 05 此时【时间线】面板中的剪辑“序列 01”被截开，成为 5 个片段，如图 6-28 所示。

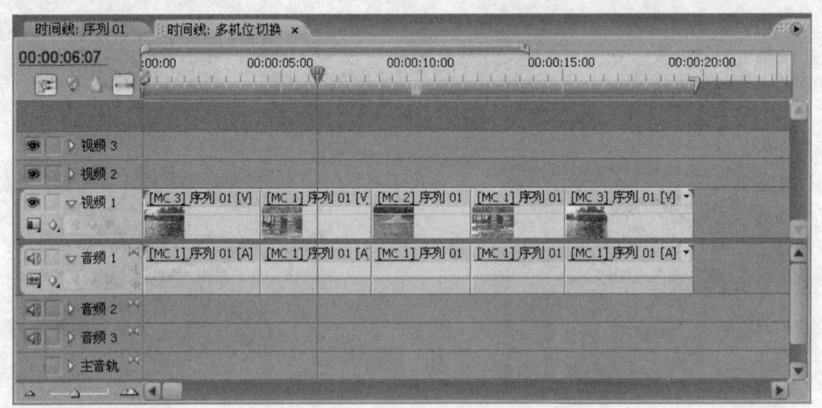

图 6-28 录制完成后的【时间线】面板

对于节目的多机位切换录制，需要制作者有较高的影视艺术素养和娴熟的编辑操作技能，初学者要多练习才能熟练掌握。如果在进行以上的切换录制中，没有完成预定方案的要求，可以把“多机位切换”序列中的剪辑全部删掉，再次将“序列 01”嵌套，重新录制。需要注意的是，此时要再次选择菜单栏中的【素材】/【多机位】/【激活】命令，才能实现多机位切换。

6.5.3　替换内容

在【多机位】监视器中进行多机位切换录制时，如果出现了切换错误，或者因为其他原因需要暂停录制，只要单击按钮，录制开关就会自动弹起，中止录制。要继续录制时，将时间指针移动到正确位置，再次单击按钮，选择需要的轨道图像，单击按钮，就可以重新开始录制。

节目录制完成之后，如果需要替换其中的部分内容，也是采用相同的方法。例如，要将前边录制完毕的节目中 14～16s 的位置替换为第 2 轨道的内容，操作步骤如下。

Effect 07

Step 01 接上例。选择菜单栏中的【窗口】/【多机位监视器】命令，打开【多机位】监视器。将时间指针移动至第 14s，选中左边的第 2 轨道图像，单击窗口下方的录制开关按钮，单击按钮，进行录制。当时间指针移动至第 16s 时，单击按钮，录制中止。

Step 02 录制结束后，单击【多机位】监视器中的按钮，预览录制效果。

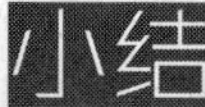

小结

本章介绍了后期非线性编辑中的高级技巧。使用嵌套序列的方法，可以让复杂的非线性编辑工作简明清晰，井然有序。三点和四点编辑用来在【时间线】面板中插入和替换剪辑。【修整】监视器对调整相邻两个剪辑的组接点提供了极大的方便。多摄像机模式可以模拟现场节目录制中多机位切换的效果。

习题

一、简答题

1. 如何实现序列的嵌套？
2. 在哪些情况下要使用序列的嵌套？
3. 什么叫三点编辑和四点编辑？
4. 【修整】监视器的作用是什么？
5. 多摄像机模式可以实现什么效果？

二、操作题

1. 利用序列嵌套，实现画中画效果。
2. 使用三点编辑对【时间线】面板中的剪辑进行插入操作。
3. 使用四点编辑对【时间线】面板中的剪辑进行覆盖操作。
4. 使用【修整】监视器调整相邻剪辑的入点和出点。
5. 使用多摄像机模式，对现场同期拍摄的 4 个机位的素材，实现多机位切换的录制。

第7章 音频混合

音频是一部完整的影视作品中不可或缺的组成部分。声音和画面在影视节目中相辅相成，互为依存。Premiere 提供了强大的音频功能，可以调节音频的音量，并通过设置关键帧，使音量随时间的变化而变化。利用调音台，可以混合、调整项目中所有音频轨道上的声音，还可以对各个轨道音频应用特效、声像、平衡或者音量改变等调节。通过 Premiere 的 20 多种音频特效，可以对声音进行美化。本章主要介绍音频的输入、调节及调音台的使用。

【教学目标】

- 了解音频的不同类型。
- 掌握如何通过【音频增益】命令、【效果控制】面板调节音量。
- 掌握【恒定增益】、【恒定放大】音频切换特效的使用。
- 了解【调音台】面板的使用方法。
- 熟悉不同的音频特效。

7.1 导入音频

Premiere Pro CS3 可以在导入音频的过程中统一音频的格式，使导入的音频与项目中的音频设置相匹配。如果项目音频采样率设置为 48kHz，所有导入音频文件的采样率都将转换为 48kHz。

导入音频的方法如下。

Effect 01

Step 01 将单本附盘中的“第 7 章”目录复制到本地硬盘上，下面将用到此目录中的文件。

Step 02 启动 Premiere，打开【新建项目】对话框，切换到【自定义设置】选项卡，在【常规】分类的【音频】选项组中设置音频的【取样值】为“48000Hz”，【显示格式】为“音频取样”，如图 7-1 所示。

Step 03 切换到【默认序列】分类，在【音频】选项组中设置音频轨道。音频轨道按照不同的分类，可以分为不同的类型，如图 7-2 所示。

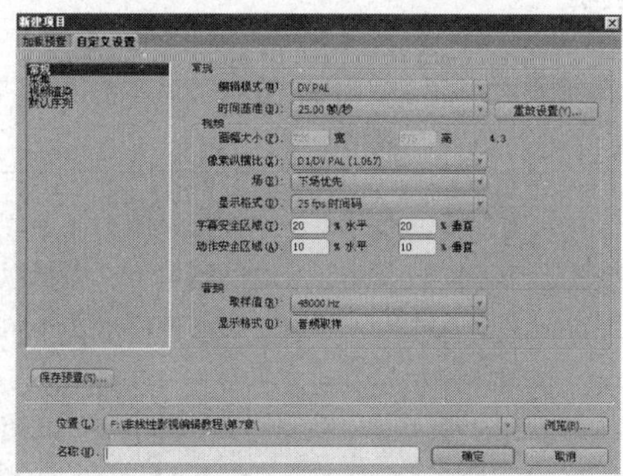

图 7-1　设置音频的取样值和显示格式

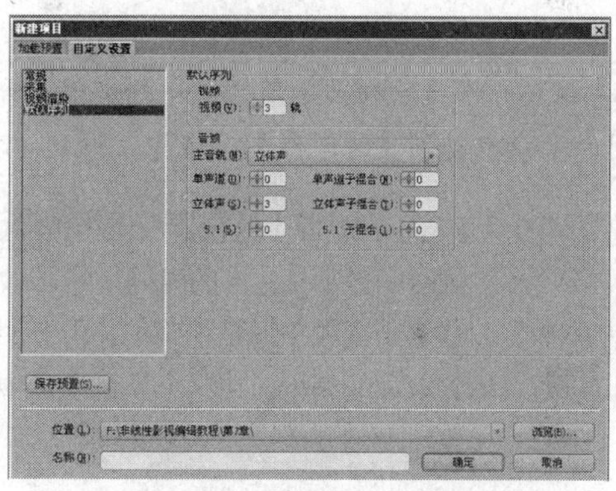

图 7-2 【音频】选项组

按照信号的走向和编组功能，可分为普通音频轨道、子混音轨道和主音频轨道。普通音频轨道上包含实际的声音波形。子混音轨道没有实际的声音波形，用于管理混音，统一调整音频效果。主音频轨道相当于调音台的主输出，它汇集所有音频的信号，然后重新分配输出。

从听觉效果上，按照声道的多少划分，音频可分为单声道、立体声和 5.1 环绕声 3 种类型。无论是普通音频轨道、子混音轨道还是主音频轨道，均可以设置为这 3 种声道的组合形式。

Step 04 选择保存路径，输入文件的名字“lesson7-1”，单击 确定 按钮。

Step 05 在【项目】面板中双击，打开【导入】对话框。定位到本地硬盘，选择“第 7 章”文件夹中的“7a.wav”、“7b.wav”文件，单击 打开(O) 按钮导入。

7.2 播放音频

导入音频后，可以在【项目】面板或者【素材源】监视器中进行播放。操作方法如下。

Effect 02

Step 01 接上例。在【项目】面板中选中音频，单击【项目】面板左上方的【播放】按钮▶，即可播放音频。

Step 02 在【项目】面板中双击音频，在【素材源】监视器中显示该音频的波形。单击【素材源】监视器下方的【播放】按钮▶也可对音频进行播放，如图 7-3 所示。

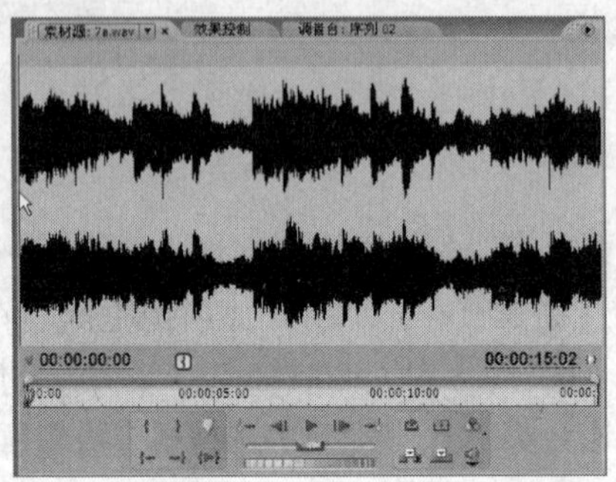

图 7-3 音频的波形

> **提示**：在【素材源】监视器中播放音频，可以设置音频的出点、入点，然后把出点和入点之间的音频拖动到【时间线】面板中，通过这种方法可以不用拖曳整段音频。

Step 03 单击【素材源】监视器右上方的▶按钮，打开面板菜单，选择【显示音频单位】命令，如图 7-4 所示，把时间显示从标准的时间增量（秒:帧）转换为音频取样数。在标准时间增量下，编辑以帧为基本单位，这对于视频来说是正确的，但是对于音频，有时需要更精确的剪辑。切换到显示音频单位可以进行具体到取样的编辑，在这个项目设置中以 1/48 000s 为基本单位进行编辑，如图 7-5 所示。

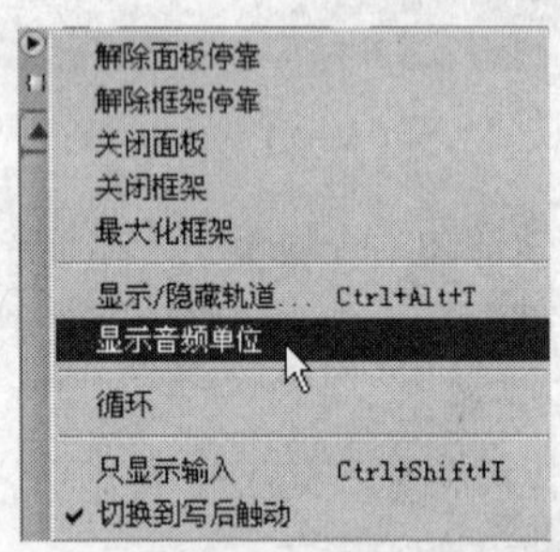

图 7-4 选择【显示音频单位】命令

图 7-5 时间显示单位为音频取样数

7.3 调整音量

在作品的编辑过程中，经常需要调节音频的音量。最常见的一种效果是在剪辑开始时音量逐渐提高，在剪辑结束时音量逐渐降低。Premiere Pro CS3 可以通过以下几种方法对音量进行调节。

7.3.1 使用【音频增益】命令调节音量

通过升高或降低音频增益的分贝数，可以调整整段剪辑的音量。如果剪辑音量过低，需要升高音频的增益，反之则需要降低音频的增益。在进行数字化采样时，如果素材片段的音频信号设置得太低，调节增益进行放大处理后，就会产生很多噪声。因此，在进行数字化采样时，要设置好硬件的输入级别。

使用增益调节音量方法如下。

Effect 03

Step 01 接上例。将【项目】面板中的音频“7a.wav”拖动到【时间线】面板的【音频 1】轨道上，按键盘上的 + 键扩展视图，如图 7-6 所示。

Step 02 选中音频“7a.wav”，单击鼠标右键，在弹出的快捷菜单中选择【音频增益】命令，打开【音频增益】对话框，如图 7-7 所示。

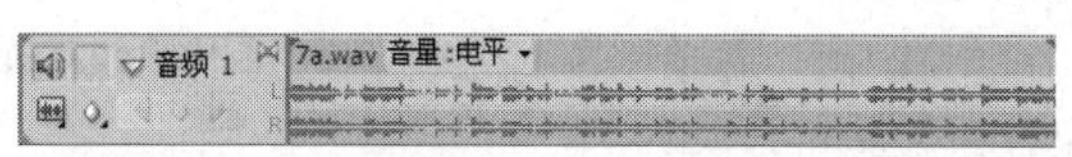

图 7-6 将音频“7a.wav”拖曳到【时间线】面板上

图 7-7 【音频增益】对话框

Step 03 输入增益值，改变剪辑的音量。如果设置为“0”，采用原始剪辑的音量；设置大于“0”，提高剪辑的音量；设置小于“0”，降低剪辑的音量。单击 标准化 按钮，系统自动设置剪辑中的音量放大到系统能产生的最高音量需要的增益。

Step 04 单击 确定 按钮关闭对话框。

7.3.2 使用关键帧调节音量

使用关键帧可以对音频某部分的音量进行调节，产生渐强和减弱的效果。在【时间线】面板中通过【钢笔】工具创建关键帧改变音量，在【效果控制】面板中通过创建关键帧、改变音频的【音量】特效调节音量。

在【时间线】面板调节音量，方法如下。

Effect 04

Step 01 接上例。单击【显示关键帧】按钮，在弹出的下拉菜单中选择【显示素材关键帧】命令，如图 7-8 所示。

Step 02 将鼠标指针放在【音频 1】轨道的下边缘，向下拖动轨道，调整【音频 1】轨道的高度，以方便在该轨道的剪辑上创建和调整关键帧，如图 7-9 所示。

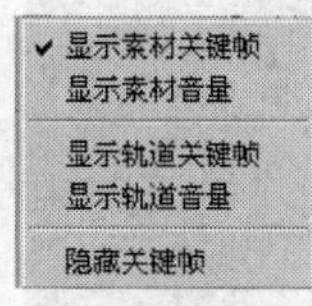

图 7-8 选择【显示素材关键帧】命令

图 7-9 调整【音频 1】轨道的高度

Step 03　将鼠标指针悬停在音量电平曲线上（左右声道之间一条黄色水平细线），鼠标指针变成垂直调整工具光标，上下拖动细线可调整音频的音量。

> **提示：** 无论音频原来的实际音量是多少，默认的起始值都是 0dB。dB 数反映了音量值的变化。如果想对音量值进行精确的调整，可以在【效果控制】面板中调节【音量】特效参数。

Step 04　选择【钢笔】工具或者【选择】工具，按住 Ctrl 键的同时，在黄色细线上音频的头帧、尾帧、中间处依次单击 4 次，创建 4 个关键帧，如图 7-10 所示。

Step 05　把开始和结尾处的两个关键帧拖动到剪辑的底部，分别创建声音渐强和渐弱的效果，如图 7-11 所示。

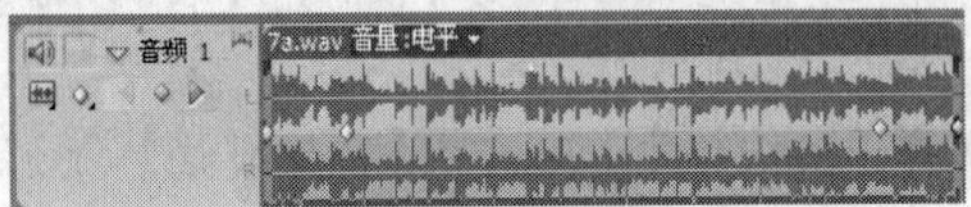

图 7-10　创建 4 个关键帧

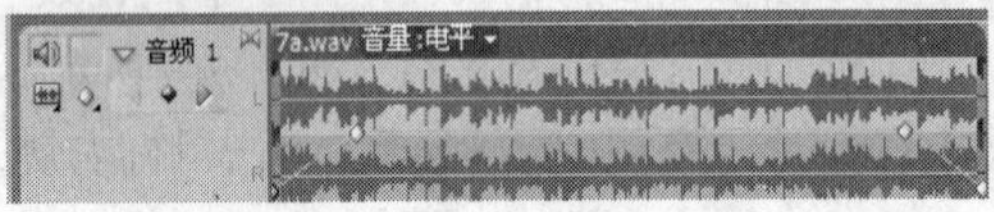

图 7-11　改变关键帧处的音量值

Step 06　按键盘上的空格键，对剪辑进行播放。

Step 07　分别选中第 2 个关键帧、第 3 个关键帧，并单击鼠标右键，在弹出的快捷菜单中设置关键帧插值方式为“淡入”、“淡出”，如图 7-12 所示。

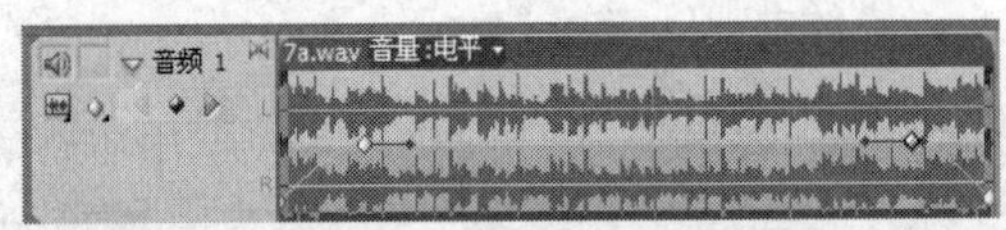

图 7-12　选择关键帧插值方式

Step 08　再次按空格键，对剪辑进行播放。改变插值方法后的音量变化过渡更加符合人耳的听觉习惯。

在【效果控制】面板中同样可以为音量的【电平】参数设置关键帧调节音量，方法和在【时间线】面板中调节的方法相似，这里不再赘述。需要注意的是，在【效果控制】面板中【音量】特效中的【旁路】选项，它可以控制特效的打开与关闭。其参数的使用方法如下。

Effect 05

Step 01　接上例。选中剪辑，打开【效果控制】面板。单击图标，展开【音频特效】/【音量】面板，在时间线区域应用到剪辑上的关键帧及插值方法都会显示在【效果控制】面板右侧的【时间线】面板上，如图 7-13 所示。

Step 02　在剪辑的任何位置勾选【旁路】复选框，可以恢复原来的音量，如图 7-14 所示。

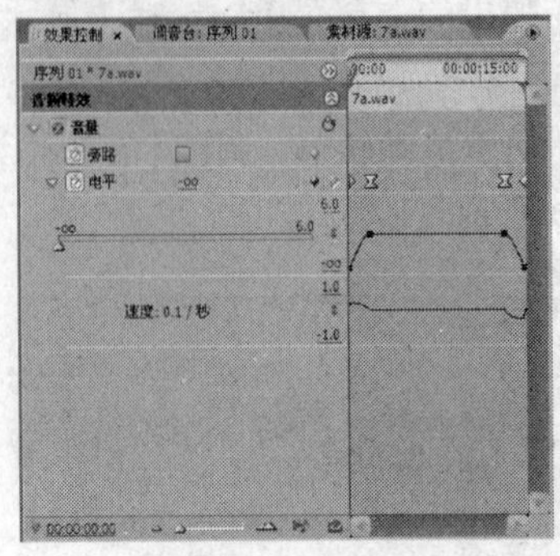

图 7-13　时间线区域

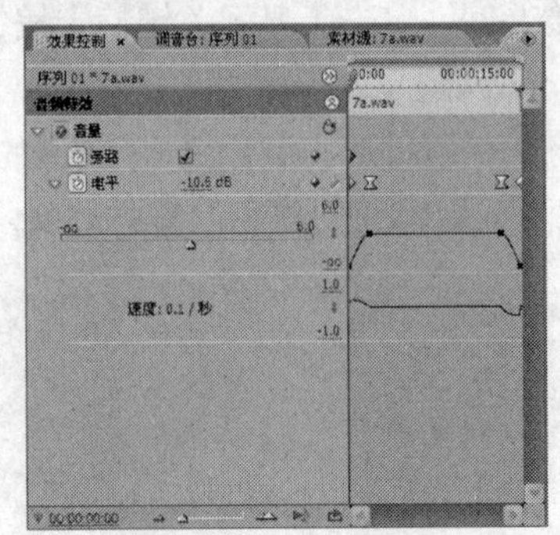

图 7-14　勾选【旁路】复选框

Step 03　通过关键帧导航器将时间指针移动到第 3 个关键帧处，取消【旁路】复选框的勾选，如图 7-15 所示。

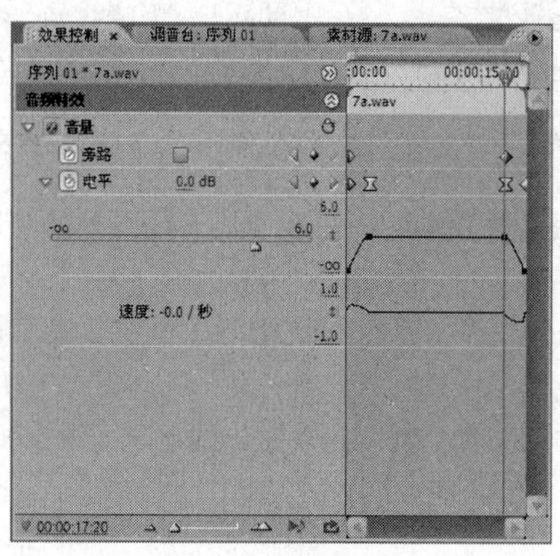

图 7-15　在第 3 个关键帧处关闭旁路

Step 04　按键盘上的空格键，播放剪辑。由于旁路关键帧的设置，电平参数的第 1 个关键帧不起作用，音量一直保持不变。直到播放到第 3 个关键帧处，音量才出现渐弱的变化。

7.3.3　通过音频转场特效生成过渡

Premiere Pro CS3 在【效果】面板中提供了两种交叉淡化转场效果:【恒定增益】和【恒定放大】。通过这两种转场特效，可以创建音量渐强和音量渐弱的效果。

使用音频转场特效，方法如下。

Effect 06

Step 01　接上例。框选【效果控制】面板右侧时间线区域上的所有关键帧，按 Delete 键删除。

Step 02　切换到【效果】选项卡，打开【效果】面板。选择【音频切换效果】/【交叉淡化】/【恒定放大】特效，将【恒定放大】特效拖放到【时间线】面板音频剪辑的起始位置处，如图 7-16、图 7-17 所示。

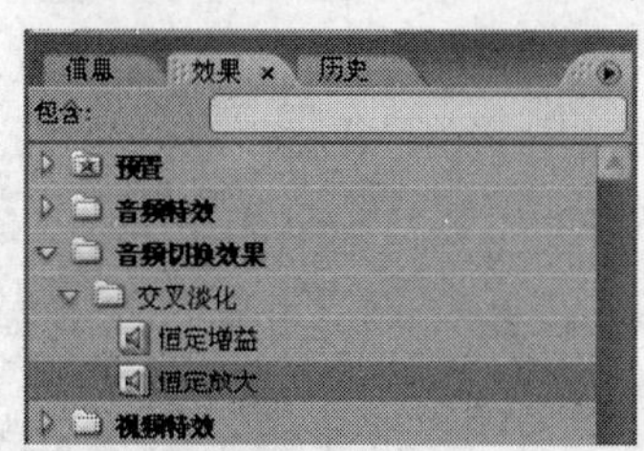

图 7-16　选择【恒定放大】特效

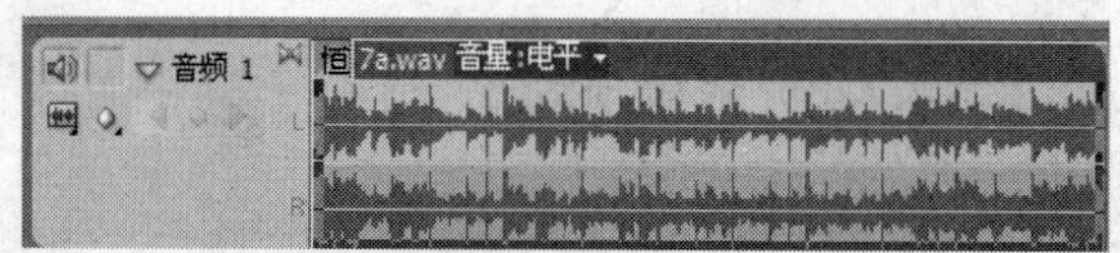

图 7-17　把特效放在音频剪辑的起始位置

Step 03　双击该剪辑上的切换特效矩形，打开【效果控制】面板。

Step 04　将【持续时间】设置为“00:00:03:00”，这样可以得到更好的淡入效果，如图 7-18 所示。

Step 05　将【恒定放大】特效拖放到【时间线】面板音频剪辑的尾部，设置【持续时间】为“00:00:03:00”，创建淡出效果，如图 7-19 所示。

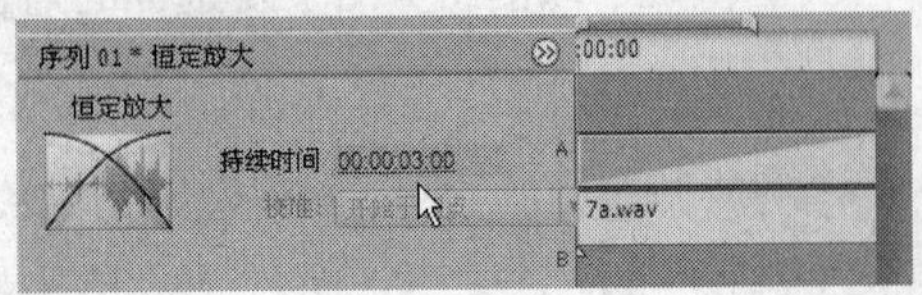

图 7-18　修改【持续时间】参数

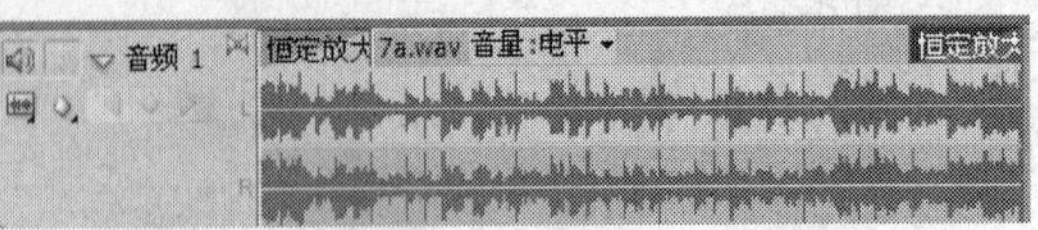

图 7-19　把特效放在音频剪辑的尾部

Step 06　按键盘上的空格键，播放剪辑，可以听到音乐开始播放时音量逐渐增强，结束时音量逐渐减弱的效果。

Step 07　单击选中音乐“7a.wav”开头和结尾处的【恒定放大】特效，分别按键盘上的 Delete 键将其删除。

Step 08　将【项目】面板中的剪辑“7b.wav”拖放到【时间线】面板“7a.wav”之后的位置，如图 7-20 所示。

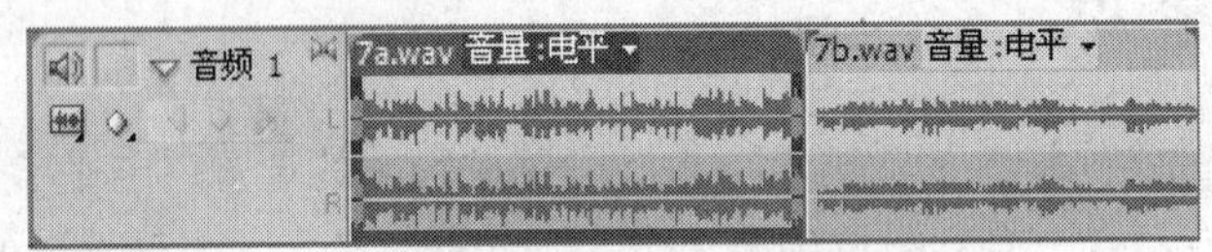

图 7-20　拖放音频到【时间线】面板

Step 09　选择【波纹编辑】工具，将“7a.wav”的尾部剪裁约 2s 的长度，把“7b.wav”的开始处剪裁约 2s 的长度，如图 7-21 所示。

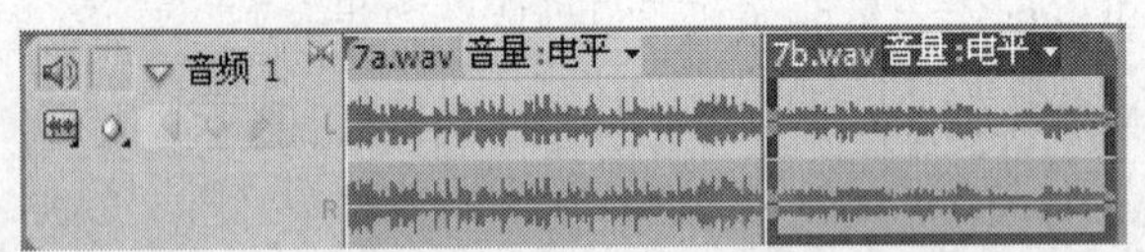

图 7-21　剪裁剪辑的头尾帧

Step 10　将【恒定放大】特效拖放到【时间线】面板两段音频剪辑的编辑点处，如图 7-22 所示，设置【持续时间】为“00:00:03:00”。

Step 11　按键盘上的空格键，播放剪辑，可以听到声音在编辑点处产生了交叉渐变效果。【效果控制】面板如图 7-23 所示。

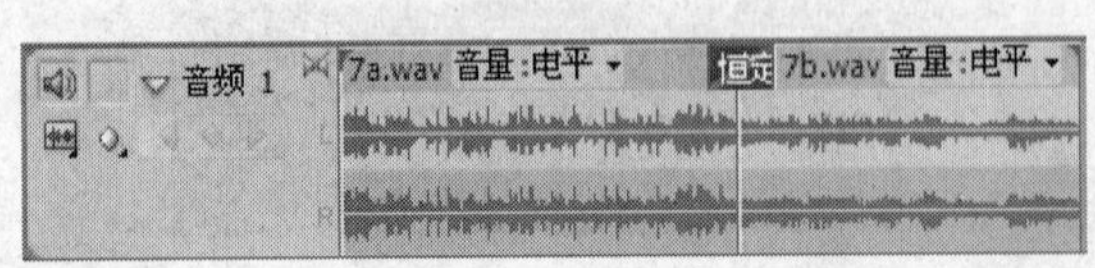

图 7-22　把特效放在两段音频剪辑的编辑点处

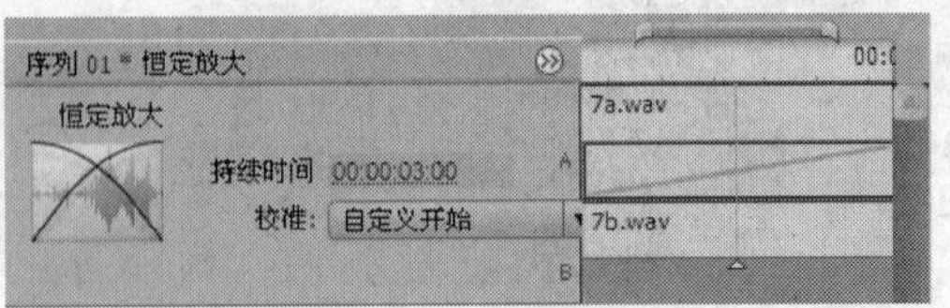

图 7-23　【效果控制】面板

> **提示**：可以将【恒定增益】特效拖动到音频剪辑上，取代【恒定放大】特效。如图 7-24 所示。【恒定增益】特效以恒定的速度使音频在剪辑间切入切出，但这种变化效果听起来更为机械。

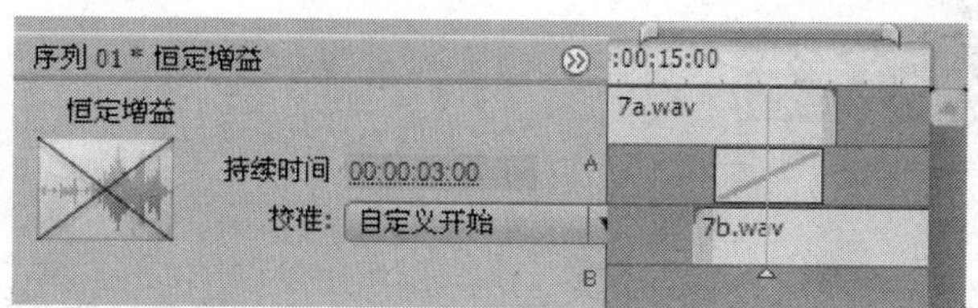

图 7-24　使用【恒定增益】特效

7.4 添加 J 切换和 L 切换

J 切换是指在前一段视频剪辑未结束时就开始播放下一段剪辑的声音，然后画面才切换到下一段视频。利用 J 切换可以提醒观众画面要进行转换，让观众在心理上有所准备。L 切换与 J 切换相反，指前一段视频剪辑结束后仍然播放声音，将音频的尾部延伸到下一段剪辑的开头。利用 J 切换和 L 切换可以使画面的切换自然流畅，【时间线】面板中的效果如图 7-25 所示。

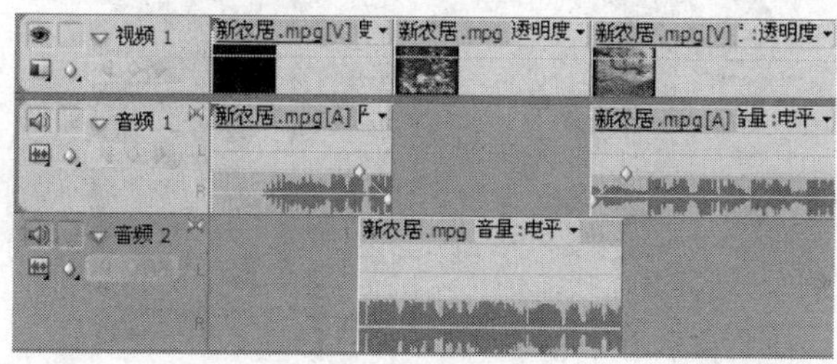

图 7-25　J 切换和 L 切换

使用这两种切换方法时都需要先解除剪辑的视音频链接，才可对音频进行编辑。解除视音频之间的链接后，将音频移动到另一个音频轨道中，然后延伸音频部分，进行 J 切换和 L 切换编辑。

解除剪辑的视音频链接，可以在【时间线】面板中选中剪辑，单击鼠标右键，在弹出的快捷菜单中选择【解除视音频链接】命令，如图 7-26 所示。如果需要再次链接视音频，可以配合 Shift 键选中视频音频素材，单击鼠标右键，在弹出的快捷菜单中选择【链接视音频】命令，如图 7-27 所示。

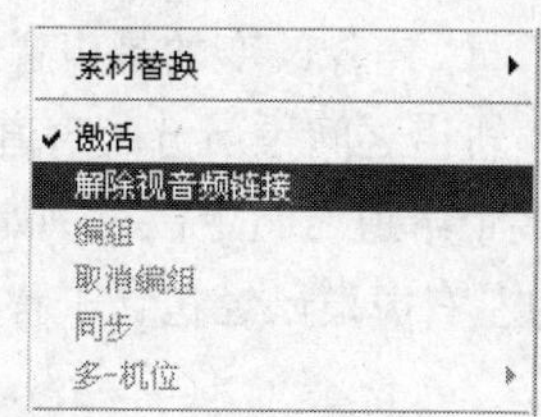

图 7-26　选择【解除视音频链接】命令

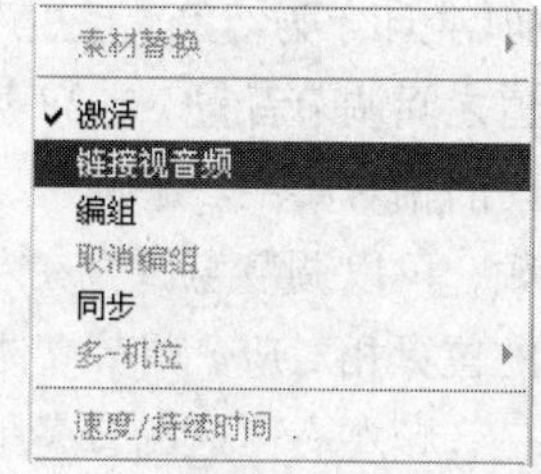

图 7-27　选择【链接视音频】命令

7.5 使用调音台

Premiere Pro CS3 的【调音台】面板模拟传统的调音台，它的结构与功能和传统调音台非常相似，同时又加入了数字调音台的新特性。【调音台】面板的每个音频轨道与【时间线】面板音频轨道一一对应，并能进行单独的控制。在【调音台】面板中，可以一边听着声音，看着轨道，一边调节音频的电平、声像和平衡，还可以对调节过程进行自动记录。利用【调音台】面板还可以录制音频。也可以在播放其他音频轨道声音的同时，播放一个"独奏"音轨的声音。【调音台】界面如图 7-28 所示。

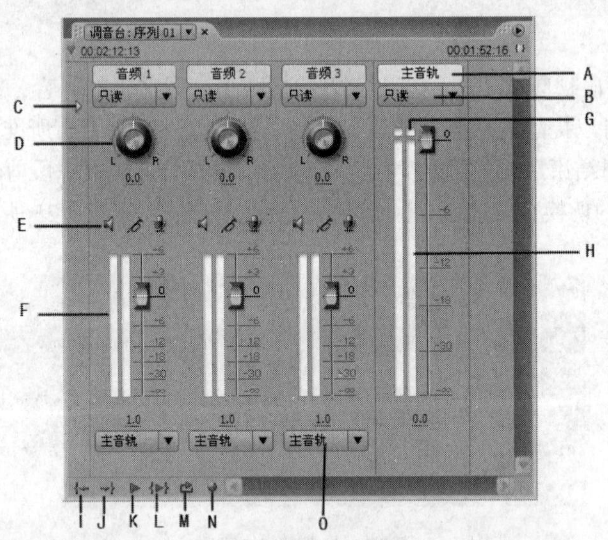

A：音频轨道名称　B：自动控制选项　C：显示/隐藏效果和发送　D：声像/平衡控制　E：静音/独奏/录音
F：VU 仪表和音量控制器　G：峰值指示　H：主 VU 仪表和音量控制器　I：跳至入点　J：跳至出点
K：播放　L：从入点播放到出点　M：允许循环播放　N：激活序列录音　O：输出

图 7-28　调音台结构

7.5.1　自动化音频控制

在使用自动化音频控制之前，首先介绍两个概念：声像与平衡。

声像又称虚声源或感觉声源，指用两个或者两个以上的音箱进行放音时，听者对声音位置的感觉印象，有时也称这种感觉印象为幻象。使用声像，可以在多声道中，对声音进行定位。

平衡是在多声道之间调节音量，它与声像调节完全不同，声像改变的是声音的空间信息，而平衡改变的是声道之间的相对属性。平衡可以在多声道音频轨道之间重新分配声道中的音频信号。

调节单声道音频，可以调节声像，在左右声道或者多个声道之间定位。例如，一个人的讲话，可以移动声像同人的位置相对应。调节立体声音频，因为左右声道已经包含了音频信息，所以声像无法移动，调节的是音频左右声道的音量平衡。

在播放音频时，使用【调音台】面板的自动化音频控制功能，可以将对音量、声像、平衡的调节实时自动地添加到音频轨道中，产生动态的变化效果。

1. 使用自动化功能调节轨道音量

使用自动化功能调节轨道音量的方法如下。

Effect 07

Step 01 新建序列，使用默认的音频设置。在【项目】面板中双击，导入“第 7 章\7c.wav”文件。

Step 02 拖动“7c.wav”到【时间线】面板的【音频 1】轨道上，按键盘上的+键扩展视图，如图 7-29 所示。

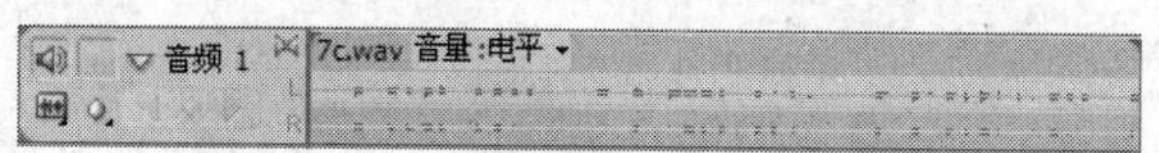

图 7-29 拖放音频到【时间线】面板

Step 03 切换到【调音台】选项卡，打开【调音台】面板。找到与要调整的【时间线】面板【音频 1】轨道对应的调音台轨道【音轨 1】。单击顶部的【只读】下拉列表，通常选择【写入】选项，如图 7-30 所示。

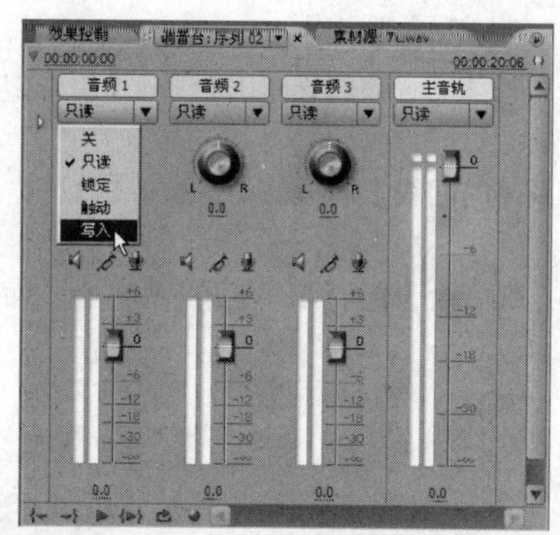

图 7-30 选择自动化功能

①【关】：忽略播放过程中的任何修改。只测试一些调整，不进行录制。

②【只读】：在播放时读取轨道的自动化设置，并使用这些设置控制轨道播放。如果轨道之前没有进行设置，调节任意选项将对轨道进行整体调整。

③【锁定】：播放时可以修改音量等级和声像、平衡数值，并且进行自动记录。释放鼠标，控制将回到原来的位置。

④【触动】：播放时可以修改音量等级和声像、平衡数值，并且进行自动记录。释放鼠标，保持控制设置不变。

⑤【写入】：播放时可以修改音量等级和声像、平衡数值，并且进行自动记录。如果想先预设值，然后在整个录制过程中都保持这种特殊的设置，或者开始播放后立即写入自动处理过程，应该选择此项。

Step 04 单击【调音台】面板中的▶按钮开始播放，也可以单击按钮循环播放，或者单击{▶}按钮在入点和出点之间播放。

Step 05 拖动音量调节滑杆改变音量，向上拖动增大音量，向下拖动减少音量。如果 VU 表顶部的红色指示灯变亮，表示音量超过了最大负载，俗称“过载”。拖动时应确保 VU 表上显示的峰值最多为黄色。

Step 06　单击按钮停止播放。

Step 07　将时间指针拖动到调整的开始位置，单击按钮对音乐进行预览播放，声音音量的变化过程被系统自动记录。

Step 08　单击【时间线】面板【音频 1】的显示关键帧按钮，在弹出的下拉菜单中选择【显示轨道关键帧】命令，可以看到自动记录的关键帧，如图 7-31 所示。

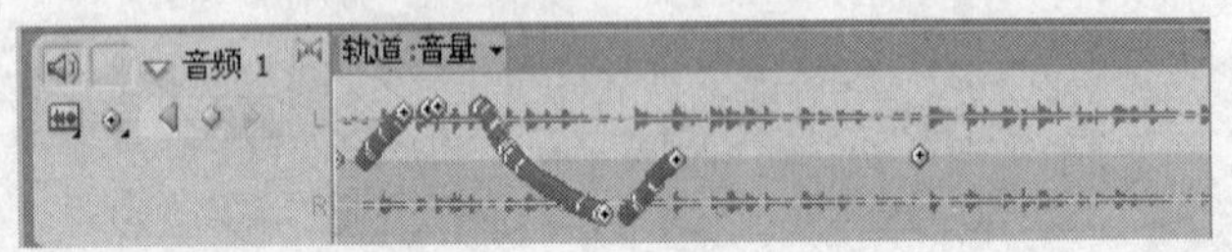

图 7-31　自动记录的关键帧

2．使用自动化功能记录声像或平衡的调节

使用自动化功能记录声像或平衡的调节，方法如下。

Effect 08

Step 01　新建一个序列，采用默认的音频设置。在【项目】面板中双击，导入“第 7 章\7d.wav”文件。

Step 02　将“7d.wav”拖动到【时间线】面板的【音频 1】轨道，按键盘上的+键扩展视图，如图 7-32 所示。

Step 03　选中剪辑，切换到【调音台】选项卡，打开【调音台】面板，在【音频 1】轨道的顶部选择【写入】选项，如图 7-33 所示。

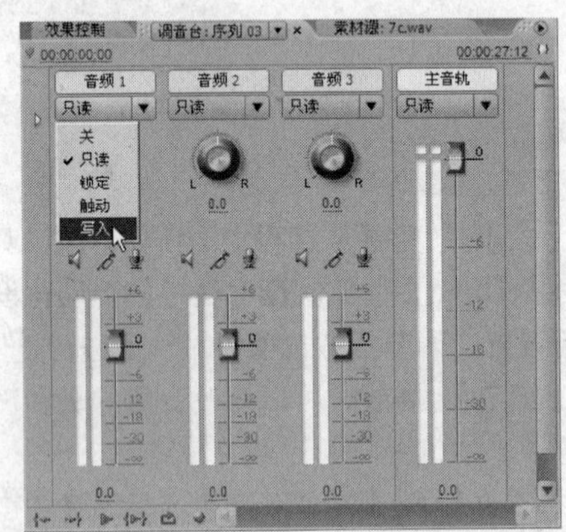

图 7-32　拖放音频到【时间线】面板

图 7-33　【调音台】面板

Step 04　在【调音台】面板单击按钮播放音频。

Step 05　选择【声像/平衡控制】按钮并拖曳，按钮沿顺时针方向旋转可以向右改变平衡，沿逆时针方向旋转可以向左改变平衡。如果导入的是单声道音频，拖动【声像/平衡控制】按钮可以对音频的声像进行定位。

Step 06　单击按钮停止播放。

Step 07 将时间指针拖动到调整的开始位置，单击▶按钮进行预览播放。

7.5.2 制作录音

Premiere Pro CS3 的【调音台】面板具有录音功能，可以录制由声卡输入的任何声音。使用录音功能，首先必须保证计算机的硬件输入设备被正确连接。录制的声音可以成为音频轨道上的一个音频素材，还可以将其输出保存。

【调音台】录音功能的使用方法如下。

Effect 09

Step 01 在【调音台】面板中单击激活录音轨道按钮，激活要录制的音频轨道。

Step 02 激活录音后，上方会出现音频输入的设备选项，选择输入音频的设备，如图 7-34 所示。

Step 03 单击【调音台】面板下方的录制按钮，然后单击▶按钮，即可进行声音的录制。

Step 04 单击■按钮即可停止录制，刚才录制的声音出现在当前音频轨道上，如图 7-35 所示。

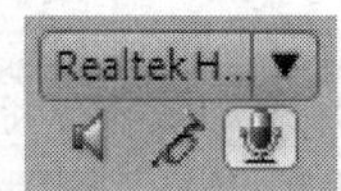

图 7-34 选择输入设备

图 7-35 录制的声音

7.5.3 添加轨道音效

除了像添加视频特效那样，直接为剪辑添加音频特效外，还可以在【调音台】面板中向音频轨道添加特效，为轨道中的音频统一添加效果。【调音台】面板中最多可以添加 5 种特效，Premiere Pro CS3 按照各种特效在列表中的排列顺序处理，顺序变动会影响最终效果。

使用轨道音效方法如下。

Effect 10

Step 01 新建一个序列，将【项目】面板中的“7a.avi”文件拖动到【时间线】面板的【音频 1】轨道上。

Step 02 切换到【调音台】选项卡，打开【调音台】面板。找到与要调整的【时间线】面板【音频 1】轨道对应的调音台轨道“音轨 1”。单击【调音台】面板左侧的【显示/隐藏效果和发送】按钮，展开【效果和发送】面板，如图 7-36 所示。

Step 03 单击【音频 1】效果区的按钮，展开下拉列表，从列表中选择【延迟】特效，将【延迟】特效添加到【音频 1】轨道上，如图 7-37 所示。此时的特效是添加到整个音频轨道上，如果该轨道上有其他的音频，则所有的音频同时添加该特效。

Step 04 在【效果和发送】面板下方，单击【效果】属性弹出式菜单，设置【延迟】特效各项参数，如图 7-38 所示。

Step 05 如果希望切换到另一个特效，单击特效右侧向下的箭头，选择另外一种特效。

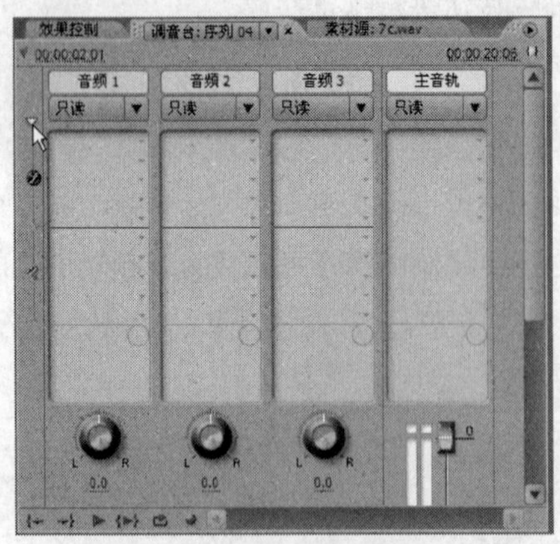

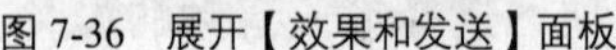

图 7-36　展开【效果和发送】面板

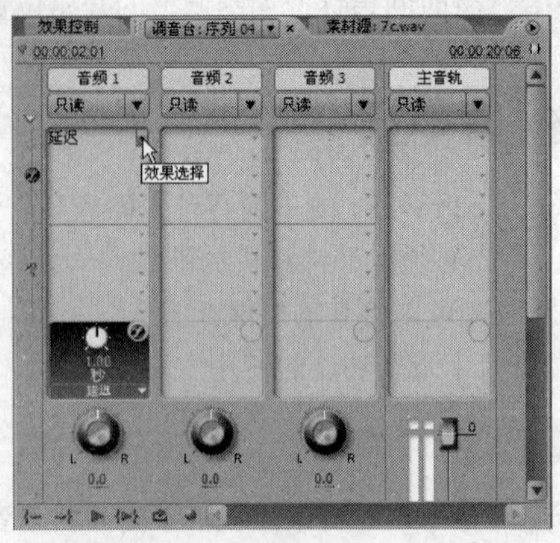

图 7-37　选择【延迟】特效

Step 06　单击效果控制右侧的按钮，斜线出现在图标上，关闭该特效。再次单击图标，斜线消失变为，打开该特效。

Step 07　如果想删除特效，可以单击已设置特效右侧向下的箭头，在弹出的下拉列表中选择【没有】命令，如图 7-39 所示。

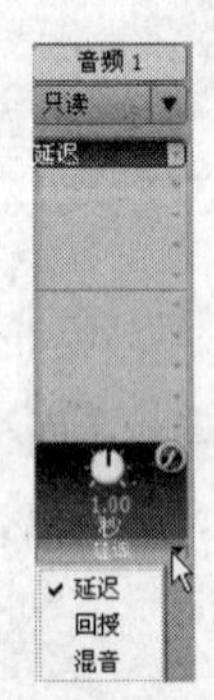

图 7-38 【延迟】特效参数

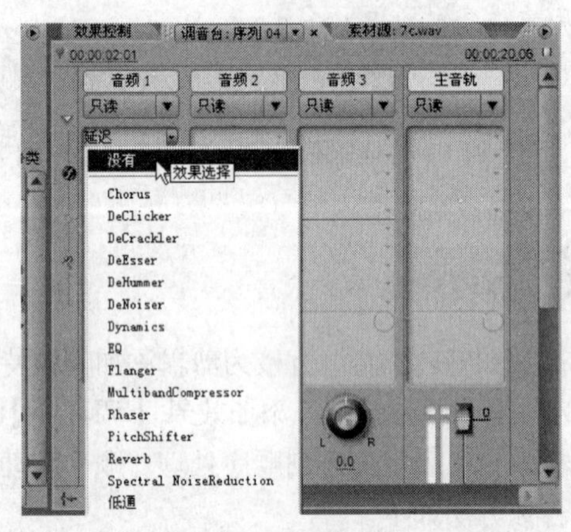

图 7-39　删除特效

7.5.4　创建子混音轨道和发送

Premiere Pro CS3 不仅可以将音频合成输出到主音轨上，还可以将音频先发送到子混音轨道，在子混音轨道进行统一处理后，再输出到主音轨上。通过添加子混音轨道，可以简化混音过程。假设有 4 个音轨，需要对其中的两个音轨添加相同的特效。利用调音台，可以将这两个音轨先发送到子混音轨道上，对子混音轨道统一添加特效，然后再输出到主音轨上。对于特别复杂的音频混合，也可以将子混音轨道处理好的信号继续输出到其他的子混音轨道处理。

创建子混音轨道，可以单击【效果和发送】面板【轨道发送区】的按钮，在弹出的下拉菜单中，选择一种子混音轨道类型，创建新的子混音轨道，如图 7-40 所示。

在【时间线】面板中也可以创建子混音轨道。鼠标右键单击音频轨道标题，在弹出的快捷菜单中选择【添加轨道】命令，如图 7-41 所示，打开【添加视音轨】对话框。可以设置子混音轨道的个数及类型，如图 7-42 所示，如果不希望添加其他的音频或者视频轨道，可以在其他选项中输入为“0”。

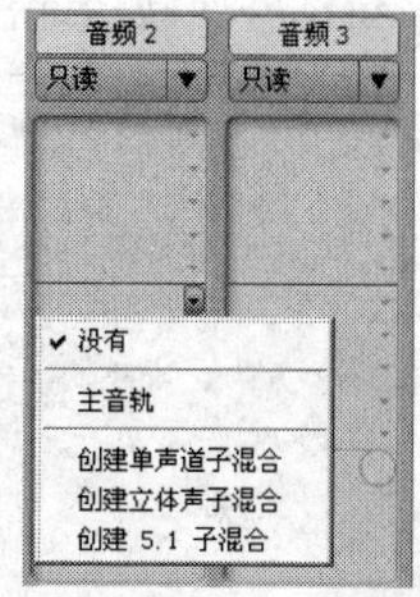

图 7-40　创建子混音轨道

图 7-41　选择【添加轨道】命令

在调音台底部的输出下拉列表中，设置该轨道音频要发送到的子混音轨道，如图 7-43 所示。

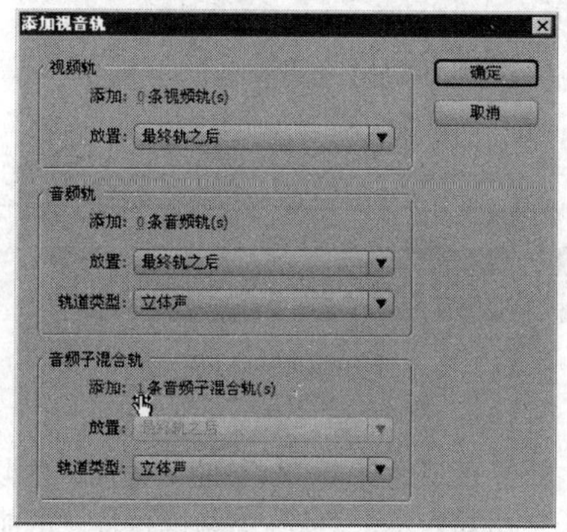

图 7-42　设置子混音轨道的个数及类型

图 7-43　选择子混音轨道

7.5.5　创建 5.1 环绕声

5.1 环绕声包括 6 个独立的声道：左前、前中、右前、右后、左后及 LFE(Low Frequency Effects，低频特效）声道。放音时通过 6 个独立的音箱重放，使人产生身临其境的感觉，其放音示意图如图 7-44 所示。5.1 环绕声被广泛应用于 DVD 视频和影视作品中。

要建立 5.1 声道的序列，在创建项目时需要将主音轨设置为 5.1 声道模式，并根据使用的声道数目设置其他声道，如图 7-45 所示。

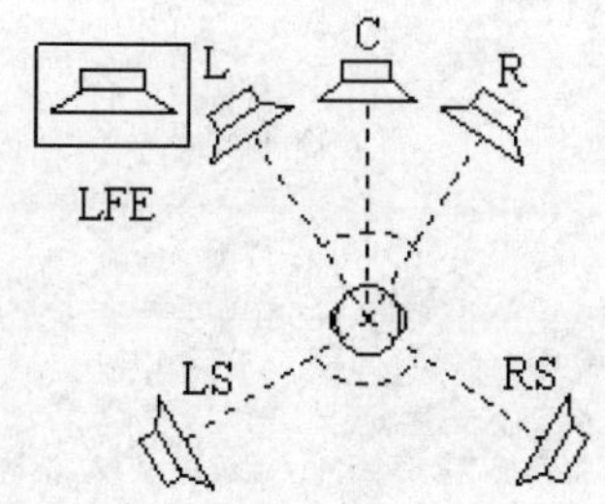

图 7-44　5.1 环绕声的放音

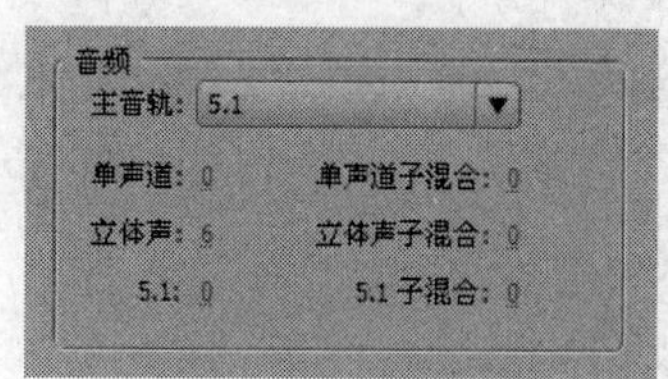

图 7-45　设置声道

根据各个轨道输出到 5.1 环绕声主音轨的位置，通过鼠标拖曳的方式，将【环绕声声像器】中心的小点拖动到相应的位置，如图 7-46 所示。旋转调节盘右上的旋钮，调节每个音频轨道输出到中心声道的百分比；旋转调节盘右下的旋钮，调节每个音轨轨道输出到低音效果声道的低音音量。各项设置调节结束后，就可以对 5.1 环绕声的效果进行预览。

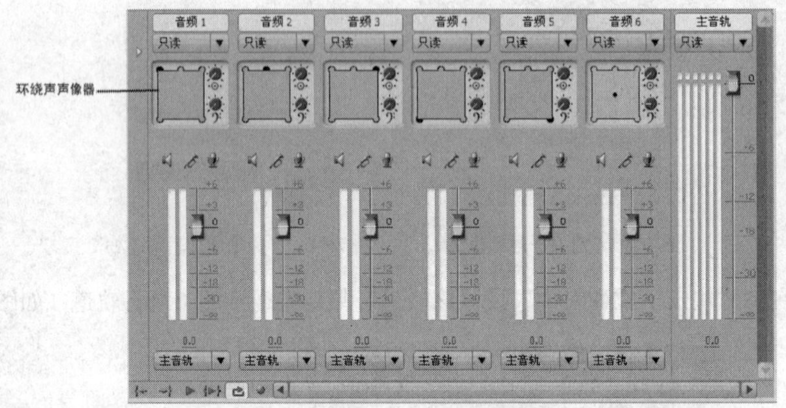

图 7-46　设置 5.1 环绕声

7.6 编辑技巧之六——控制影音同步

这里的影音同步指的是音乐、音效与影片表现的气氛、情绪的一致性。在影视节目、片头制作中经常需要使用音乐、音效来加强作品的情绪和气氛，音乐、音效的选择、出现时间、高潮出现时间等具有很大的技巧性。在 DV 短剧《生存，需要空间》中，表现了一条鱼缸里的鱼，由于生存空间不断受到挤压，最后不得已从鱼缸里翻身而出、苟延残喘的过程。整部短片将近一分钟，较好地运用了影音同步的技巧。影片的开始，一条鱼在鱼缸里自由自在的生活，采用的是轻松、舒缓的音乐；后来由于工业的发展，电池、药盒子、瓶盖等物品不断地出现在鱼缸里，鱼的生存空间不断受到挤压，情况变得危急，选择了一种节奏紧张、带有工业机械声的音乐，营造了一种不安、紧张的气氛；直至最后，鱼被迫离开了生活的家园，音乐也嘎然而止，只使用被放大的鱼沉重呼吸的效果声，给观众留下沉重的思考……分镜头画面如图 7-47 所示。

图 7-47　DV 短剧《生存，需要空间》分镜头画面

图 7-47 DV 短剧《生存，需要空间》分镜头画面（续）

7.7 音频特效分类讲解

Premiere Pro CS3 内置了大量的音频特效效果，分别放置在【效果】面板的【5.1】、【立体声】、【单声道】3 个文件夹中。每个文件夹下的特效只对相应轨道的音频起作用，也就是说立体声文件夹下的特效只对立体声音频起作用，而不能添加给单声道音频、5.1 环绕声音频。大多数特效均支持这 3 种声道的音频。每个音频特效都包含一个旁路选项，可以通过关键帧控制效果随时间的变化而开关。

下面对常用的音频特效进行介绍。

1. 多重延迟

为剪辑中的音频最多可添加 4 次回声，参数面板如图 7-48 所示，其参数功能如下。

（1）【延迟 1】～【延迟 4】：设定原始音频和回声之间的时间间隔，最大值为 2s。

（2）【回授 1】～【回授 4】：设定延迟信号返回后所占的百分比。

（3）【电平 1】～【电平 4】：控制每个回声的音量。

（4）【Mix】：混合调节延迟与非延迟回声的数量。

2．带通

去除频率在指定频率范围之外的声音，参数面板如图 7-49 所示。

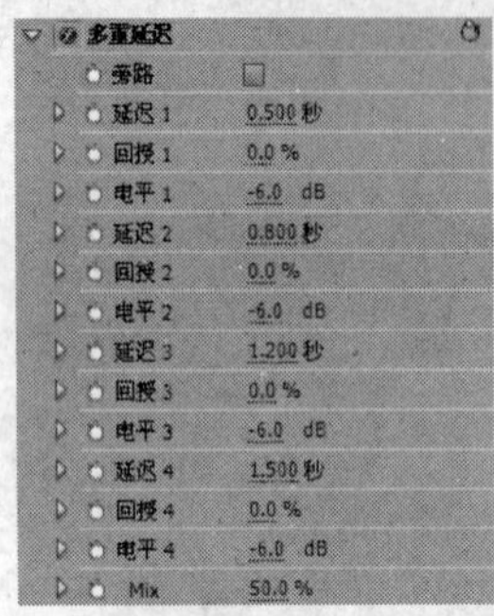

图 7-48 【多重延迟】特效

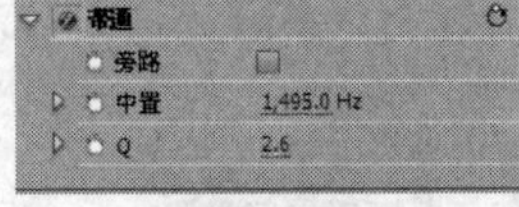

图 7-49 【带通】特效

（1）【中置】：指定频率范围的中心频率。

（2）【Q】：设置要保留的频带的宽度，数值越小，频带越宽；数值越大，频带越窄。

3．刻度

消除接近指定中心频率的声音。有些音频剪辑可能有嗡嗡的噪声，例如电缆提供的音频素材，使用该特效可以帮助除去音频素材中的嗡鸣声。参数面板如图 7-50 所示。

【中置】：指定要删除的频率。如果要消除电缆线的嗡嗡声，输入电缆线的频率值。在北美和日本是 60Hz，在其他国家一般是 50Hz。

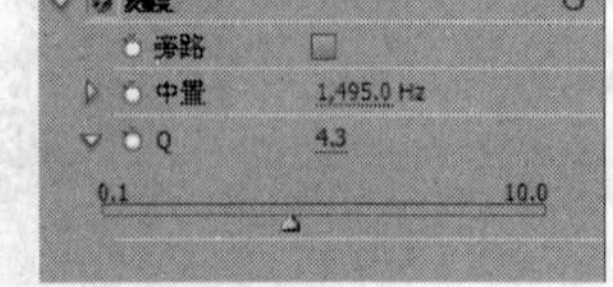

图 7-50 【刻度】特效

4．Chorus

通过添加多个短暂的延迟，模拟许多声音或乐器同时发声，生成丰富饱满的声音。在自定义设置中，可以在调音台风格的控制面板中，用旋钮控制每个参数，参数面板如图 7-51 所示。

5．DeClicker

去除音频剪辑中的类似“咔哒”的声音，参数面板如图 7-52 所示。

图 7-51 【Chorus】特效

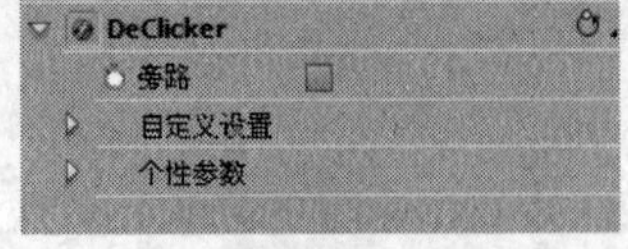

图 7-52 【DeClicker】特效

6．DeCrackler

去除音频剪辑中的破裂音，参数面板如图 7-53 所示。

7．DeEsser

清除高频的“嘶嘶”声，这些声音可能是对字母“S”和“T”进行发声时产生的，参数面板如图 7-54 所示。

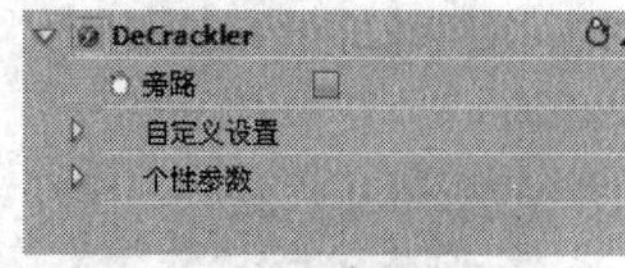

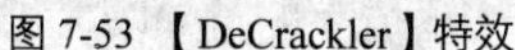
图 7-53 【DeCrackler】特效

图 7-54 【DeEsser】特效

8．DeHummer

清除音频剪辑中的“嗡嗡”声，参数面板如图 7-55 所示。

9．DeNoiser

自动检测录音带中的噪音并进行删除。用来消除模拟录音中产生的噪音，比如磁带录音，参数面板如图 7-56 所示。

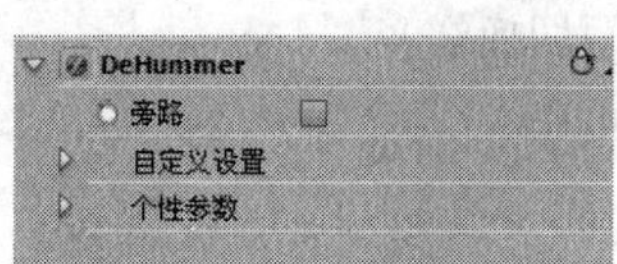

图 7-55 【DeHummer】特效

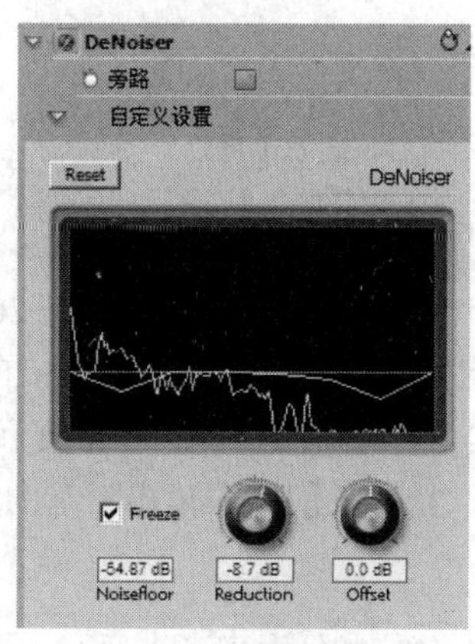

图 7-56 【DeNoiser】特效

（1）【Freeze】：将噪音基线停止在当前位置，控制确定音频消除的噪音。

（2）【Noisefloor】：指定音频播放时的噪音基线。

（3）【Reduction】：指定消除噪音的数量，范围在“−20～0dB”。

（4）【Offset】：当自动降噪不够充分时，【Offset】选项辅助降噪调整。变化范围为“−10～+10”。

在频谱图中，黄线表示【Noisefloor】，绿线表示【Offset】，灰线表示音频信号频谱。用鼠标单击，即可显示单位值。

10．Dynamics

提供了一组参数，可以组合或者单独调节音频。该特效对音频特效提供了复杂的控制方法，通过【AutoGate】选项可以自动匹配音频；通过【Compressor】选项和【Expander】选项可以控制最高音与最低音之间的动态范围，既可以压缩也可以扩大。该特效还可以突出强的声音，消除噪音，参数面板如图 7-57 所示。

11．EQ

相当于一个参数均衡器，通过低、中、高 3 个频段控制音频的频率、带宽和输出级别，以调整音质。在自定义设置面板中，可以通过旋钮改变参数，也可以在频谱视窗中通过鼠标拖曳的方式进行控制，参数面板如图 7-58 所示。

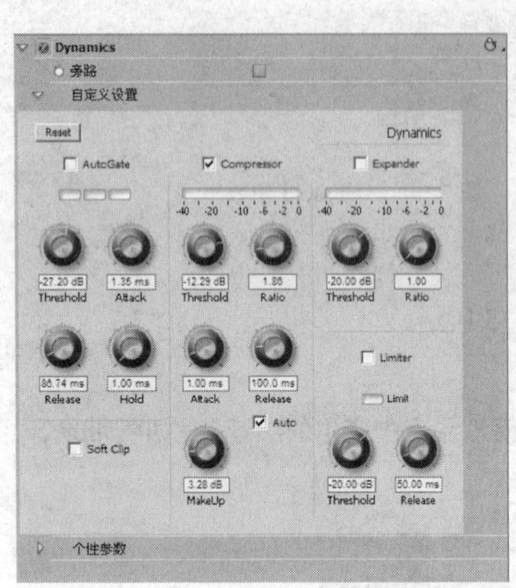

图 7-57 【Dynamics】特效

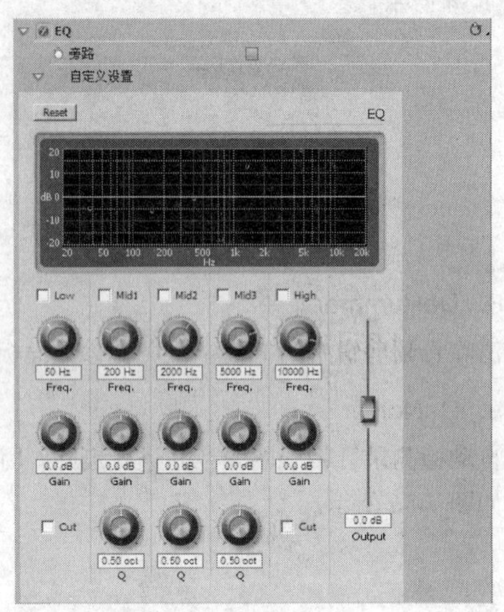

图 7-58 【EQ】特效

（1）【Freq.】：指定各个频段的频率范围，在 20Hz～2kHz。

（2）【Gain】：指定各个频段的增益，在−20～20dB。

（3）【Q】：指定每个过滤器波段的宽度，在 0.05～5.0。

（4）【Cut】：改变过滤器的功能，在搁置和中止间切换。

（5）【Output】：指定对【EQ】输出音量的增益控制。

12．Flanger

通过改变声音的相位和延迟来产生变音，可以得到时间短的延迟效果，参数面板如图 7-59 所示。

13．均衡

改变立体声中左右声道的音量。正值表示增大右声道的音量，减少左声道的音量；负值表示增大左声道的音量，减少右声道的音量，参数面板如图 7-60 所示。

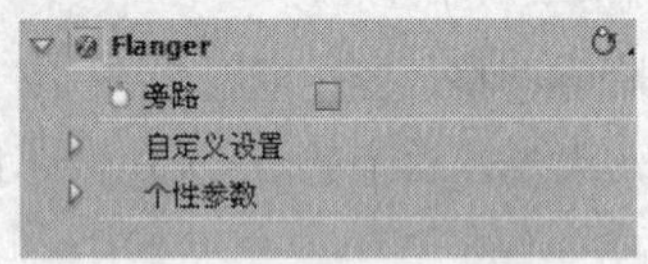

图 7-59 【Flanger】特效

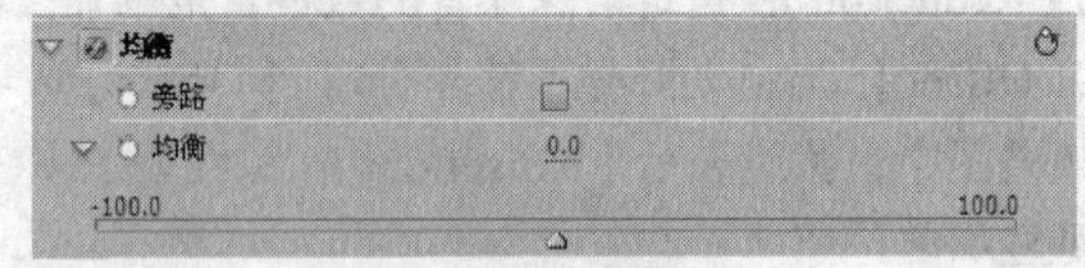

图 7-60 【均衡】特效

14．填充右声道和填充左声道

填充右声道指复制左声道的音频，填充到右声道，替换右声道中原来的音频。

与填充右声道相反，复制右声道的音频，填充到左声道，替换左声道中原来的音频，参数面板如图 7-61 所示。

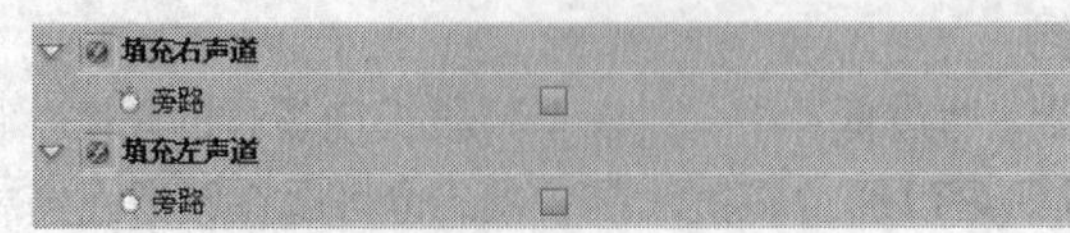

图 7-61 【填充右声道】和【填充左声道】特效

15. Multiband Compressor

分为低频、中频、高频 3 个频段压缩控制声音，可以通过控制手柄控制增益和频率范围。【Multiband Compressor】特效比【Dynamics】特效的调节更细腻，参数面板如图 7-62 所示。

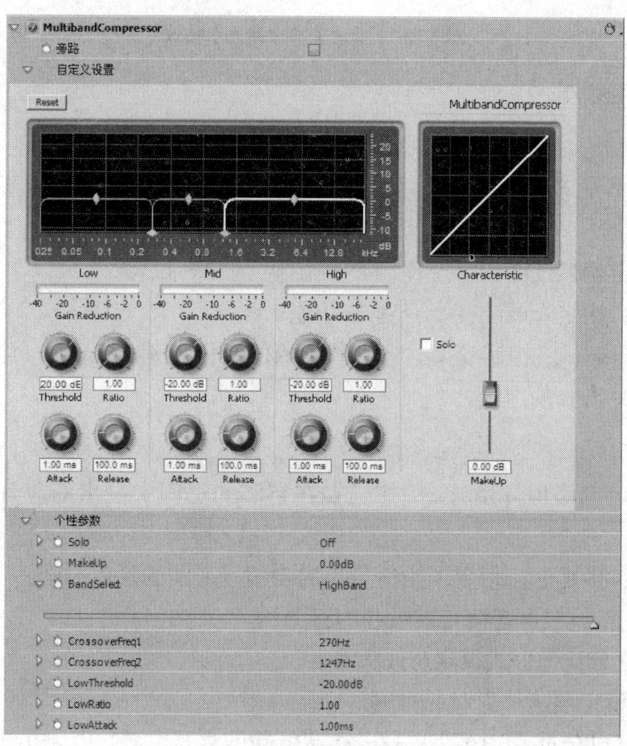

图 7-62 【Multiband Compressor】特效

【个性参数】选项组中的常用参数介绍如下。

（1）【Solo】：勾选该复选框，只播放激活的频段。

（2）【MakeUp】：以分贝（dB）为单位，调整输出音频的电平。

（3）【BandSelect】：选择一个频段。

（4）【Crossoverfreq1】、【Crossoverfreq2】：增大选择波段的频率范围。

对于每一个频段，可以使用以下控制项。

（1）【Threshold】：设定输入信号压缩门限的电平，范围为 60～0dB。

（2）【Ratio】：设定压缩比例，最多可达 8:1。

（3）【Attack】：设定压缩器对于输入信号超过阈值启用压缩的反应时间。

（4）【Release】：当信号电平跌落到阈值以下，输入信号增益返回到原始电平的响应时间。

（5）【MakeUp】：调节压缩器的输出电平，补偿压缩造成的增益损失。

16. 低通和高通

【低通】特效用于消除高于设定频率的声音。

与【低通】特效相反，【高通】特效用于消除低于设定频率的声音。参数面板如图 7-63 所示。

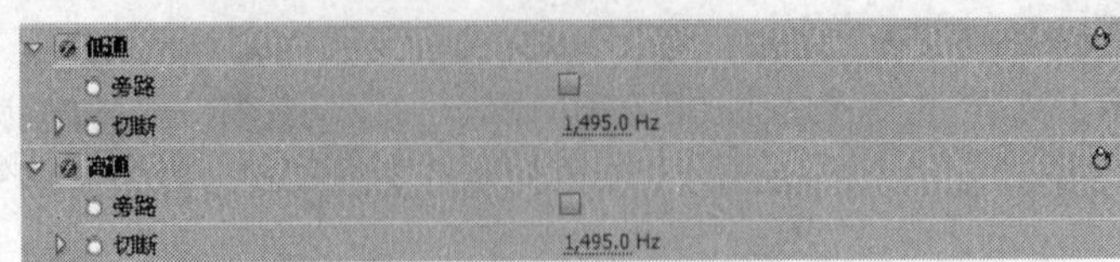

图 7-63 【低通】和【高通】特效

【切断】：设置设定频率。

17．PitchShifter

用来调整输入信号的音调。可以通过旋钮控制，也可以在个性参数面板中设置。参数面板如图 7-64 所示。

（1）【Pitch】：指定音调改变的半音程，调整范围为-12～12。

（2）【Fine Tune】：指定音调改变半音程之间的微调。

（3）【Formant Preserve】：控制变调时音频共振峰的变化。例如，升高一个人的音调，通过此项可防止出现类似卡通片人物的声音。

18．Reverb

使音频产生混响，以添加环境感，例如模拟在空旷的房间中发出的声音。参数面板如图 7-65 所示。

（1）【Pre Delay】：预延迟，指定原始信号与混响信号之间的延迟时间。

（2）【Absorption】：设置声音信号被吸收的百分比。

（3）【Size】：以百分比的形式设定房间大小。

（4）【Density】：设定混响结束时的密度。

（5）【Lo Damp】：以分贝（dB）为单位，指定低频的衰减，防止混响出现“隆隆声”或者听上去很浑浊。

（6）【Hi Damp】：为分贝（dB）为单位，指定高频的衰减，使声音听起来比较柔和。

图 7-64 【PitchShifter】特效

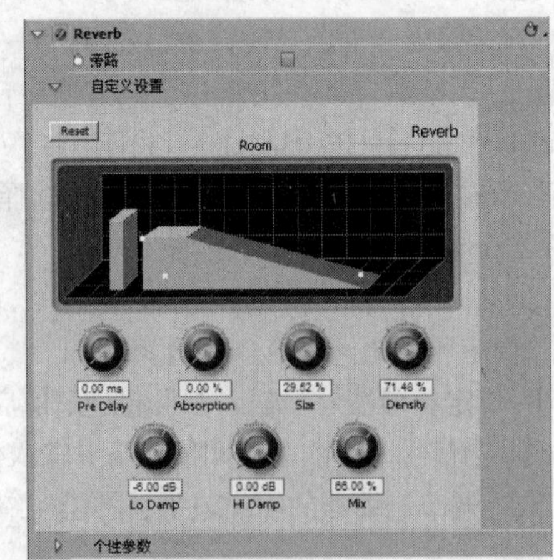

图 7-65 【Reverb】特效

19．Spectral Noise Reduction

通过 3 个滤波器消除音频信号中的噪音，参数面板如图 7-66 所示。

20．参数 EQ

参数均衡特效可以增强或衰减与指定中心频率接近的声音，参数面板如图 7-67 所示。

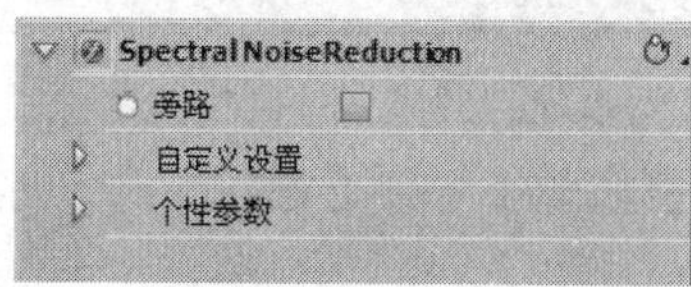

图 7-66 【Spectral Noise Reduction】特效

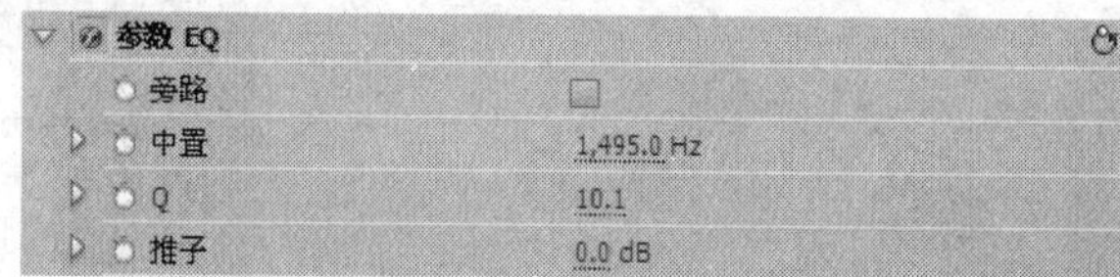

图 7-67 【参数 EQ】特效

（1）【中置】：设定调整范围的中心频率。

（2）【Q】：设定频率调节范围。数值越小，产生窄的波段越窄；数值越大，产生的波段越宽。

（3）【推子】：设定 Q 值频率范围内声音增强或衰减的程度。

21．交换声道

对左右两个声道的音频信息进行交换，该特效只对立体声起作用。参数面板如图 7-68 所示。

图 7-68 【交换声道】特效

22．声道音量

以分贝（dB）为单位，单独控制立体声、5.1 声道声音中每个声道的音量。参数面板如图 7-69 所示。

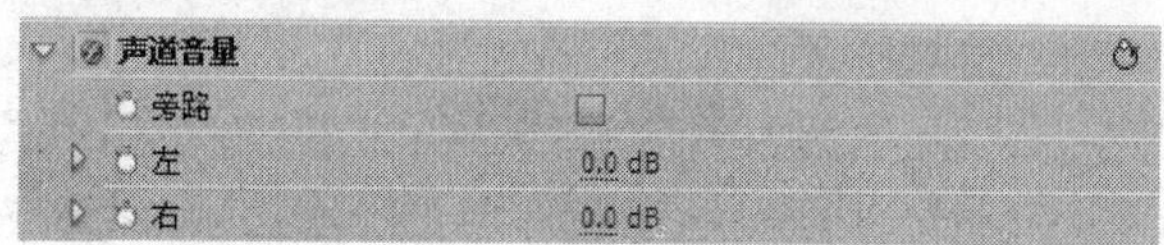

图 7-69 【声道音量】特效

23．延迟

按照设置的时间，为音频添加回声效果，参数面板如图 7-70 所示。

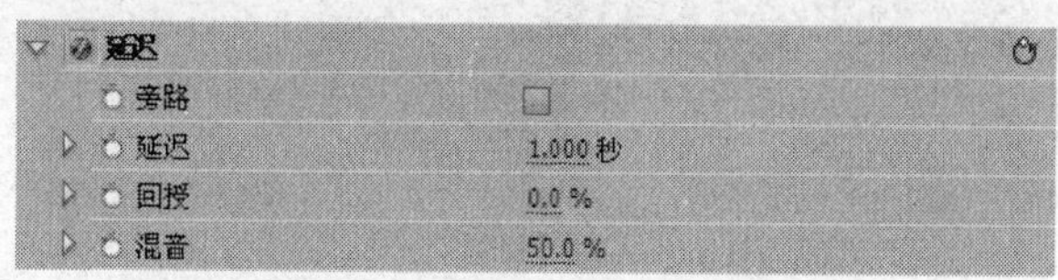

图 7-70 【延迟】特效

（1）【延迟】：设定原始音频和回声之间的时间间隔，最大值为 2s。

（2）【回授】：设定延迟信号反馈叠加的百分比。

（3）【混音】：控制回声的数量。

24．音量

该特效可以取代音频中自带的音量调节，从而改变音量在渲染顺序中的位置。正值表示提高音量，负值表示降低音量，参数面板如图 7-71 所示。

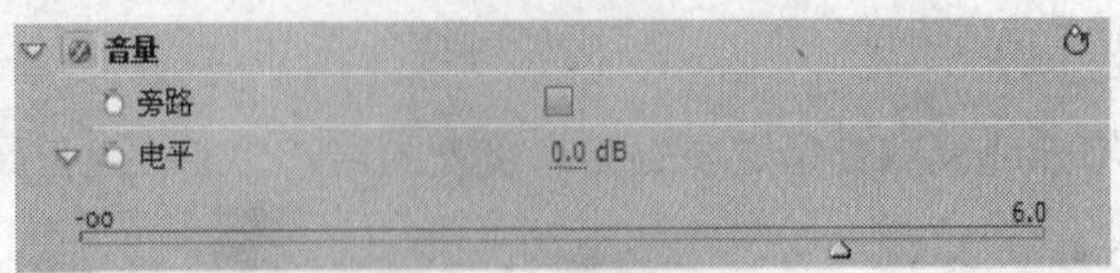

图 7-71 音量特效

25. 高音

对声音中的高音部分（4 000Hz 以上）进行处理，使用推子滑块调整效果，向右拖动增强高音，向左拖动降低高音。参数面板如图 7-72 所示。

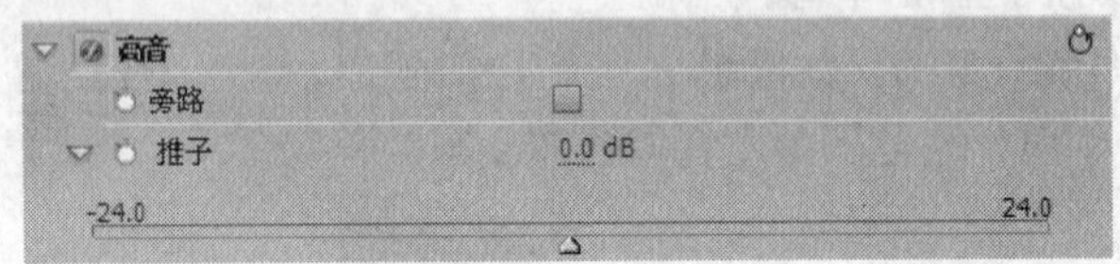

图 7-72 高音特效

以上简要介绍了常见的音频特效。除了“均衡”、“音量”特效外，大多数音频特效可为音频剪辑添加，也可以在调音台中为音频轨道添加。因为轨道声像和音量这两个基本属性，可以在调音台上分别通过声像/平衡控制旋钮和音量滑块进行调节。

小结

Premiere Pro CS3 提供了专业的音频调节方法。在【时间线】面板、【效果控制】面板中可以设置音量渐强、渐弱的效果，利用音频转场特效可以创建具有专业水平的过渡效果。Premiere Pro CS3 的调音台为合成音频提供了各种实用的工具，可以对调节过程进行自动记录，也可以创建子混音轨道提高工作效率，还可以对音频轨道添加特效等。通过本章的学习，读者应该掌握音量的常用调节和调音台的使用方法，对各种音频特效应该有基本的了解。

习题

一、简答题

1. 如何实现音频的淡入淡出？请说出 3 种方法。
2. 应该如何选择调音台的自动控制选项？
3. 对音频素材应用特效和对音频轨道应用特效有什么区别？
4. 声像和平衡有什么区别？

二、操作题

1. 为一段视频素材添加背景音乐，实现背景音乐的淡入淡出效果。
2. 选择 3 段视音频素材，实现 J 切换和 L 切换效果。
3. 选择一段音频素材，制作回声效果。

第8章 创建字幕

Premiere 中字幕的编辑操作在字幕设计窗口中进行。在字幕设计窗口中，不仅能够调整字幕的各种基本参数，还能添加描边、阴影等修饰，使用预置样式可使文字调整的工作变得更加简单。使用路径文字，可以让文字沿设定的曲线排列。字幕的类型分为静态字幕、动态字幕两种。本章将介绍在 Premiere 中创建字幕的方法。

【教学目标】

- 掌握创建静态字幕的方法。
- 掌握对字幕进行修饰的方法。
- 掌握创建滚动字幕和游动字幕的方法。
- 掌握创建路径字幕的方法。

8.1 创建静态字幕

在 Premiere 中，文字和图形的创建工作都是在字幕设计窗口中完成的。下面通过创建一个静态字幕来认识字幕设计窗口的功能。

Effect 01

Step 01 将本书附盘中的“第 8 章”目录复制到本地硬盘上。

Step 02 启动 Premiere，选择菜单栏中的【文件】/【新建】/【项目】命令创建一个新项目，并命名为“lesson8-1”。

创建字幕有以下 3 种方法。

① 选择菜单栏中的【文件】/【新建】/【字幕】命令。

② 单击【项目】面板下方的按钮，在弹出的菜单中选择【字幕】命令，如图 8-1 所示。

③ 选择菜单栏中的【字幕】/【新建字幕】/【默认静态字幕】命令。

以上 3 种方法都将弹出【新建字幕】对话框，在【名称】后面输入一个新名字或保留默认名称“字幕 01”，单击 确定 按钮打开字幕设计窗口。

字幕设计窗口由【字幕】面板、【工具】面板、【样式】面板、【动作】面板和【字幕属性】面板 5 部分组成，如图 8-2 所示。

①【字幕】面板：由绘制区域和上方的属性栏组成，属性栏可以对字幕进行各种基本设置，如字体、粗体、斜体、下划线、对齐方式等，还可以设定字幕的类型；下方的绘制区域用来输入文字，并显示文字的最终效果。

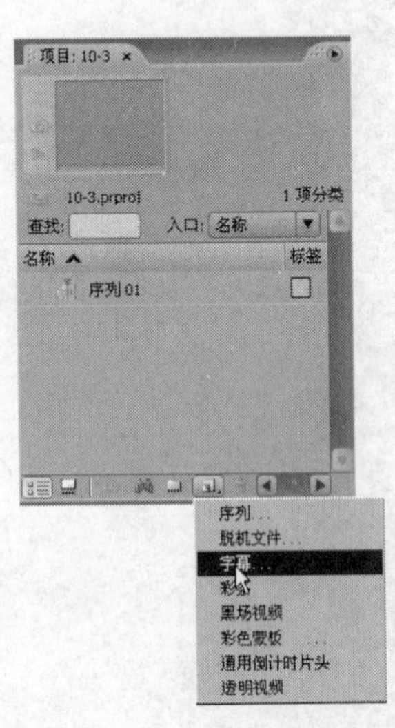

图 8-1 在【项目】面板中新建字幕

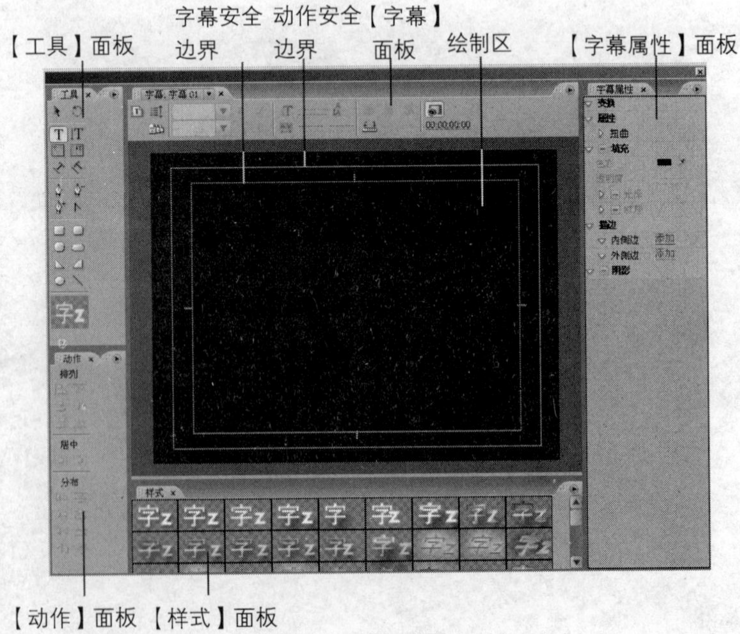

【工具】面板 字幕安全边界 动作安全边界 【字幕】面板 绘制区 【字幕属性】面板

【动作】面板 【样式】面板

图 8-2 字幕设计窗口

②【工具】面板：包括文字工具、编辑工具和图形绘制工具，面板下方的预览区域可以对当

前设定的文字效果进行预览，如图 8-3 所示。

③【动作】面板：可以排列、居中、分布文字和图形，让文字和图形排布整齐规范，如图 8-4 所示。

④【样式】面板：可以对文字和图形应用预设置样式。使用预置样式，可以对文字、图像添加各种已经设定好的颜色、阴影、描边等文字风格。

⑤【字幕属性】面板：可以改变文字的参数，对文字进行修饰。

在输入文字之前，首先要确定字幕类型，Premiere 的字幕类型有 3 种：静态、滚动和游动。其中滚动字幕和游动字幕是动态文字，滚动字幕是纵向运动的，而游动字幕是横向运动的。

Step 03　单击【字幕】面板上方的按钮，打开【滚动/游动选项】对话框，选择【字幕类型】选项为【静态】，在本例中要创建的是静态字幕，如图 8-5 所示。

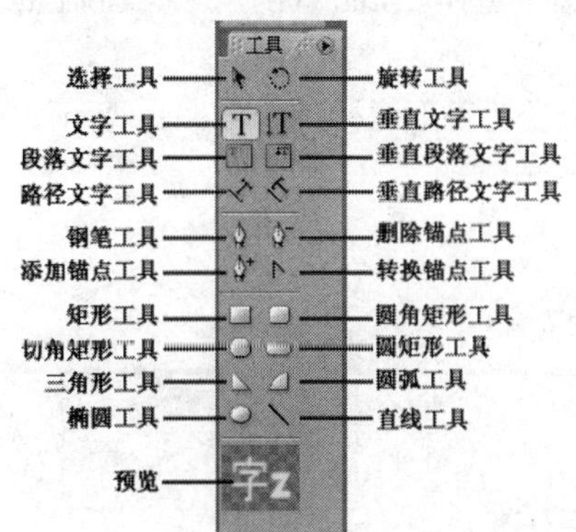

图 8-3 【工具】面板

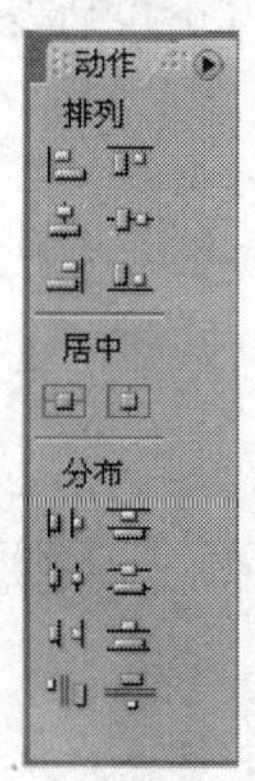

图 8-4 【动作】面板

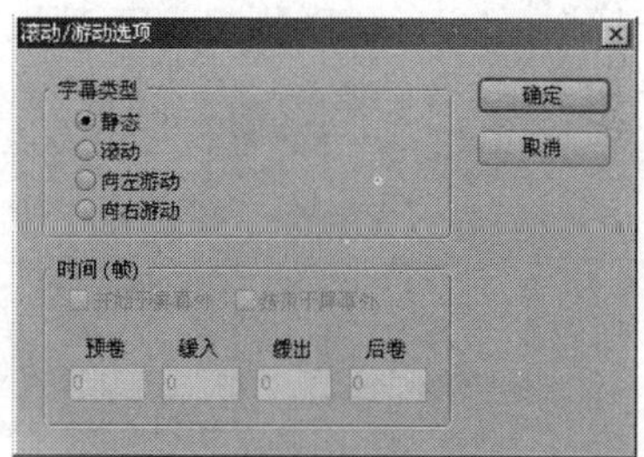

图 8-5 【滚动/游动选项】对话框

Step 04　选择【文字】工具，在绘制区域单击鼠标，鼠标指针显示为一个闪动的“I”形，在【字体】下拉列表中选择【Arial】，如图 8-6 所示，在选项中设置字号为“60”。

Step 05　在绘制区输入文字“Adobe”，如图 8-7 所示。

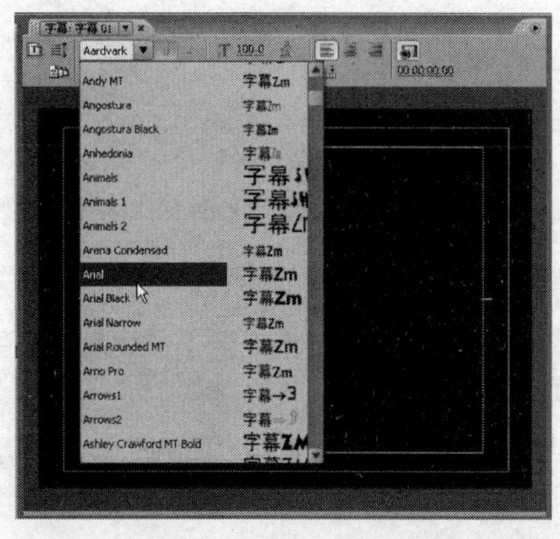

图 8-6 【字体】下拉列表

图 8-7　输入文字

提示：在输入文字时，鼠标单击的位置就是文字的开始位置。文字输入完毕后，使用字幕设计窗口中的工具选中文字，可以移动文字在绘制区内的位置。

8.2 更改文字属性

本节介绍如何在【字幕属性】面板中对文字进行格式化，包括字体的大小、外观、行距等属性的设置与更改。

【字幕属性】面板在字幕设计窗口的右侧，包括变换、属性、填充、描边和阴影 5 个部分，如图 8-8 所示。

单击【属性】选项左方的▷按钮将其展开，单击【字体】下拉列表，选择字体进行文字字体的更改，如图 8-9 所示。单击【字体样式】下拉列表，可以为文字选择“Bold（粗体）”、“Bold Italic（加粗斜体）”、“Italic（斜体）”、“Regular（正常）”等样式。

将鼠标指针放置到【字体大小】右边的数字上，鼠标指针变为手形图标，如图 8-10 所示，向左拖曳鼠标，字体变小；向右拖曳鼠标，字体变大。

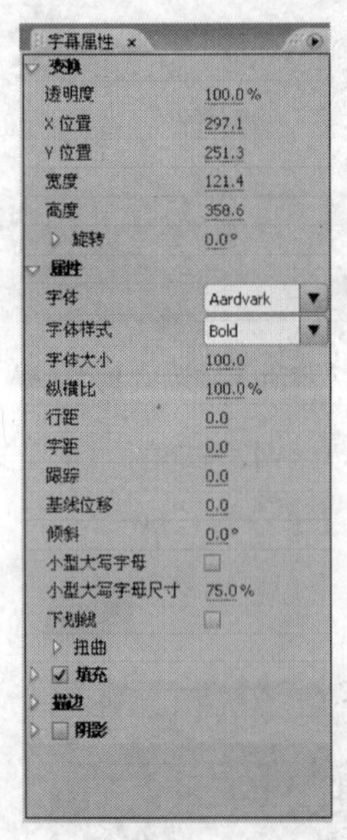

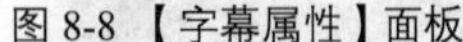

图 8-8 【字幕属性】面板

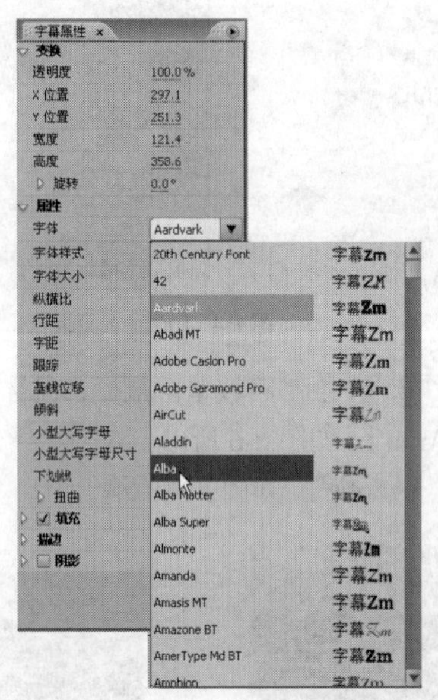

图 8-9 在【字幕属性】面板中更改字体

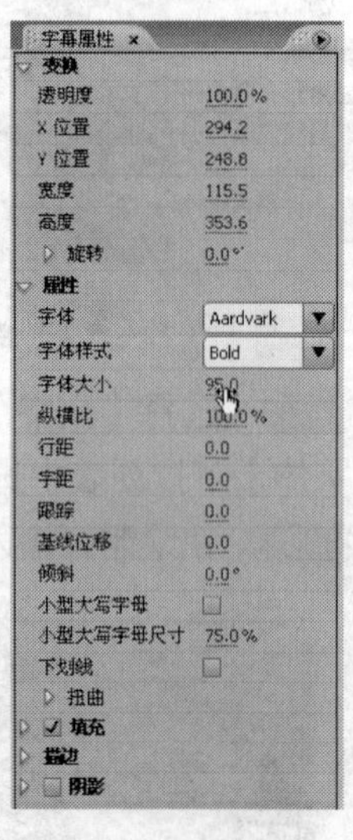

图 8-10 更改字体大小

【纵横比】、【倾斜】、【扭曲】、【下划线】等是文字的外观属性。

（1）【纵横比】：用于设置文字宽度和高度的比例，改变纵横比会使【变换】参数面板中的【宽度】和【高度】值也发生变化。图 8-11 所示为不同纵横比的文字外观。

（2）【倾斜】：用于设置文字与 y 轴的夹角度数，取值范围为“−44°～44°”，图 8-12 所示是不同倾斜值的文字外观。

（3）【扭曲】：由 x 坐标和 y 坐标的数值决定，取值范围为“−100%～100%”，图 8-13 所示为不同【扭曲】值的文字外观。

（4）勾选【下划线】复选框会为文字下方增加一条等宽的直线，如图 8-14 所示。

【小型大写字母】和【小型大写字母尺寸】可以改变输入小写字母的显示和尺寸。

①【小型大写字母】：用于将所选的小写字母变成大写字母。

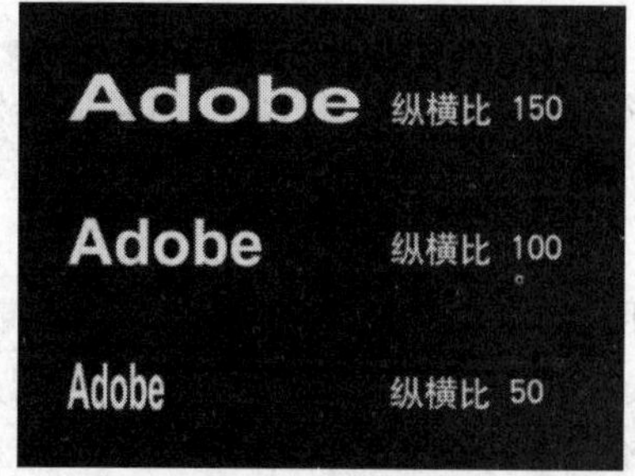

图 8-11　更改文字的纵横比参数

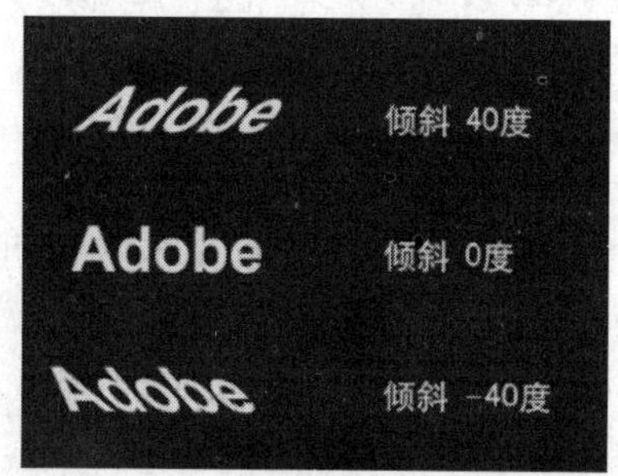

图 8-12　更改文字的【倾斜】参数

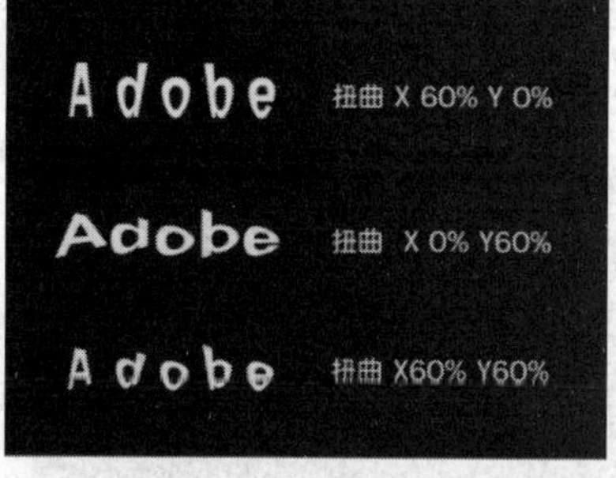

图 8-13　更改文字的【扭曲】参数

图 8-14　添加下划线

②【小型大写字母尺寸】：与【小型大写字母】配合使用，将小写字母变成大写字母后，设置大写字母的显示百分比。

③【基线位移】用于调节基线位移值。基线是紧贴文本底部的一条参考线。通过基线位移，可以设置文字与基线之间的距离，制作上标或者下标文字。

下面通过实例介绍更改文字属性的方法。

Effect 02

Step 01　关闭“字幕 01”，再新建一个字幕文件“字幕 02”。

Step 02　选择【文字】工具T，在绘制区域输入“e = mc2”，设置【字体】为“Arial”、【字体大小】为“88”，如图 8-15 所示。

Step 03　选择【选择】工具，选中文字，勾选【小型大写字母】选项。文字效果如图 8-16 所示。

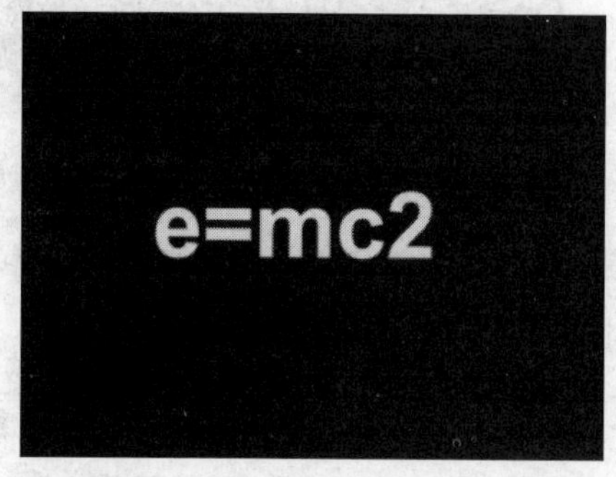

图 8-15　输入文字

图 8-16　勾选【小型大写字母】复选框

Step 04 选择【文字】工具T，选中文字“2”，设置【基线位移】为“37”，【字体大小】为“65”，如图 8-17 所示。

Step 05 选择【选择】工具，选中文字对象，调整【小型大写字母尺寸】选项，会发现只有 3 个大写字母的大小发生变化。

【行距】、【字距】和【跟踪】是文字的间距属性。【行距】用于调整多行文字的间距。【字距】和【跟踪】用于调整同行文字的间距属性，【字距】用于设置字符之间的距离。【跟踪】与【字距】相似，不同的是调整选择的字符时，【字距】向右平均分配字符间距，而【跟踪】的分配方向取决于文本的对齐方式。比如，左对齐的文本会以左侧为基准，向右扩展；中间对齐的文本会以中间为基准，向两边扩展；右对齐的文本会以右侧为基准，向左扩展。下面通过实例介绍。关闭“字幕 02”，再新建一个字幕文件“字幕 03”。

Step 06 选择【段落文字】工具，在绘制区域按鼠标拖曳出矩形文本框后释放鼠标，输入如图 8-18 所示的文字，设置【字体】为“Arial”、【字体大小】为“65”。

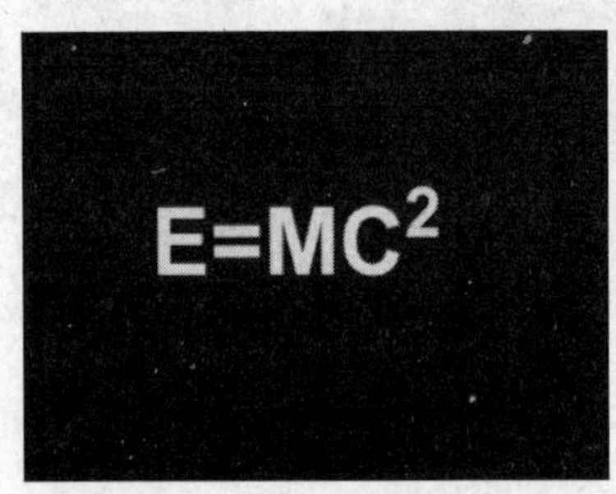

图 8-17 改变【基线位移】选项

图 8-18 输入段落文字

Step 07 设置【行距】为“30”，文字效果如图 8-19 所示。

Step 08 单击绘制区上方的按钮，让段落文字居中对齐，设置【字距】为“11”，效果如图 8-20 所示。

图 8-19 设置【行距】后的文字效果

图 8-20 设置居中对齐和字距后的文字效果

Step 09 调整【跟踪】选项的参数值，观察与调整【字距】选项的区别。调整【字距】时，向右分配字符间距，而调整【跟踪】时，则从中间向两边分配字符间距。

提示：在本小节中涉及的更改字体、字体大小、外观、对齐等属性也可以通过【字幕】菜单命令完成。

在【字幕属性】面板的【变换】参数面板中，可以修改文字的透明度、位置、宽度、高度和旋转属性。当【透明度】为“100%”时，文字完全显示；当【透明度】为“0%”时，文字完全透明，在屏幕上不显示；当透明度为 0%～100%的数值时，文字为半透明状态。通过修改【X 位置】、【Y 位置】的参数值，可以改变文字在屏幕上的位置。通过改变【宽度】、【高度】的参数值，可以改变文字的长宽比例。通过修改【旋转】的参数值，可以让文字以设定的角度旋转，下面介绍具体操作方法。

Effect 03

Step 01 关闭“字幕 03”，再新建一个字幕文件“字幕 04”。

Step 02 选择【文字】工具 T，用上面介绍的方法设置【字体】为“经典超圆简”，【字体大小】为“60”，在绘制区域输入“相逢是首歌”。

Step 03 设置【旋转】参数为“20°”，文字会旋转 20°，如图 8-21 所示，旋转后的文字效果如图 8-22 所示。

▽ 变换
透明度　100.0 %
X 位置　280.5
Y 位置　210.4
宽度　296.9
高度　49.0
▷ 旋转　20.0°
▽ 属性

图 8-21　将【旋转】参数设置为 20°

图 8-22　旋转后的文字效果

> **提示：** 读者不一定要采用和本例相同的字体，可以选择喜欢的其他字体或是安装外部字体。安装方法为：将字体文件复制到 C 盘“Windows”目录下的“Fonts”文件夹中，即可完成字体的安装。安装后，在设置字体时，单击字体下拉菜单中就可以看到安装的字体了。

8.3 使用颜色

在字幕设计窗口中，【字幕属性】面板中的【填充】参数面板可以为文字或图形指定颜色，填充的颜色可分为实色、线性渐变、放射渐变、4 色渐变。下面对字幕颜色的设置作详细介绍。

8.3.1 实色

本节主要介绍使用【颜色拾取】对话框为文字填充实色的方法。为文字或图形指定颜色，以及创建从一种颜色到另一种颜色的渐变，【颜色拾取】对话框的使用是一个关键。

Effect 04

Step 01 打开上一节创建的项目文件“lesson8-1”，在【项目】面板中双击“字幕 04”文件将其打开。

Step 02 确认绘制区域中的文字处于选中状态，在右侧的【字幕属性】面板中，单击【填充】左侧的▷图标，展开折叠的【填充】参数面板，如图 8-23 所示。单击【色彩】色样，打开【颜色拾取】对话框。

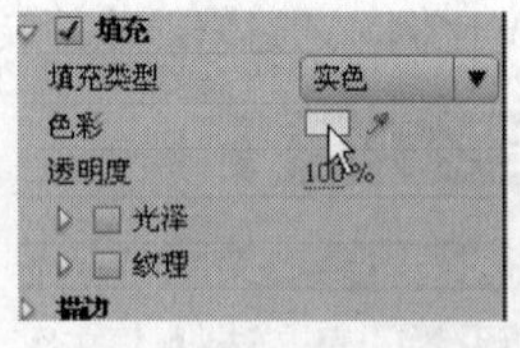

图 8-23 单击【色彩】色样

在【颜色拾取】对话框中，左边是颜色区域，中间是色相条，右边是颜色参数区，如图 8-24 所示。中间的色相条上包含了色谱中的所有色相，左边的颜色区域内，一种颜色由上至下明度递增，由左至右饱和度递增。选择颜色时，先移动色相条上的箭头，确定大致的颜色。然后在左边的颜色区域内移动鼠标，精细调整需要的颜色。

如果要选择紫色，先在色相条上定位到紫色区，再在左边的颜色区域移动鼠标指针，进行细致的选择，如图 8-25 所示。选取了一个颜色之后，这个颜色会出现在【颜色拾取】对话框右上方的色样内。色样被分为两栏，上半栏的色样显示当前所选取的颜色，下半栏的色样显示上次使用的颜色，单击下半栏色样直接恢复上次使用的颜色。

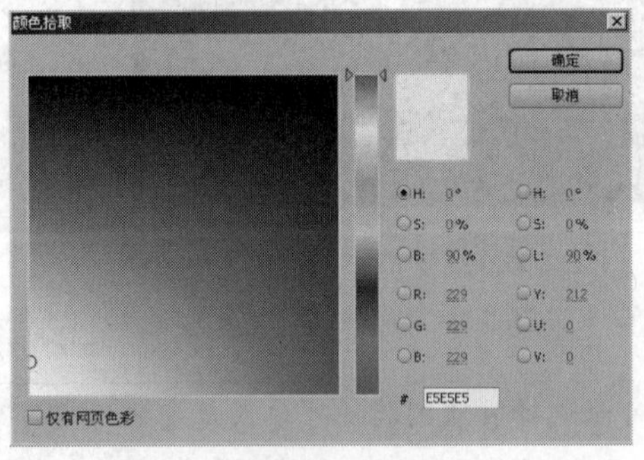

图 8-24 【颜色拾取】对话框

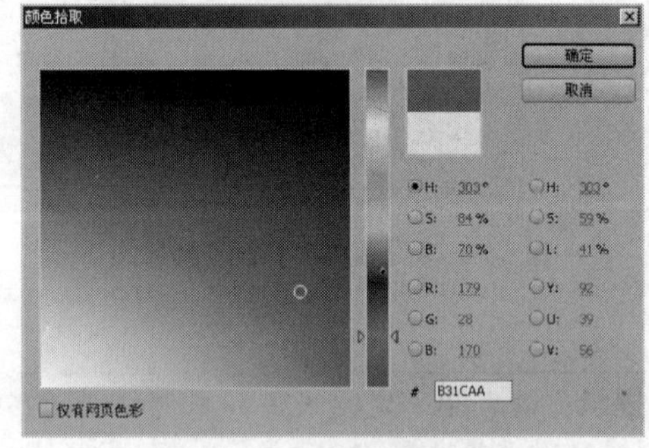

图 8-25 在【颜色拾取】对话框中选取颜色

在【颜色拾取】对话框中也可以通过调整颜色参数，或者输入特定的颜色值来选定一个颜色。在 R（红）、G（绿）、B（蓝）3 种颜色中，每个颜色项可以输入的最大值是 255，最小值是 0，因此可以创建 256 × 256 × 256（约为 1670 万）种颜色。如果 RGB 的值都设置为 255，得到的是白色；如果 RGB 的值都为 0，得到的是黑色。

Step 03 在拾色器中选中一种颜色，或者输入特定的 RGB 数值，单击 确定 按钮退出。观察绘制区文字的颜色变化。

Step 04 【色彩】色样右边的【吸管】工具可以使文字设置为视频剪辑或图片上已有的颜色。双击【项目】面板的空白处，打开【导入】对话框，将“第 8 章”文件夹中的图片“秋天.jpg”导入，双击“秋天.jpg”使其在【素材源】监视器中显示，如果想选取“秋天.jpg”中的橙色作为文字的颜色，使用【吸管】工具就十分方便。

Step 05 选择【吸管】工具，鼠标指针显示为吸管形状，将鼠标指针移动到【素材源】监视器中，在需要的颜色上单击，如图 8-26 所示。

Step 06 此时，色样显示为所选的橙色，文字也相应地更改为橙色，如图 8-27 所示。

图 8-26　用【吸管】工具在图片上选取颜色

图 8-27　文字的颜色改为吸取的颜色

提示：在以上介绍的几种设置颜色的方法中，使用调整颜色参数，或者输入特定的颜色值的方法最为精确，它能保证指定颜色的唯一性。

8.3.2　线性渐变和放射渐变

Premiere 不仅可以创建单色文字，还可以为文字应用渐变色，Premiere 中提供的渐变色有 3 种：线性渐变、放射渐变和 4 色渐变。其中线性渐变和放射渐变涉及两种颜色，而 4 色渐变则涉及 4 种颜色，图 8-28 所示为应用这 3 种渐变的效果。

图 8-28　线性渐变、放射渐变和 4 色渐变

Effect 05

Step 01　在【项目】面板中双击前面创建的“字幕 04”。选中绘制区域中的文字“相逢是首歌”，展开【填充】参数面板的【填充类型】下拉列表，如图 8-29 所示，选择【线性渐变】选项。

【色彩】选项显示渐变色条，渐变色条下面的两个小滑块分别是渐变的起始颜色样本和结束颜色样本，这两者决定了渐变的颜色，如图 8-30 所示。

Step 02　单击选中【起始颜色样本】滑块，单击【色彩到色彩】色样打开【颜色拾取】对话框，选择黄色，单击 确定 按钮退出，色样变为黄色，如图 8-31 所示。

Step 03　单击选中【结束颜色样本】滑块，单击【色彩到色彩】色样，如图 8-32 所示。打开【颜色拾取】对话框，选择红色，单击 确定 按钮退出。

Step 04　观看绘制区域中的文字，效果如图 8-33 所示。

Step 05　移动【起始颜色样本】和【结束颜色样本】滑块可以改变颜色渐变在文字中的位置。

将【起始颜色样本】滑块向右拖动，【结束颜色样本】滑块也向右拖动，如图 8-34 所示，文字中的黄色区域变大，而红色区域变小，效果如图 8-35 所示。

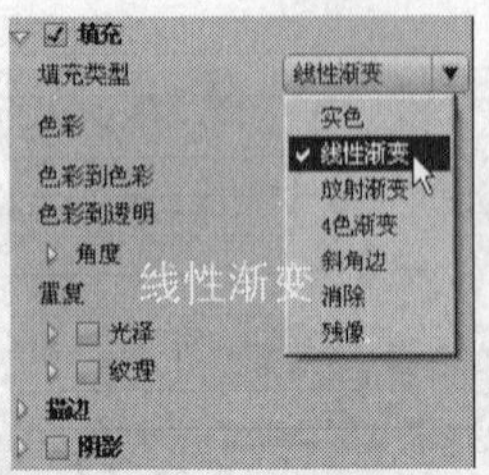

图 8-29 【填充类型】下拉列表

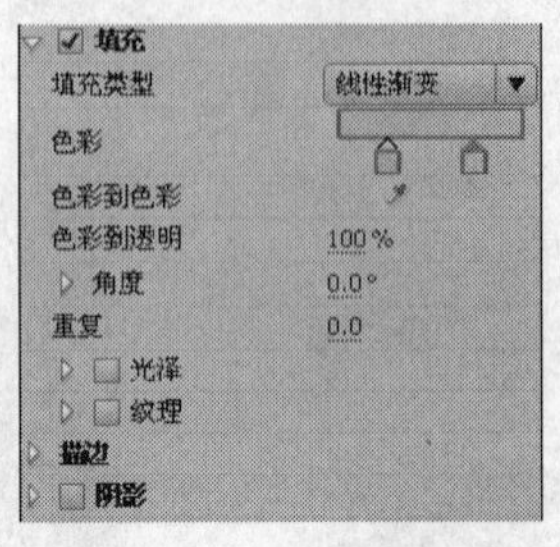

图 8-30 起始颜色样本和结束颜色样本

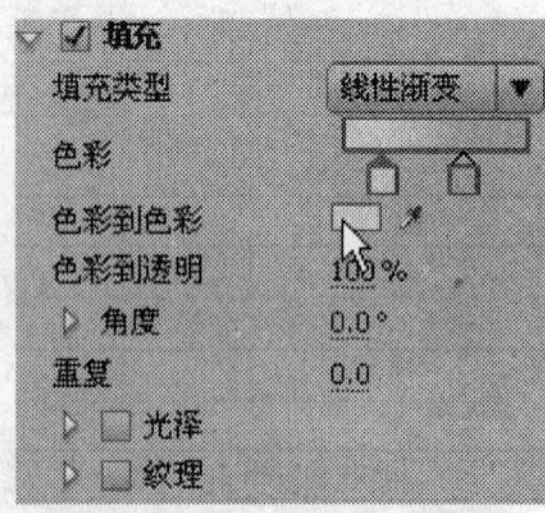

图 8-31 设置渐变的起始颜色

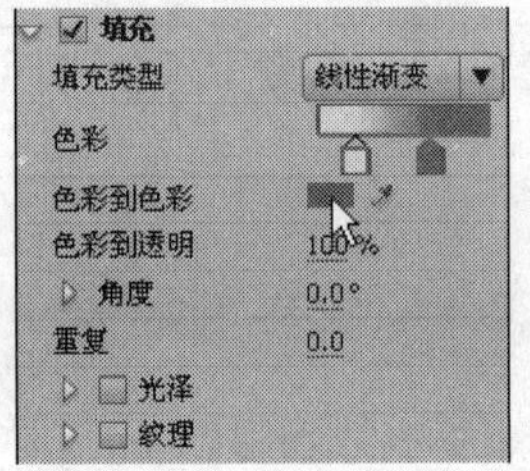

图 8-32 设置渐变的结束颜色

图 8-33 使用线性渐变的文字

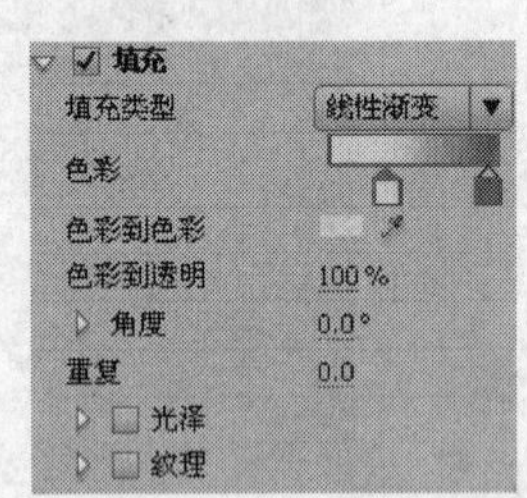

图 8-34 移动起始颜色样本和结束颜色样本

图 8-35 移动样本后的文字效果

Step 06 除了两种颜色的渐变外，还可以创建带有透明度的渐变。选中【结束颜色样本】滑块，将【色彩到透明】设置为“30%”，如图 8-36 所示，文字显示为由黄色到半透明的红色渐变。如果将【结束颜色样本】滑块的【色彩到透明】选项设置为“0%”，文字则显示为由黄色到透明的渐变。

Step 07 更改【角度】参数，可以改变渐变色的角度，如图 8-37 所示。将【角度】设置为 45°，此时，文字上的渐变方向发生变化，效果如图 8-38 所示。

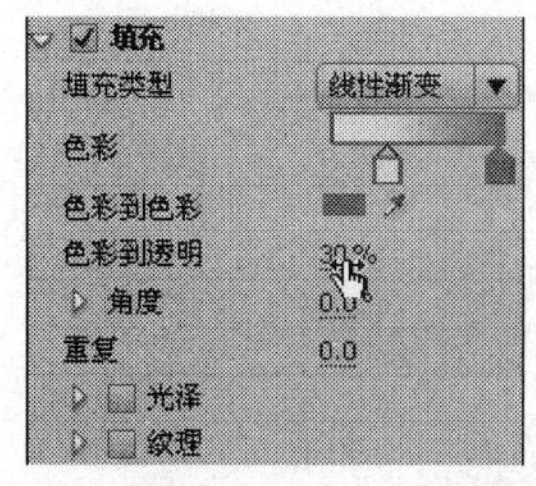

图 8-36　创建带有透明度的渐变

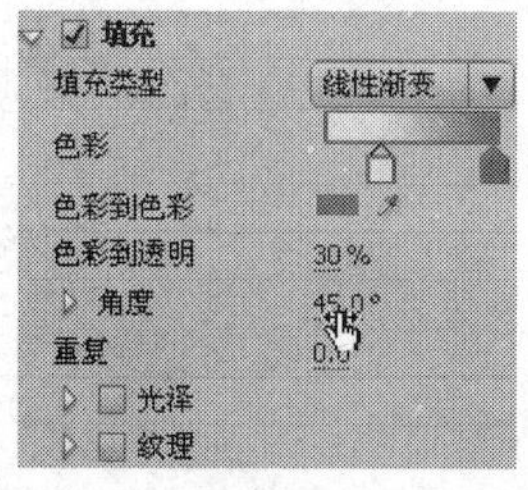

图 8-37　更改渐变色的角度参数

图 8-38　更改渐变色的透明度和角度后的文字

Step 08　将【色彩到透明】参数恢复为“100%”,【角度】参数恢复为“0”。将【重复】参数设置为“2”，渐变色变为重复两次，如图 8-39 所示，文字效果如图 8-40 所示。

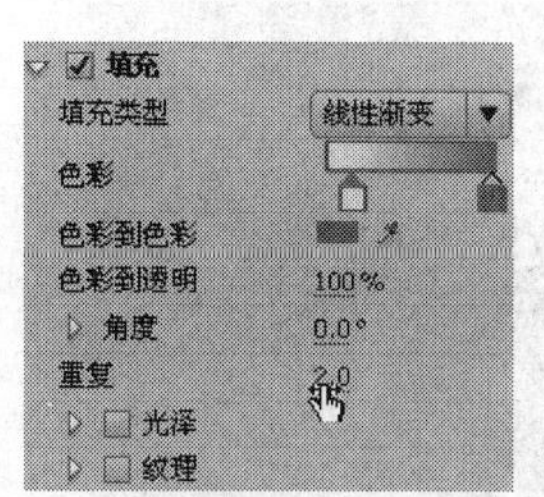

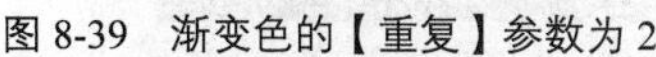

图 8-39　渐变色的【重复】参数为 2

图 8-40　设置重复后的文字效果

Step 09　将【重复】参数设置为“0”,【填充类型】选项设置为“放射渐变”，如图 8-41 所示。此时的文字效果如图 8-42 所示。将【重复】参数设置为“1”，文字效果如图 8-43 所示。

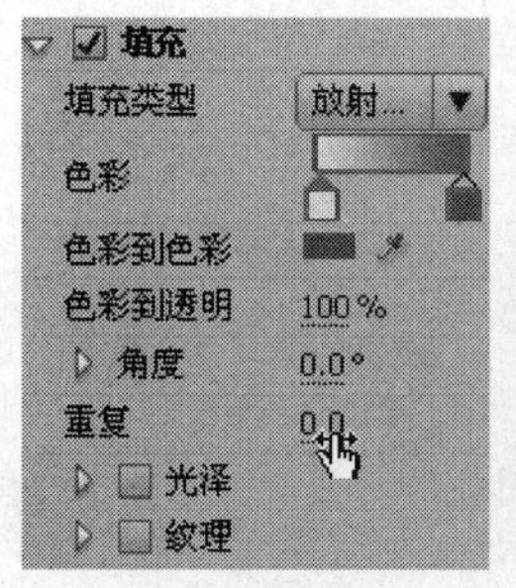

图 8-41　填充类型设为放射渐变

图 8-42　设置为放射渐变后的文字效果

图 8-43　设置【重复】为“1”后的文字效果

8.3.3　4 色渐变

4 色渐变的设置方法如下。

Effect 06

Step 01　打开前面制作的“字幕 04”，选中文字“相逢是首歌”。展开【填充】参数面板的【填充类型】下拉列表，选择【4 色渐变】选项。【色彩】选项出现一个方形色块，其 4 个角上各有一个小矩形，如图 8-44 所示。每一个小矩形都代表一个颜色样本，双击它们可以改变样本的颜色。

Step 02 双击左上角的颜色样本，在打开的【颜色拾取】对话框中选择紫色，单击 确定 按钮退出。左上角的颜色样本被改变，如图 8-45 所示。

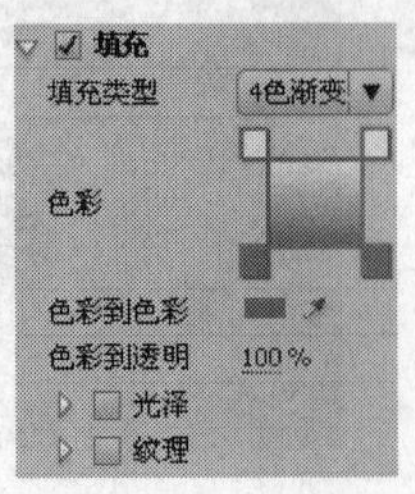

图 8-44 4 色渐变中的 4 个颜色样本

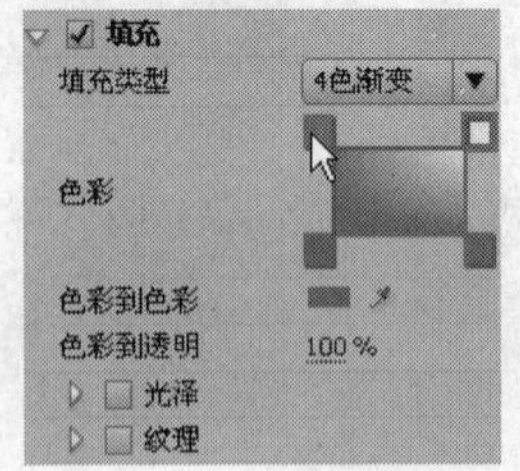

图 8-45 改变 1 个颜色样本后的 4 色渐变

Step 03 用同样的方法，双击其他 3 个角上的颜色样本，分别将颜色设置为红色、蓝色、黄色，如图 8-46 所示。此时，添加了 4 色渐变的文字效果如图 8-47 所示。

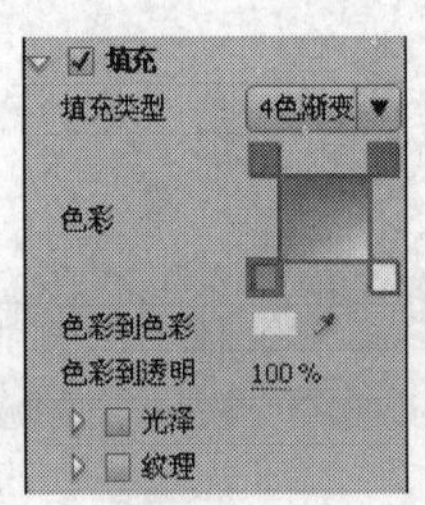

图 8-46 改变 4 个颜色样本后的 4 色渐变

图 8-47 添加 4 色渐变后的文字效果

提示：文字或图形的填充类型除了实色、线性渐变、放射渐变、4 色渐变以外，还有斜角边、消除、残像等 3 种类型。其中斜角边将在 8.6.2 节介绍，消除、残像要添加描边或阴影后使用才会看到效果。

8.4 将字幕链接到路径上

Premiere 可以通过绘制贝赛儿曲线来创建路径文字，操作步骤如下。

Effect 07

Step 01 接上例。新建一个字幕文件“字幕 05”。选择【路径文字】工具，将鼠标指针移动到绘制区域，鼠标指针变成图标，单击某处添加一个锚点，如图 8-48 所示。

Step 02 在第 1 个锚点右下方，按鼠标左键并水平拖曳一段距离再释放鼠标，该锚点两侧出现两个控制手柄，如图 8-49 所示。这两个控制手柄的方向和长短决定了路径的方向和弯曲度。

Step 03 按照同样的方法添加第 3 个和第 4 个锚点，并拖动控制手柄调整为如图 8-50 所示的形状。

图 8-48 添加第 1 个锚点

图 8-49 添加第 2 个锚点

Step 04 单击【选择】工具退出路径绘制状态。选择路径并调整其在绘制区的位置。再次选择【路径文字】工具，在绘制的路径起始处单击，输入“快乐幼儿英语”，设置【字体】为“经典趣体简”，【字体大小】为“30”，【跟踪】为“2”，文字效果如图 8-51 所示。

Step 05 选择【选择】工具，拖动路径文字四周的变换框，调整路径的大小。根据路径大小，再调整字体大小，使文字和路径能够较好配合。

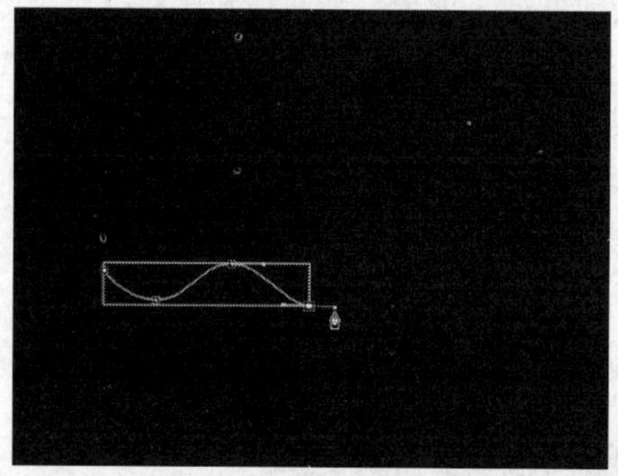

图 8-50 路径的最后效果

图 8-51 输入文字

Step 06 选择菜单栏中的【字幕】/【标志】/【插入标志】命令，弹出【导入图像为标志】对话框，如图 8-52 所示，选择“第 8 章”文件夹中的图片“小熊.png”，单击 打开(O) 按钮导入标志。

Step 07 拖动标志四周的变换框，将其缩小。将标志和文字都移动到屏幕右下方，如图 8-53 所示。

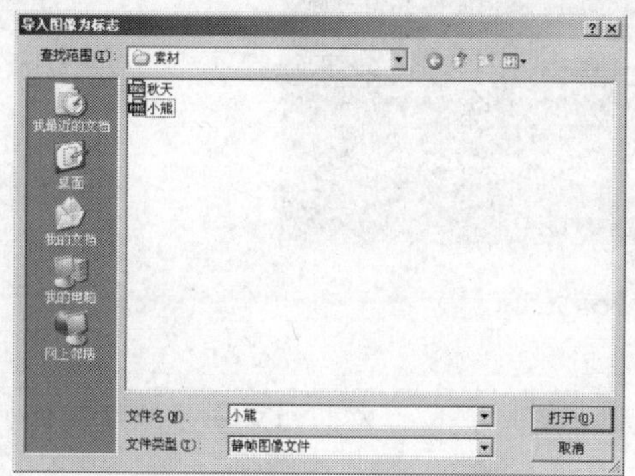

图 8-52 【导入图像为标志】对话框

图 8-53 插入标志后的文字效果

8.5 创建动态字幕

前边制作的文字都是静态效果，文字在屏幕上是静止的。在 Premeire 中还可以制作动态字幕。动态字幕分为滚动字幕、游动字幕两种。滚动字幕是在屏幕上纵向移动的字幕，游动字幕是在屏幕上横向移动的字幕。

8.5.1 滚动字幕

滚动字幕是在屏幕上纵向运动的动态字幕，滚动字幕通常用于节目的片尾显示影片的创作人员信息。其制作步骤如下。

Effect 08

Step 01 启动 Premeire，新建项目文件"lesson8-2"。

Step 02 选择菜单栏中的【文件】/【导入】命令，导入"第 8 章"文件夹下的素材"8a.avi"。在【项目】面板中选中导入的素材，将其拖曳到【时间线】面板，和轨道左端对齐。

Step 03 选择菜单栏中的【文件】/【新建】/【字幕】命令，打开【新建字幕】对话框，在【名称】选项后面输入"滚动字幕"，单击 确定 按钮打开字幕设计窗口。

Step 04 选择【段落文字】工具，在绘制区域拖曳鼠标拉出一个文本框，输入节目制作人员名单，或者复制已有的文字粘贴到文本框中，调整文字大小和字体，调整【行距】选项，改变各行文字间的距离，文字最后的效果如图 8-54 所示。

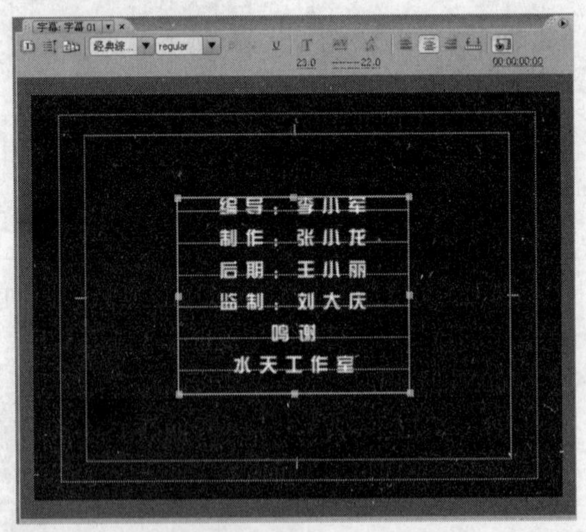

图 8-54 段落文字

> **提示：** 段落文字的宽度由拖曳的文本框宽度决定，输入的文本到文本框边缘的时候会自动换行。

Step 05 单击【字幕】面板中的按钮，打开【滚动/游动选项】对话框，设置【字幕类型】为“滚动”，如图 8-55 所示。

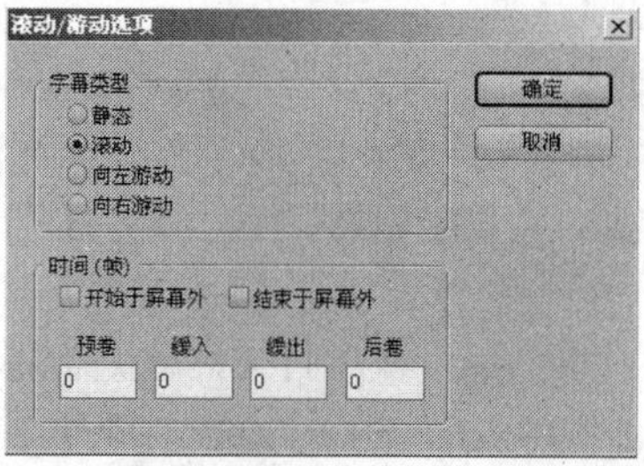

【滚动/游动选项】对话框中的参数介绍如下。

①【开始于屏幕外】：该项可使纵向滚动或横向游动的文字从画面外开始。

②【结束于屏幕外】：该项可使纵向滚动或横向游动的文字到画面外结束。

③【预卷】：要设置文字在运动效果开始之前呈现静止状态，可在该项文本框中输入保持静态的帧数。

图 8-55 【滚动/游动选项】对话框

④【缓入】：设置在到达正常播放速度之前逐渐加速的帧数。

⑤【缓出】：设置逐渐减速的帧数，直至完全停止。

⑥【后卷】：要设置文字在运动效果结束之后呈现静止状态，可在该项文本框中输入保持静态的帧数。

Step 06 勾选【开始于屏幕外】和【结束于屏幕外】复选框，使演职人员名单从屏幕下端出现，滚动至屏幕上端，直至在屏幕中消失。

Step 07 关闭字幕设计窗口，将“滚动字幕”拖曳到【时间线】面板的【视频 1】轨道上，和剪辑的右边界对齐，如图 8-56 所示。

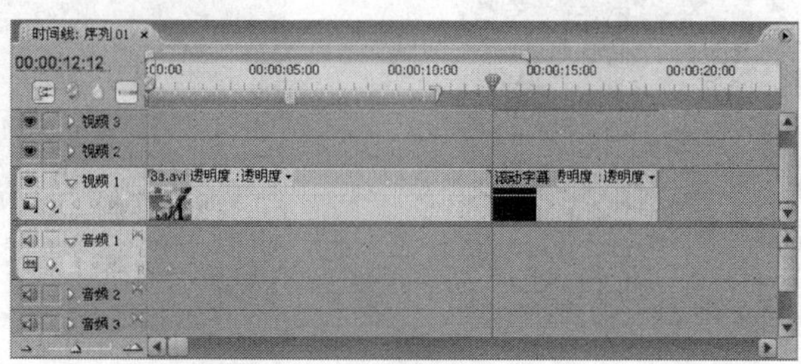

图 8-56　将字幕放到时间线上

Step 08 在【节目】监视器中播放，会感觉字幕滚动得太快了，默认的字幕文件持续时间是 6s，将鼠标指针放置到“滚动字幕”剪辑的末端，将其出点向右拖动 6s，如图 8-57 所示，使“滚动字幕”在时间线上的持续时间变为 12s。

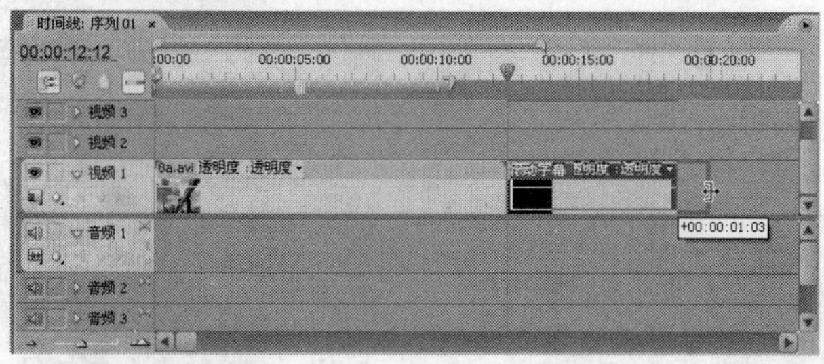

图 8-57　延长字幕持续时间

Step 09 将时间指针移动到轨道左端，按键盘上的 Enter 键进行渲染，再次预览效果，可见字幕滚动的速度变慢了。

8.5.2 游动字幕

游动字幕包括向左游动和向右游动两种，是在屏幕上横向移动的字幕。制作步骤如下。

Effect 09

Step 01 在项目文件“lesson8-2”中新建字幕，命名为“游动字幕”。

Step 02 选择【垂直文字】工具，在绘制区域的右下角单击，输入“经济导视”，设置【字体】为“经典综艺体简”，【文字大小】为“40”，【字距】为“15”，在【样式】面板中选择一种样式双击，将其添加给文字，效果如图 8-58 所示。

Step 03 单击【字幕】面板上方的按钮，打开【滚动/游动选项】对话框，如图 8-59 所示，选择【字幕类型】为“向左游动”，勾选【开始于屏幕外】复选框，让字幕从屏幕之外的右方进入。将【缓出】值设置为“50”，【后卷】值设置为“100”，表示字幕减速的帧数是 50 帧，进入屏幕之后静止状态的时间是 100 帧。

图 8-58 文字效果

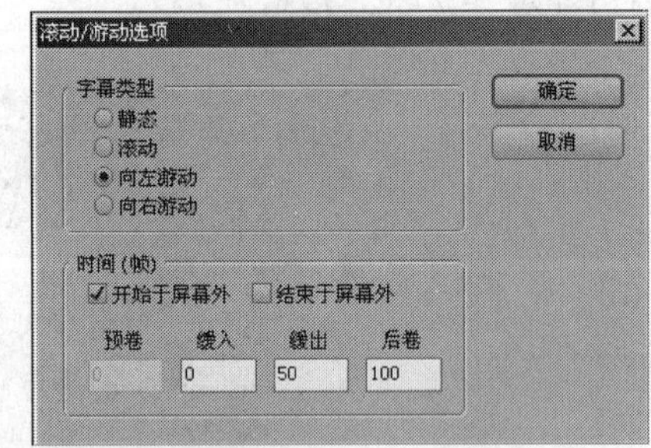

图 8-59 【滚动/游动选项】对话框

Step 04 关闭字幕设计窗口，将“游动字幕”拖曳到【时间线】面板的【轨道 2】上，和轨道左端对齐，如图 8-60 所示。播放并观看其效果，如图 8-61 所示。

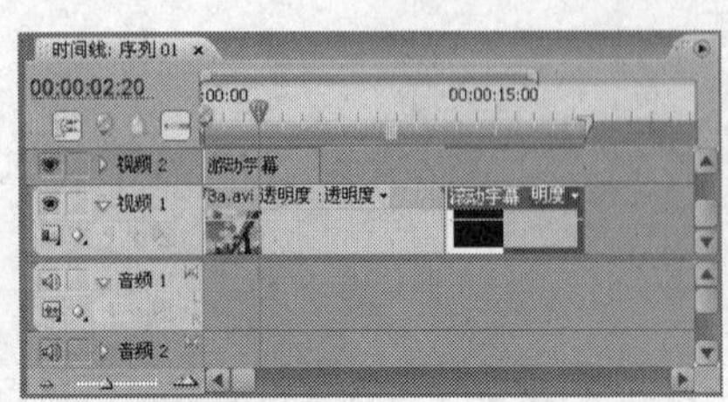

图 8-60 将游动字幕放到时间线上

图 8-61 游动字幕的播放效果

8.6 修饰文字

在字幕设计窗口中，可以对字幕或图形添加阴影、描边、斜角边等效果，让文字变得丰富立体。这不仅能增加文字的易读性，在图像背景上更好的传递信息，还能提高文字的视觉审美效果。

8.6.1 添加阴影和描边

下面来介绍添加阴影和描边的方法。

Effect 10

Step 01 启动 Premiere，新建项目文件“lesson8-3”。选择【文件】/【导入】命令，导入“第 8 章”文件夹下的素材“8b.avi”。在【项目】面板中选中导入的素材，将其拖曳到【时间线】面板，和轨道左端对齐。

Step 02 选择菜单栏中的【文件】/【新建】/【字幕】命令，打开【新建字幕】对话框，单击 确定 按钮打开字幕设计窗口。

Step 03 选择【文字】工具 T，在绘制区域的右下角单击，输入“经济导视”，设置【字体】为“经典综艺体简”，【字体大小】为“40”，【字距】为“10”，如图 8-62 所示。

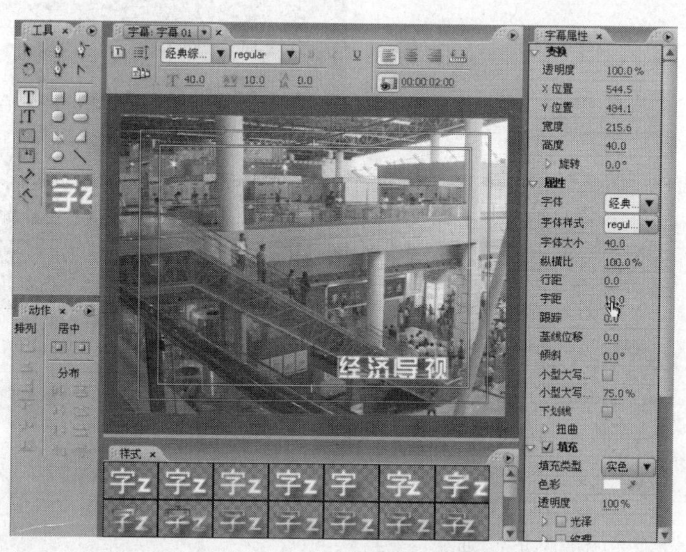

图 8-62　修改字距

Step 04 展开【填充】参数面板，将【色彩】设置为白色。

Step 05 单击【描边】选项左方的 ▷ 按钮将其展开，单击【外侧边】选项右边的【添加】，为文字添加一个外部描边，如图 8-63 所示。

Step 06 在【外侧边】选项组中设置【大小】为“30”，【色彩】为“#513724”，如图 8-64 所示。

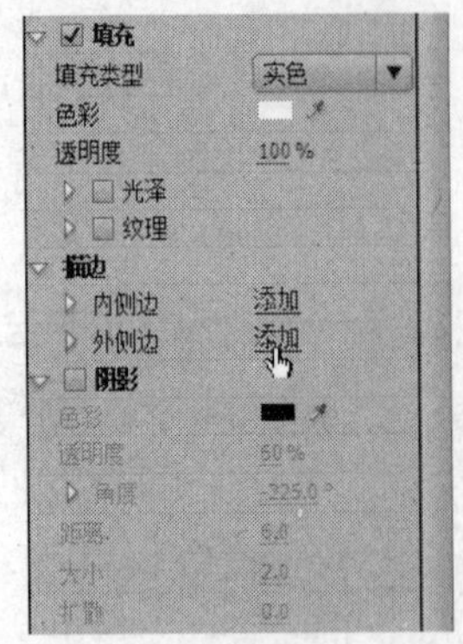

图 8-63 添加外侧边

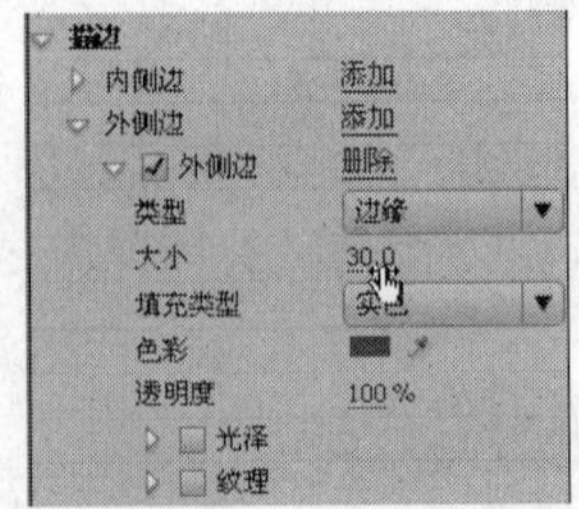

图 8-64 设置【外侧边】参数

> **提示：** 单击【外侧边】选项右边的【删除】可以删除外侧边，继续单击【外侧边】选项右边的【添加】可以为文字增加多个外侧边。

Step 07 勾选【阴影】复选框并将其展开，设置【色彩】设置为黑色，【透明度】为“60%”，【角度】为“–220.0° ”，【距离】为“5.0”，如图 8-65 所示。

Step 08 此时的文字标题变得美观且富有立体感，如图 8-66 所示，单击字幕设计窗口右上角的 按钮将其关闭。

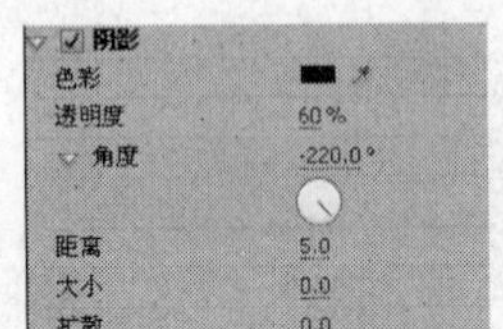

图 8-65 设置阴影参数

图 8-66 最终的文字效果

8.6.2 应用斜角边

接上例，继续为文字添加图形修饰。

Effect 11

Step 01 打开字幕“经济导视”。

Step 02 在字幕设计窗口，选择【圆弧】工具 ，在绘制区域拖曳鼠标，绘制一个圆弧图形。如果图形自动添加了描边，在右侧的【字幕属性】面板中单击【外侧边】选项右边的【删除】将其去掉，如图 8-67 所示。

Step 03　在右侧的【字幕属性】面板，展开【填充】参数面板中的【填充类型】下拉列表，选择【斜角边】选项。单击【阴影颜色】选项的颜色样本，在弹出的【颜色拾取】对话框中将颜色设置为“#115997”，设置【阴影透明】为“50%”，【大小】为“12”。勾选【变亮】复选框，设置【亮度角度】为“20°”，【亮度级别】为“20”，如图 8-68 所示。

图 8-67　使用【圆弧】工具绘制图形

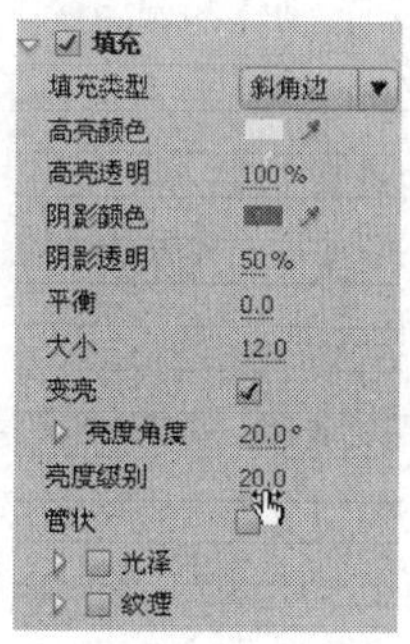

图 8-68　设置【填充】属性

Step 04　添加斜角边效果后的图形效果如图 8-69 所示。

图 8-69　添加斜角边后的效果

Step 05　选择图形，将其移动到文字所在的位置。这时，图形会将文字遮住，如图 8-70 所示。选中图形，在右键菜单中选择【排列】/【退后一层】命令，这时，文字就会显示出来。拖动图形四周的变换框，调整图形的大小和形状，如图 8-71 所示。

图 8-70　图形将文字遮住

图 8-71　调整后的图形

8.6.3 应用样式

通过前边的介绍可以看出，为文字设置基本参数，并添加阴影、描边等各种艺术效果，可以让文字变得立体、美观。但是调节各种参数十分烦琐，而应用【样式】面板可以让这项工作变得简单而轻松。

在8.5.2节制作游动字幕时，使用了样式。通过这个例子，可以看出，样式的使用十分简单，只要选中绘制区的文字，双击【样式】面板的一种样式即可。如果要换成另外一种样式，只需在其他样式上双击，便可完成替换。图8-72所示为同一组文字应用不用样式的效果。

单击【样式】面板右上角的按钮，在弹出的菜单中选择【追加样式库】命令，可以追加Premiere中自带的其他样式。

如果要将自己制作的文字效果保存为样式，可以选中文字，单击【样式】面板右上角的按钮，在弹出的菜单中选择【新建样式】命令，弹出【新建样式】对话框，如图8-73所示。单击 确定 按钮，选中文字的效果就会保存在样式库中。

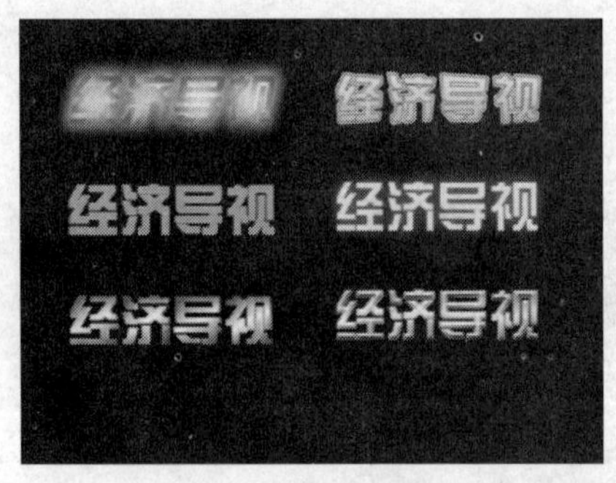

图8-72 应用不同样式的文字

图8-73 【新建样式】对话框

8.7 使用字幕模板

通过Premiere内置的大量模板，能够更快捷地设计字幕。可以直接套用模板，也可以对模板中的图片、填充、文字等元素进行修改，然后使用。模板修改后，也可以保存为一个新的模板，方便其他项目的调用。自制的字幕也可存储为模板，随需调用。使用字幕模板将大大提高工作效率。

字幕模板的使用方法如下。

Effect 12

Step 01 单击【项目】面板下方的【新建分类】按钮，在弹出的快捷菜单中选择【字幕】命令，创建一个字幕文件。

Step 02 单击【字幕】面板上方的【模板】按钮，打开【模板】对话框。也可以通过选择菜单栏中的【字幕】/【模板】命令，打开【模板】对话框。

Step 03 在【模板】对话框左侧，选择【字幕设计预置】/【G屏幕下方三分之一】/【屏幕下方三分之一 1026】选项，如图 8-74 所示，单击 确定 按钮，将该模板的内容置入绘制区。

Step 04　如果模板与作品主题相符合，可以在绘制区中修改文字内容，直接套用。在绘制区选中文字，改为“经济导视”，设置【字体】为“经典综艺体简”，效果如图 8-75 所示。如果对当前效果不满意，选中图形、文字，还可以进行颜色、形状的调整。

修改的模板也可以保存在模板库中，下面来介绍操作方法。

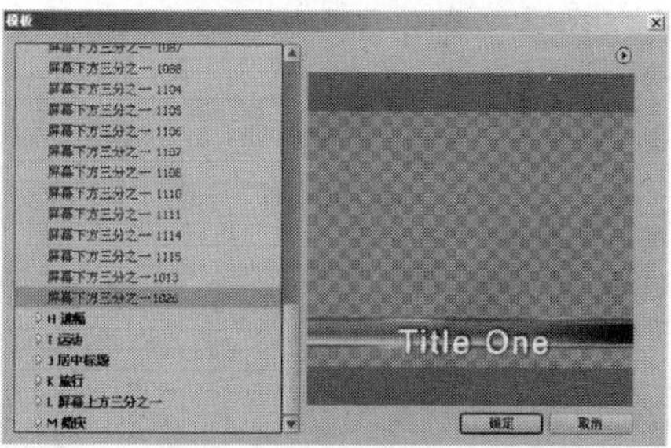

图 8-74　选择模板

Step 05　新建字幕文件，单击【字幕】面板上方的【模板】按钮，再次选择刚才使用的模板，单击 确定 按钮。在绘制区选中文字后边的矩形长条，在【填充】属性中分别设置【4 色渐变】中 4 个颜色样本的颜色，如图 8-76 所示，将上边两个色样的颜色值设置为“#0B4556”，将下边两个色样的颜色值设置为“#2FD0FF”。单击【光泽】左侧的图标，将其展开，将【色彩】的颜色值设置为“#135365”。

图 8-75　套用模板后的字幕设计

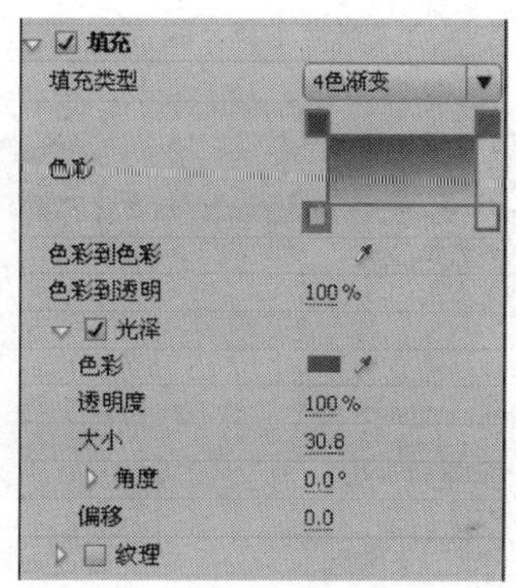

图 8-76　修改模板的【填充】属性

Step 06　在【描边】属性中对两个【外侧边】的颜色进行修改。也可以对其他属性进行修改，如图 8-77 所示。

Step 07　单击按钮，再打开【模板】对话框，单击右上角的按钮，在弹出的菜单中选择【导入当前字幕为模板】命令，将修改过的字幕文件保存为模板，如图 8-78 所示。

图 8-77　修改模板的【外侧边】属性

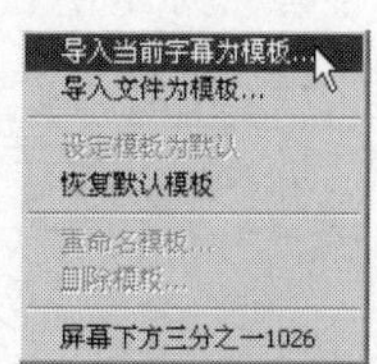

图 8-78　保存模板

Step 08 弹出【另存为】对话框，为修改的模板命名，如图 8-79 所示，单击 确定 按钮。

Step 09 单击按钮，再次打开【模板】对话框。保存的模板放置在【用户模板】目录下，可以随时调用，如图 8-80 所示。

图 8-79 【另存为】对话框

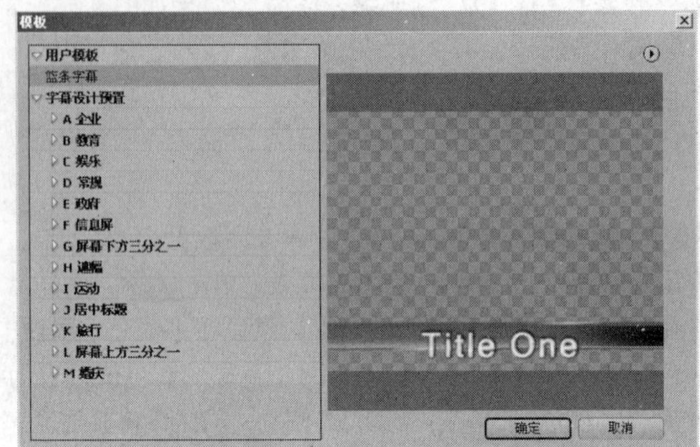

图 8-80 保存的模板

小结

Premiere 中与字幕有关的操作大多是在字幕设计窗口中完成的，熟悉字幕设计窗口是创建字幕的关键。在该窗口中，可以对创建的文字和图形进行字体、大小、颜色等的修改，还可以添加描边、阴影等修饰。文字的种类从排列方向上有水平、纵向，从文本框建立方式上有普通文字和段落文字，从运动状态上有静态文字、动态文字，以满足各种字幕的要求。

习题

一、简答题

1. Premiere 中的字幕设计窗口由哪几部分组成？
2. 文字的填充类型有哪些？
3. 创建好的字幕保存在哪里？

二、操作题

1. 创建一个静态字幕，为其应用描边、阴影、光泽、渐变色等样式。
2. 创建一个滚动字幕，让其在屏幕上先静止 1s，然后向上滚动出画。
3. 创建一个游动字幕，让其从左边入画，右边出画。

第9章 运动特效

运动可以使视频或者静止的图像产生运动效果，是影视节目作品常见的特效表现技巧。在 Premiere Pro CS3 视频轨道上的对象都具有运动属性，可以对其进行移动、改变尺寸大小、旋转等操作。如果添加关键帧并调整参数，还能生成动画。利用新增加的时间重置特效，可以在同一段剪辑中创建不同的速度变化效果。本章主要介绍运动特效、关键帧插值技术、时间重置等特效。

【教学目标】

- 了解视频运动特效的设置方法。
- 掌握改变剪辑位置的方法。
- 掌握修改剪辑尺寸，添加旋转效果的方法。
- 掌握改变剪辑透明度的方法。
- 掌握改变关键帧插值的方法。
- 熟悉使用时间重置特效的方法。

9.1 运动特效的基本设置

运动、透明度和时间重置是任何视频剪辑共有的固定特效，位于 Premiere Pro CS3 的【效果控制】面板中。如果剪辑带有音频，那么还会有一个音量固定特效。选中【时间线】面板中的剪辑，打开【效果控制】面板，可以对运动、透明度、时间重置等属性进行设置，如图 9-1 所示。

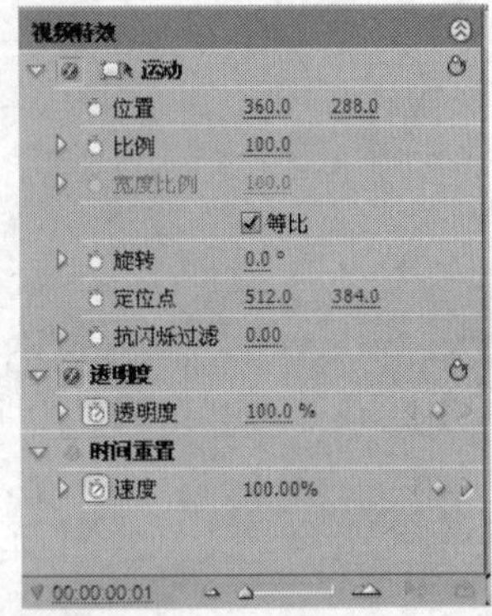

图 9-1 【效果控制】面板

①【位置】：剪辑轴心点在屏幕上的位置。在默认情况下，轴心点和剪辑的几何中心重合，位于屏幕的中心。位置参数采用如下的坐标系统："0，0"是屏幕的左上角，"720，576"（PAL 制式）或者"720，480"（NTSC 制式）是屏幕的右下角；在"0，0"点右边和下方的点是正值，在"0，0"点上方和左边的点是负值。

②【比例】：以轴心点为基准，对剪辑进行缩放控制，改变剪辑的大小。如果取消勾选【等比】复选框，可以分别改变剪辑的高度、宽度。

③【旋转】：以轴心点为基准，对剪辑进行旋转控制，改变剪辑的角度。当旋转角度超过 360°，系统以圈数标记旋转的角度。例如，旋转 480° 为 1x120.0°。

④【定位点】：轴心点的位置，可以将轴心点设置为屏幕上的任意一点，可以位于剪辑中心，也可以位于剪辑外部。定位点采用与位置相同的坐标系统："0，0"是屏幕的左上角，"720，576"（PAL 制式）或者"720，480"（NTSC 制式）是屏幕的右下角。轴心点的坐标与剪辑比例参数无关。

当定位点位于剪辑中心时，即轴心点位于中心，剪辑将沿自身中心进行旋转或缩放，如图 9-2 所示。

（a）

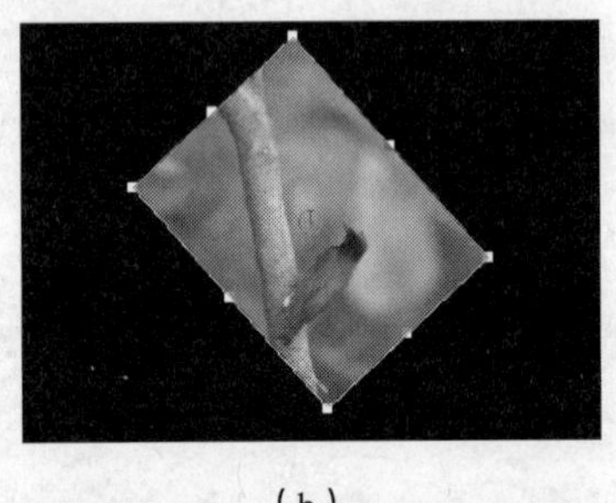

（b）

图 9-2 轴心点位于剪辑中心时剪辑的旋转

当定位点位于剪辑外部时，即轴心点位于外部，剪辑将沿轴心点进行旋转或缩放，如图 9-3 所示。

（a）

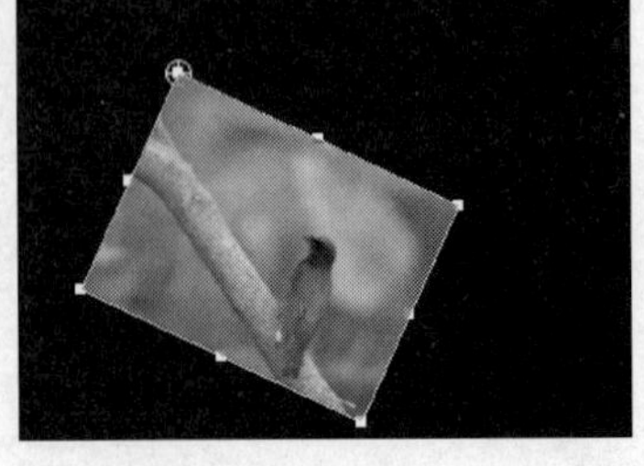

（b）

图 9-3 轴心点位于剪辑左上角时剪辑的旋转

⑤【透明度】：改变剪辑的不透明程度。

⑥【时间重置】：可以通过设置关键帧，实现剪辑快动作、慢动作、倒放、静帧等效果。

9.2 使用运动特效

对于运动特效，可以在【效果控制】面板中调节，也可以在【节目】监视器中直接拖曳剪辑进行操作。

9.2.1 移动剪辑的位置

移动剪辑的位置，是运动特效最基本的应用，操作步骤如下。

Effect 01

Step 01 将本书附盘中的“第 9 章”目录复制到本地硬盘上，在以下的内容中将用到此目录中的文件。

Step 02 启动 Premiere，新建一个项目“lesson9-1”。

Step 03 在【项目】面板中双击，弹出【导入】对话框。定位到本地硬盘，选择“第 9 章”中的素材“bird.bmp”，单击 打开(O) 按钮，导入素材。

Step 04 将“bird.bmp”拖曳到【视频 1】轨道上，按+键扩展视图，如图 9-4 所示。

图 9-4　将素材放到视频轨道上

Step 05 在【时间线】面板中选中“bird.bmp”，打开【效果控制】面板。单击【运动】特效左侧的▷图标，展开参数面板。设置【位置】值为“0，0”，使剪辑的轴心点位于屏幕的左上角。单击【位置】左侧的动画记录器，记录关键帧，如图 9-5 所示。

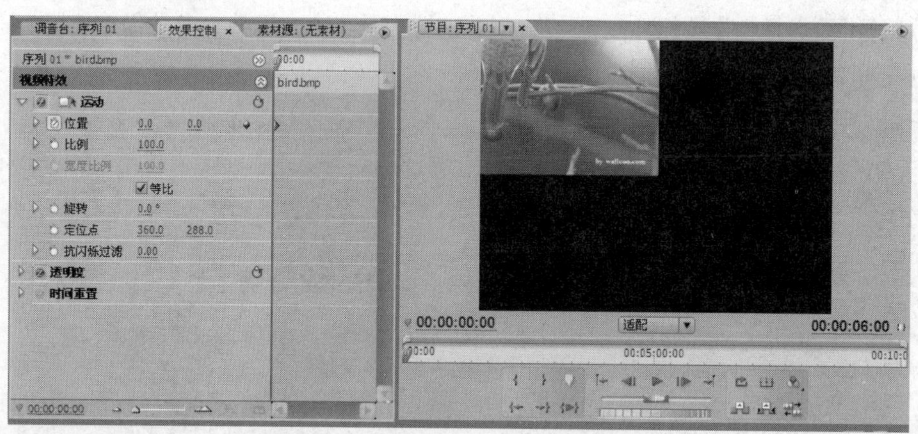

图 9-5　移动剪辑到屏幕的左上角

Step 06 移动时间指针到“00:00:01:15”处，将【位置】的值设置为“360，288”，使剪辑的轴心点位于屏幕的中心，系统自动记录关键帧，如图 9-6 所示。动画记录器呈打开状态，表明动画记录器处于工作状态，此时对该参数的一切调整将自动记录为关键帧。如果单击关闭该按钮，将删除该参数的所有关键帧。

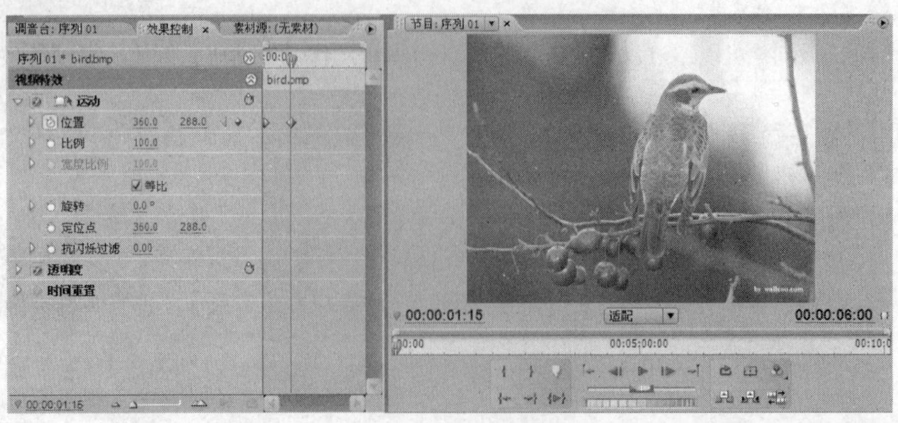

图 9-6　移动剪辑到屏幕的中心

Step 07　将时间指针移动到剪辑的起始位置，按键盘上的空格键开始播放，观看剪辑由屏幕左上角到中心运动的效果。

Step 08　单击【效果控制】面板中的【运动】特效，或者直接在【节目】监视器中单击剪辑，可以将剪辑的边框激活，剪辑周围将出现一个带十字准线和手柄的边框，如图 9-7 所示。四处拖曳剪辑，也可以改变剪辑的位置。

Step 09　添加关键帧后，可见【效果控制】面板右侧的【时间线】面板上已经出现了关键帧。在【效果控制】面板上可以继续对关键帧进行操作，可以添加、删除关键帧，也可以对关键帧进行移动等。

图 9-7　剪辑周围出现边框

Step 10　移动时间指针到“00:00:03:00”处，单击【添加/删除 关键帧】按钮，可以在当前位置记录一个关键帧，参数仍然使用上一个关键帧的数值，如图 9-8 所示。

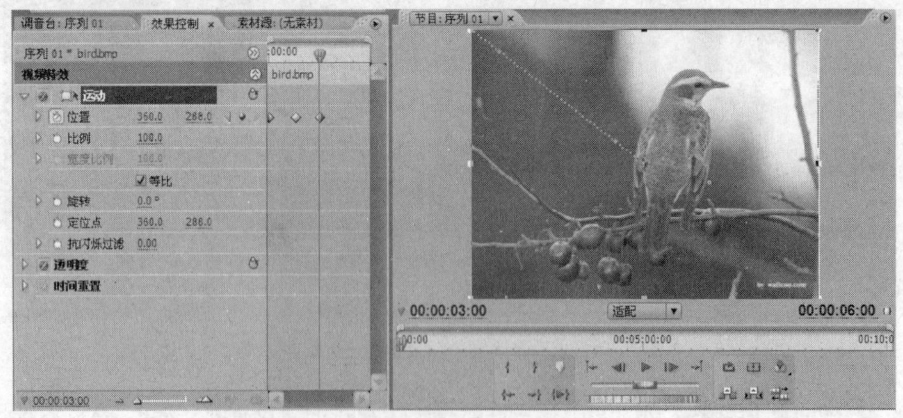

图 9-8　添加关键帧（1）

提示：如果需要移动关键帧的位置，可以选择关键帧，按住鼠标左键直接拖曳。

Step 11　移动时间指针到“00:00:05:00”处，改变【位置】的值为“720，0”，使剪辑移动到屏幕的右上角，系统将自动设置关键帧，如图 9-9 所示。

图 9-9　添加关键帧（2）

Step 12　为参数设置关键帧后，在【效果控制】面板上会出现【关键帧】导航器，如图 9-10 所示，利用它可以为关键帧导航。单击【跳转到前一关键帧】按钮、【跳转到下一关键帧】按钮，可以快速准确地将时间指针向前、向后移动一个关键帧。某一方向箭头变成灰色，表示该方向上已经没有关键帧。当时间指针处于参数没有关键帧的位置时，单击导航器中间的【添加/删除 关键帧】按钮，可以在当前位置创建一个关键帧。当时间指针处于参数有关键帧的位置时，单击【添加/删除 关键帧】按钮，可以将当前位置处的关键帧删除。

Step 13　单击【效果控制】面板的【运动】特效，或者直接在【节目】监视器中单击剪辑，可见已经创建了一条路径。如图 9-11 所示，路径上点的稀疏程度代表剪辑运动速度的快慢，密集的点表示运动速率较慢，稀疏的点表示运动速率较快。

位置 360.0 288.0

图 9-10 【关键帧】导航器

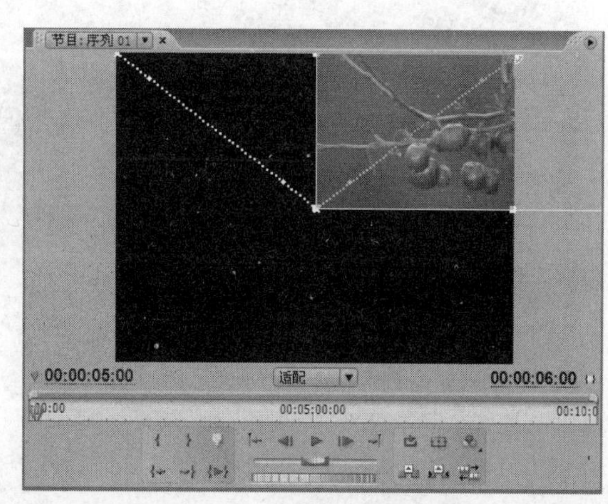

图 9-11　点分布的疏密代表运动速度

9.2.2　改变剪辑的尺寸

移动剪辑仅仅使用了运动特效的小部分功能，运动特效最常用的功能是对剪辑进行缩放和旋转。

Effect 02

Step 01 单击【关键帧】导航器按钮，移动时间指针到【位置】参数的第 3 个关键帧处，设置【比例】值为“50”，单击【比例】左侧的动画记录器按钮，记录新的关键帧，如图 9-12 所示。

图 9-12 增加新的关键帧

Step 02 单击【位置】参数的【关键帧】导航器按钮，移动时间指针到【位置】参数的第 4 个关键帧处。单击【比例】参数的【添加/删除 关键帧】按钮，增加新的关键帧，设置【比例】值为“0”，如图 9-13 所示。

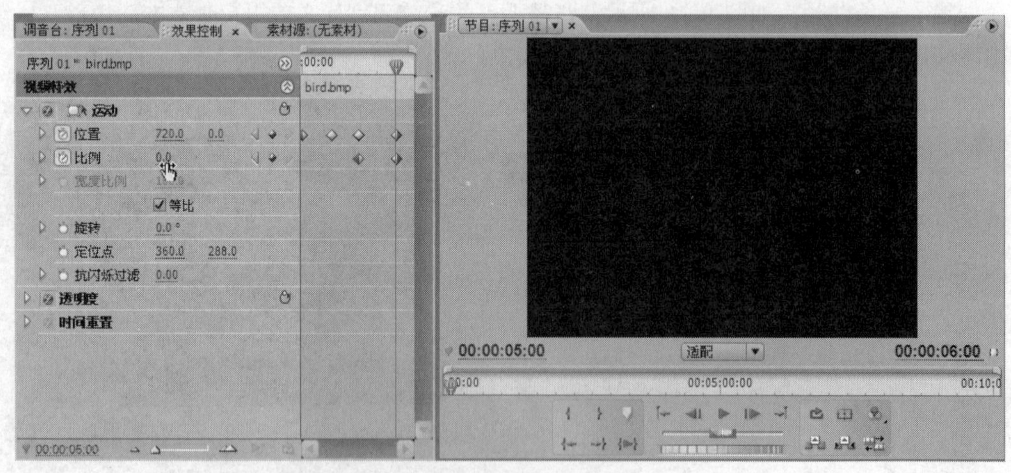

图 9-13 设置【比例】参数的第 2 个关键帧

Step 03 按键盘上的空格键播放，观看剪辑由屏幕中心向右上角运动，同时尺寸缩小的效果。

9.2.3 添加旋转和修改锚点

旋转效果可以使画面的运动变化效果更为丰富。

Effect 03

Step 01 单击【关键帧】导航器按钮，移动时间指针到【位置】参数的第 3 个关键帧处。单击【旋转】参数动画记录器按钮，增加新的关键帧，如图 9-14 所示。

图 9-14 设置【旋转】参数的第 1 个关键帧

Step 02 单击【跳转到下一关键帧】按钮，移动时间指针到【位置】参数的第 4 个关键帧处。单击【旋转】参数的【添加/删除 关键帧】按钮，增加新的关键帧，设置【旋转】值为“–720”，如图 9-15 所示。

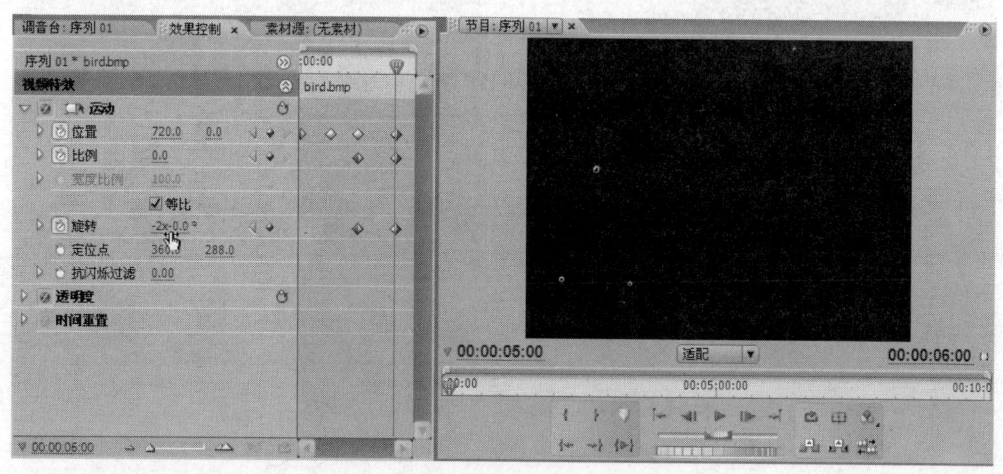

图 9-15 设置【旋转】参数的第 2 个关键帧

Step 03 按键盘上的空格键播放，观看剪辑由屏幕中心向右上角运动、同时沿逆时针方向旋转的效果。此时的旋转中心是剪辑的几何中心。

Step 04 下面改变剪辑轴心点的位置。移动时间指针到【旋转】参数的第 1 个关键帧处，单击【定位点】参数动画记录器按钮，以默认参数记录关键帧。在【特效控制】面板中单击【运动】特效，可以看到轴心点在【节目】监视器中显示为十字准线，位于剪辑的几何中心，如图 9-16 所示。

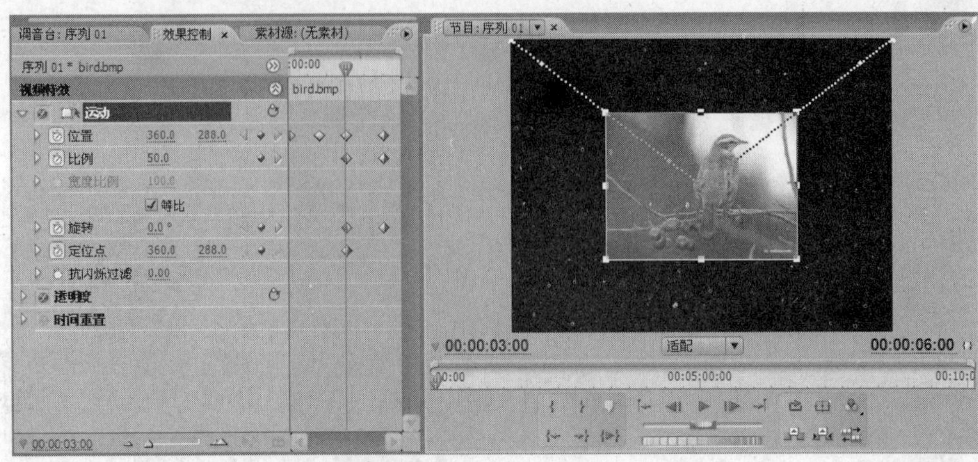

图 9-16 设置【定位点】参数的第 1 个关键帧

Step 05 移动时间指针到【旋转】参数的第 2 个关键帧处，单击【定位点】参数的【添加/删除关键帧】按钮，增加新的关键帧，设置【定位点】值为“0，0”。此时剪辑尺寸已经缩小为“0”，轴心点位于剪辑的左上角，如图 9-17 所示。

Step 06 按键盘上的空格键播放，观看剪辑由屏幕中心向右上角运动，同时旋转轴心点由剪辑的几何中心逐渐变为剪辑的左上角的运动效果。

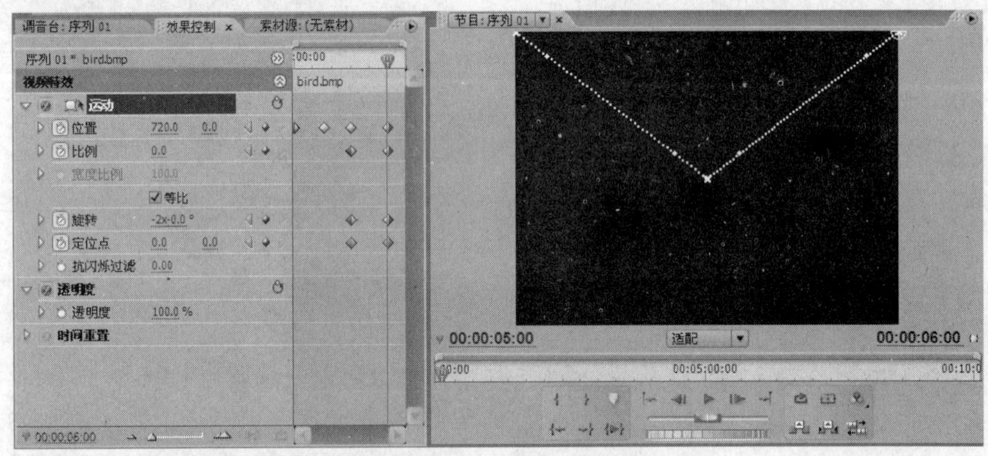

图 9-17 设置【定位点】参数的第 2 个关键帧

9.3 改变透明度

透明度的改变能使剪辑出现渐隐渐现的效果，使画面的变化更为柔和、自然。

Effect 04

Step 01 移动时间指针到剪辑的起始位置，单击【透明度】参数的动画记录器按钮，设置关键帧，设置【透明度】值为“0”，如图 9-18 所示。

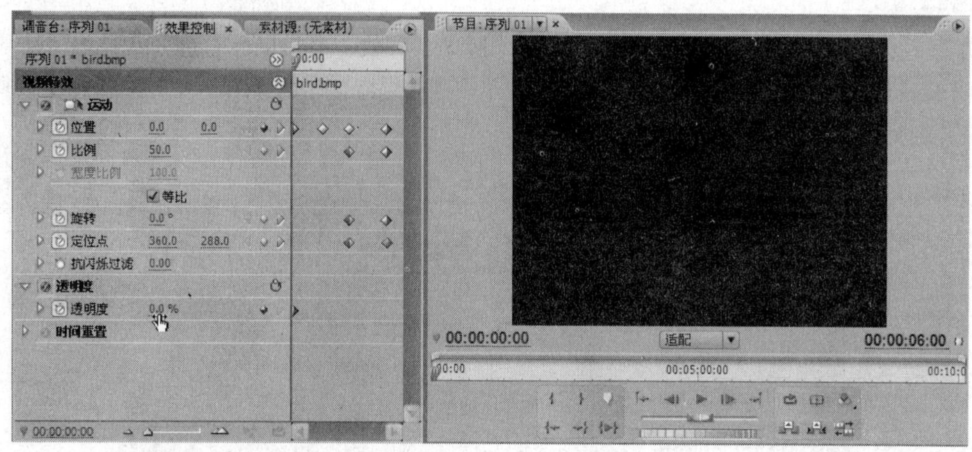

图 9-18　设置【透明度】参数的第 1 个关键帧

Step 02　移动时间指针到【位置】参数的第 2 个关键帧处，设置【透明度】参数值为“100”，设置关键帧，如图 9-19 所示。

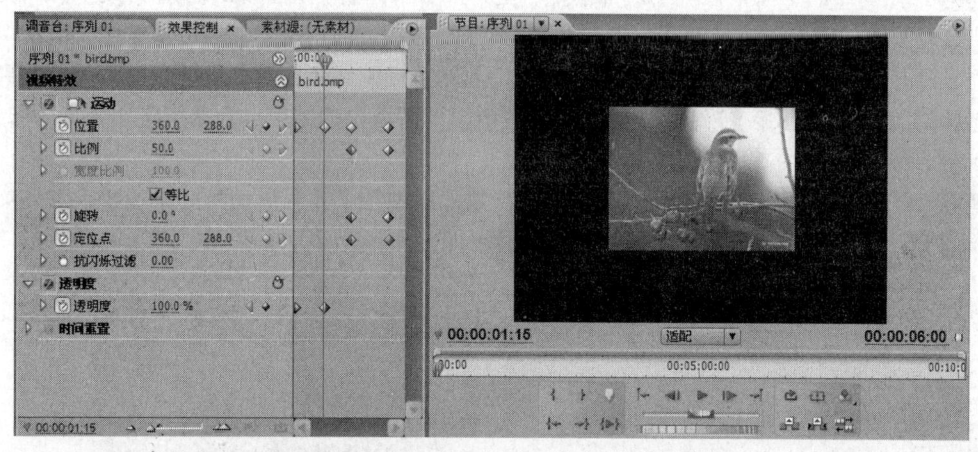

图 9-19　设置【透明度】参数的第 2 个关键帧

Step 03　按键盘上的空格键播放，预览整个动画效果。

在【时间线】面板中也可以对特效参数进行编辑修改。在【时间线】面板中将轨道切换到关键帧显示模式，单击剪辑右上方的图标，打开效果下拉菜单。下拉列表中的特效排序与【效果控制】面板中相同，也可以在这里选择特效参数进行编辑、记录关键帧，如图 9-20 所示。

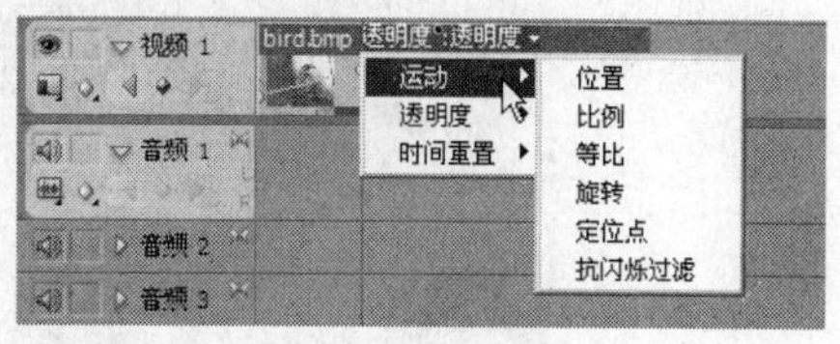

图 9-20　在【时间线】面板选择特效参数

9.4 创建特效预设

如果希望重复使用创建好的关键帧特效，可以将其存储为预设，操作步骤如下。

Effect 05

Step 01 接上例。选择【效果控制】面板的【运动】特效，单击鼠标右键，在弹出的快捷菜单中选择【保存预置】命令，如图 9-21 所示；或者单击【效果控制】面板右上角的按钮，选择【保存预置】命令，如图 9-22 所示。

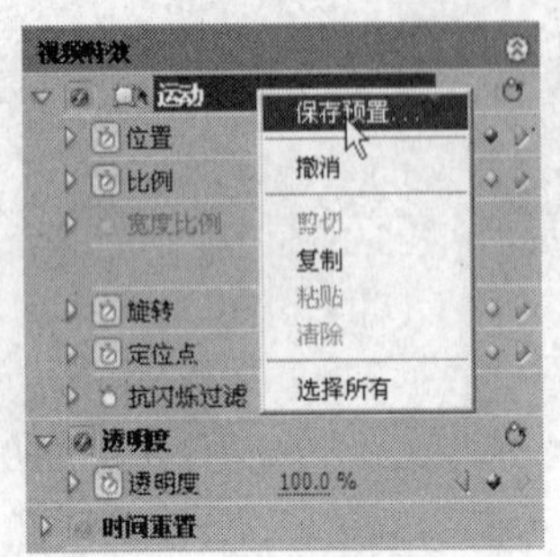

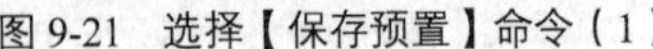

图 9-21 选择【保存预置】命令（1）

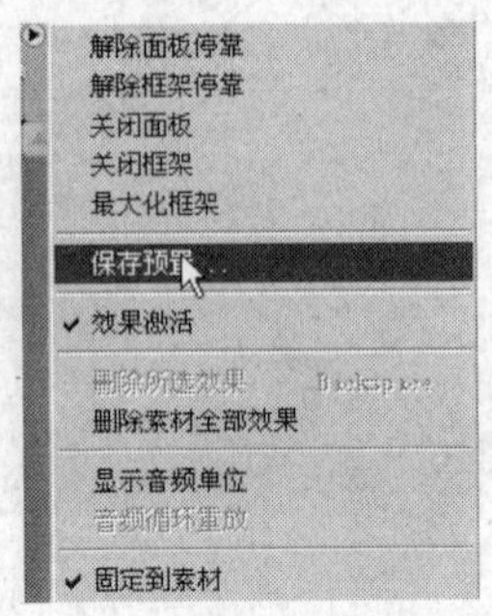

图 9-22 选择【保存预置】命令（2）

Step 02 在弹出的【保存预置】对话框里，输入名称并选择类型。如果预置特效来源的剪辑长度和将应用预置特效剪辑的长度不一致，单击【比例】按钮，预置特效的关键帧按照长度比例应用到新的剪辑上；单击【定位到入点】按钮，预置特效的关键帧以新剪辑的起始点为基准应用到新的剪辑上；单击【定位到出点】按钮，预置特效的关键帧以新剪辑的结束点为基准应用到新的剪辑上，如图 9-23 所示。

Step 03 设置类型后，单击确定按钮。特效即出现在【效果】面板的【预置】文件夹中，如图 9-24 所示。使用时将该特效拖曳到相应的剪辑即可。

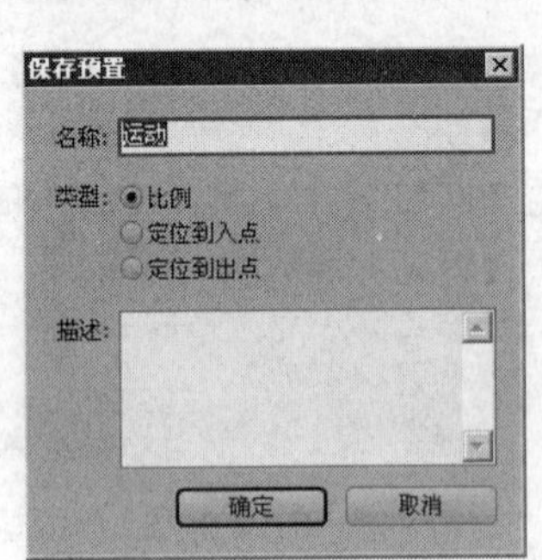

图 9-23 【保存预置】对话框

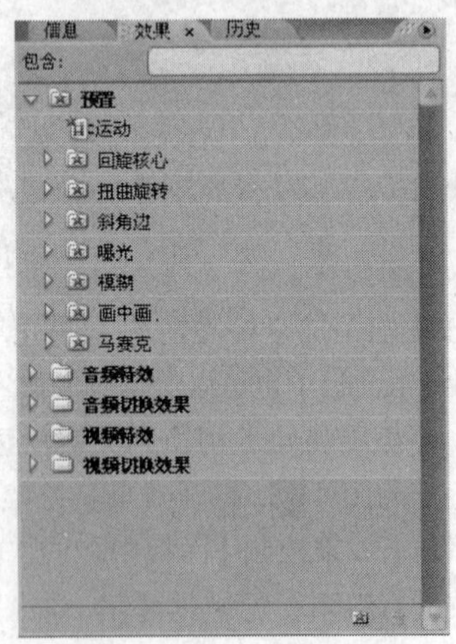

图 9-24 【预置】文件夹

Step 04 如果希望在其他项目中使用该预设，可以将其导出。在【效果】面板中选中该特效，单击鼠标右键，在弹出的快捷菜单中选择【导出预置】命令，如图 9-25 所示。在弹出的【导出设置】对话框中选择保存的路径，输入名称，单击保存(S)按钮，如图 9-26 所示。使用时在新项目的【效果】面板中将其导入即可。

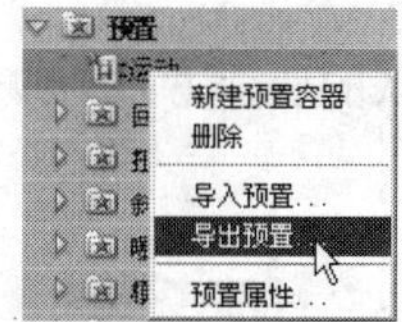

图 9-25　选择【导出预置】命令

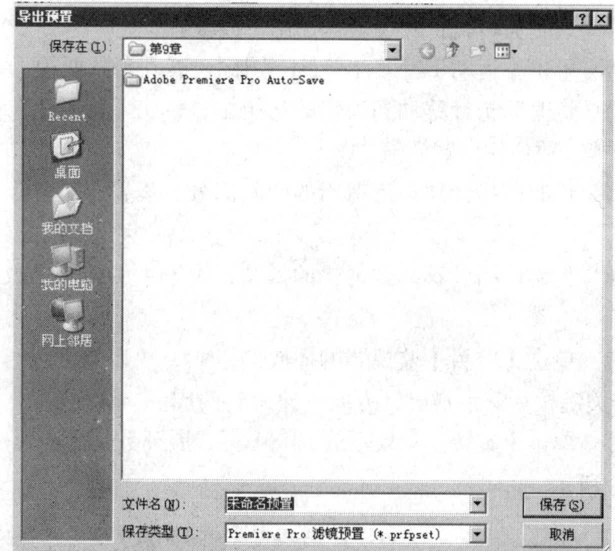

图 9-26　选择保存的路径和输入预置名称

9.5 添加关键帧插值控制

在动画发展的早期阶段，熟练的动画师先设计卡通片中的关键画面，即关键帧，然后由一般的动画师设计中间帧。然而在 CG 时代，中间帧的生成则由计算机来完成，插值代替了设计中间帧的动画师，插值技术在关键帧动画中得到了广泛的应用。

通过插值技术，Premiere 在关键帧之间自动插入线性的、连续变化的进程控制值。在 Premiere Pro CS3 中，插值方式主要有以下几种，如图 9-27 所示。

直线
贝赛儿曲线
自动曲线
连续曲线
保持
淡入
淡出

图 9-27　插值方法

（1）【直线】：默认插值方法，关键帧之间变化的速率恒定。

（2）【贝塞尔曲线】：可以拖曳手柄调整关键帧任意一侧曲线的形状，在进出关键帧时产生速率的变化。

（3）【自动曲线】：自动创建平滑的过渡效果。如果调整手柄，将变为连续曲线。

（4）【连续曲线】：创建通过关键帧的平滑速率变化。与贝塞尔曲线不同，关键点两侧的手柄总是同时变化。

（5）【保持】：改变属性值，没有渐变过渡。关键帧插值后的曲线保持显示为水平直线。

（6）【淡入】：进入关键帧时，减缓数值变化。

（7）【淡出】：离开关键帧时，逐渐增加数值变化。

使用关键帧插值的方法如下。

Effect 06

Step 01 新建一个序列，在【项目】面板中双击，导入“第 9 章”中的“风车.psd”，并将其拖曳到【时间线】面板的【视频 1】轨道上。

Step 02 选中剪辑，打开【效果控制】面板。

Step 03 单击【运动】特效左侧的▷图标，展开参数面板。

Step 04 将时间指针移动到剪辑的起始帧，单击【旋转】参数左侧的动画记录器按钮，记录一个关键帧，数值使用默认值“0”。

Step 05 将时间指针移动到剪辑的中间部分，设置【旋转】参数值为“720”，系统自动记录新的关键帧。

Step 06 将时间指针移动到剪辑的末帧，设置【旋转】参数值为“0”，同样系统自动记录新的关键帧。

Step 07 单击【节目】监视器的播放按钮▶，可以看到风车先沿顺时针方向匀速旋转两周，通过第 2 个关键帧后又沿逆时针方向匀速旋转两周。

Step 08 单击【旋转】参数左侧的▷图标，展开数值图与速率图，默认的插值方式为线性方式，如图 9-28 所示。

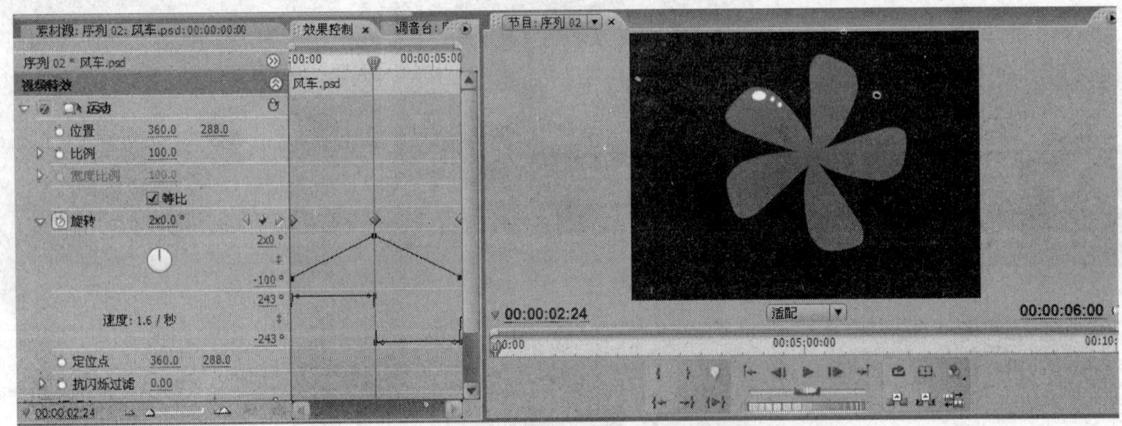

图 9-28 为剪辑的【旋转】参数添加关键帧

Step 09 选择第 2 个关键帧，单击鼠标右键，在弹出的快捷菜单中选择【贝赛儿曲线】命令，如图 9-29 所示。

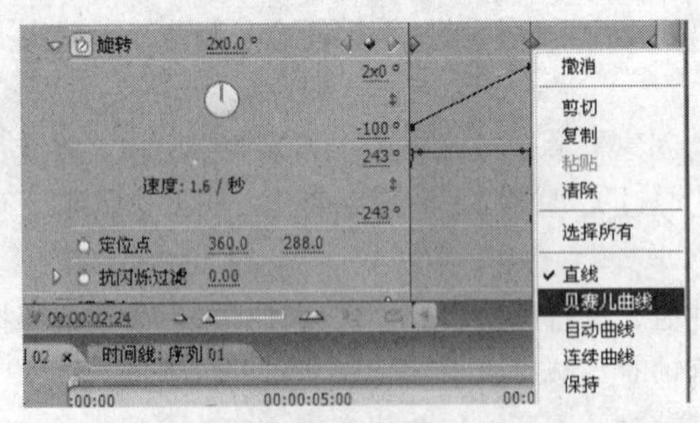

图 9-29 选择关键帧插值方式为贝赛儿曲线

Step 10 再次进行播放，可以看到风车在接近第 2 个关键帧时旋转速率减慢，离开第 2 个关键帧时旋转速率逐渐加快，如图 9-30 所示。

Step 11 拖曳关键帧处任意一侧的手柄，手动调整旋转的速度，如图 9-31 所示。

其余几种关键帧插值方式的使用，读者可以自己练习。

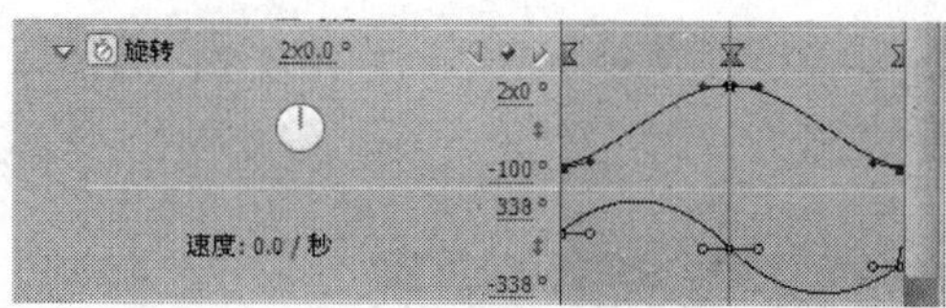

图 9-30　贝赛儿曲线

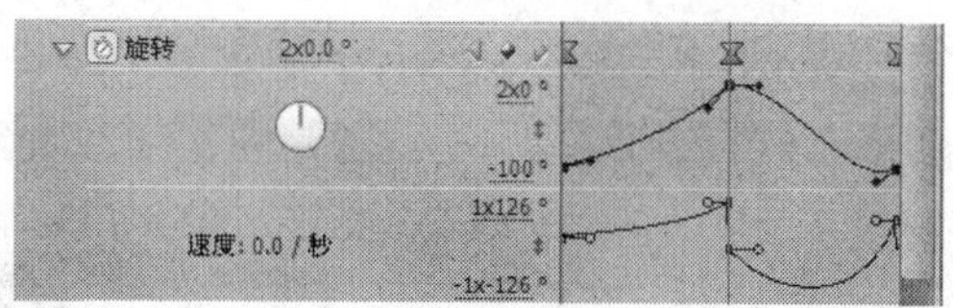

图 9-31　手动调整贝赛儿曲线的调整柄

9.6 使用时间重置特效

Premiere Pro CS3 新增了一个【时间重置】特效，和以前版本中的【速度/持续时间】特效对整段剪辑的速度调整不同，【时间重置】可以通过关键帧的设定实现一段剪辑中不同速度的变化。例如，一段人骑自行车的视频，可以先加快自行车运动的速度，再减缓自行车运动的速度，还可以在运动过程中创建倒放、静帧的效果。使用【时间重置】，不需要像使用【速度/持续时间】特效那样，同时改变整个剪辑的运动状态。

使用关键帧，可以在【时间线】面板或者【效果控制】面板中直观地改变剪辑的速度。时间重置的关键帧和运动特效关键帧很类似，但是有一点不同：一个时间重置关键帧可以被分开，以在两个不同的播放速度之间创建平滑过渡。当第 1 次为剪辑添加关键帧并调整运动速度时，创建的是突变的速度变化。当关键帧被拖曳分开，并且经过一段时间，那么这两个分开的关键帧之间会生成一个平滑的速度过渡。

9.6.1 改变剪辑速度

改变剪辑速度是后期编辑工作中经常要遇到的问题。通过 Premiere Pro CS3 的【时间重置】特效，可以方便地改变剪辑的速度，操作方法如下。

Effect 07

Step 01　新建一个序列，导入“第 9 章”中的素材“9a.avi”，并拖曳到【时间线】面板的【视频 1】轨道。按 + 键扩展视图，如图 9-32 所示。

图 9-32　将素材放置到【时间线】面板

Step 02　选择【工具】面板的【选择】工具，将鼠标指针放置在【视频 1】轨道的上边缘，按住鼠标左键向上拖曳，调整【视频 1】轨道的高度，以方便在该轨道的剪辑上创建和调整关键帧，如图 9-33 所示。

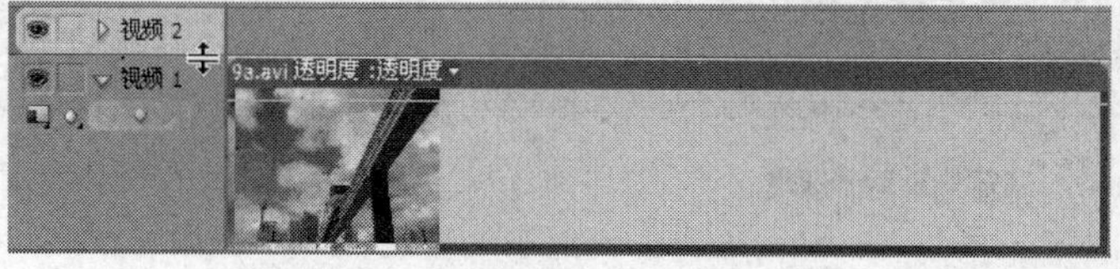

图 9-33　调整【视频 1】轨道的高度

Step 03 打开剪辑上的效果下拉菜单，选择【时间重置】/【速度】命令，如图9-34所示。剪辑上显示一条黄色的线，以控制剪辑的速度，如图9-35所示。

图9-34 在【时间线】面板中选择【速度】命令

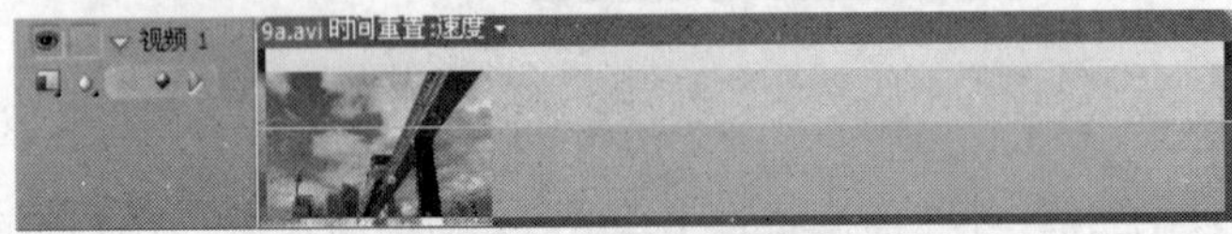

图9-35 控制剪辑速度的黄色的线

Step 04 拖曳时间指针到“00:00:02:23”处，选择【工具】面板中的【选择】工具或【钢笔】工具，按住Ctrl键在黄线上单击，创建关键帧。速度关键帧出现在剪辑顶端的【速度控制】轨道中，如图9-36所示。

图9-36 创建速度关键帧

Step 05 将鼠标指针放在黄色的控制线上，按住鼠标左键向上或者向下拖曳黄色控制线，可以提高或降低这部分剪辑的运动速度。这里向上拖曳鼠标，同时在【时间线】面板中显示现在剪辑速度相当于原速度的百分比，当数值变为“200”时释放鼠标，如图9-37、图9-38所示。

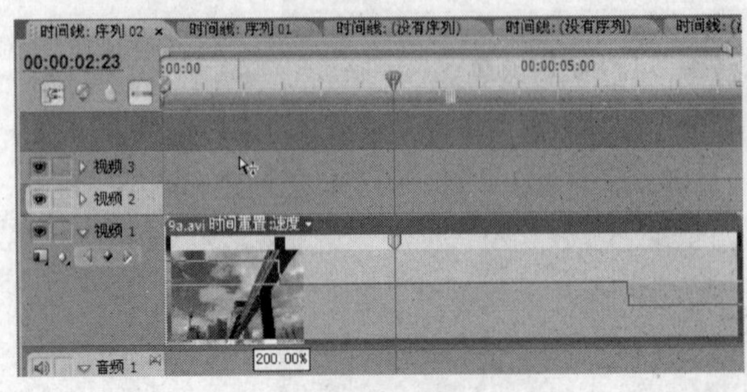

图9-37 加倍剪辑运动速度

图9-38 加倍剪辑运动速度后的黄色控制线

Step 06 选中速度关键帧，左右拖曳的同时按住Shift键，可以改变关键帧左侧部分的速度。

Step 07　改变剪辑速度，剪辑的持续时间随之发生变化。剪辑加速会使持续时间变短，剪辑减速会使持续时间变长。由上图中可以看到由于加快剪辑运动速度，整个剪辑持续时间变短。

Step 08　按键盘上的空格键播放，发现剪辑在速度关键帧位置处发生了突变的速度变化。

Step 09　向右拖曳速度关键帧的右半部分，创建速度的过渡转换。在速度关键帧的左右两部分之间出现一个灰色的区域，表示速度转换的时间长度，而且之间的控制线变为一条斜线，表示速度的逐渐变化，如图 9-39 所示。一个蓝色的曲线控制柄出现在灰色区域的中心部分，如图 9-40 所示。

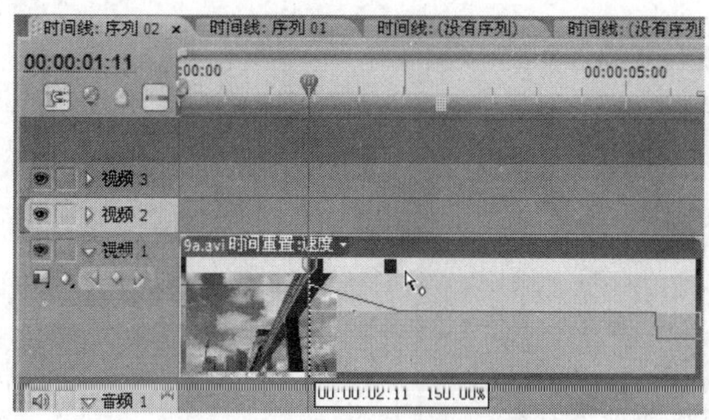

图 9-39　创建速度的过渡转换

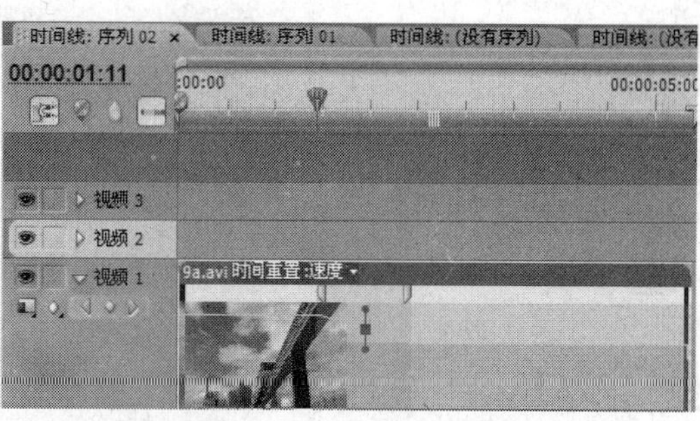

图 9-40　蓝色的曲线控制柄

Step 10　将鼠标指针放置在控制柄上，按住鼠标左键并拖曳，可以改变速度变化率，如图 9-41 所示。

Step 11　按住 Alt 键，通过【选择】工具选中速度关键帧的右半部分，拖曳的同时观察【节目】监视器，待车拐弯后释放鼠标，移动关键帧到新的位置。配合 Alt 键，拖曳速度关键帧的左半部分，可以向后移动关键帧。对于分开的关键帧，在白色控制轨道中，单击并拖曳关键帧左右部分之间的灰色区域，同样可以改变速度关键帧的位置，如图 9-42 所示。

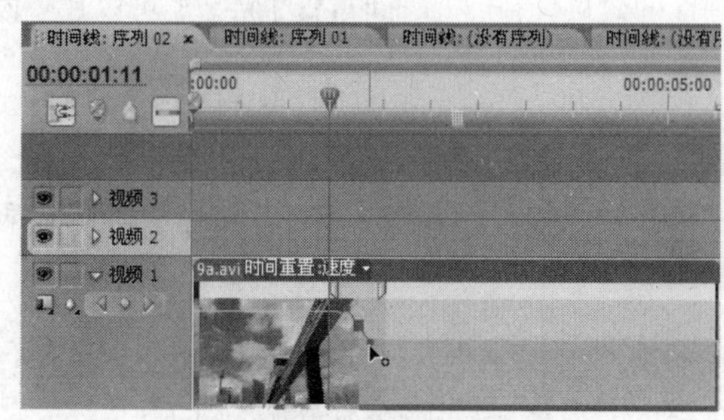

图 9-41　改变速度变化率

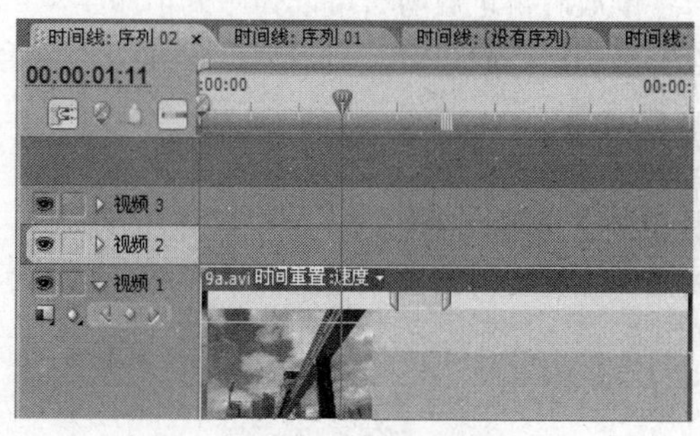

图 9-42　改变速度关键帧的位置

Step 12　如果要删除速度关键帧，选择关键帧中不想要的部分，按 Delete 键，将其删除并把速度关键帧还原为起始状态，如图 9-43 所示。

Step 13　选择速度关键帧，按 Delete 键，删除整个关键帧，如图 9-44 所示。

Step 14　打开【效果控制】面板，可以看到【时间重置】的参数调整，如图 9-45 所示。但是该特效在【效果控制】面板中不能像其他特效那样直接对数值进行编辑。

图 9-43　删除速度关键帧的一部分

图 9-44　删除整个关键帧

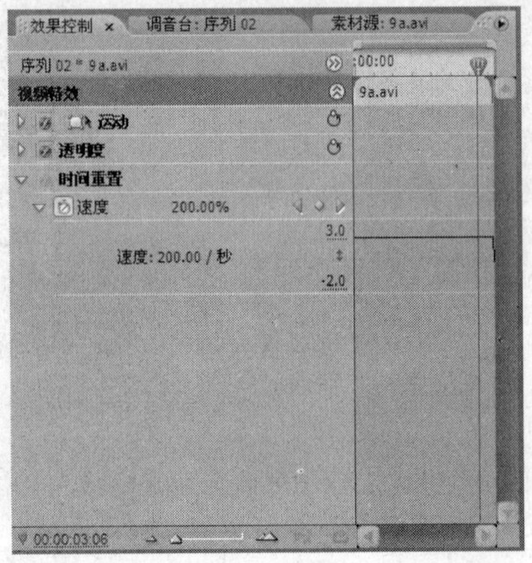

图 9-45 【效果控制】面板的【时间重置】参数

9.6.2　倒放后再正放

倒放后再正放剪辑可以为序列增添生动或戏剧性的效果。利用【时间重置】特效，可以在一段剪辑上调整播放速度，实现倒放后再正放的效果，操作步骤如下。

Effect 08

Step 01　接上例。向下拖曳黄色的控制线，当【时间线】面板的速度显示百分比为“100”时释放鼠标，恢复剪辑至原始的播放速度，如图 9-46 所示。

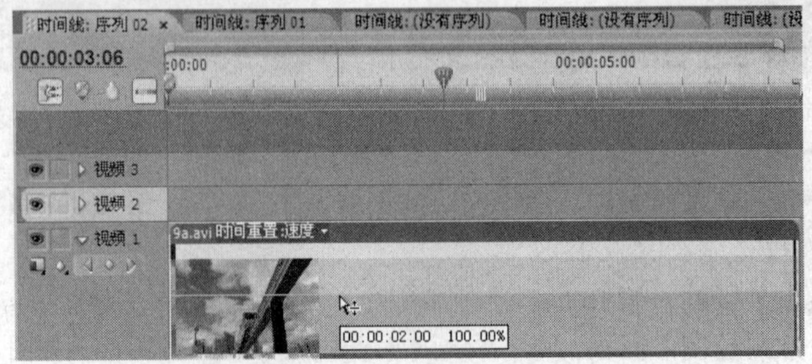

图 9-46　恢复剪辑至原始的播放速度

Step 02 拖曳时间指针到“00:00:02:14”处，选择【工具】面板中的【选择】工具，按住 Ctrl 键在黄线上单击，创建速度关键帧，如图 9-47 所示。

图 9-47 创建速度关键帧

Step 03 按住 Ctrl 键的同时，向右拖曳关键帧。同时【节目】监视器上显示两幅画面：倒放的开始位置帧与倒放的结束位置帧。待【节目】监视器上时码显示为“00:00:00:00”时释放鼠标，此时剪辑将倒放至剪辑的开始帧。

Step 04 释放鼠标后，【时间线】面板会出现两个新的关键帧，标记出两个相当于拖曳长度的片段。在【速度控制】轨道上出现左箭头标记的片段为倒放片段，如图 9-48 所示。

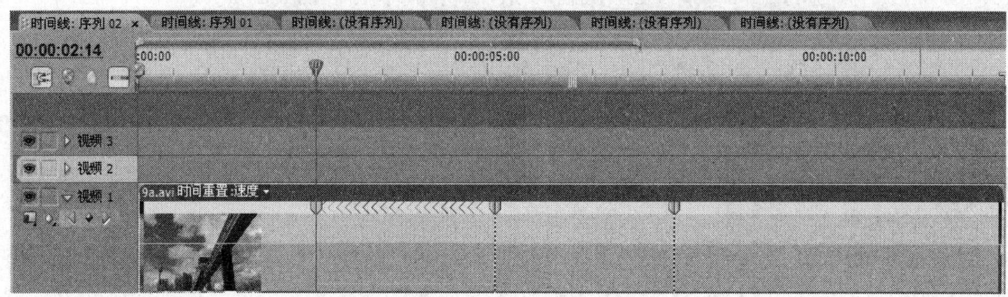

图 9-48 创建倒放效果

提示：可以为 3 个关键帧创建速度变化的过渡，并通过拖曳曲线控制柄，调节速度变化率。

Step 05 按键盘上的空格键播放，预览剪辑的倒放效果。

9.6.3 静帧

将剪辑中的某一帧“冻结”，就好像导入静帧一样。创建静帧后，还可以创建速度变化的过渡。

创建静帧的方法如下。

Effect 09

Step 01 接上例，按 Ctrl+Z 组合键，撤销倒放操作。

Step 02 按住 Ctrl 键和 Alt 键的同时，向右拖曳关键帧，提示条显示为“00:00:03:00”时释放鼠标，此时剪辑帧的冻结时间为从“00:00:02:14”～“00:00:03:00”。释放鼠标后，在该位置处出现一个新的关键帧。两个关键帧之间为运动静止区，如图 9-49 所示。

图 9-49　创建静帧效果

Step 03 向左拖曳左侧冻结关键帧的左半部分或者向右拖曳右侧冻结关键帧的右半部分，可以为冻结关键帧创建过渡转换，如图 9-50 所示。

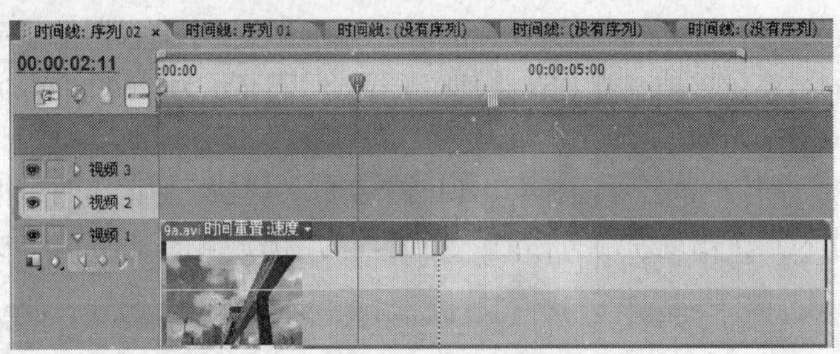

图 9-50　为冻结关键帧创建过渡转换

9.6.4　移除时间重置特效

移除时间重置特效，需要在【效果控制】面板中展开【时间重置】参数面板，如图 9-51 所示，单击动画记录器按钮，将其关闭。这样将删除所有的关键帧，并关闭【时间线】面板剪辑的【时间重置】特效。

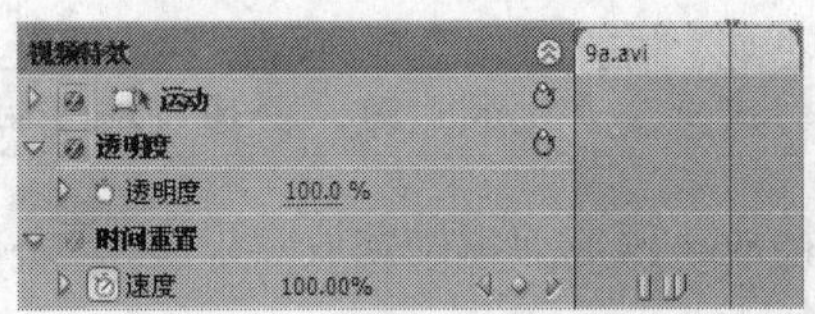

图 9-51　时间重置参数面板

如果要重新设置【时间重置】效果，单击动画记录器按钮，将其设置为开启状态即可。

小结

本章主要介绍了 Premiere Pro CS3 中视频剪辑共有的固定特效：运动、透明度、时间重置。改变剪辑的运动、透明度是在后期制作中常用的编辑方法。时间重置是 Premiere Pro CS3 新增加的固定特效，可以实现同一剪辑不同部分速度的分段变化，还可以创建平滑的过渡效果，并且易于控制。本章的内容是视频特效的基础内容，经常需要和后面章节的其他视频特效结合使用。

习题

一、简答题

1. 改变剪辑在屏幕上的位置有哪两种方法?

2. 如果希望剪辑正好处于屏幕的左边缘外，应该如何定位运动参数?

3. 时间重置有什么功能?

4. 在【时间线】面板中设置【时间重置】特效，却无法添加关键帧，是什么原因?

二、操作题

1. 剪辑从屏幕的左上角旋转着飞入画面，又继续旋转着从画面的右下角飞出，同时剪辑的尺寸由最小到满屏显示，又变为最小。

2. 通过【时间重置】特效实现镜头在摇过程中，速度先加快、后正常的效果。

3. 通过【时间重置】特效实现在推镜头过程中，速度先正常、然后突然加快、最后又逐渐恢复为正常的效果。

第10章 视频特效

Premiere 提供了丰富的视频特效，通过对剪辑添加视频特效，能够产生各种神奇效果，如改变图像的颜色、曝光度，使图像产生模糊、变形等效果。添加视频特效之后，可以在【效果控制】面板中调整特效的各项参数，大多数参数都可以设置关键帧，为特效制作动画效果。一段剪辑可以添加多个视频特效。本章将介绍视频特效的添加和使用方法。

【教学目标】

- 掌握查找视频特效的方法。
- 掌握为剪辑添加、删除视频特效的方法。
- 掌握为特效调整参数的方法。
- 掌握为特效设置关键帧制作动画的方法。
- 了解各种视频特效的功能。

10.1 视频特效简介

Premiere 提供了 140 多种视频特效，可以为剪辑添加视觉效果或解决拍摄的技术问题。这些视频特效分门别类的放置在【效果】面板的 18 个视频特效文件夹中，如图 10-1 所示。单击每个文件夹左侧的▷图标，可以将其展开，显示该类别中的视频特效，如图 10-2 所示。在这 18 类特效中，【键】类特效将在第 11 章中具体介绍，【图像控制】类特效、【色彩校正】类特效、【调节】类特效将在第 12 章中具体介绍，其余的特效都在本章介绍。

为剪辑添加视频特效的方法十分简单。只要选中【效果】面板中的视频特效，将其拖曳到【时间线】面板的一段剪辑上即可。在一段剪辑上可以应用多种特效，以创建丰富多彩的视觉效果。

为剪辑添加视频特效以后，选中该剪辑，打开【效果控制】面板，可以调整特效的各项参数。大多数参数可以设置关键帧，制作特效动画。如图 10-3 所示，左侧是【效果控制】面板的参数区，用于调整各项参数，创建、删除关键帧；右侧是该剪辑特效的时间线区域，用于显示、移动、调节关键帧。

图 10-1 【效果】面板中的视频特效

图 10-2 展开的视频特效

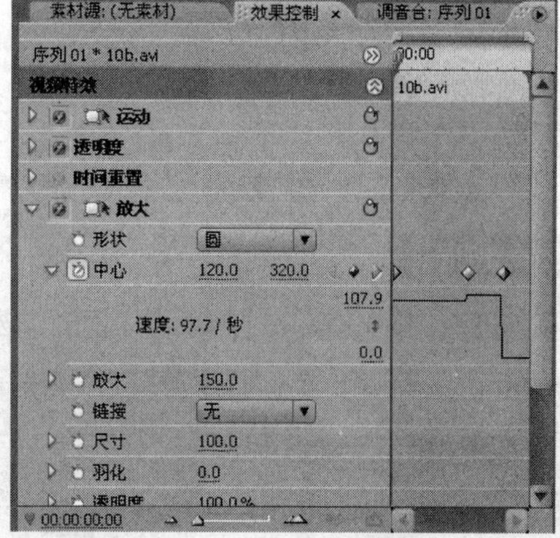

图 10-3 【效果控制】面板

10.2 视频特效的初步尝试

选择【时间线】面板中的一段剪辑，将特效直接拖曳到剪辑上，即可为该剪辑添加视频特效；也可以选中该剪辑后，将特效拖曳到该剪辑的【效果控制】面板中。

10.2.1 查找特效

本例为一段素材添加镜头光晕的视频特效，首先通过查找特效的方法，将该特效找到。

Effect 01

Step 01 将本书附盘中的“第 10 章”目录复制到本地硬盘上，在以下的内容中将用到此目录中的文件。

Step 02 启动 Premiere，新建项目文件“lesson10-1”。

Step 03 选择【文件】/【导入】命令，定位到本地硬盘的“第 10 章”文件夹，导入素材“10a.avi”。将【项目】面板中的素材“10a.avi”拖曳到【时间线】面板中的【视频 1】轨道上，和轨道左端对齐。

Step 04 打开【效果】面板，在【包含】输入框中输入文字“镜头光晕”，此时将展开特效列表中的【生成】文件夹，显示要查找的【镜头光晕】特效，如图 10-4 所示。

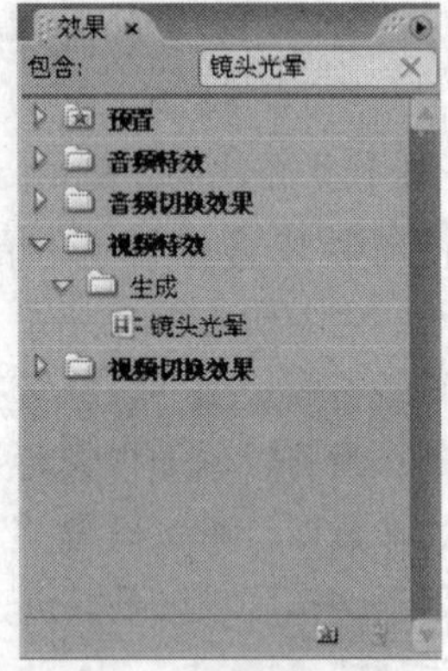

图 10-4 查找到的特效

由此可见，记住特效名称，使用查找特效的方法，可以快速定位视频特效，将其选中。

提示： 使用查找特效后，要在【效果】面板中通过展开文件夹的方式寻找其他特效，需要先将【包含】输入框中的文字清除。

10.2.2 加入视频特效

在【效果】面板中查找到【镜头光晕】特效后，将其添加到【时间线】面板中的剪辑上。

Effect 02

Step 01 接上例。在【时间线】面板中选中剪辑，选中【效果】面板中的【镜头光晕】特效，按住鼠标左键直接将该特效拖曳到剪辑上，如图 10-5 所示。

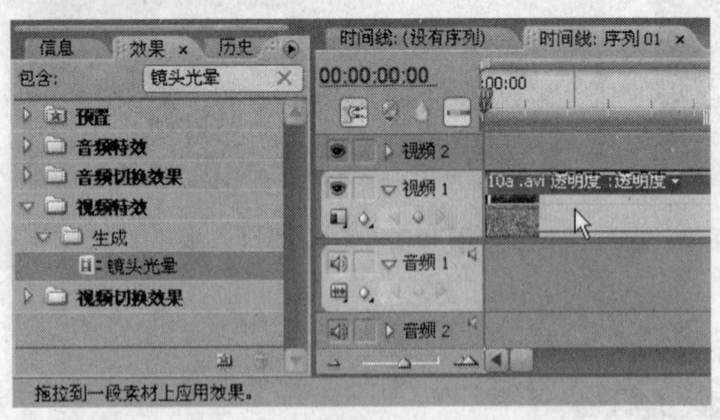

图 10-5 为剪辑添加【镜头光晕】特效

Step 02 为剪辑添加视频特效后，自动打开【效果控制】面板，设定的效果将显示在面板中。单击【镜头光晕】特效左侧的▷图标，将其展开，显示各项控制参数，如图 10-6 所示。

Step 03 在【效果】面板中，删除【包含】输入框中的文字。展开【视频特效】/【变换】/【水平翻转】特效，按住鼠标左键直接将其拖曳到【效果控制】面板上。这是另外一种查找和添加特效的方法。

Step 04 将多个特效应用到同一段剪辑上，所有被添加的特效按顺序显示在【效果控制】面板中，如图 10-7 所示。

图 10-6 展开【镜头光晕】特效参数

图 10-7 多个特效以加入顺序显示

提示：Premiere 在渲染特效时，总是以特效在【效果控制】面板中的排列顺序依次渲染，在本例中，会先渲染【镜头光晕】特效，再渲染【水平翻转】特效，结果是剪辑的图像和镜头光晕都发生了水平翻转。如果先添加【水平翻转】特效，再添加【镜头光晕】特效，那么只有剪辑的图像产生翻转。添加特效的顺序不同，最后渲染的效果也不同，添加多个视频特效时，一定要注意添加的顺序。如果要改变渲染顺序，可以在【效果控制】面板中选中该特效向上或者向下拖曳。

10.2.3 预览效果

下面对添加了【镜头光晕】特效之后的效果进行预览。

Effect 03

Step 01 接上例。按键盘上的 Home 键，使【时间线】面板中的时间指针和轨道左端对齐，按空格键，或者单击【节目】监视器下方的▶按钮，在【节目】监视器中预览添加特效后的效果。

Step 02 单击【镜头光晕】特效左侧的按钮，使其变为图标，关闭效果显示，【镜头光晕】特效消失。再次单击图标，激活按钮，特效恢复显示。

按钮是观察特效作用效果的一种好方法，通过预览对比特效添加前后的不同。当对一段素材剪辑添加了一个或多个特效，可以将其中的一个或几个特效关闭，只显示另外的特效。

Step 03 在【效果控制】面板中选择【水平翻转】特效，单击鼠标右键，在弹出的快捷菜单中选择【清除】命令，可以将其删除，如图10-8所示。

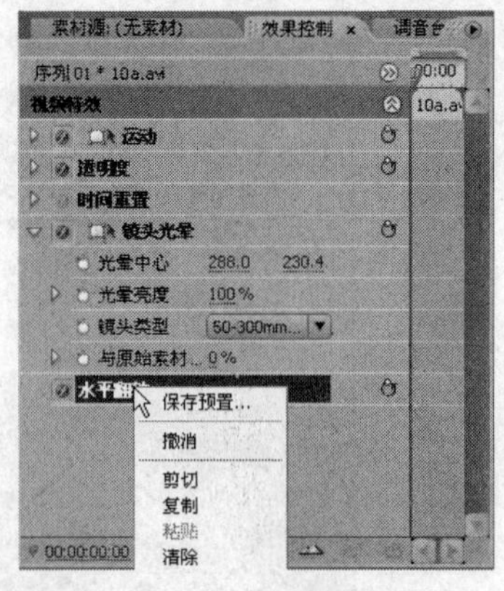

图10-8 清除【水平翻转】特效

10.3 设置关键帧和特效参数

【效果控制】面板中的各项参数，不但可以调整数值和选项，大多数的参数还可以设置关键帧，创建动画效果。下面介绍具体操作方法。

Effect 04

Step 01 按键盘上的 PageUp 键，将时间指针移动到剪辑的起始位置处。将【镜头类型】设置为“35mm 聚焦”，将【光晕中心】的参数坐标设置为“200，160”。

Step 02 单击【光晕亮度】左侧的动画记录器按钮，在右侧的时间线区域出现一个关键帧，将【光晕亮度】参数设置为“0”。在【时间线】面板中将时间指针移至“00:00:00:18”处，将【光晕亮度】参数设置为“100”，如图10-9所示，在【效果控制】面板右侧的时间线区域增加一个新的关键帧。

图10-9 为【光晕亮度】选项设置两个关键帧

Step 03 单击【光晕中心】左侧的动画记录器按钮，以默认参数记录一个新的关键帧。将【时间线】面板中的时间指针移至“00:00:03:23”处，将【光晕中心】的坐标参数设置为“600，160”，系统自动记录一个新的关键帧，如图 10-10 所示。

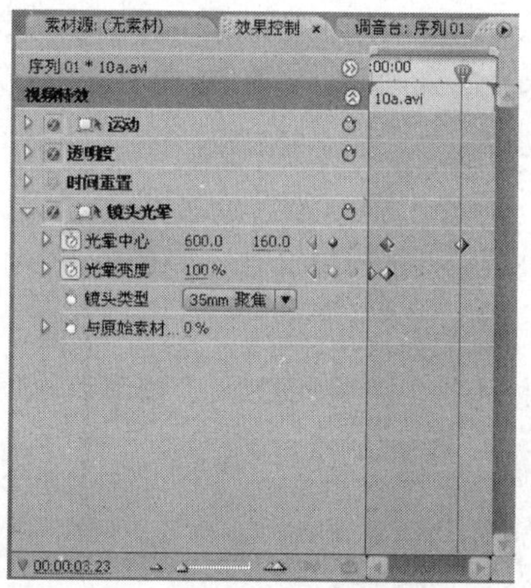

图 10-10　为【光晕中心】选项设置两个关键帧

Step 04　单击【光晕亮度】选项右侧的记录关键帧按钮，添加一个关键帧。将时间指针移至“00:00:04:17”处，将【光晕亮度】设置为“0”，自动记录一个关键帧，如图 10-11 所示。

图 10-11　【光晕亮度】选项添加两个关键帧

Step 05　按键盘上的 Home 键，将时间指针定位到时间线左端。按键盘上的空格键，预览效果。在【节目】监视器中可以看到，镜头光晕渐渐显现，从画面的左侧移至右侧，又慢慢消失。

10.4 视频特效概览

使用视频特效，能够根据需要为影视作品添加神奇多变的视觉艺术效果。下面将对各种特效的用法进行分类概述。

10.4.1　GPU 类特效

【GPU 特效】包括 3 种不同的特效，如图 10-12 所示。

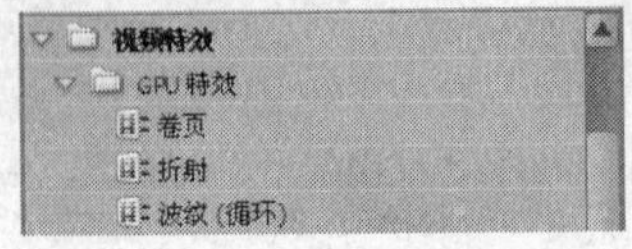

图 10-12 【GPU 特效】

1.【卷页】

该特效用于模拟页面翻过的效果。当页面翻过的时候，可以在卷页上看到画面。可以为卷曲值添加关键帧，制作翻页动画，如图 10-13 所示。

2.【折射】

该特效用于在画面上创建波纹，并能模拟折射效果，如图 10-14 所示。

3.【波纹（循环）】

该特效用于在画面上产生水面上的中心涟漪效果，如图 10-15 所示。

图 10-13 【卷页】特效

图 10-14 【折射】特效

图 10-15 【波纹（循环）】特效

10.4.2 【变换】类特效

【变换】类特效主要通过对图像的位置、方向和距离等进行调节，产生某种变形处理，从而制作出画面视角变化效果。其中包含 8 种不同的特效，如图 10-16 所示。

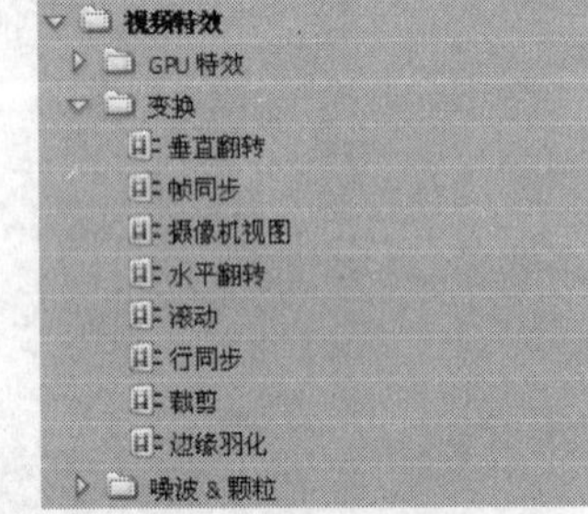

图 10-16 【变换】类特效

1.【垂直翻转】、【水平翻转】

这两个特效分别将画面进行垂直翻转和水平翻转，翻转后仍按正常顺序播放。如图 10-17 所示，图（a）是原始画面，图（b）是应用【垂直翻转】特效后的效果，图（c）是应用【水平翻转】特效后的效果。

（a）

（b）

（c）

图 10-17 原图与应用【垂直翻转】、【水平翻转】特效后的对比效果

2.【帧同步】、【行同步】

【帧同步】特效使画面产生垂直方向上的连续滚动。【行同步】特效对画面进行向左或者向右的倾斜处理。如图 10-18 所示，图（a）是原始画面，图（b）是应用【帧同步】特效后的效果，图（c）是应用【行同步】特效后的效果。

（a）　（b）　（c）

图 10-18　原图与应用【帧同步】、【行同步】特效后的对比效果

3.【摄像机视图】

该特效可以模拟摄像机从不同的角度拍摄画面，产生画面的透视效果。单击【设置】按钮，打开【摄像机视图设置】对话框，如图 10-19 所示，在该对话框中可以对摄像机视图参数进行调整。

4.【滚动】

该特效用于设置画面向 4 个方向连续滚动的效果。在【滚动设置】对话框中可以设置滚动的方向，如图 10-20 所示。

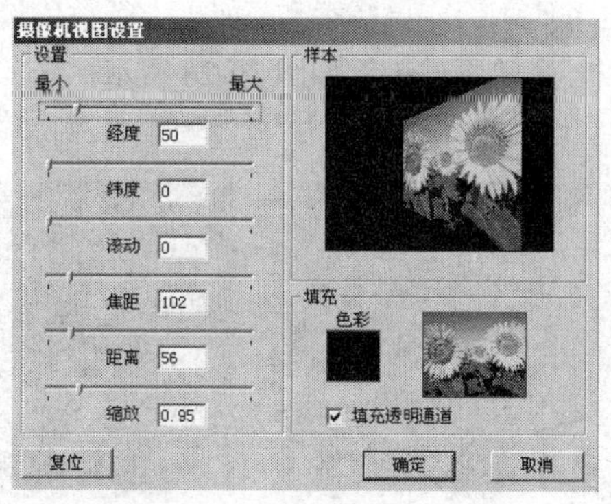

图 10-19 【摄像机视图设置】对话框

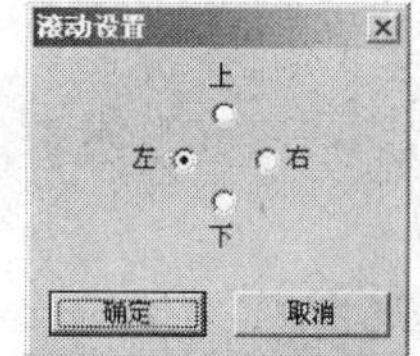

图 10-20 【滚动设置】对话框

5.【裁剪】

该特效用于剪掉画面边缘的像素。如图 10-21 所示，图（a）是原始画面，图（b）是应用【裁剪】特效后的效果。

（a）　（b）

图 10-21　原图与应用【裁剪】特效后的效果

6.【边缘羽化】

通过在素材画面的四周创建柔化的黑色边缘，对画面进行羽化。如图 10-22 所示，图（a）是原始画面，图（b）是应用【边缘羽化】特效后的效果。

(a)

(b)

图 10-22　原图与应用【边缘羽化】特效后的效果

10.4.3　【噪波 & 颗粒】类特效

【噪波 & 颗粒】类特效用于添加、去除或者控制画面中的噪点或噪波。其中包括 6 种不同的效果，如图 10-23 所示。

1.【中值】

将每个像素替换为相邻像素的平均值，可使画面变得较柔和。如果半径数值设置较低，可以去除画面噪点；如果半径数值设置较高，可以产生绘画效果。如图 10-24 所示，图（a）是原始画面，图（b）是应用【中值】特效后的效果。

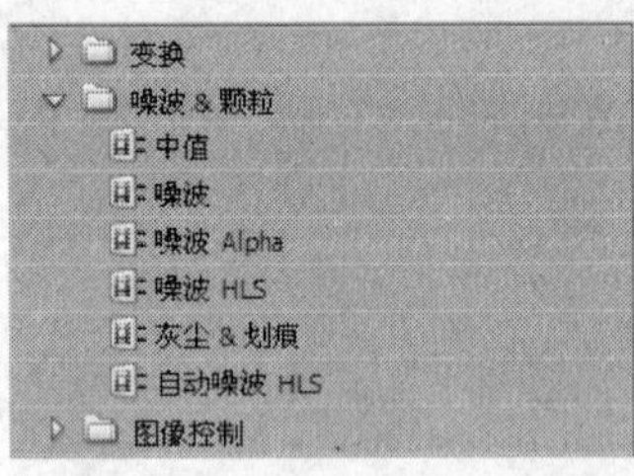

图 10-23 【噪波 & 颗粒】类特效

(a)

(b)

图 10-24　原图与应用【中值】特效后的效果

2.【噪波】、【噪波 Alpha】

【噪波】特效在画面上随机改变像素值，以产生噪波效果。【噪波 Alpha】特效可以为画面的 Alpha 通道添加噪波，对画面进行干扰，如果剪辑没有 Alpha 通道，将对整个剪辑添加噪波。如图 10-25 所示，图（a）是原始画面，图（b）是应用【噪波】特效后的效果，图（c）是应用【噪波 Alpha】特效后的效果。

(a)

(b)

(c)

图 10-25　原图与应用【噪波】、【噪波 Alpha】特效后的效果

3.【噪波 HLS】和【自动噪波 HLS】

这两个特效都可以通过色相、亮度、饱和度创建干扰。不同之处在于【噪波 HLS】特效可以在画面中产生静态噪波，而【自动噪波 HLS】特效创建的是动态噪波。如图 10-26 所示，图（a）是原始画面，图（b）是应用【噪波 HLS】特效后的效果。

（a）

（b）

图 10-26　原图与应用【噪波 HLS】特效后的效果

4.【灰尘＆划痕】

该特效通过消除与周围像素不同的点的方式减少噪点。如图 10-27 所示，图（a）是原始画面，图（b）是应用灰尘＆划痕特效后的效果。

（a）

（b）

图 10-27　原图与应用【灰尘＆划痕】特效后的效果

10.4.4　【实用】类特效

【实用】类特效只有【电影转换】特效一种，如图 10-28 所示。

图 10-28　【实用】类特效

【电影转换】特效提供一个 Cineon 转换器，对由胶片扫描而来的 10 位的 Cineon 画面进行颜色转换，以适应 8 位的非线性软件的色彩。Cineon 是用于数字电影制作的文件格式，支持 10 位的色彩位深，可以匹配胶片的色彩特性。如图 10-29 所示，图（a）是原始画面，图（b）是应用【电影转换】特效后的效果。

（a）

（b）

图 10-29　原图与应用【电影转换】特效后的效果

10.4.5 【扭曲】类特效

【扭曲】类特效可以创建各种变形效果，其中包含 11 种不同的特效，如图 10-30 所示。

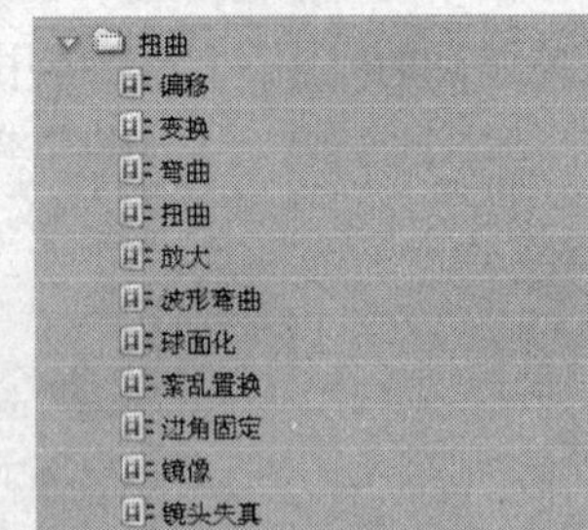

图 10-30 【扭曲】类特效

1.【偏移】、【镜像】

【偏移】特效推移屏幕中的剪辑，推出屏幕的画面会从相反的一面进入屏幕。【镜像】特效沿着一条线分割画面，并根据这条线对画面进行镜像复制。如图 10-31 所示，图（a）是原始画面，图（b）是应用【偏移】特效后的效果，图（c）是应用【镜像】特效后的效果。

（a）

（b）

（c）

图 10-31 原图与应用【偏移】、【镜像】特效后的效果

2.【变换】、【边角固定】

【变换】特效使画面产生二维几何变换，与“第 9 章”中提到的【效果控制】面板中的固定特效的功能相似。【边角固定】特效通过改变画面 4 个角的坐标值对图像进行变形，产生图像拉伸、收缩、扭曲效果，也可以产生画面的透视效果。这两个特效的参数面板如图 10-32 所示。

（a）

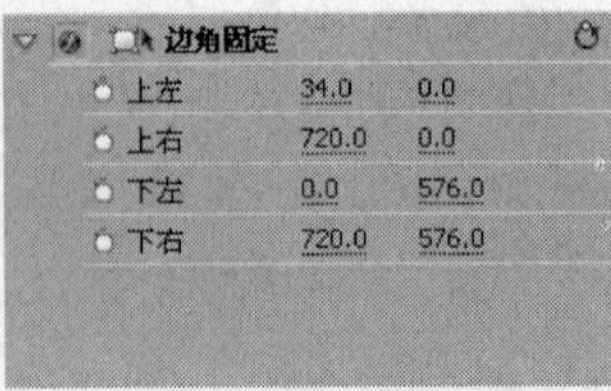

（b）

图 10-32 【变换】、【边角固定】特效参数面板

3.【紊乱置换】、【镜头失真】

【紊乱置换】特效使用噪波为画面创建变形效果，可以模拟流动的水或者飘动的旗帜等。【镜头失真】特效模拟通过透镜观看画面的效果。如图 10-33 所示，图（a）是原始画面，图（b）是应用

【紊乱置换】特效后的效果，图（c）是应用【镜头失真】特效后的效果。

（a）　　　　（b）　　　　（c）

图 10-33　原图与应用【紊乱置换】、【镜头失真】特效后的对比效果

4.【弯曲】、【扭曲】、【波形弯曲】

【弯曲】特效在画面中创建水平和垂直方向的波纹，产生扭曲效果。使用该特效可以产生不同波形和运动速率的波纹。【扭曲】特效沿画面中心旋转图像，越靠近中心旋转程度越大，创建类似于漩涡的效果。【波形弯曲】特效创建水波流过画面的效果。如图 10-34 所示，图（a）是应用【弯曲】特效后的效果，图（b）是应用【扭曲】特效后的效果，图（c）是应用【波形弯曲】特效后的效果。

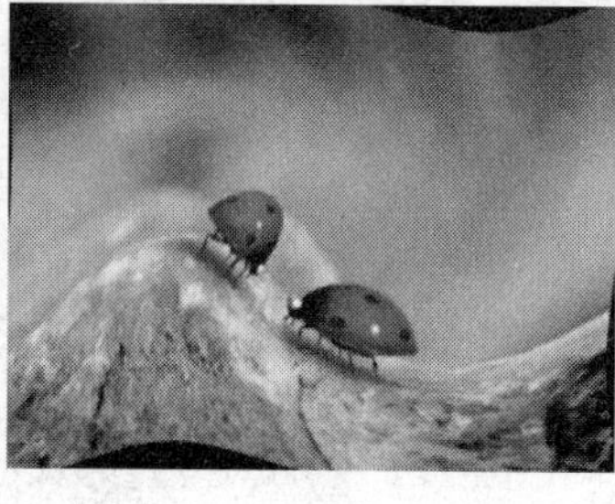

（a）　　　　（b）　　　　（c）

图 10-34　应用【弯曲】、【扭曲】、【波形弯曲】特效后的效果

5.【球面化】、【放大】

【球面化】特效在画面上产生球面化效果。【放大】特效可以放大画面的局部或全部，好像一个放大镜放置在画面上。如图 10-35 所示，图（a）是原始画面，图（b）是应用【球面化】特效后的效果，图（c）是应用【放大】特效后的效果。

（a）　　　　（b）　　　　（c）

图 10-35　原图与应用【球面化】、【放大】特效后的对比效果

10.4.6 【时间】类特效

【时间】类特效主要是从时间轴上对剪辑进行处理，生成某种特殊效果，包括 3 种特效，如图 10-36 所示。

1.【抽帧】

该特效可以设定新的帧速率，产生跳帧效果。

2.【拖尾】

该特效可以将剪辑中不同时刻的帧进行合成，实现重影的效果。该特效只用于运动画面，如果剪辑先应用了其他特效，运用【拖尾】特效后其他特效失效。如图 10-37 所示，图（a）是原始画面，图（b）是应用【拖尾】特效后的效果。

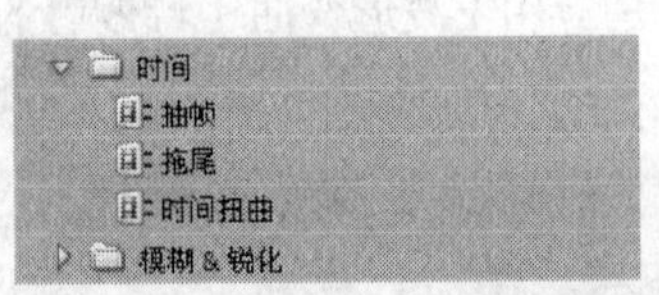

图 10-36 【时间】类特效

（a）

（b）

图 10-37 原图与应用【拖尾】特效后的效果

3.【时间扭曲】

当改变剪辑的播放速度时，【时间扭曲】特效可以通过参数设置来对其进行精确的控制。

10.4.7 【模糊 & 锐化】类特效

【模糊 & 锐化】类特效可以使画面模糊或者清晰化。它对图像的相邻像素进行计算，产生某种效果。其中包含 10 种不同的特效，如图 10-38 所示。

模糊 & 锐化
快速模糊
抗锯齿
摄像机模糊
方向模糊
混合模糊
通道模糊
重影
锐化
非锐化遮罩
高斯模糊
渲染

图 10-38 【模糊 & 锐化】类特效

1.【重影】

该特效可以将前一帧画面经透明处理后叠加到当前帧，产生拖影效果。如果想表现物体的运动轨迹，比如正在弹跳的球，可以使用这种特效。如图 10-39 所示，图（a）是原始画面，图（b）是应用【重影】特效后的效果。

2.【快速模糊】、【高斯模糊】、【摄像机模糊】

【快速模糊】特效可以将模糊方向设置为“垂直”、“水平”、“水平与垂直”3 种。【高斯模糊】特效可以对画面进行模糊和柔化，并去除噪点，也可以设置模糊方向。【摄像机模糊】特效产生模拟真实摄像机的变焦效果。这 3 种特效和关键帧结合使用，能够模拟调焦效果，可以应用在剪辑的开头或结尾，对图像应用这 3 种特效后的效果如图 10-40 所示。

（a）　（b）

图 10-39　原图与应用【重影】特效后的效果

（a）　（b）　（c）

图 10-40 【快速模糊】、【高斯模糊】、【摄像机模糊】特效

3.【方向模糊】

【方向模糊】特效可以将模糊方向设定为任意角度，以产生动感。如图 10-41 所示，图（a）是原始画面，图（b）是应用方向模糊后的效果。

（a）　（b）

图 10-41　原图与应用【方向模糊】特效后的效果

4.【混合模糊】

【混合模糊】特效根据模糊控制层的亮度信息，对画面进行模糊处理。默认设置下，画面中亮度越大的区域，模糊效果越明显，反之效果越不明显。如图 10-42 所示，图（a）为原始画面，图（b）为模糊控制层，图（c）为应用【混合模糊】特效后的效果。

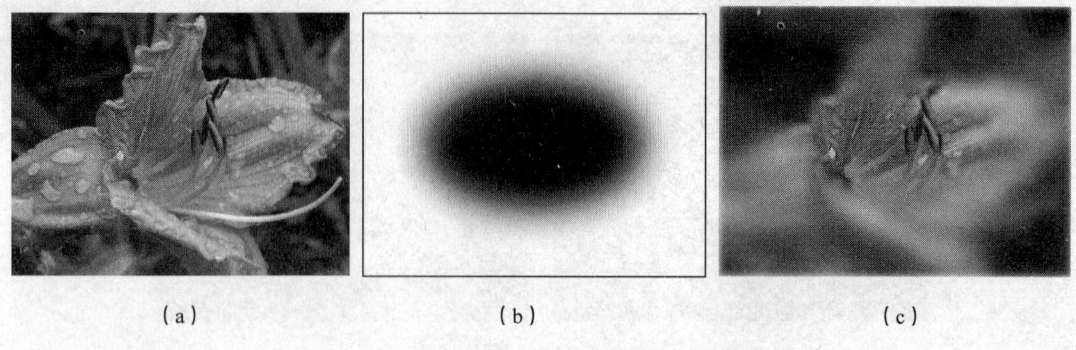

（a）（b）（c）

图 10-42　原图与应用【混合模糊】特效后的效果

5.【通道模糊】

【通道模糊】特效分别对画面中的红、绿、蓝色和 Alpha 通道进行模糊处理。可以将模糊方向设置为“水平”、“垂直”或者“水平与垂直”。使用该特效能够创建发光效果，如图 10-43 所示，图（a）是原始画面，图（b）是应用【通道模糊】后的效果。

（a）（b）

图 10-43　原图与应用【通道模糊】特效后的效果（参见书前彩页）

6.【锐化】、【非锐化遮罩】

【锐化】特效会查找图像边缘并提高对比度，以产生锐化效果。【非锐化遮罩】特效在定义边缘颜色的范围之间增加对比度，锐化效果更明显。如图 10-44 所示，图（a）是原始画面，图（b）是应用【锐化】特效后的效果，图（c）是应用【非锐化遮罩】特效之后的效果。

（a）（b）（c）

图 10-44　原图与应用【锐化】、【非锐化遮罩】特效后的对比效果

7.【抗锯齿】

该特效在画面高对比度颜色区域里，创建过渡颜色，使颜色的转换更加自然。

10.4.8　【渲染】类特效

【渲染】类特效只有【椭圆】特效一种，如图 10-45 所示。

图 10-45 【渲染】类特效

【椭圆】特效可以在画面上创建椭圆，用作遮罩，也可以直接与画面合成，使用【椭圆】特效的两种效果如图 10-46 所示。

（a）　　（b）

图 10-46 【椭圆】特效

10.4.9　【生成】类特效

【生成】类特效可以在画面上创建具有特色的图形或者渐变颜色等，与画面进行合成。其中包括 12 种不同的效果，如图 10-47 所示。

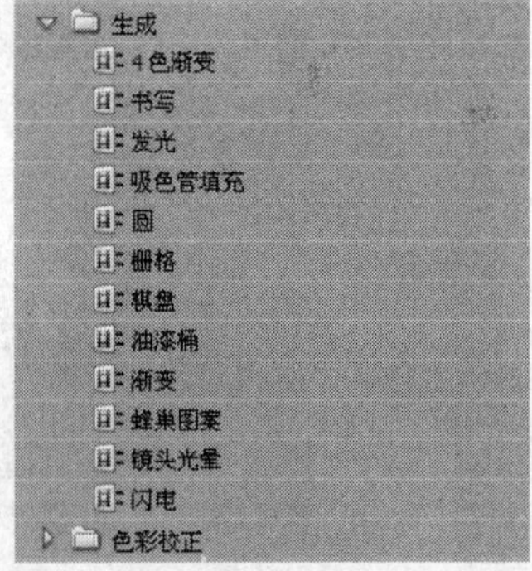

图 10-47　生成特效

1.【渐变】、【4 色渐变】

【渐变】特效产生一个线性或者放射状颜色渐变，可以控制与原画面混合的程度。

【4 色渐变】特效在画面上产生 4 色渐变的效果。每种颜色通过独立的控制点，设置位置及颜色，并且可以记录动画。使用该效果，可以模拟霓虹灯、流光溢彩等奇幻效果。如图 10-48 所示，图（a）是原始画面，图（b）是应用【渐变】特效后的效果，图（c）是应用【4 色渐变】特效后的效果。

（a）　　（b）　　（c）

图 10-48　原图与应用【渐变】、【4 色渐变】特效后的画面（参见书前彩页）

2.【书写】

【书写】特效在画面中产生一个圆形的笔触点，设置笔触点的大小、硬度、透明度等，并不断调整笔触的位置记录关键帧，可以在画面中模拟书写效果。应用书写特效的动画效果如图 10-49 所示。

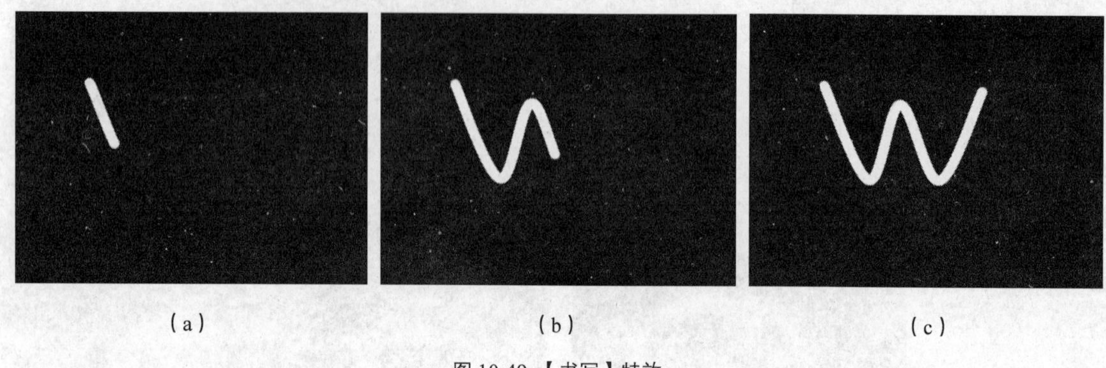

（a）（b）（c）

图 10-49 【书写】特效

3.【发光】

在画面上产生发光的效果。可以调节光线的角度、长度、强度等参数，并且可以通过记录关键帧，产生扫光的动画效果。

4.【圆】

【圆】特效可以创建一个实心圆或圆环，通过设置混合模式与原画面叠加，如图 10-50 所示，图（a）是原始画面，图（b）是应用【圆】特效后的叠加效果。

（a）（b）

图 10-50 原图与应用【圆】特效后的效果

5.【吸色管填充】、【油漆桶】

【吸色管填充】特效采集画面中某一点的颜色，用采样点的颜色填充整个画面。【油漆桶】特效将填充点附近颜色相近的图像填充指定的颜色，效果与 Photoshop 中的油漆桶填充类似。

6.【栅格】、【棋盘】

【栅格】特效在画面上创建一组自定义的栅格。可以设置栅格边缘的大小和羽化程度，也可作为蒙版应用于原素材上，该特效能在画面上产生设计元素。【棋盘】特效在画面上创建棋盘格的图案，它有一半的图案是透明的，参数设置和【栅格】特效相似。对画面分别应用【栅格】、【棋盘】特效后的效果如图 10-51 所示。

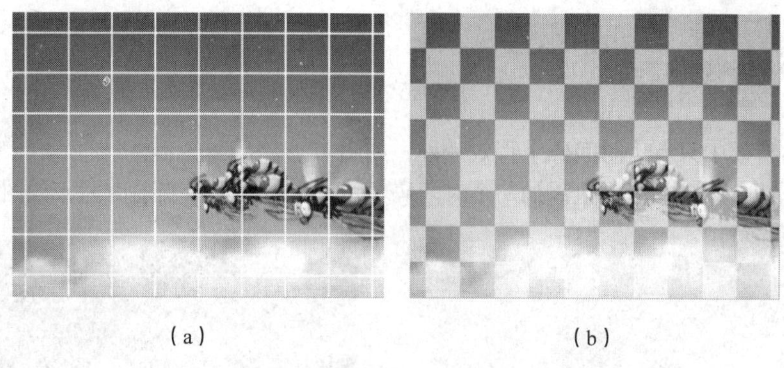

（a） （b）

图 10-51 【栅格】、【棋盘】特效

7.【蜂巢图案】

该特效可以创建各种类型的蜂巢图案，可以产生各种静态或者运动的背景纹理和图案，如图 10-52 所示。这些图案可作为其他视频特效、转场特效的遮罩图。

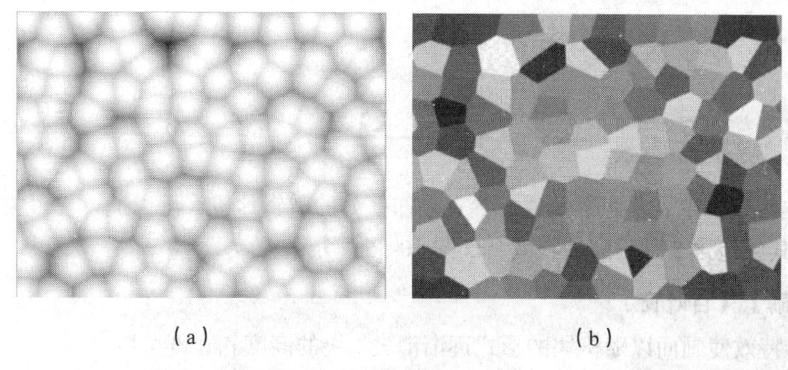

（a） （b）

图 10-52 【蜂巢图案】特效

8.【镜头光晕】

该特效用于模拟摄像机的镜头光晕效果，可以设置光晕的中心、亮度、镜头类型及和原画面的混合程度。

9.【闪电】

在画面上产生一种随机的闪电，不需要设置关键帧就可以自动产生动画，如图 10-53 所示，图（a）是原始画面，图（b）是应用【闪电】特效后的效果。

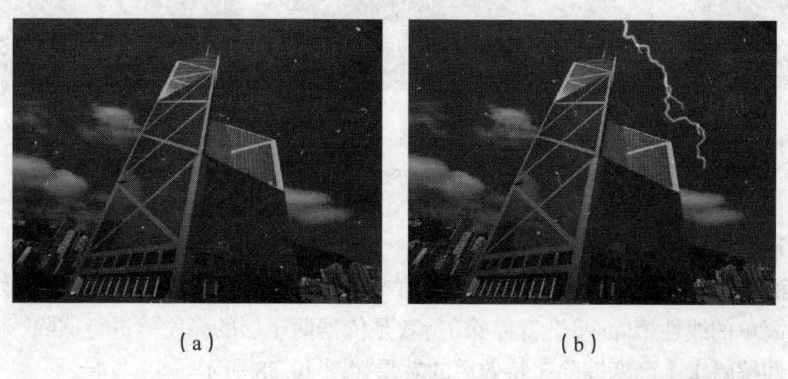

（a） （b）

图 10-53 【闪电】特效

10.4.10 【视频】类特效

【视频】类特效中只有【时间码】特效一种，如图 10-54 所示。

【时间码】特效可以在画面上添加一个时间码显示，以精确显示当前时间，如图 10-55 所示。

视频
时间码

图 10-54 【视频】类特效

图 10-55 【时间码】特效

10.4.11 【过渡】类特效

【过渡】类特效至少需要两个轨道放置有叠加部分的剪辑片段，可以通过设置关键帧的方式完成过渡效果。其中包含 5 种不同的特效，如图 10-56 所示。

1.【块溶解】、【百叶窗】

【块溶解】特效使画面以随机块的形式逐渐消失。块的高度和宽度可以自定义。【百叶窗】特效使画面以百叶窗开合的形式逐渐消失。对两个轨道的图像应用【块溶解】、【百叶窗】特效后的效果如图 10-57 所示。

图 10-56 【过渡】类特效

（a）

（b）

图 10-57 应用【块溶解】、【百叶窗】特效后的效果

2.【径向擦除】、【线性擦除】、【渐变擦除】

【径向擦除】特效以一个指定的点为中心对素材进行旋转擦除。【线性擦除】特效在指定的方向上为画面添加简单的线性擦除。【渐变擦除】特效是依据两个层的亮度值进行擦除。对图像应用【径向擦除】、【线性擦除】、【渐变擦除】特效后的效果如图 10-58 所示。

（a）　　　　（b）　　　　（c）

图 10-58　应用【径向擦除】、【线性擦除】、【渐变擦除】特效后的效果

10.4.12　【透视】类特效

【透视】类特效主要是通过在三维空间的运算，生成和透视相关的效果。其中包含 5 种不同的特效，如图 10-59 所示。

1.【基本 3D】

该特效使画面产生旋转和倾斜，给人在三维空间运动的感觉。【基本 3D】特效还可以在画面上产生一个镜面反光。由于光源总是处于画面的左上后方，所以画面只有向后倾斜才能看到反光效果。对图像应用【基本 3D】特效后的效果如图 10-60 所示。

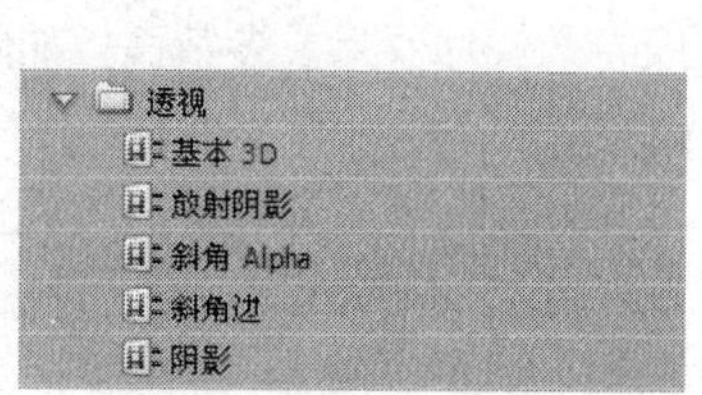

图 10-59 【透视】类特效

图 10-60 【基本 3D】特效

2.【放射阴影】、【阴影】

这两个特效都可以通过图像的 Alpha 通道边缘产生投影，不同的是【放射阴影】特效以画面上方的点光源形成投影效果，而【阴影】特效由平行光光源形成投影，投影还可以出现在图像的边缘。如图 10-61 所示，分别是应用【阴影】、【放射阴影】特效后的效果。

（a）　　　　（b）

图 10-61　应用【阴影】、【放射阴影】特效后的效果

3.【斜角 Alpha】、【斜角边】

【斜角 Alpha】特效可以在图像的 Alpha 通道边缘产生倒角，而且会照亮通道边缘，该特效用在文字上会产生立体字效果。【斜角边】特效在画面的边缘产生倒角效果，也会照亮画面的边缘。如图 10-62 所示，分别是应用【斜角 Alpha】、【斜角边】特效之后的效果。

（a）

（b）

图 10-62　应用【斜角 Alpha】、【斜角边】特效后的效果

10.4.13　【通道】类特效

【通道】类特效通过对画面各个通道的处理，如红、绿、蓝通道，色调、饱和度、亮度通道等，将它们与原素材以不同方式混合，实现各种效果。其中包括 7 种不同的特效，如图 10-63 所示。

1.【反转】

该特效对画面中的颜色信息进行反相，可以制作胶卷的底片效果。参数面板如图 10-64 所示。

图 10-63 【通道】类特效

图 10-64 【反转】特效参数面板

如果选择一种通道与反相的图像混合，可以制作特殊的色彩效果，如图 10-65 所示，图（a）是原图，图（b）是应用【反转】特效后的效果。

（a）

（b）

图 10-65　原图与应用【反转】特效后的效果

2.【固态合成】

该特效可以使画面和一种单色混合从而改变画面的颜色。参数面板如图 10-66 所示。

利用该特效可以调节画面和颜色的透明度，并设置它们的混合方式，如图 10-67 所示，图（a）是原始图像，图（b）是将图像与红色混合后的效果。

图 10-66 【固态合成】特效参数面板

（a）

（b）

图 10-67　原图与应用【固态合成】特效后的效果

3.【复合算法】、【混合】、【运算】

【复合算法】特效根据不同的数学算法，来制作两个轨道画面的合成效果。该特效通常与 After Effects 效果一起使用。使用复合算法特效将两个素材进行混合，如图 10-68 所示，图（a）和图（b）分别为两个轨道的素材，图（c）为合成后的效果。

（a）

（b）

（c）

图 10-68　原图与应用【复合算法】特效后的效果

【混合】特效通过不同的混合模式，将两个轨道的画面混合。使用【混合】特效后，要将该画面的混合层设置为禁用。效果与【复合算法】特效类似。

【运算】特效是将一个画面的通道与另一个画面的通道混合在一起。其效果与【复合算法】特效、混合特效类似。

4.【算法】

该特效可对画面中的红、绿、蓝通道与原图像进行不同的简单数学运算，参数面板如图 10-69 所示。

在图 10-69 所示的参数设置中，将图片的红色通道与原图像进行“添加”运算，图像中的红色成分增加。如图 10-70 所示，图（a）是原始画面，图（b）是应用【算法】特效后的效果。

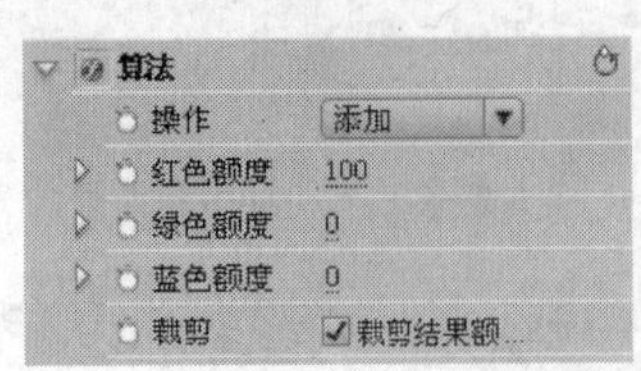

图 10-69 【算法】特效参数面板

（a）

（b）

图 10-70 应用【算法】特效后的效果

5.【设置蒙版】

该特效可将其他层上画面的通道设置为本层的蒙版，通常用来创建运动遮罩效果。如图 10-71 所示，图（a）为原始画面，图（b）为字幕蒙版，图（c）为建立的遮罩效果。

（a）

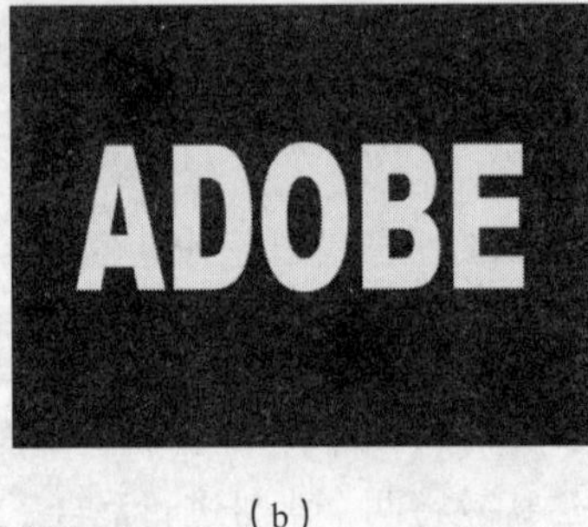

（b）

（c）

图 10-71 【设置蒙版】特效

10.4.14 【风格化】类特效

使用【风格化】类特效可以模仿各种绘画的风格，其中包括 13 种不同的特效，如图 10-72 所示。

1.【Alpha 辉光】

使用该特效在素材 Alpha 通道的边缘添加辉光效果。辉光可以是纯色，也可设置为渐变色，效果如图 10-73 所示。

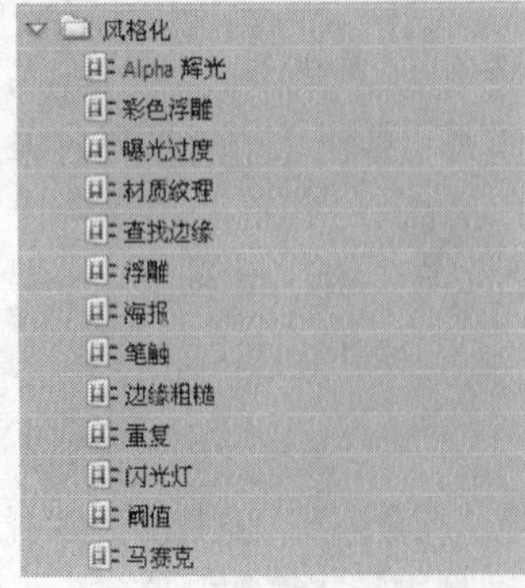

图 10-72 【风格化】类特效

图 10-73 【Alpha 辉光】特效

2.【彩色浮雕】、【浮雕】

【彩色浮雕】特效对素材画面中物体的边缘进行锐化，但并不改变画面的原始颜色，产生彩色浮雕效果。光源方向决定浮雕的起伏方向。

【浮雕】特效与【彩色浮雕】特效的原理和方法相同，但是【浮雕】特效会抑制剪辑的原始颜色，如图 10-74 所示，图（a）是原始图像，图（b）是应用【彩色浮雕】特效后的效果，图（c）是应用【浮雕】特效后的效果。

（a）

（b）

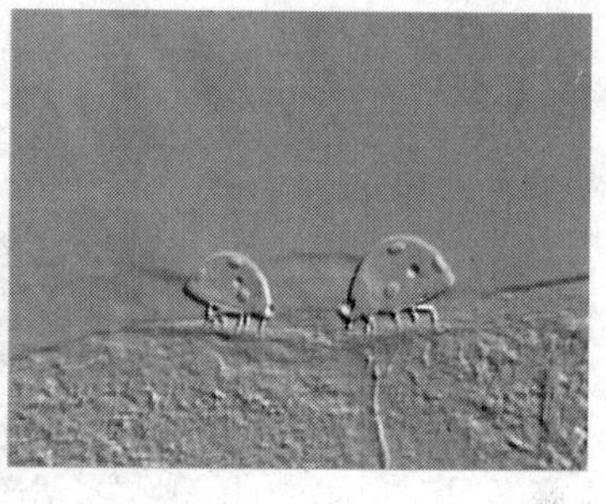

（c）

图 10-74 原图与应用【彩色浮雕】、【浮雕】特效后的对比效果

3.【曝光过度】

产生类似于相片底片显影过程中的曝光效果，可以改变阈值，调整正像和负像之间的混合度。如图 10-75 所示，图（a）是原始画面，图（b）是应用【曝光过度】特效后的效果。

（a）

（b）

图 10-75 原图与应用【曝光过度】特效后的效果

4.【材质纹理】

使用该特效，可在剪辑 A 上显示剪辑 B 的纹理，可以控制纹理的深度。使用时需将剪辑 B 放置到剪辑 A 的下层轨道，使其不会对剪辑 A 产生遮挡。如果剪辑 B 放置到剪辑 A 的上层轨道，添加材质纹理特效后需将剪辑 B 关掉，才能显示剪辑 A 的画面。如图 10-76 所示，图（a）为原始画面，图（b）为纹理画面，图（c）为应用【材质纹理】特效后的效果。

5.【查找边缘】

该特效突出显示色彩变化明显的区域边缘。在白色背景上用黑线勾画或者在黑色背景上用彩色线条勾画，形成写生风格或者负片效果。如图 10-77 所示，图（a）为原始画面，图（b）为应用【查找边缘】特效后的效果。

(a)

(b)

(c)

图 10-76　原图与应用【材质纹理】特效后的效果

(a)

(b)

图 10-77　原图与应用【查找边缘】特效后的效果

6.【海报】、【笔触】、【边缘粗糙】

【海报】特效通过对电平等级进行调整减少画面的色彩层次，产生类似海报的效果。电平是图像中像素的亮度等级，通过设置电平值的等级数量，减少图像的亮度等级，从而减少画面的层次。【笔触】特效为画面添加粗糙的笔刷绘画的效果，可以自由设置笔刷的长度和宽度。【边缘粗糙】特效通过计算使画面 Alpha 通道的边缘产生粗糙效果，可以选择粗糙类型，如切割、尖刺、腐蚀、影印等。分别对图像应用【海报】、【笔触】、【边缘粗糙】特效后的效果如图 10-78 所示。

(a)

(b)

(c)

图 10-78　应用【海报】、【笔触】、【边缘粗糙】特效后的效果

7.【重复】

该特效可将屏幕分块，在每块中显示完整的画面，可以设置分块数目，如图 10-79 所示。

图 10-79　应用【重复】特效后的效果

8.【闪光灯】

利用该特效，可在剪辑上产生频闪效果。在默认设置下，1s 的周期内画面、闪光灯各持续显示 0.5s。

9.【阈值】

将画面转换成黑、白两种色彩。通过调整电平值来决定黑色和白色区域的分界，当值为 0 时，画面为白色；当值为 255 时，画面为黑色。对图像应用【阈值】特效后的效果如图 10-80 所示。

10.【马赛克】

使用单色矩形对画面进行填充，生成马赛克效果。使用该特效可以模糊图像，设置关键帧记录动画，产生过渡效果。对图像应用【马赛克】特效后的效果如图 10-81 所示。

图 10-80 应用【阈值】特效后的效果

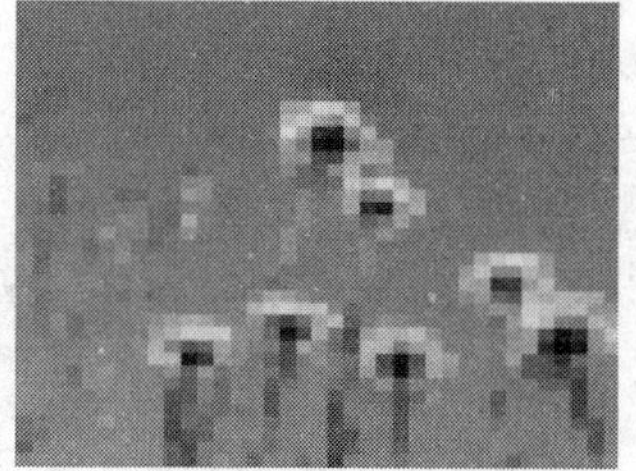

图 10-81 应用【马赛克】特效后的效果

10.5 利用【放大】特效制作放大镜效果

下面使用视频特效中的【放大】特效制作一个放大镜的动画效果。具体操作步骤如下。

Effect 05

Step 01 启动 Premiere，新建项目文件“lesson10-2”。选择【文件】/【导入】命令，导入“第 10 章”文件夹中的“10b.avi”、“放大镜.png”素材文件。

Step 02 将【项目】面板中的素材“10b.avi”拖曳到【时间线】面板的【视频 1】轨道上，和轨道左端对齐。

Step 03 打开【效果】面板，选择【视频特效】/【扭曲】/【放大】特效，将其拖曳至时间线的剪辑上。如图 10-82 所示，画面中央出现一个圆形的放大区域，类似一个放大镜的效果。

图 10-82 添加特效后的【效果控制】面板和【节目】监视器

Step 04 按键盘上的 Home 键，将时间指针定位到时间线左端。在【效果控制】面板中，设置

【中心】参数为“120，320”，单击【中心】选项左侧的动画记录器。将时间指针定位至“00:00:04:10”处，设置【中心】参数为“550，320”。将时间指针定位至“00:00:06:10”处，设置【中心】参数为“343，320”。这样，就为【中心】选项设置了3个关键帧，效果如图10-83所示。

Step 05 按键盘上的Home键，将时间指针定位到时间线左端。按键盘上的空格键，进行效果预览。下面再为放大镜添加一个图片。

Step 06 将【项目】面板中的素材“放大镜.png”拖曳到【视频2】轨道左端。在【时间线】面板中，将鼠标指针移至【视频2】轨道剪辑的右边界，向右拖曳，直至和【视频1】轨道剪辑长度相同，如图10-84所示。

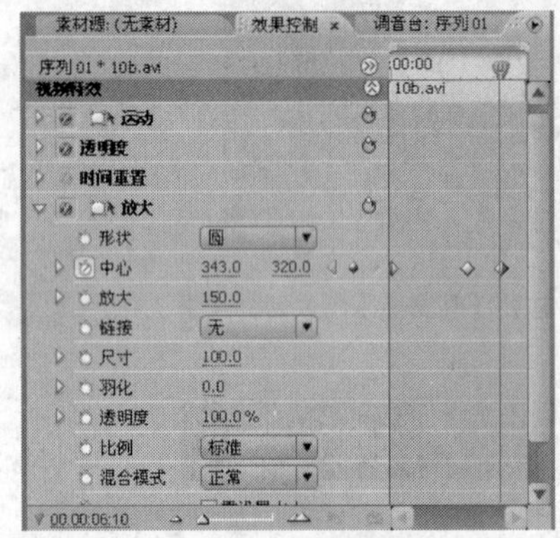
图10-83 为【中心】选项设置关键帧

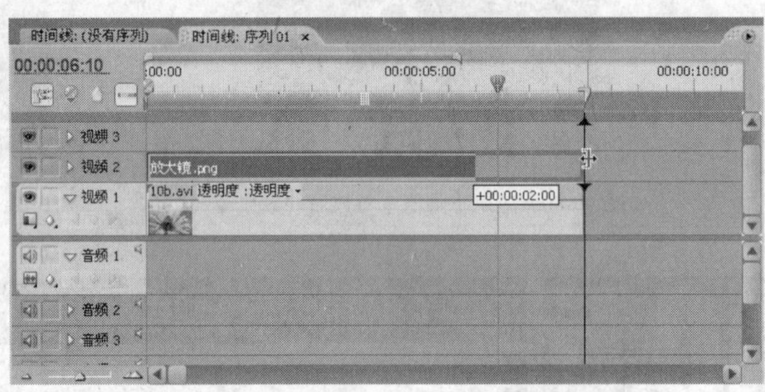
图10-84 在【时间线】面板中放入图片素材

Step 07 按键盘上的Home键，将时间指针定位到时间线左端。选中【视频2】轨道中的剪辑，打开【效果控制】面板，单击【运动】选项左侧的图标，将其展开。设置【比例】参数为“80”，【位置】参数为“149，373”，如图10-85所示。将放大镜与【视频1】轨道中剪辑的放大效果的位置对齐。

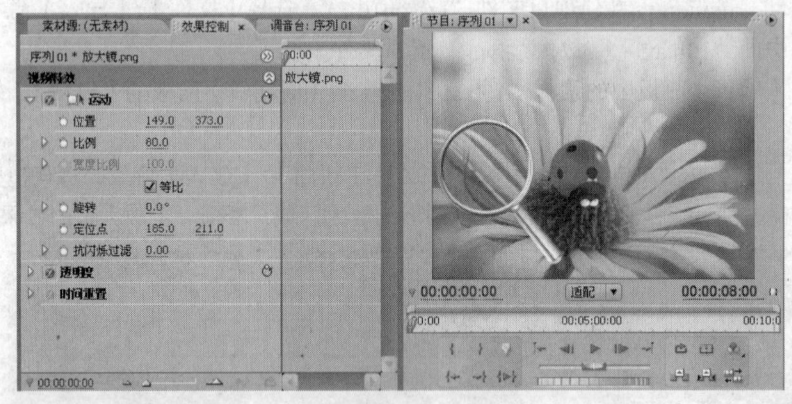
图10-85 为【视频2】轨道的图片设置参数

Step 08 单击【位置】选项左侧的动画记录器，将当前位置记录动画。将时间指针定位至“00:00:04:10”处，设置【位置】参数为“581，373”。将时间指针定位至“00:00:06:10”处，设置【位置】参数为“373，373”。这样，就为【位置】选项设置了3个关键帧，如图10-86所示，让图片的位置与图中的放大区域始终对齐。

Step 09 按键盘上的Home键，将时间指针定位到时间线左端。按键盘上的空格键，进行效果预览。在【节目】监视器中可以看到，一个放大镜从画面左侧移到右侧，又移至中间找到瓢虫位置，放大镜内的图像始终被放大。

图 10-86　为【视频 2】轨道的图片设置关键帧

10.6 利用【查找边缘】、【浮雕】特效制作图像动画

本节利用【查找边缘】、【浮雕】特效制作图像动画，具体操作步骤如下。

Effect 06

Step 01　启动 Premiere，新建项目文件“lesson10-3”。选择【文件】/【导入】命令，导入“第 10 章”文件夹中的素材“10c.avi”。

Step 02　将【项目】面板中的素材“10c.avi”拖曳到【时间线】面板中的【视频 1】轨道上，和轨道左端对齐。

Step 03　打开【效果】面板，选择【视频特效】/【风格化】/【查找边缘】特效，将其拖曳至【时间线】面板的剪辑上。打开【效果控制】面板，单击【查找边缘】左侧的▷按钮，勾选【反转】复选框，如图 10-87 所示。

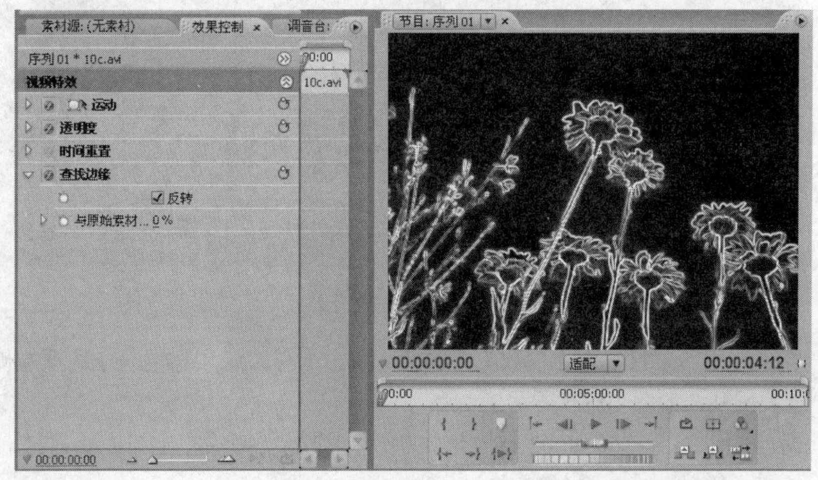

图 10-87　添加【查找边缘】特效

Step 04 将时间指针移至轨道左端，单击【与原始素材混合】选项左侧的按钮，将当前位置记录关键帧。

Step 05 将时间指针移至“00:00:01:00”处，设置【与原始素材混合】参数为“100”，如图 10-88 所示。

图 10-88 修改【与原始素材混合】参数后的效果

Step 06 在【效果】面板中选择【视频特效】/【风格化】/【浮雕】特效，将其拖曳至【时间线面板的剪辑上。打开【效果控制】面板，单击【浮雕】特效左侧的按钮，如图 10-89 所示。

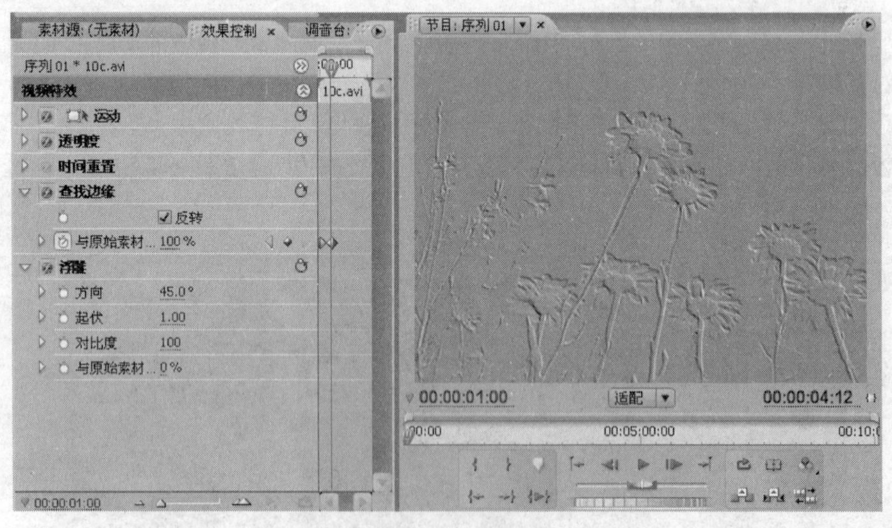

图 10-89 添加【浮雕】特效

Step 07 设置【与原始素材混合】参数为“100”，单击【与原始素材混合】选项左侧的按钮，在当前位置记录关键帧，如图 10-90 所示。

Step 08 将时间指针移至“00:00:02:18”处，单击【浮雕】特效中【与原始素材混合】选项右侧的按钮，添加关键帧。

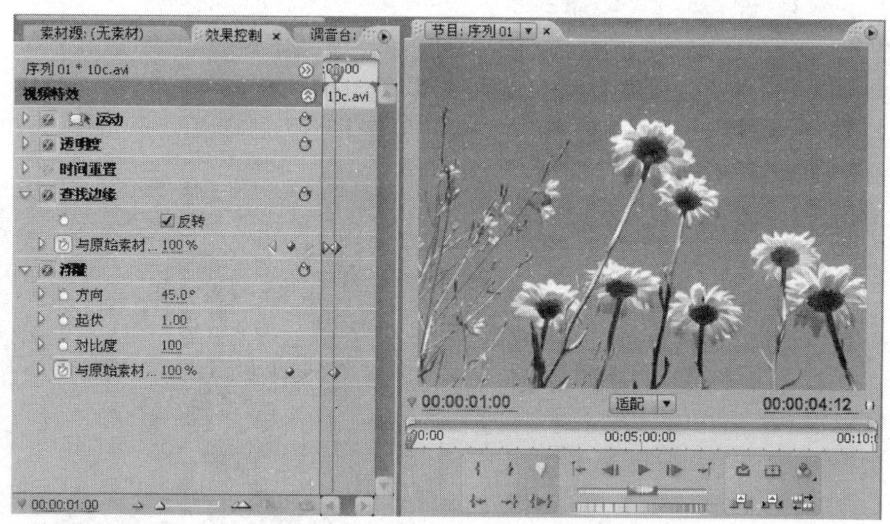

图 10-90　调整【浮雕】特效参数

Step 09　将时间指针移至“00:00:03:16”处，设置【与原始素材混合】参数为“0”，如图 10-91 所示。

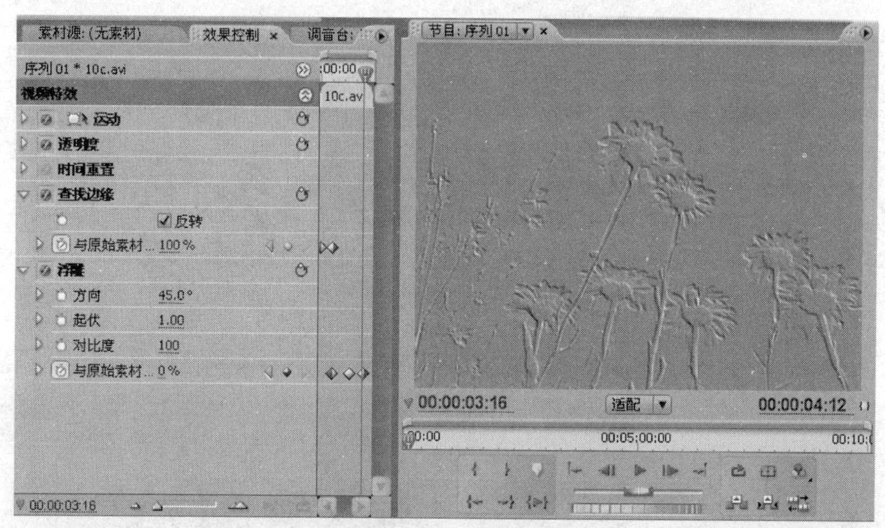

图 10-91　调整【浮雕】特效参数

Step 10　将时间指针移至时间线左端，按键盘上的空格键，在【节目】监视器中浏览动画效果。可以看到，图像开始为黑底的查找边缘效果，渐渐过渡为彩色图像，过了 1s 又渐渐变为浮雕效果。

本例中为一段剪辑添加了两种特效，并为它们制作了关键帧动画。在后期编辑中，可以根据实际需要，为一段剪辑添加多个特效，制作出丰富、神奇的视觉效果。

10.7 利用【笔触】特效制作文字动画

本节来介绍利用【笔触】特效制作文字动画的方法。

Effect 07

Step 01 启动 Premiere，新建项目文件“lesson10-4”。

Step 02 选择【字幕】/【新建字幕】/【默认静态字幕】命令，弹出【新建字幕】对话框，单击 确定 按钮。在字幕设计窗口中，输入文字“ADOBE”，并调整字体和大小，关闭字幕设计窗口。文字效果如图 10-92 所示。

图 10-92 字幕效果

Step 03 将【项目】面板中的素材“字幕 01”拖入【时间线】面板，和轨道左端对齐，如图 10-93 所示。

Step 04 打开【效果】面板，选择【视频特效】/【风格化】/【笔触】特效，将其拖曳至【时间线】面板的剪辑上。

Step 05 打开【效果控制】面板，单击【笔触】特效左侧的按钮将其展开，将各项参数调整至如图 10-94 所示的效果。

Step 06 将时间指针移至“00:00:01:00”处，单击【与原始素材混合】选项左侧的按钮，将当前位置记录关键帧。

图 10-93 将字幕放入【时间线】面板

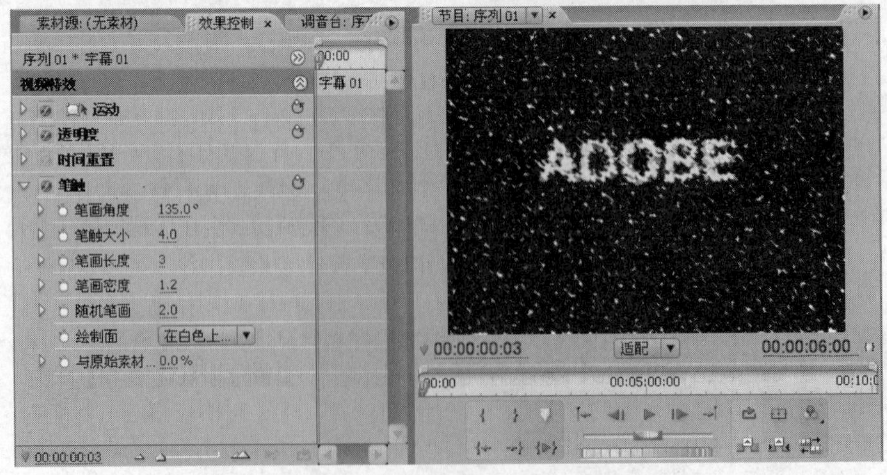

图 10-94 添加【笔触】特效

Step 07 将时间指针移至“00:00:02:20”处，设置【与原始素材混合】参数为“100”，如图 10-95 所示。

图 10-95 修改【笔触】特效参数

Step 08 将时间指针移至时间线左端，按键盘上的空格键，在【节目】监视器中浏览效果。

小结

本章介绍了如何为一段剪辑添加视频特效以及添加后如何设置关键帧制作特效动画的方法。并对【效果】面板中的大部分视频特效进行了简要介绍。通过视频特效的使用，可以为影视作品添加各种丰富多彩的视觉艺术效果，必要时可为一段剪辑添加多个视频特效。通过本章的学习，读者应该掌握各种常见特效的使用方法，能够根据影片主题表达和视觉审美要求，灵活使用各种视频特效。

习题

一、简答题

1. 为剪辑添加视频特效可以用哪两种方法？
2. 在哪个面板为添加的视频特效调整参数？
3. 如何为视频特效制作关键帧动画？

二、操作题

1. 利用【Alpha 辉光】特效，为文字制作辉光特效动画。
2. 利用【马赛克】特效，实现两个剪辑之间的切换。
3. 利用【摄像机模糊】特效，实现镜头慢慢聚焦的动画。

第11章 合成技术

合成是影视节目制作中非常重要的部分。Premiere Pro CS3 提供了各种合成功能，可以合成任意轨道数量的视频、图形或图像。通过前面章节的学习，读者已经能够进行一些合成工作，如把文字放置到视频上、创建画中画效果等。本章将介绍其他合成功能，如改变剪辑的透明度、利用色彩、亮度、蒙版等进行抠像。

【教学目标】

- 掌握使用【透明度】特效合成剪辑的方法。
- 掌握使用【混合】特效、【纹理】特效合成剪辑的方法。
- 掌握使用 Alpha 调节的方法。
- 掌握使用【色度键】、【颜色键】和【亮度键】特效抠像的方法。
- 掌握使用各种蒙版抠像的方法。

11.1 使用【透明度】特效

使用【透明度】特效是一种最简单的实现视频合成的方法，通过改变剪辑的透明程度，可以通过该层剪辑看到低层轨道上的视频。

使用【透明度】特效进行合成的方法如下。

Effect 01

Step 01　将本书附盘中的“第 11 章”目录复制到本地硬盘上，在以下的内容中将用到此目录中的文件。

Step 02　启动 Premiere，新建一个项目。

Step 03　定位到本地硬盘“第 11 章”文件夹，导入视频素材“11a.avi”、“11b.avi”、“11c.avi”到【项目】面板中，如图 11-1 所示。

Step 04　选择【工具】面板中的【比例缩放】工具，将鼠标指针放置在剪辑“11b.avi”的右边缘，拖曳使其长度与【视频 1】轨道的“11a.avi”相同，如图 11-2 所示。

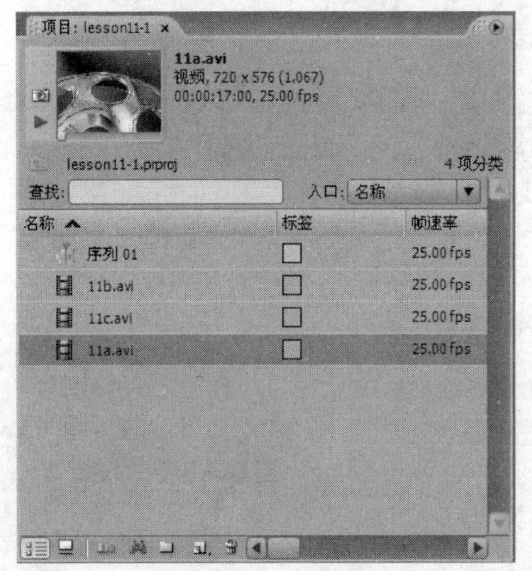

图 11-1 【项目】面板

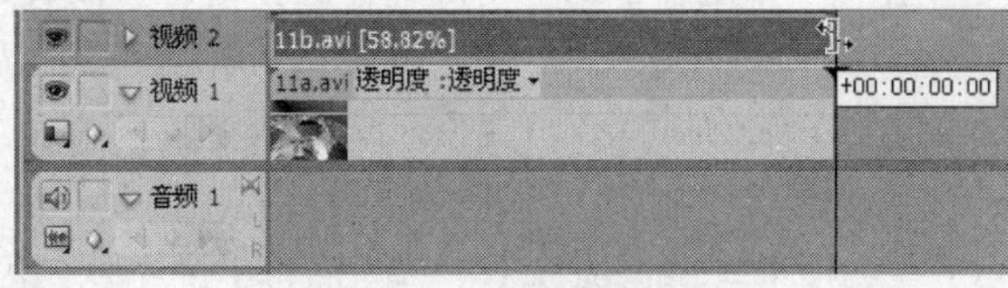

图 11-2　改变“11b.avi”的长度

Step 05　选择【工具】面板中的【选择】工具，选择剪辑“11b.avi”并双击，打开【效果控制】面板。单击【透明度】特效左侧的图标，展开其参数面板。按键盘上的 PageUp 键，将时间指针移动到剪辑的起始位置处，将【透明度】参数设置为“0”，单击【透明度】左侧的动画记录器按钮，记录一个关键帧，如图 11-3 所示。

Step 06　按 PageDown 键，系统将时间指针移动到剪辑结束帧的后一帧，然后再按键盘上的向左箭头←键，将时间指针移动到剪辑的结束位置处，设置【透明度】参数为“60”，如图 11-4 所示。

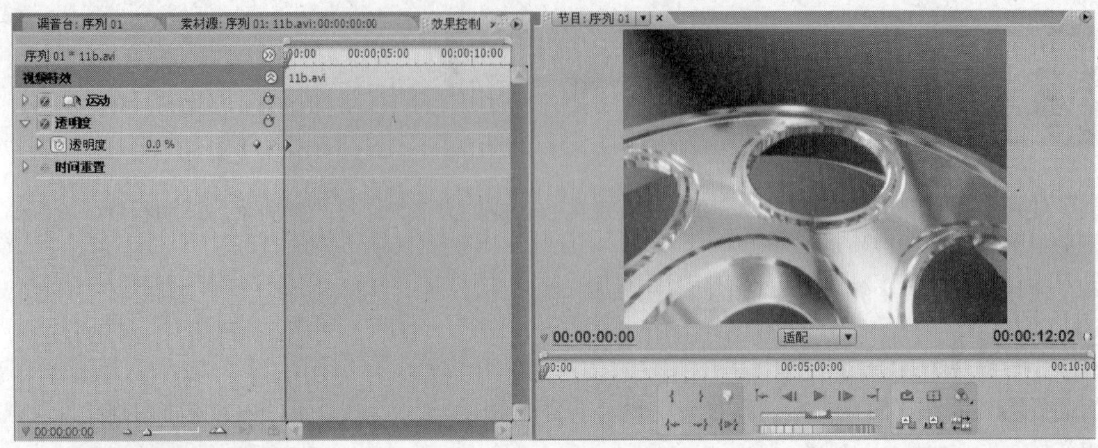

图 11-3　设置【透明度】参数（1）

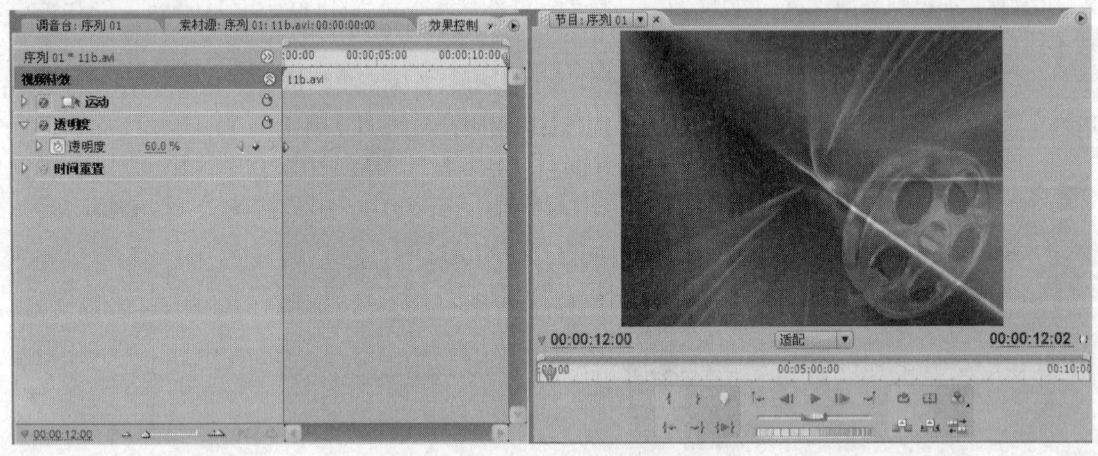

图 11-4　设置【透明度】参数（2）

Step 07　按键盘上的空格键，播放剪辑，可以看到上层轨道剪辑由无到有，逐渐出现的效果。

Step 08　在剪辑“11b.avi”上单击鼠标右键，在弹出快捷菜单中选择【复制】命令，如图 11-5 所示，然后将其删除。

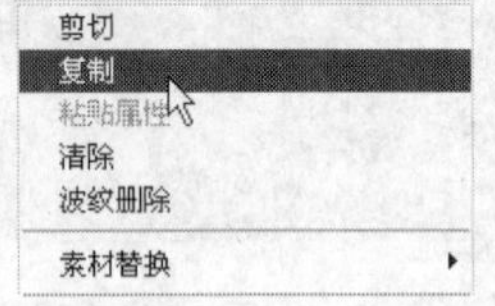

图 11-5　选择【复制】命令

Step 09　将【项目】面板中的“11c.avi”拖曳到【时间线】面板中的【视频 2】轨道，选择【工具】面板中的【比例缩放】工具，拖曳其边缘使剪辑“11c.avi”的长度与“11a.avi”相同，如图 11-6 所示。

Step 10　在剪辑“11c.avi”上单击鼠标右键，在弹出的快捷菜单中选择【粘贴属性】命令，把为“11b.avi”设置的透明度关键帧及参数应用到“11c.avi”上，如图 11-7 所示。

图 11-6　改变“11c.avi”的长度

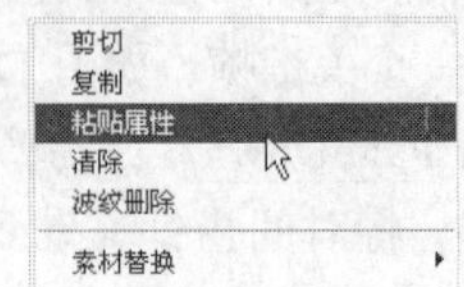

图 11-7　选择【粘贴属性】命令

提示： 通过【粘贴属性】命令，可以将应用到剪辑上的所有视频特效的关键帧及参数设置粘贴到另一个剪辑上。

Step 11　剪辑“11c.avi”起始帧、结束帧的关键帧设置及效果如图 11-8、图 11-9 所示。

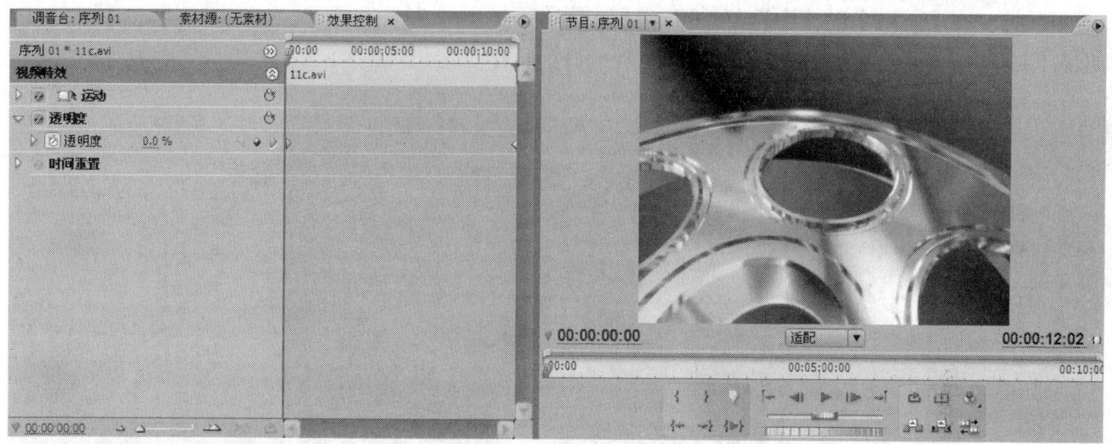

图 11-8　“11c.avi”起始帧的关键帧设置及效果

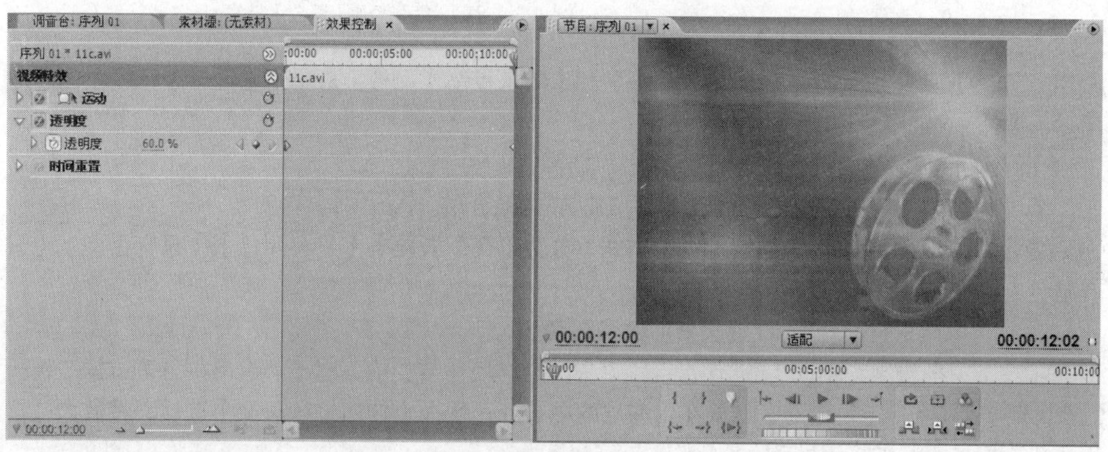

图 11-9　“11c.avi”结束帧的关键帧设置及效果

11.2 使用多轨视频特效

多轨视频特效主要指【混合】特效和【纹理】特效。【混合】特效是指定当前【时间线】面板中一个轨道的剪辑、图形图像作为当前轨道素材的融合层，产生各种融合效果。【纹理】特效是在一个轨道素材上显示另一个轨道素材的纹理。通过【混合】特效和【纹理】特效，可以将不同视频轨道上的素材混合到一起，得到合成效果。

【混合】特效的使用方法如下。

Effect 02

Step 01 在【项目】面板中双击，导入图片“film.tif”、“mars.jpg”、“texture.jpg”。

Step 02 将“mars.jpg”拖曳到【时间线】面板的【视频 1】轨道，将“film.tif”拖曳到【时间线】面板的【视频 2】轨道，如图 11-10 所示。

Step 03 在【效果】面板中选择【视频特效】/【通道】/【混合】特效，并将其拖曳到【时间线】面板【视频 1】轨道的“mars.jpg”上，如图 11-11 所示。

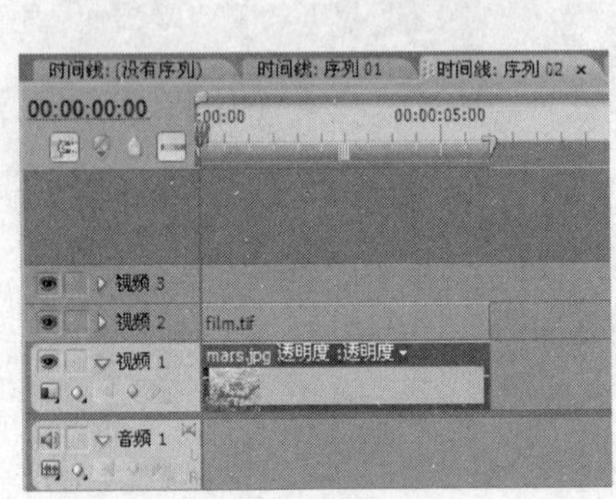

图 11-10 【时间线】面板

图 11-11 添加【混合】特效

Step 04 【混合】特效出现在“mars.jpg”的【效果控制】面板上。单击【混合】特效左側的▷图标，展开参数面板，如图 11-12 所示。

【混合】特效参数面板中的选项及参数功能介绍如下。

①【与图层混合】：选择一个轨道作为当前层的融合层。

②【模式】：用于设置不同层的融合方式，分为【交叉淡化】、【只有颜色】、【只有色调】、【只有暗色】和【只有亮色】5 种。

③【与原始素材混合】：设置素材的融合程度。

④【如果图层大小不同】：设置指定轨道中的素材尺寸与当前素材不匹配时的处理方式。选择【居中】选项，将指定轨道的素材放在当前层的中心处；选择【伸缩进行适配】选项，将放大或者缩小指定层来适配当前素材尺寸。

Step 05 设置【与图层混合】为“视频 2”，【原始素材混合值】参数为“70%”，其余参数使用默认设置，如图 11-13 所示。

Step 06 在【节目】监视器中仍然看不到混合效果。使用混合特效，如果指定层位于当前层轨道的上方，需要将指定层轨道的显示关闭或者将指定剪辑的激活取消。单击【视频 2】轨道左侧的👁图标，将指定层剪辑的显示关闭。采用这种方法，将这个轨道上所有剪辑的显示都关闭，如图 11-14 所示。

Step 07 再次单击【视频 2】轨道左侧的▢图标，将指定层剪辑的显示打开。在剪辑“film.tif”上单击鼠标右键，在弹出的快捷菜单中取消勾选【激活】命令，将激活关闭，如图 11-15 所示。这样只关闭【视频 2】轨道上剪辑“film.tif”的显示，不会影响到该轨道上的其他剪辑。混合效果如图 11-16 所示，图（a）为当前剪辑，图（b）为指定剪辑，图（c）为合成效果。由于当前选择的【混合模式】是“交叉淡化”，效果和使用【透明度】特效效果相似。

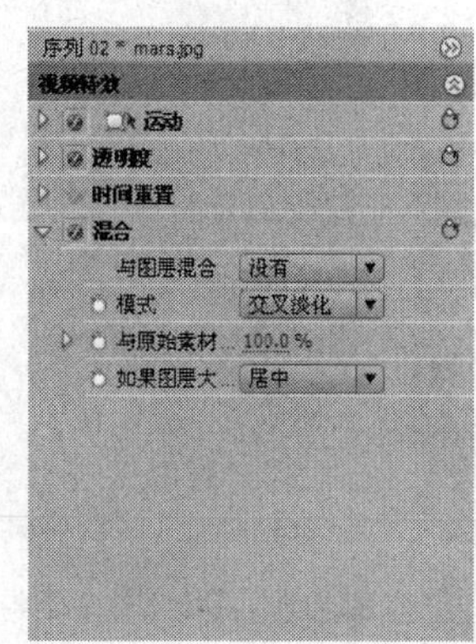

图 11-12 【混合】特效参数面板

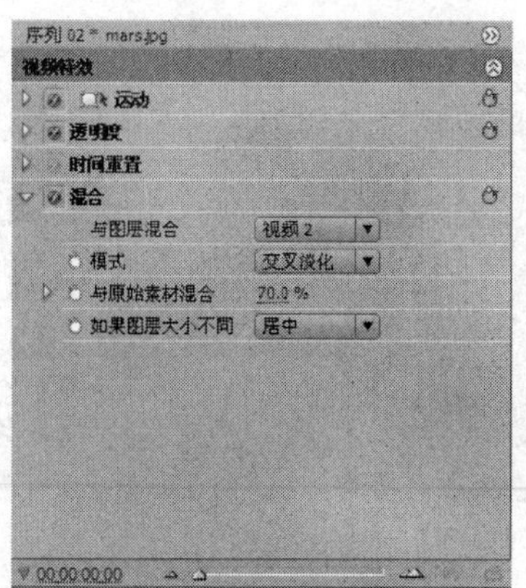

图 11-13　参数设置

图 11-14　关闭【视频 2】轨道的显示

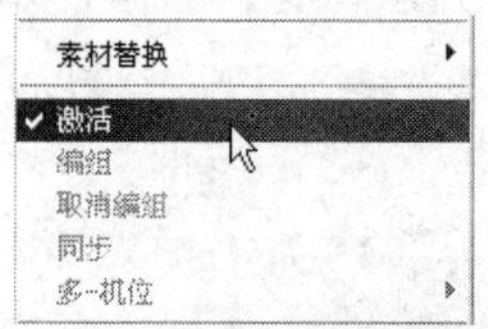

图 11 15　选择【激活】命令

（a）

（b）

（c）

图 11-16　合成效果

纹理特效的使用方法如下。

Effect 03

Step 01　接上例。选择剪辑“mars.jpg”，在【效果控制】面板中将【混合】特效删除。

Step 02　在【效果】面板中选择【视频特效】/【风格化】/【材质纹理】特效，并将其拖曳到【时间线】面板的“mars.jpg”上，如图 11-17 所示。

Step 03　【材质纹理】特效出现在“mars.jpg”的【效果控制】面板上。单击特效左侧的▷图标，展开参数面板，如图 11-18 所示。

【材质纹理】特效参数面板中的选项及参数功能介绍如下。

①【材质层】：用于设置产生纹理图案的轨道。

②【照明方向】：用于设置灯光的照射方向。

③【材质反差】：用于设置产生纹理的对比度。

④【材质放置】：用于设置如何放置图案。选择【平铺材质】选项，重复纹理填充；选择【居中材质】选项，将纹理放在当前层的中心处；选择【拉伸材质进行适配】选项，将放大或者缩小纹理图像来适配当前剪辑尺寸。

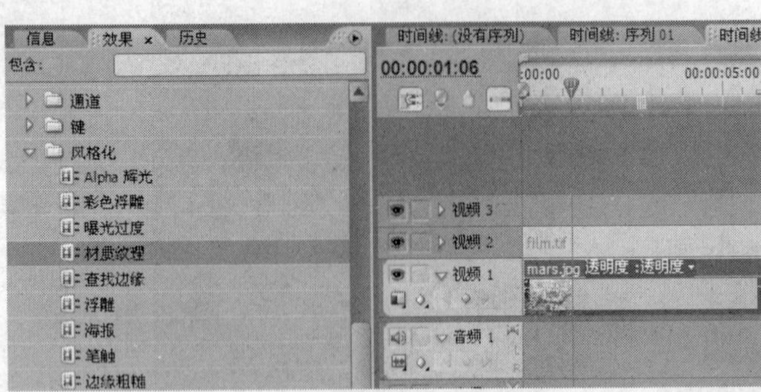

图 11-17 添加【材质纹理】特效

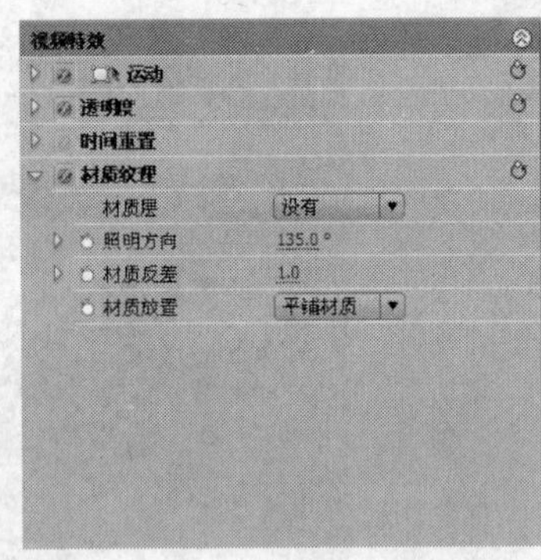

图 11-18 【材质纹理】特效参数面板

Step 04 将【材质层】设置为“视频 2”,【材质反差】设置为“2”,【材质放置】参数设置为“居中材质”，参数设置如图 11-19 所示，合成效果如图 11-20 所示。

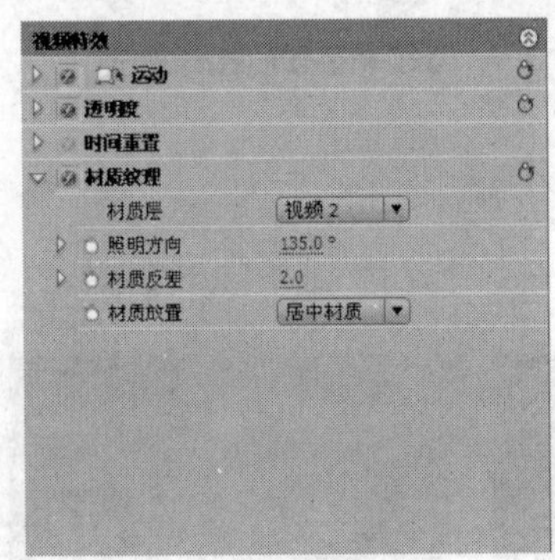

图 11-19 参数设置

图 11-20 合成效果

Step 05 将【项目】面板中的“texture.jpg”拖曳到【时间线】面板的“film.tif”上，执行覆盖编辑，如图 11-21 所示。

图 11-21 【时间线】面板

Step 06 在“texture.jpg”上单击鼠标右键，在弹出的快捷菜单中取消勾选【激活】命令，取消激活功能。效果如图 11-22 所示，图（a）为纹理图，图（b）为合成图。即使“texture.jpg”这样没有纹理的图片，也能产生纹理效果。

（a）

（b）

图 11-22 “texture.jpg”的纹理图和合成图

Step 07　将【材质放置】设置为“平铺材质”，效果如图 11-23 所示。“texture.jpg”的尺寸比当前剪辑“mars.jpg”的尺寸小，设置后产生了纹理重复的效果。

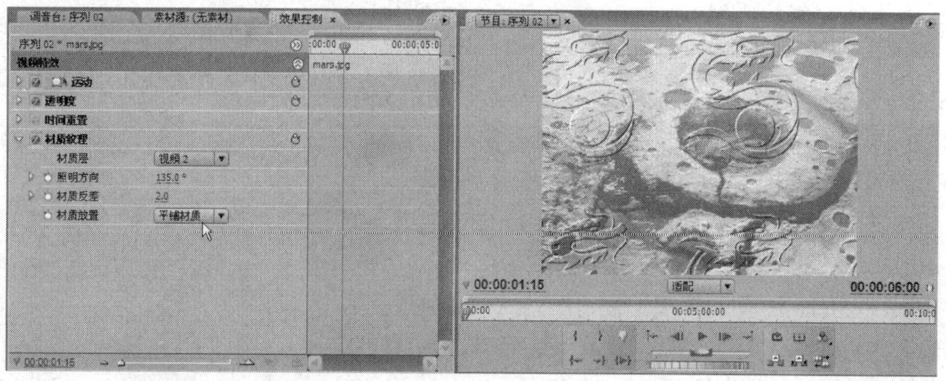

图 11-23　设置【平铺材质】后的效果

11.3 使用 Alpha 通道特效

有些静态或者序列图片本身含有 Alpha 通道，利用 Alpha 通道可以控制剪辑的透明关系，对应通道白色部分剪辑完全不透明，黑色部分完全透明，黑与白之间的灰色部分呈半透明。利用【效果】面板中的【Alpha 调节】特效可以调整通道的透明度、反转、输出等。

Effect 04

Step 01　新建一个序列。在【项目】面板上双击鼠标左键，导入图片“tealeaf.tif”、“hill.jpg”。

Step 02　将“hill.jpg”拖曳到【时间线】面板的【视频 1】轨道，“tealeaf.tif”拖曳到【时间线】面板的【视频 2】轨道，如图 11-24 所示。

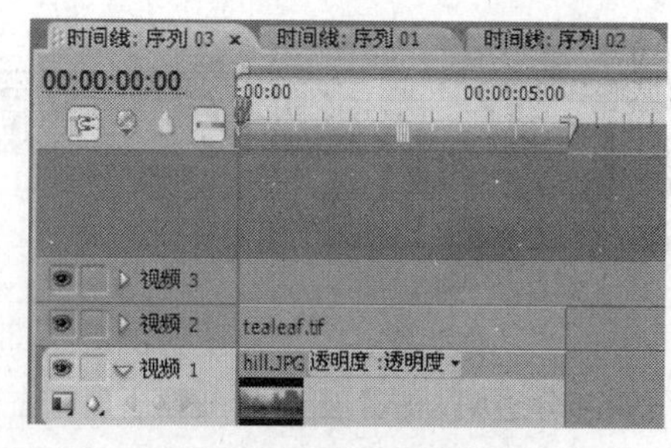

图 11-24 【时间线】面板

Step 03　由于“tealeaf.tif”自身含有 Alpha 通道，透明信息已经包含在剪辑中，Premiere 在序列中自动显示为透明。如图 11-25 所示，图（a）是含有 Alpha 通道的图像，图（b）是它的 Alpha 通道，图（c）是合成效果。

（a）

（b）

（c）

图 11-25　含有 Alpha 通道图像的合成效果

Step 04 在【效果】面板中选择【视频特效】/【键】/【Alpha 调节】特效，并将其拖曳到【时间线】面板的“tealeaf.tif”上，【Alpha 调节】特效出现在“tealeaf.tif”的【效果控制】面板上。单击特效左侧的▷图标，展开参数面板，如图 11-26 所示。

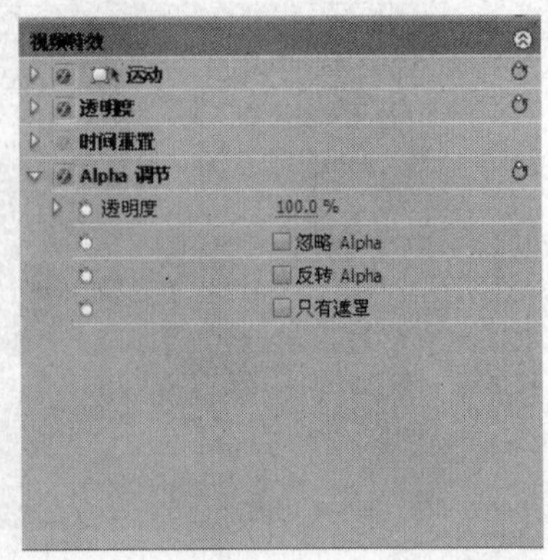

图 11-26 【Alpha 调节】特效参数面板

【Alpha 调节】特效参数面板中的选项及参数功能介绍如下。

①【透明度】：用于调节 Alpha 通道的不透明程度。

②【忽略 Alpha】：勾选该复选框将忽略 Alpha 通道，如图 11-27 所示。

③【反转 Alpha】：勾选该复选框将反转 Alpha 通道。剪辑中原来不透明的部分变得透明，显示下层剪辑；原来透明的部分变得不透明，显示自身，如图 11-28 所示。

④【只有遮罩】：仅输出遮罩，如图 11-29 所示。

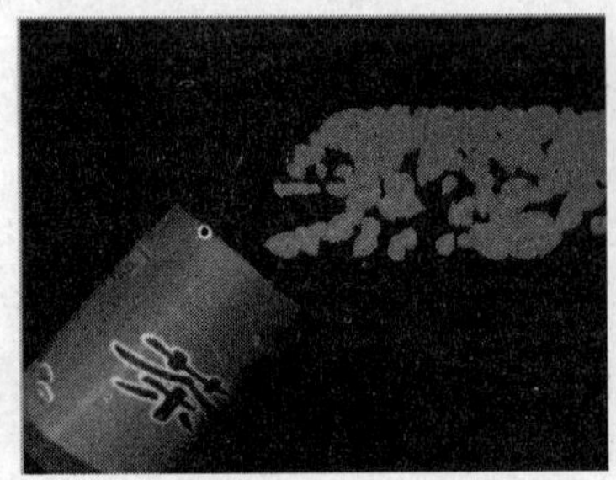

图 11-27 忽略 Alpha 通道

图 11-28 反转 Alpha 通道

图 11-29 仅输出遮罩

11.4 通过颜色和亮度抠像

抠像又称为键控，是使图像的某一部分透明，并将所选颜色或亮度从画面中去除，去掉颜色的图像部分透明，显示出背景画面；没有去掉颜色的部分仍旧保留原有的图像，以达到画面合成的目的。通过这种方式，单独拍摄的画面经抠像后可以与各种景物叠加在一起。例如，天气预报播报员与背后气象图的结合；一些电视剧中的角色在天上飞、云中走的画面……这些合成特技，需要事先在蓝屏或绿屏前拍摄素材，如主持人播报的视频，在后期制作时使用抠像技术剔除原有的蓝色或绿色背景信号，再合成到另外的背景气象图中。通过抠像特效不仅使艺术创作的丰富程度大大增强，而且也为难以拍摄的镜头提供了替代解决方案，同时降低了拍摄成本。

抠像特效通过不同的方法使部分剪辑变得透明。展开【效果】面板的【视频特效】/【键】特效组，其中包含很多特效。除了 11.3 节讲到的【Alpha 调节】特效外，其余特效基本可分为以下 3 类。

（1）色彩、色度类特效：包括【蓝屏键】、【色度键】、【颜色键】、【无红色键】和【RGB 差异键】。

（2）亮度类特效：包括【亮度键】。

（3）蒙版类特效：包括【四点蒙版扫除】、【八点蒙版扫除】、【十六点蒙版扫除】、【差异蒙版键】、【图像蒙版键】、【轨道蒙版键】、【移除蒙版】。

11.4.1　使用色彩、色度类特效抠像

使用色彩、色度键抠像的原理是为剪辑选择一种颜色，使其变为透明，然后再通过调节其余参数确定色彩选择的范围。

1．色彩、色度类特效简介

（1）【蓝屏键】:【蓝屏键】特效用在以纯蓝色为背景的画面上。创建透明时，素材上的纯蓝色变得透明。如图 11-30 所示，图（a）为原始画面，图（b）为抠像后的画面。

参数设置面板如图 11-31 所示，面板中的选项及功能介绍如下。

①【界限】：设置剪辑中由蓝色决定的透明区域的级别。向左拖曳滑杆，增加透明区域。

②【截断】：设置由【界限】参数设定的不透明区域的不透明度。

③【平滑】：设置透明区域与不透明区域之间变化的平滑程度。选择"高"产生比较柔和的过渡效果；选择"低"产生比较生硬的过渡效果；选择"无"不产生平滑过渡。

图 11-30 【蓝屏键】特效

④【只有遮罩】：勾选后只显示剪辑的 Alpha 通道，白色部分指不透明区域。使用【只有遮罩】有利于观察抠像后的 Alpha 通道，避免在不想抠出的区域产生透明的空洞。

（2）【色度键】：选择一种颜色使其变得透明，如果背景色不是单色，可以选择这种方式，参数设置如图 11-32 所示。

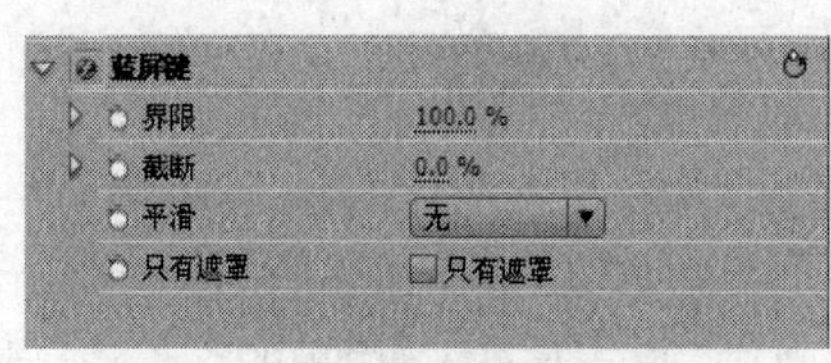

图 11-31 【蓝屏键】参数设置面板

图 11-32 【色度键】参数设置面板

①【颜色】：选择要抠掉的颜色。单击色块可以在打开的【颜色拾取】对话框中选择颜色，通过【吸管】工具可以在屏幕中选择任意颜色。

②【相似性】：设置与抠掉颜色的相似度。数值越高，与指定颜色相近的颜色变透明的越多，反之变透明的颜色越少。

③【混合】：设置不透明区域与下层剪辑的混合程度。数值越高，混合程度越高。

④【界限】：设置透明区域阴影的数量。数值越高，阴影量越大。

⑤【截断】：使阴影变暗或者变亮。如果向右拖曳太大，超过界限值，可以关闭色度键特效。

⑥【平滑】、【只有遮罩】：与【蓝屏键】特效的参数功能相同。

（3）【RGB 差异键】：【RGB 差异键】特效是【色度键】特效的"简化版"，可以选择一种色彩或色彩范围来进行透明特效，还可以为键控对象设置阴影，参数设置如图 11-33 所示。

（4）【无红色键】：【无红色键】特效可以在剪辑的蓝色和绿色背景创建透明区域。当【蓝屏键】特效抠像不能取得满意的效果时，可以尝试该方式，参数设置如图 11-34 所示。

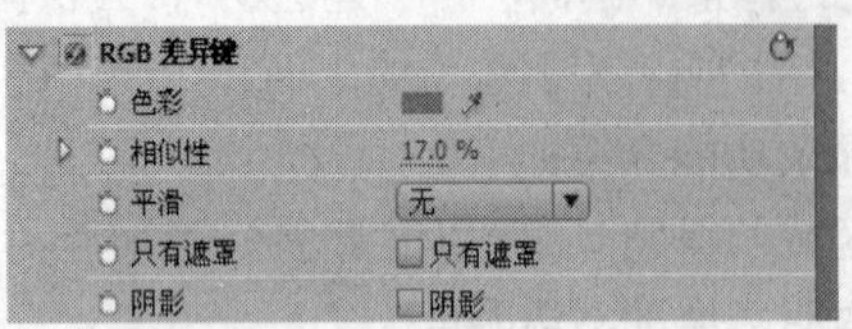

图 11-33 【RGB 差异键】参数设置面板

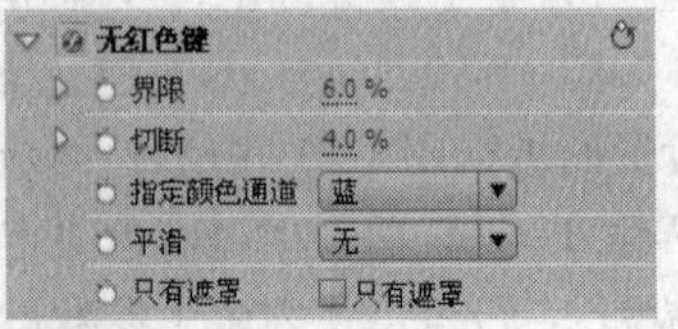

图 11-34 【无红色键】参数设置面板

【无红色键】特效参数面板中的选项及参数功能介绍如下。

①【界限】：向左拖曳滑杆，直至蓝色、绿色部分产生透明。

②【切断】：向右拖曳，增加由【界限】参数产生的不透明区域的不透明度。

③【指定颜色通道】：从剪辑不透明区域的边缘移除剩余的蓝色或者绿色。选择"无"不启用该项功能，选择"蓝"、"绿"分别针对蓝色或者绿色背景剪辑。

④【平滑】、【只有遮罩】：与【蓝屏键】特效的参数功能相同。

（5）【颜色键】：可以使与指定颜色接近的颜色区域变得透明，显示下层轨道的画面，参数设置如图 11-35 所示。

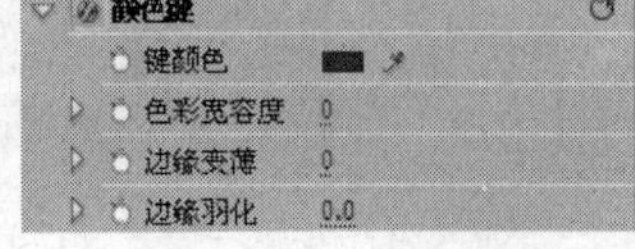

图 11-35 【颜色键】参数设置面板

①【键颜色】：选择要抠掉的颜色。单击色块可以在打开的颜色拾取器中选择颜色，通过【吸管】工具可以在屏幕中选择任意颜色。

②【色彩宽容度】：设置与抠掉颜色的相似度。数值越高，与指定颜色相近的颜色被透明的越多，反之被透明的颜色越少。

③【边缘变薄】：设置不透明区域的边缘宽度。数值越大，不透明区域边缘越薄。

④【边缘羽化】：设置不透明区域边缘的羽化程度。数值越高，边缘过渡越柔和。

2．利用色彩、色度类特效抠像

Effect 05

Step 01 新建一个序列。在【项目】面板中双击鼠标左键，导入图片"jump.bmp"、"football.jpg"。

Step 02 将"11c.avi"拖曳到【时间线】面板的【视频 1】轨道，"jump.bmp"拖曳到【时间线】面板的【视频 2】轨道。单击【工具】面板的【比例缩放】工具，将鼠标指针放置在剪辑"11c.avi"的右边缘拖曳，使其长度与【视频 2】轨道的"jump.bmp"相同，如图 11-36 所示。

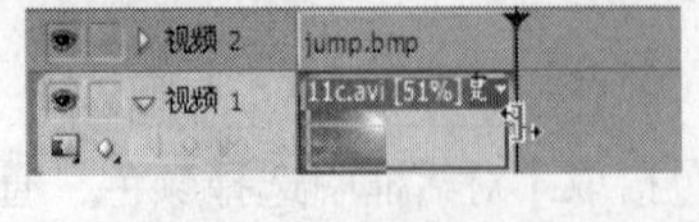

图 11-36 【时间线】面板

Step 03 在【效果】面板中选择【视频特效】/【键】/【蓝屏键】特效，并将其拖曳到【时间线】面板的图片"jump. bmp"上，如图 11-37 所示。

Step 04 在【效果控制】面板中，单击【蓝屏键】特效左侧的图标，展开参数面板。将鼠标指针放在【界限】属性右侧的数字上，拖曳鼠标将数值设置为"43%"，同样将【截断】属性数值设置为"33%"，如图 11-38 所示。效果如图 11-39 所示，图（a）是抠像剪辑，图（b）是背景剪辑，图（c）是合成效果。

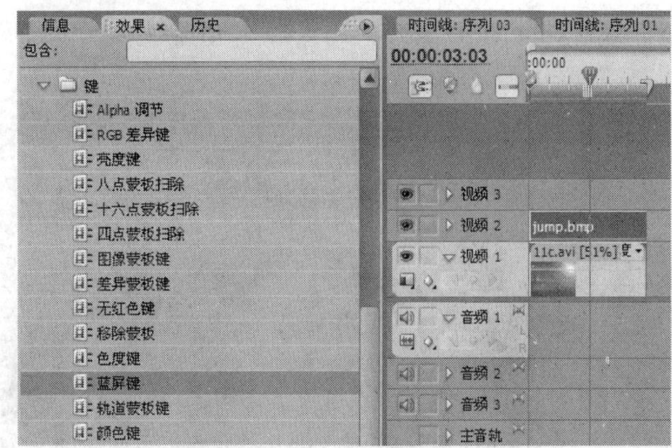

图 11-37　添加【蓝屏键】特效

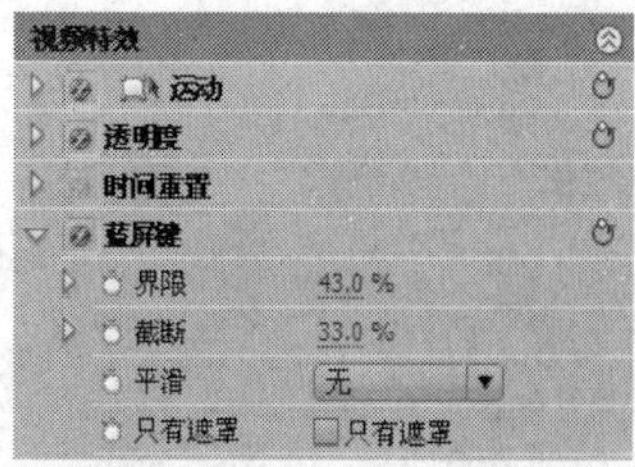

图 11-38　参数面板设置

图 11-39 【蓝屏键】特效合成效果

Step 05　单击【视频 2】轨道左侧的图标，关闭该轨道的显示。将【项目】面板的“football.jpg”拖曳到【时间线】面板的【视频 3】轨道，如图 11-40 所示。

Step 06　在【效果】面板中选择【视频特效】/【键】/【色度键】特效，并将其拖曳到【时间线】面板的图片“football.jpg”上，如图 11-41 所示。

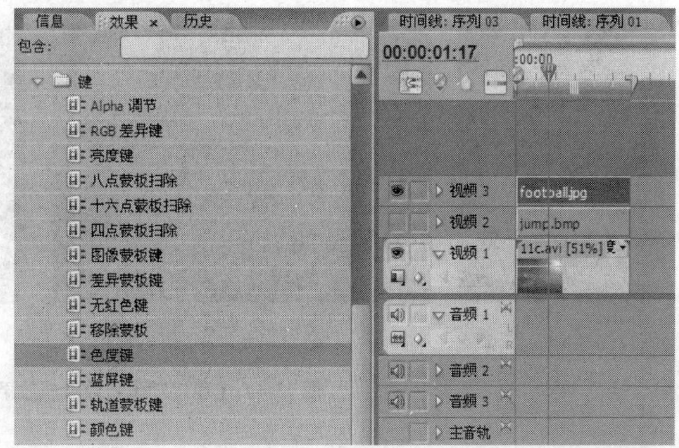

图 11-40 【时间线】面板

图 11-41　添加【色度键】特效

Step 07　在【效果控制】面板中，展开【色度键】参数面板。单击【颜色】右侧的【吸管】工具，将鼠标指针放在【节目】监视器的绿色背景上，单击鼠标左键，选中要抠掉的颜色，如图 11-42 所示。

Step 08　继续调节各项参数。设置【相似性】为“11”,【界限】参数为“33”,【截断值】参数为“10”，参数面板设置如图 11-43 所示。效果如图 11-44 所示，图（a）是抠像剪辑，图（b）是背景剪辑，图（c）是合成效果。

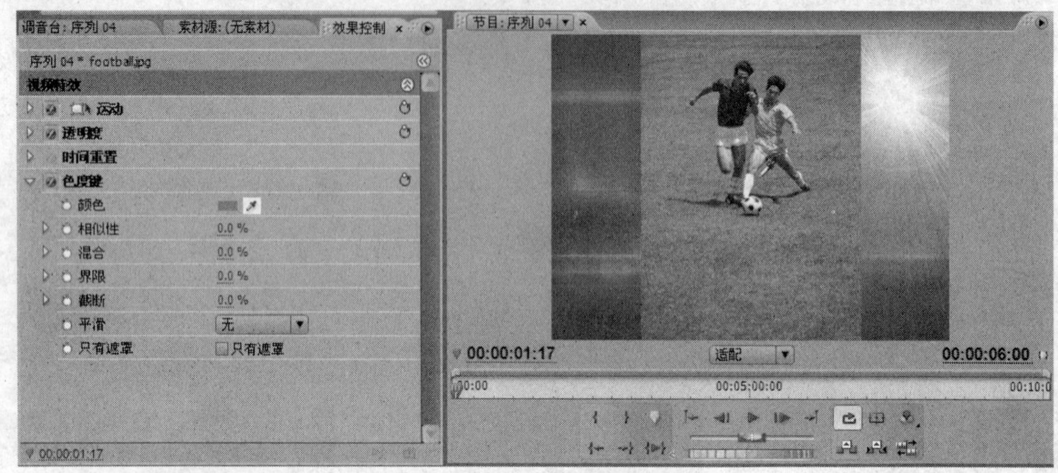

图 11-42　选中要抠掉的颜色

图 11-43　参数面板设置

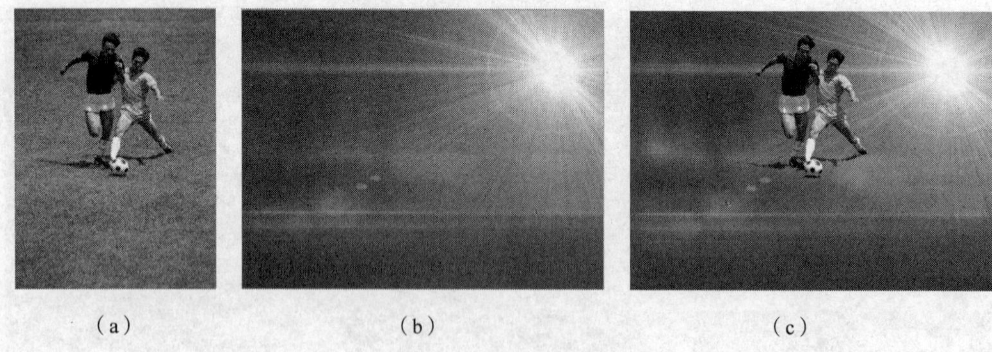

（a）　（b）　（c）

图 11-44 【色度键】特效合成效果

提示： 在抠像过程中，如果使用一种方法抠像效果不理想，可以尝其他的方法。

11.4.2　利用【亮度键】抠像

亮度键控依靠图像中的灰度值创建透明关系。亮度值越高的区域，不透明度越高；亮度值越低的区域，不透明度越低。对于明暗反差较大的图像，利用这种键控方式会得到较好的结果。

应用亮度键抠像，方法如下。

Effect 06

Step 01 新建一个序列。导入“第 11 章”中的素材“leaf1.jpg”、“leaf2.bmp”，如图 11-45 所示。

Step 02 将“leaf1.jpg”拖曳到【时间线】面板的【视频 1】轨道，将“leaf2.bmp”拖曳到【时间线】面板的【视频 2】轨道，如图 11-46 所示。

（a）

（b）

图 11-45　素材图片

Step 03 在【效果】面板中选择【视频特效】/【键】/【亮度键】特效，并将其拖曳到【时间线】面板的图片“leaf2. bmp”上，如图 11-47 所示。

图 11-46 【时间线】面板

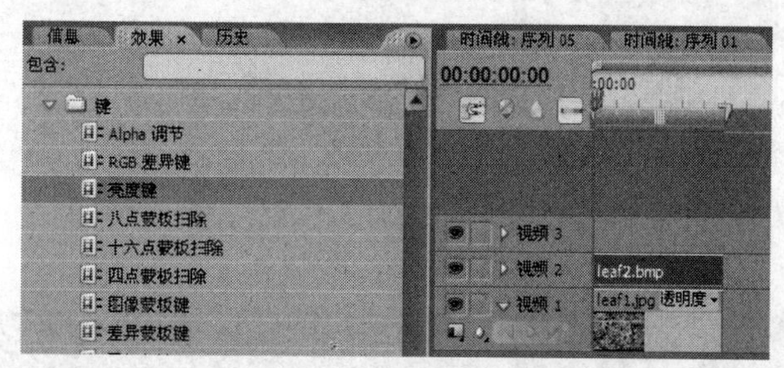

图 11-47　添加【亮度键】特效

Step 04 【亮度键】特效出现在“leaf2. bmp”的【效果控制】面板中。展开【亮度键】参数面板，如图 11-48 所示。

①【界限】：设置由剪辑画面中暗部决定的透明区域的范围。数值越高，透明区域的范围越大。

②【截断】：设置由【界限】参数产生的不透明区域的不透明度。向右拖曳数值，增加其透明度。

图 11-48 【亮度键】参数面板

Step 05 设置【界限】参数为“53”，【截断】参数为“41”。参数设置及合成效果如图 11-49 所示。

Step 06 选择【视频特效】/【键】/【Alpha 调节】特效，并将其拖曳到【时间线】面板的图片“leaf2. bmp”上。在【效果控制】面板中单击【Alpha 调节】左侧的▷图标，展开参数面板，勾选【反转 Alpha】复选框，将 Alpha 通道反转，如图 11-50 所示。

图 11-49　合成效果

图 11-50　添加【Alpha 调节】特效并设置参数

11.5 使用蒙版类特效抠像

使用蒙版抠像，是在剪辑上开个“孔”，使另一个剪辑的一部分显示出来。蒙版抠像可以使用自定义的蒙版图形来确定使剪辑的哪些区域变为透明，哪些区域变为不透明。

11.5.1　使用蒙版扫除类特效

利用色度、色彩、亮度可以将不需要的画面扣掉，透出背景画面。但是有时候，由于实拍场景的条件限制，当主要对象完全抠出时，还剩余一些不需要的对象，这时可以使用蒙版扫除特效将这些对象抠掉。按照控制点数量的不同，Premiere Pro CS3 提供了【四点蒙版扫除】、【八点蒙版扫除】和【十六点蒙版扫除】键控特效，分别对应 4、8、16 个控制点。控制点越多，创建的遮罩形状越复杂。针对不同的情况可以选择不同的蒙版扫除特效，还可以通过叠加多个蒙版扫除创建更多的点。

蒙版扫除特效使用方法如下。

Effect 07

Step 01 新建一个序列。在【项目】面板中双击鼠标左键，导入视频素材“11d.avi”、“11e.avi”。

Step 02 将“11e.avi”拖曳到【时间线】面板的【视频 1】轨道，“11d.avi”拖曳到【时间线】面板的【视频 2】轨道。单击【工具】面板的【比例缩放】工具，将鼠标放置在剪辑“11e.avi”右边缘，拖曳使其长度与【视频 2】轨道的“11d.avi”相同，如图 11-51 所示。

Step 03 在【效果】面板中选择【视频特效】/【键】/【蓝屏键】特效，并将其拖曳到【时间线】面板的图片“11d.avi”上。

Step 04 单击【蓝屏键】特效左侧的图标，展开参数面板。设置【界限】值为“43”，【截断】值为“21”，参数面板设置如图 11-52 所示。合成效果如图 11-53 所示，图（a）是抠像剪辑，图（b）是背景剪辑，图（c）是合成效果。

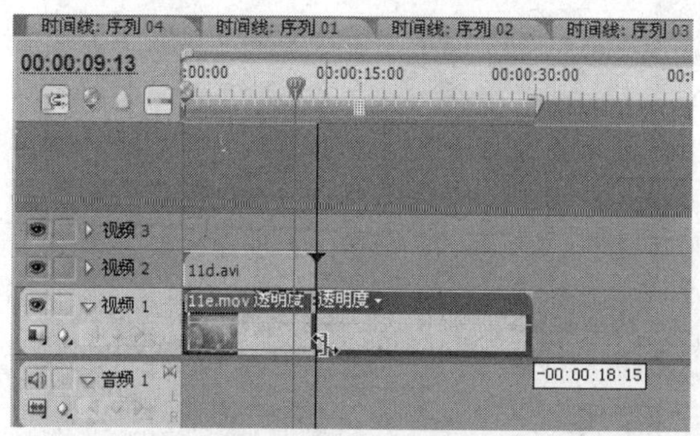

图 11-51 【时间线】面板

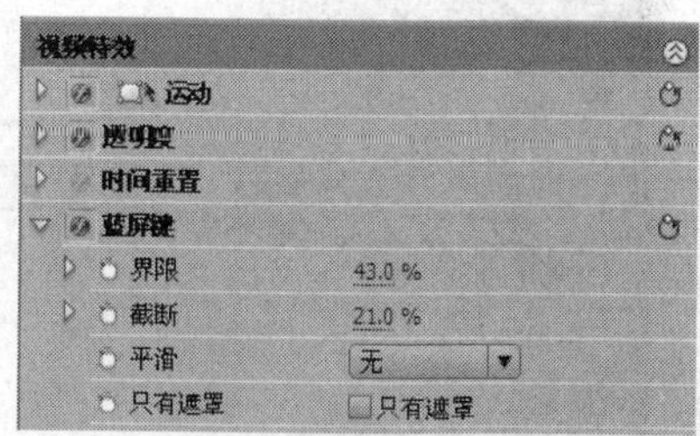

图 11-52 参数面板设置

（a）

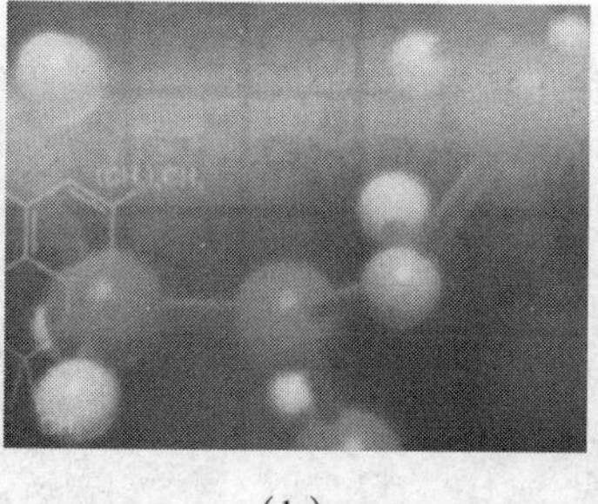

（b）

（c）

图 11-53 【蓝屏键】特效合成效果

Step 05 观察合成效果图，可以发现两侧仍有部分边缘未被抠掉。现在使用蒙版扫除特效来解决这个问题。

Step 06 选择【键】/【十六点蒙版扫除】特效，并将其拖曳到【时间线】面板的“11d.avi”上，如图 11-54 所示。

Step 07 单击【效果控制】面板内该特效左侧的按钮，在【节目】监视器上突出显示 16 个十字形目标手柄，如图 11-55 所示。

Step 08 分别拖曳各个手柄，大体勾勒人的轮廓。效果如图 11-56 所示，可以看到边缘部分已经被抠掉。

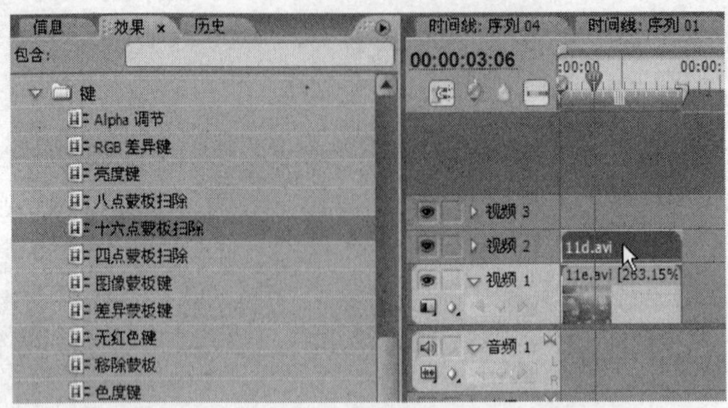

图 11-54　添加【十六点蒙版扫除】特效

图 11-55　目标手柄

Step 09　单击【十六点蒙版扫除】特效左側的▷图标，展开参数面板，各个点对应着【节目】监视器中不同位置处的手柄。调节各个点的位置参数同样可以改变手柄的位置，从而改变透明区域，如图 11-57 所示。

图 11-56　调节手柄的位置

十六点蒙板扫除		
上左点	240.1	131.1
上左切线	270.3	49.4
上中切线	360.0	0.0
上右切线	459.8	30.1
右上点	530.4	118.2
右上切线	603.0	191.3
右中切线	639.3	279.4
右下切线	651.4	412.7
下右点	671.6	518.0
下右切线	530.4	548.1
下中切线	360.0	576.0
下左切线	227.9	567.4
左下点	149.2	530.9
左下切线	201.7	408.4
左中切线	213.8	315.9
左上切线	248.1	206.3

图 11-57　【十六点蒙版扫除】特效参数面板

Step 10 如果感觉人物的亮度、对比度等效果不够理想，可以继续添加其余的视频特效。这里调节人物的亮度和对比度。选择【色彩校正】/【亮度&对比度】特效，并将其拖曳到【时间线】面板的剪辑“11d.avi”上，如图 11-58 所示。

Step 11 单击【亮度&对比度】左侧的▷图标，展开参数面板。设置【亮度】值为“31”，【对比度】值为“37”，如图 11-59 所示。

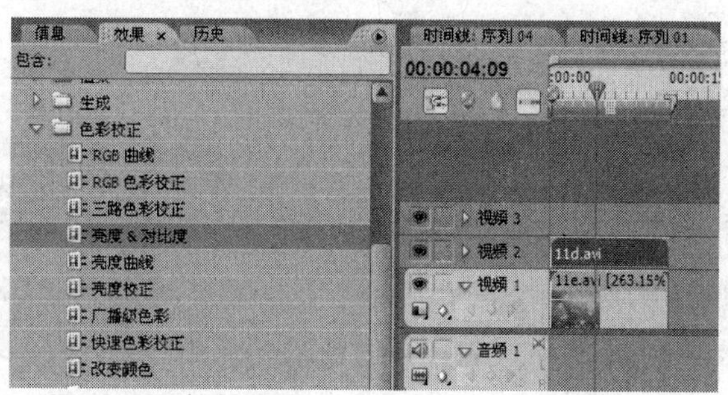

图 11-58 添加【亮度&对比度】特效

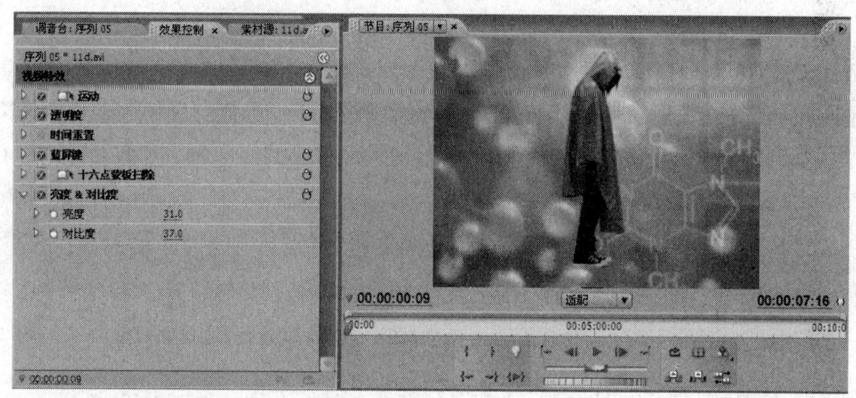

图 11-59 设置【亮度&对比度】参数

11.5.2 使用图形蒙版类特效

这种类型蒙版有 4 种抠像特效，下面对它们进行简要的介绍。

1. 图形蒙版简介

(1)【差异蒙版键】: 对当前剪辑与指定剪辑进行对比，剪辑中相同部分的像素产生透明，不相同部分的像素保留，产生了新的透明与不透明关系，参数设置面板如图 11-60 所示。

①【查看】: 指定观察对象。

②【差异层】: 选择与当前剪辑进行比较的剪辑所在的轨道。

③【如果图层大小不同】: 指定如何放置剪辑。选择“居中”，将指定剪辑放在当前剪辑的中心处；选择“拉伸进行适配”，将放大或者缩小指定剪辑图像来适配当前剪辑尺寸。

④【匹配宽容度】: 设置与抠掉颜色的相似度。数值越高，与指定颜色相近的颜色被透明的越多，反之被透明的颜色越少。

⑤【匹配柔化】: 设置抠像后剪辑边缘的柔化程度。

⑥【差异前模糊】: 用模糊背景来消除颗粒。

（2）【图像蒙版键】：以载入静态图像的 Alpha 通道或者亮度信息决定透明区域。对应白色部分完全不透明，对应黑色部分完全透明，而黑白之间的过渡部分则为半透明。单击右上角的按钮，引入要作为蒙版的图像。这是一种静态特效，使用方法有限，参数设置如图 11-61 所示。

①【复合使用】：选择使用图像的何种属性合成。通过“蒙版亮度”或者“蒙版 Alpha”可以进行抠像。

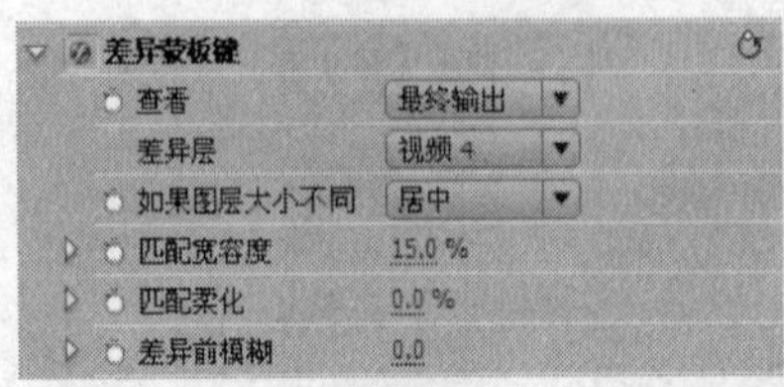

图 11-60 【差异蒙版键】参数面板

图 11-61 【图像蒙版键】参数面板

②【反转】：反转蒙版的黑白关系，从而反转透明区域。

（3）【移除蒙版】：如果在抠像时边缘周围出现细小光晕的图形，可以使用移除蒙版删除它。设置【蒙版类型】为“黑”，去掉黑色背景；设置【蒙版类型】为“白”，去掉白色背景，参数设置如图 11-62 所示。

（4）【轨道蒙版键】：【轨道蒙版键】特效与【图像蒙版键】特效相似，都是利用灰度图像控制剪辑的透明区域。不同之处在于【轨道蒙版键】特效的灰度图像是放在一个独立的视频轨道上，而不是直接运用到剪辑上。使用【轨道蒙版键】特效一个突出的优点是可以对蒙版设置动画，参数设置如图 11-63 所示。

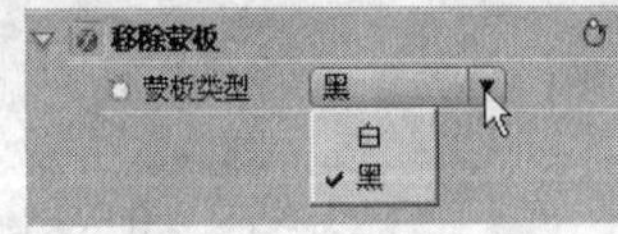

图 11-62 【移除蒙版】参数面板

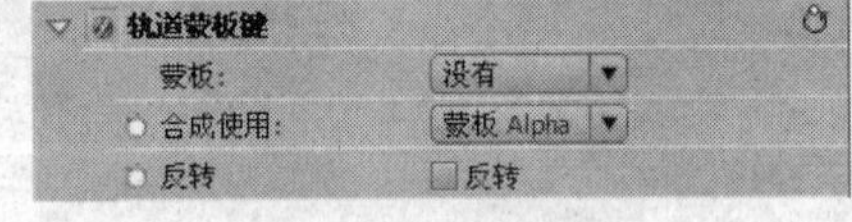

图 11-63 【轨道蒙版】参数面板

①【蒙版】：设置欲作为蒙版的剪辑所在的轨道。

②【合成使用】：选择使用剪辑的何种属性合成。选择“蒙版 Alpha”，使用蒙版图像的 Alpha 通道作为合成剪辑的蒙版；选择“蒙版亮度”，使用蒙版图像的亮度信息作为合成剪辑的蒙版。

2．创建轨道蒙版键

轨道蒙版键有着广泛的应用，使用方法如下。

Effect 08

Step 01 新建一个序列。在【项目】面板中双击鼠标左键，导入“第 11 章”中的素材“baby.jpg”、“mat.tif”。

Step 02 将“baby.jpg”拖曳到【时间线】面板的【视频 1】轨道，在【节目】监视器中可以观察图片的尺寸大于项目设置的尺寸，首先调节图片的大小。在【时间线】面板上选择剪辑并单击鼠标右键，在弹出的快捷菜单中选择【画面大小与当前画幅比例适配】命令，如图 11-64 所示。

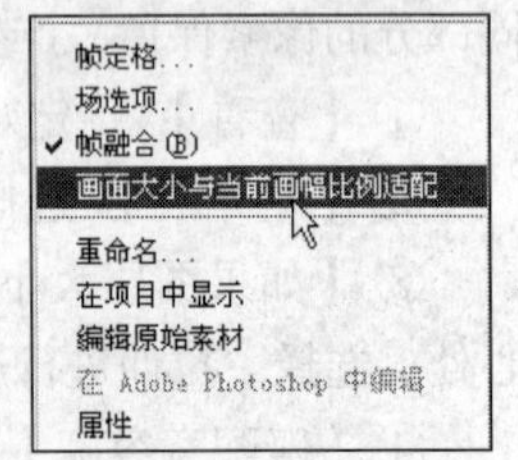

图 11-64 调节图片的大小

Step 03 打开【效果控制】面板，单击【运动】特效左侧的图标，展开参数面板。设置【比例】参数为“112”，如图 11-65 所示。

Step 04 在【时间线】面板中选择“baby.jpg”，单击鼠标右键，在弹出的快捷菜单中选择【复制】命令。单击【视频 2】轨道，轨道变成亮灰色显示说明轨道被激活。将时间指针移动到序列的起始位置，选择【编辑】/【粘贴】命令，复制图片，如图 11-66 所示。

图 11-65　设置【比例】值

Step 05　选择【视频特效】/【图像控制】/【黑&白】特效，并将其拖曳到【时间线】面板【视频 1】轨道的剪辑“baby.jpg”上，将彩色图像转换为灰度图像作为背景图片，如图 11-67 所示。

图 11-66　复制图片

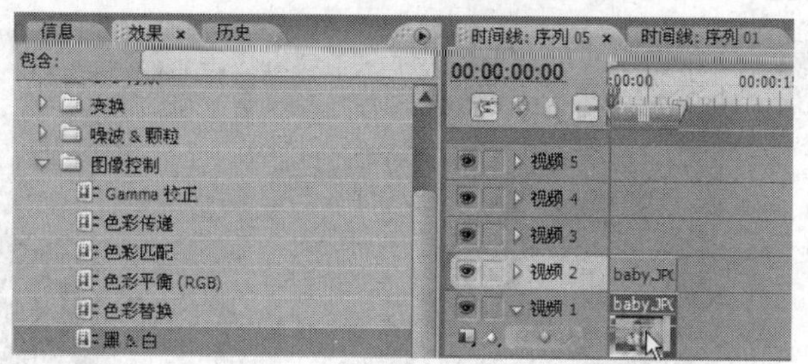

图 11-67　添加【黑&白】特效

Step 06　把要作为蒙版的素材“mat.tif”放置到【视频 3】轨道上，如图 11-68 所示。

Step 07　选择【视频特效】/【键】/【轨道蒙版键】特效，并将其拖曳到【时间线】面板【视频 2】轨道的剪辑“baby.jpg”上，如图 11-69 所示。

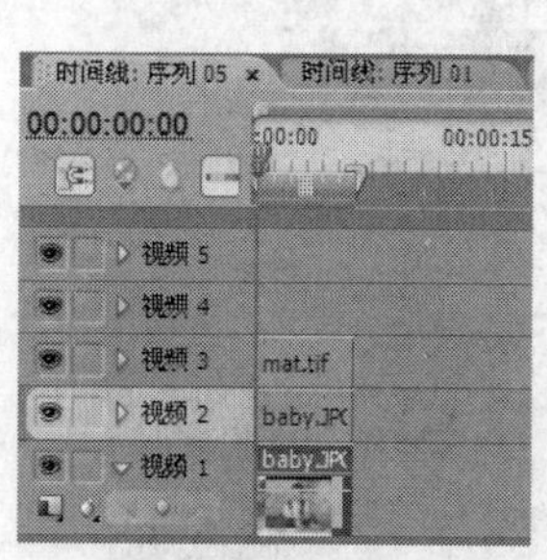

图 11-68 【时间线】面板

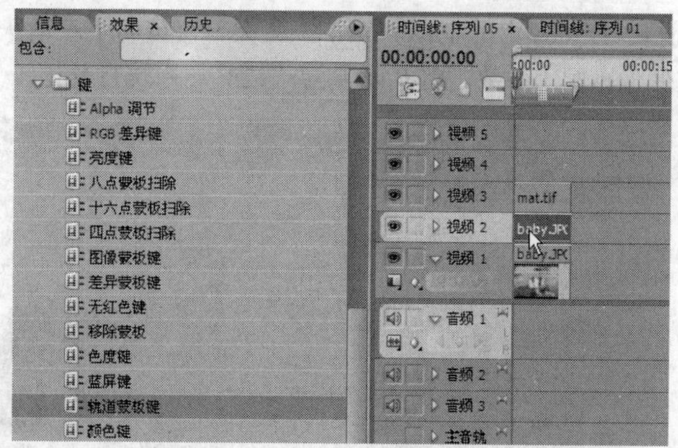

图 11-69　添加【轨道蒙版键】特效

Step 08　在【效果控制】面板中，单击【轨道蒙版键】左侧的▷图标，在【蒙版】中选择“视频 3”作为蒙版，设置【合成使用】为“蒙版亮度”，使用蒙版图像的亮度信息作为合成剪辑的蒙版，如图 11-70 所示。

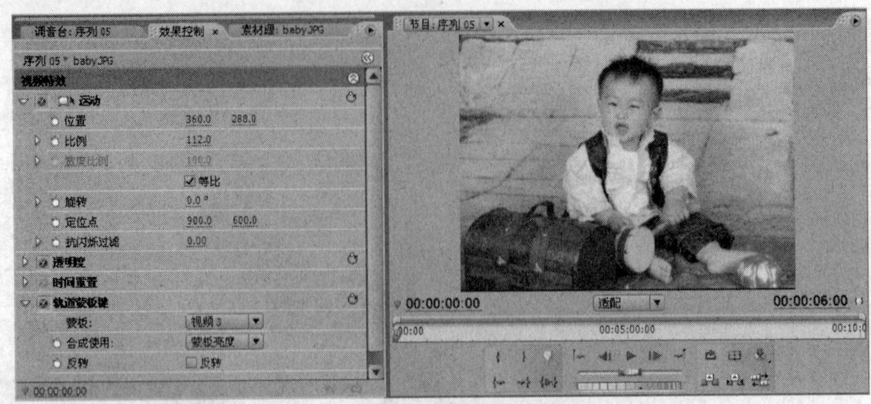

图 11-70 设置【轨道蒙版键】参数

Step 09 在【时间线】面板上选择“mat.tif”，移动时间指针到序列的起始位置。单击【运动】特效左侧的▷图标，展开参数面板。设置【比例】值为“0”，单击左侧的动画记录器，记录一个关键帧，如图 11-71 所示。

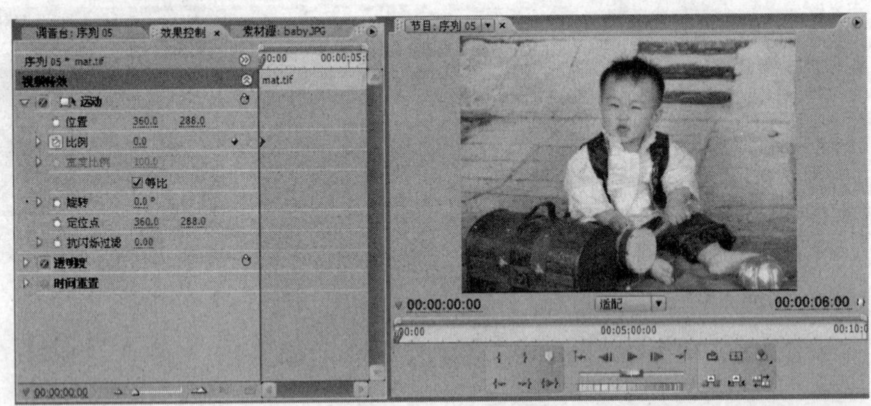

图 11-71 设置【比例】值

Step 10 按键盘上的 PageDown 快捷键，再按向下左箭头←键，将时间指针移动到序列的结束帧。改变【比例】参数，将其设置为“228”，系统自动记录关键帧，如图 11-72 所示。

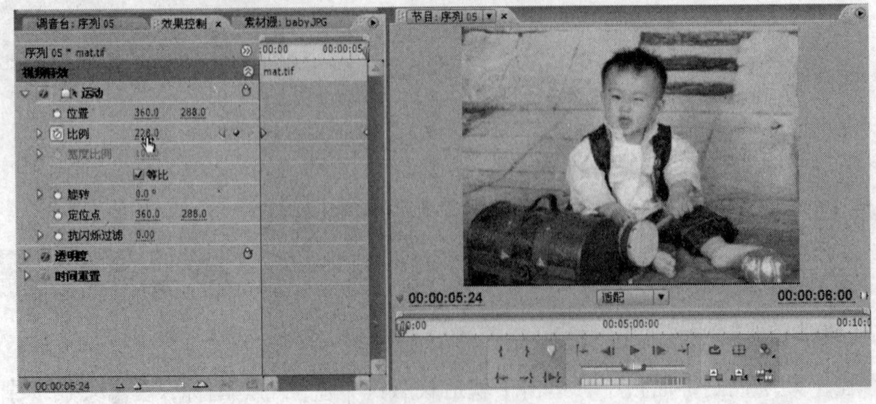

图 11-72 设置【比例】参数

Step 11 按键盘上的空格键播放，可以看到图片由黑白逐渐转成彩色的合成效果，如图 11-73 所示。

图 11-73　合成效果

小结

本章的知识点主要涉及了【透明度】特效、多轨视频特效，以及键控特效组。在理解其工作原理的基础上，熟练掌握这些技巧对于在今后的影视编辑创作非常重要。仅仅掌握其中的某个技巧是不够的，这些技巧只有在创造性的综合运用时才能发挥出其强大的功能，要在平时多加练习和实践才能够做到活学活用。

习题

一、简答题

1. 请说出 3 种混合两个全屏剪辑的方法。
2. 制作抠像的视频特效可以分为哪几大类?
3. 键控特效中的【图像蒙版键】特效和【轨道蒙版键】特效有什么区别?
4. 在色度键中,【相似性】、【混合】、【界限】、【截断】参数各有什么作用?

二、操作题

1. 利用字幕设计窗口，制作一个标志，并在一段剪辑上显示这个标志的纹理。
2. 搜集素材，创作一段尺寸为 PAL 制式 720 × 576 像素大小的抠像视频作品。

第12章 增强视频

在进行后期编辑时，往往会发现原始素材不完全符合影片的要求，比如在拍摄过程中出现了技术失误，或者需要对影片色彩添加特殊创意效果，还要保证影片能够作为电视信号进行正常传输和播出，这就需要对原始素材进行色彩和亮度调整。本章将介绍使用视频特效对素材的色彩、亮度、饱和度等调整的方法。

【教学目标】

- 掌握使用特效为素材添加艺术影调的方法。
- 掌握使用特效纠正素材缺陷的方法。
- 了解电视信号安全的标准。
- 掌握示波器的使用方法。

12.1 颜色调整概述

使用 Premiere 中的视频特效可以对图像的色彩、亮度、饱和度等进行调整。用于颜色调整的视频特效，主要在【图像控制】、【调节】、【色彩校正】3 大类特效中。对于素材的颜色调整大致可以分为以下 3 种情况：添加特殊艺术效果、纠正视觉缺陷、保证信号安全。

1．添加特殊艺术效果

为了影片创意需要，往往需要给素材添加艺术效果。有时为了影片的风格，或是为了渲染气氛，需要为素材添加一些特殊的着色效果，比如将视频变为黑白色调，或只保留素材中的某一种颜色，或为素材增加某种偏色效果等。

2．纠正视觉缺陷

素材在拍摄过程中因为技术问题或其他原因造成的失误，使得素材存在缺陷，比如曝光不正确、偏色等问题，这就需要使用视频特效来修正这些问题。

3．保证信号安全

要保证影片能够作为电视信号进行传输和播出，还需要进一步从技术上对影片的颜色信息进行监测和调整，使得编辑完成的影片能够顺利地转换为电视信号传输和播出。

为了将电视信号发射出去，需要把音频和视频信号统一调制在一个载波频率上，这就是调制。调制的过程中，对视频信号幅度有一定的要求。如果视频信号超标，就会影响调制后的信号质量，电视机接受信号后，会产生解调失真，使画面及声音出现干扰。

计算机的色彩信号处理范围与电视播出及接收信号范围并不完全相同，因此有些在计算机上处理的颜色在电视还原设备上不能正常再现。所以需要在编辑过程中随时注意信号指标是否符合播出的要求，其最终目的也是为了能够在屏幕上还原出色彩清晰逼真的图像效果。

使用专用的示波器可以实时监视和控制视频图像的质量。常用的仪器是波形监视器，它用图形方式测量和显示视频的亮度信息；另外一种是矢量示波器，它实时测量视频的颜色信息。掌握监测与控制视频信号的基本方法，对于制作高质量的电视节目是必需的。

12.2 调整和增强颜色

图像控制类特效和调节类特效，参数相对简单，调整效果明显，使用起来比较简单。对于非线性编辑中一般的调色要求，基本都能实现。本节将对这两大类特效进行介绍。

12.2.1 【图像控制】类特效

图像控制类特效主要对画面进行简单的色彩调整或替换，其中包含 6 种不同的特效。

1.【图像控制】类特效介绍

（1）【Gamma 校正】：用来调整影像中间调，对高光和暗部区域影响很小。Gamma（伽马）指图像经过不同视频设备转换时，光电信号转换中产生的非线性曲线关系，对图像质量会产生影响，形成误差。【Gamma 校正】特效用于校正这个误差，使颜色得到真实的还原。其参数面板如图 12-1 所示，拖曳滑块调整对象的 Gamma 值，可调节数值范围为“1～28”。

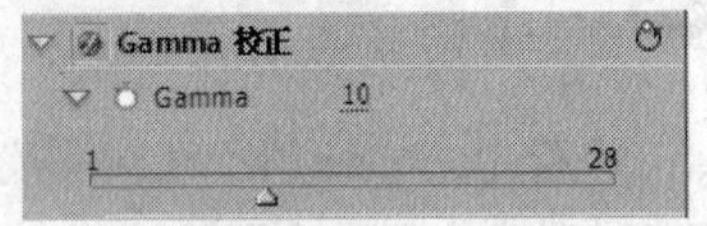

图 12-1 【Gamma 校正】特效参数面板

（2）【色彩传递】：该特效保留选择的颜色，把颜色相似度以外的颜色转换为灰度显示。使用该特效可以强化画面的某个特定区域。如图 12-1 所示，图（a）为【色彩传递】特效的参数面板，单击参数面板中的按钮，弹出如图（b）所示的【色彩传递设置】对话框。

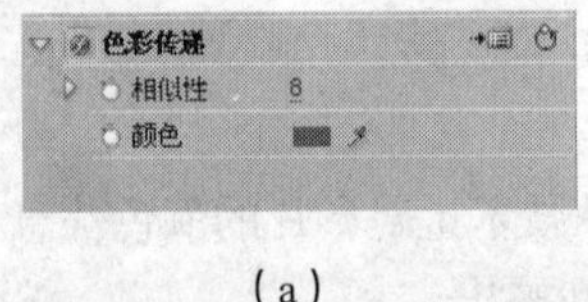

（a）

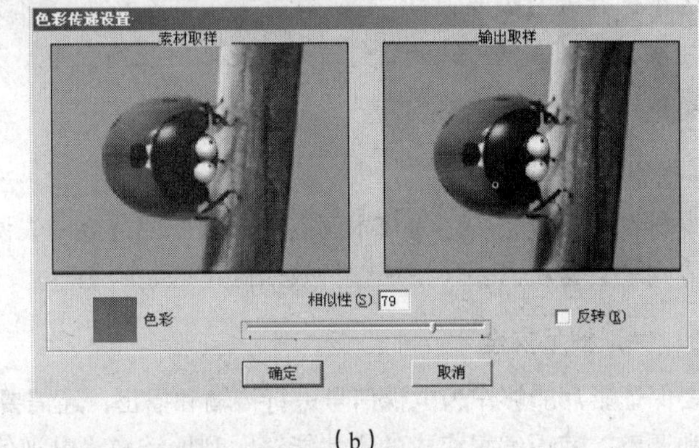

（b）

图 12-2 【色彩传递】特效参数面板和【色彩传递设置】对话框

其常用参数功能如下。

①【色彩】：单击色块，在【颜色拾取】对话框中选择需要保留的颜色，或者不单击色块，直接将鼠标指针放到左边的素材取样窗口上，待鼠标指针变成吸管的形状，单击相应的位置进行颜色取样。

②【相似性】：增加或减少选取颜色的范围。

③【反转】：勾选此项可以反转效果，即将指定的颜色变为灰度显示，其余颜色保留。

（3）【色彩匹配】：该特效指定图像中的一种颜色，将其匹配为另一种目标颜色。在进行色彩匹配时，可以对图像的整体、阴影、中间调、高光部分分别指定颜色进行替换。其参数面板如图 12-3 所示。

色彩匹配提供了 3 种匹配方式，分别为 HSL（色相、饱和度、亮度）、RGB 和曲线模式。根据图像需要的匹配效果，可以选择合适的匹配方式。在取样中需要指定原始颜色，在目标中指定匹配的目标颜色。设置完毕后，单击 Match 按钮即可自动匹配。

HSL 模式下，可以分别对图像的整体、暗部、中间色调和高光区进行色相、饱和度和亮度的匹配，也可以只选择其中某项来进行匹配。

图 12-3 【色彩匹配】特效参数面板

RGB 模式下，可以分别对图像的整体、暗部、中间色调和高光区进行红、绿、蓝颜色通道的匹配，也可以只选择其中某项来进行匹配。

曲线模式下，可以曲线方式对图像进行红、绿、蓝颜色通道的匹配，也可以只选择其中某项来进行匹配。

图 12-4 所示为使用该特效调整前后图像的效果。

（4）【色彩平衡（RGB）】：通过调整红、绿、蓝通道的数值，来改变画面的颜色。默认值为 100，调整范围为 0～200，参数面板如图 12-5 所示。

（a）

（b）

图 12-4　原图与应用【色彩匹配】特效后的效果（参见书前彩页）

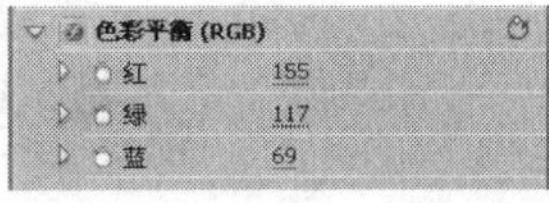

图 12-5　【色彩平衡（RGB）】特效参数面板

在图 12-5 中，为素材增加红色通道、绿色通道的数值，降低蓝色通道的数值，所以图像中蓝色成分减少，红黄色成分增加，调整前后的图像效果如图 12-6 所示。

（a）

（b）

图 12-6　原图与应用【色彩平衡】特效后的效果（参见书前彩页）

（5）【色彩替换】：将选定的颜色用另外一种新的颜色替换。如图 12-7 所示，图（a）为该特效参数面板，单击参数面板中的按钮，弹出如图（b）所示的【色彩替换设置】对话框。

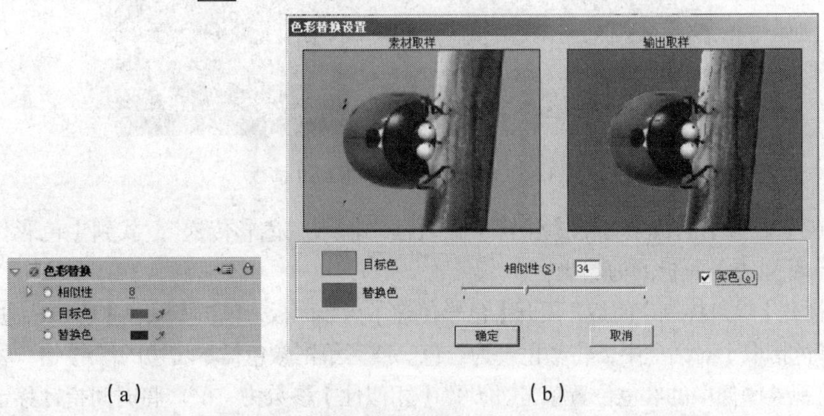

（a）　（b）

图 12-7　【色彩替换】特效参数面板和【色彩替换设置】对话框

【色彩替换设置】对话框中常用选项及参数介绍如下。

① 【目标色】：单击色块，在【颜色拾取】对话框中选择需要被替换的颜色，或者不单击色块，直接将鼠标指针放到左边的素材取样窗口上，待鼠标指针变成吸管的形状，单击相应的位置进行颜色取样。

② 【替换色】：单击色块，在【颜色拾取】对话框中选择用作替换的颜色。

③ 【相似性】：增加或减少选取颜色的范围。

④【实色】：勾选此复选框，使用不透明的纯色填充。

（6）【黑＆白】：将彩色图像变成灰度图像。图 12-8 所示为对一段剪辑使用该特效前后的效果。

（a）

（b）

图 12-8　使用【黑＆白】特效前后的效果（参见书前彩页）

2．使用【色彩传递】特效和【色彩平衡（RGB）】特效

下面，使用【色彩传递】特效和【色彩平衡（RGB）】特效来制作一个实例。

Effect 01

Step 01　将本书附盘中的“第 12 章”目录复制到本地硬盘上，启动 Premiere，新建项目文件“lesson12-1”。

Step 02　选择【文件】/【导入】命令，定位到本地硬盘“第 12 章”文件夹，导入素材“12g.avi”。将【项目】面板中的素材“12g.avi”拖曳到【时间线】面板的【视频 1】轨道上，和轨道左端对齐，如图 12-9 所示。

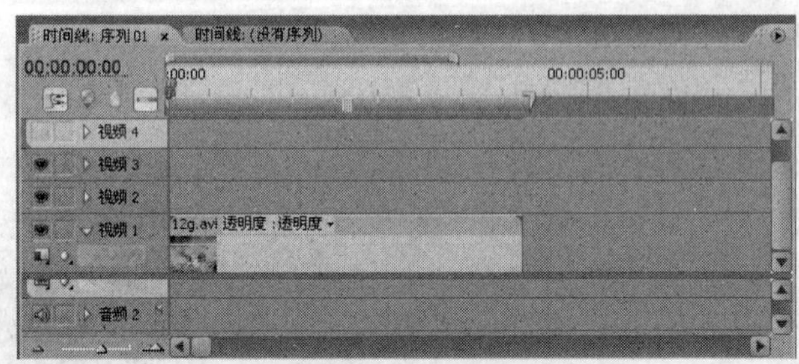

图 12-9　将素材放入【时间线】面板

Step 03　在【效果】面板上方的【包含】输入框中输入“色彩传递”，找到【色彩传递】特效，将其拖曳到【时间线】面板的剪辑上。

Step 04　打开【效果控制】面板，展开【色彩传递】参数面板，单击【颜色】选项右边的颜色样本，在弹出的【颜色拾取】对话框中，将颜色设为红色。或者单击颜色样本右边的按钮，将鼠标指针放到【节目】监视器图像中的红色位置单击。设置【相似性】参数为“0”。将时间指针移至轨道左端，单击【相似性】选项左侧的按钮，如图 12-10 所示。

Step 05　将时间指针移至“00:00:00:12”处，设置【相似性】参数为“50”。此时自动添加一个关键帧，效果如图 12-11 所示。

Step 06　在【效果】面板上方的【包含】输入框中输入“色彩平衡”，找到【色彩平衡（RGB）】特效，将其拖曳到【时间线】面板的剪辑上。在【效果控制】面板，展开【色彩平衡（RGB）】参数面板，单击【红】选项左侧的按钮，如图 12-12 所示。

图 12-10　【效果控制】面板

图 12-11　调整【相似性】参数

图 12-12　添加【色彩平衡（RGB）】特效

Step 07　将时间指针移至“00:00:01:20”处，设置【红】参数设置为“150”。此时自动添加一个关键帧，如图 12-13 所示。

Step 08　在“00:00:01:20”处，单击【相似性】选项右侧的按钮，添加关键帧。

图 12-13 为【色彩平衡（RGB）】特效记录关键帧

Step 09 将时间指针移至“00:00:03:10”处，设置【相似性】参数为“100”。此时自动添加一个关键帧，如图 12-14 所示。

图 12-14 为【色彩传递】特效记录关键帧

Step 10 将时间指针移至轨道左端，按键盘上的空格键，在【节目】监视器中浏览动画效果。可以看到，画面开始为黑白，瓢虫渐渐变为红色，背景也渐渐变为红色，最后显现图像原来的色彩。

12.2.2 【调节】类特效

【调节】类特效主要是对剪辑画面的色彩、亮度进行调节。其中包含 9 种不同的特效。

1.【调节】类特效介绍

（1）【回旋核心】。该特效使用 “卷积积分”数学运算方法，改变画面中每个像素的亮度值。其选项中包含了一组 3 × 3 的矩阵，通过调整矩阵值和【偏移】和【比例】参数，来修改矩阵中像素的亮度增效水平，可以做出模糊、锐化边缘、查找边缘、浮雕等很多效果。

在【效果】面板的【预置】文件夹中，可以使用预置的【回旋核心】特效应用到剪辑上，如图 12-15 所示。

（2）【提取】。该特效用于提取画面中的颜色，产生灰度图。像素亮度值低于黑色输入电平（左侧三角）的像素变为黑色，高于白色输入电平（右侧三角）的像素变成白色，处于两者之间的点变成灰色。如图 12-16 所示，图（a）是该特效的参数面板，图（b）是【提取设置】对话框。

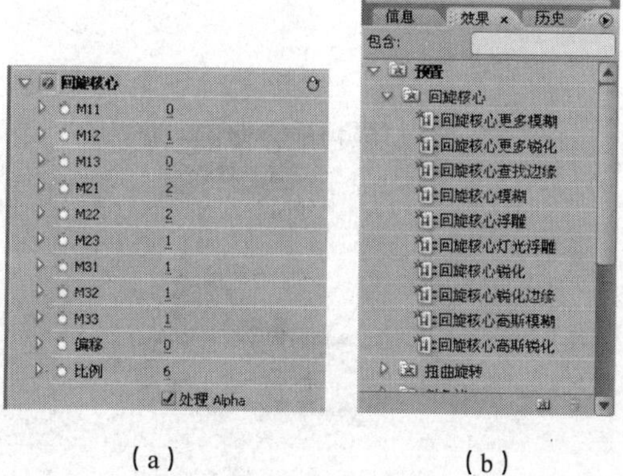

（a）　　　　　　　　　（b）

图 12-15　【回旋核心】特效参数面板和【预置】中的【回旋核心】特效

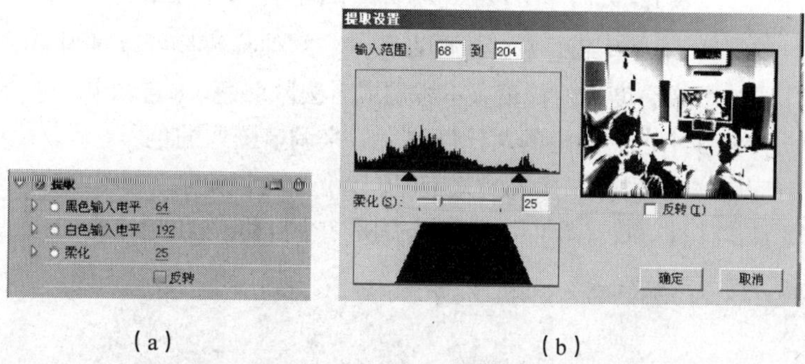

（a）　　　　　　　　　（b）

图 12-16　【提取】特效参数面板和【提取设置】对话框

（3）【照明效果】。在画面上最多可以添加 5 盏灯，创建灯光特效。该效果可以控制灯光的很多属性，比如灯光类型、角度、强度、颜色、灯光中心、照射范围等，还可以控制表面光泽和材质等，其参数面板如图 12-17 所示。

应用了【照明效果】特效后的图像效果如图 12-18 所示。

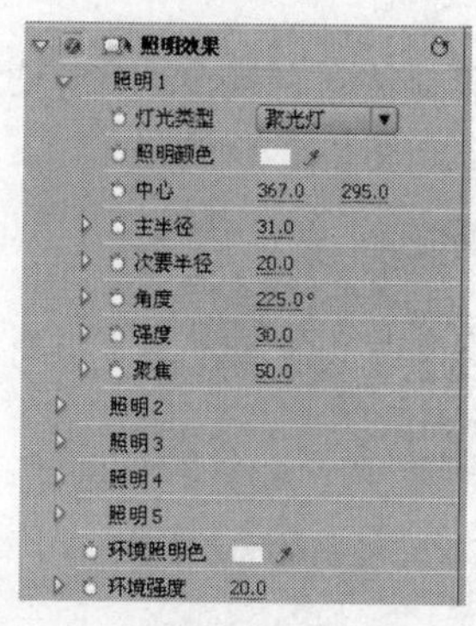

图 12-17　【照明效果】特效参数面板

图 12-18　【照明效果】特效

（4）【电平】。该特效用于控制画面的亮度和对比度。该特效整合了【颜色平衡】、【Gamma 校正】、【亮度&对比度】、【反转】特效的功能，运用起来很灵活。

如图 12-19 所示，图（a）是【电平】特效的参数面板，单击按钮会弹出图（b）所示的【电平设置】对话框，该对话框以直方图的方式显示当前帧的亮度信息。x 轴代表亮度值，最左端亮度值为 0 表示全黑，最右端亮度值为 255 表示最亮。y 轴代表当前亮度值像素的数量。调节方式类似于 Photoshop 中的色阶调节。

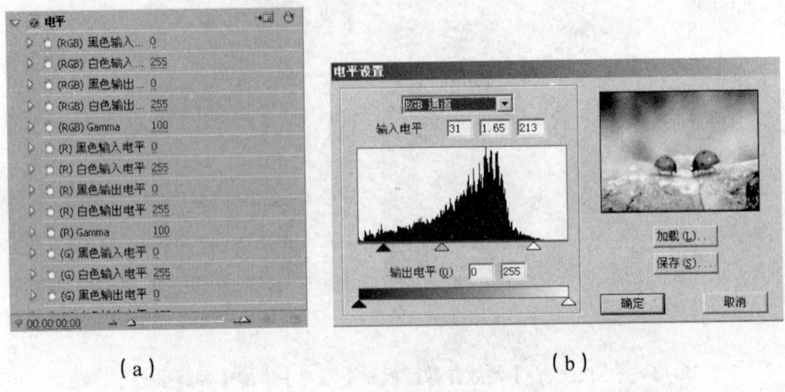

（a）　　　　　　　　　　（b）

图 12-19　【电平】特效参数面板和【电平设置】对话框

（5）【自动对比度】、【自动电平】、【自动色彩】。这 3 种特效都可以对画面整体进行快速的调节。【自动对比度】调节图像亮度的对比度，不添加或者去除颜色。【自动电平】会自动校正高光和阴影。【自动色彩】会将 3 个色彩通道的对比度增大，来调节图像的色彩。

对一段剪辑分别应用这 3 种特效时，效果略有不同，但都可以使原来的图像效果得到改善，必要时可对一段剪辑同时添加这 3 种特效，图 12-20 所示分别是 3 个自动特效的参数面板。

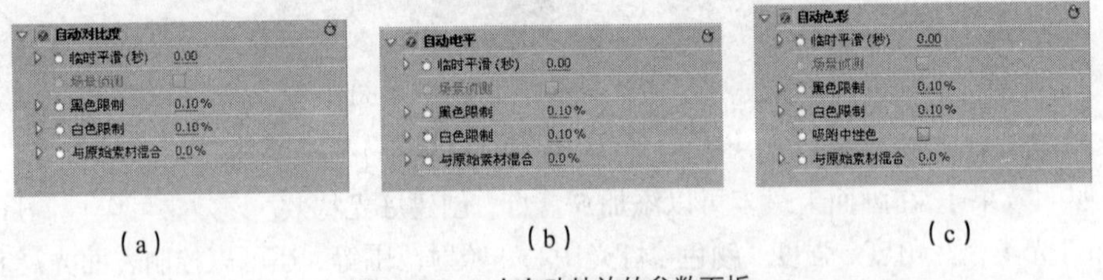

（a）　　　　　　　　（b）　　　　　　　　（c）

图 12-20　3 个自动特效的参数面板

（6）【调色】。该特效可以分别调节素材的亮度、对比度和色调，图 12-21 所示是【调色】特效的参数面板。

（7）【阴影/高光】。该特效可以提高阴影区的亮度，降低高光区的亮度，用来处理素材中的背光问题。可以使用自动数值，也可以手动调节。其参数面板如图 12-22 所示。

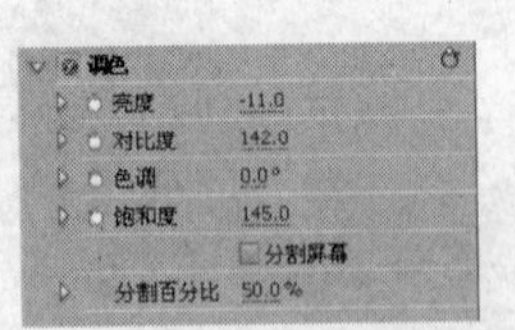

图 12-21　【调色】特效参数面板

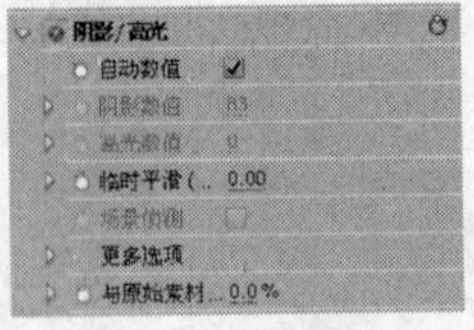

图 12-22　【阴影/高光】特效参数面板

2．使用【电平】特效调整图像色彩

Effect 02

Step 01 启动 Premiere，新建项目文件“lesson12-2”。导入“第 12 章”文件夹下的素材“12d.avi”。在【项目】面板中拖曳“12d.avi”至【时间线】面板，使之与【轨道 1】左端对齐。

Step 02 打开【效果】面板，选择【视频特效】/【调节】/【电平】特效，将其拖曳至【时间线】

面板的剪辑上松开鼠标。

Step 03　选中【时间线】面板上的剪辑，打开【效果控制】面板，展开【电平】参数面板，如图 12-23 所示。

从图中可以看出，该图像稍微有些发灰，可以让对比度再大一些。因为图中整体为绿色调，可以让绿色调再加重一下，增加图像的水润感觉。

Step 04　在【效果控制】面板中，单击【电平】特效右侧的按钮，弹出【电平设置】对话框，如图 12-24 所示。

图 12-23　添加【电平】特效

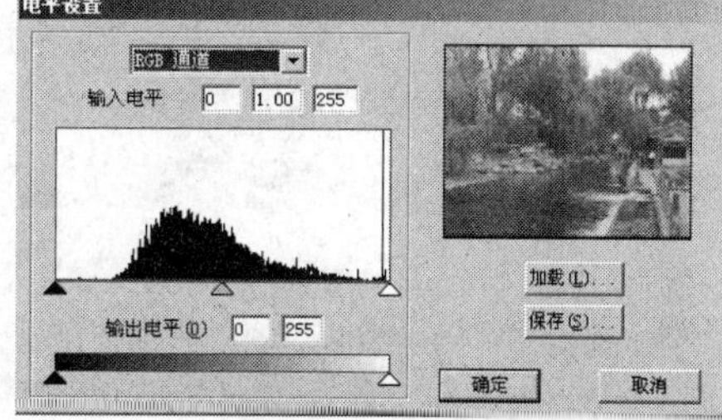

图 12-24　【电平设置】对话框

在该对话框中，显示了一个黑色的直方图。左端代表图像中的暗调部分，右端代表图像的亮调部分，中间区域代表图像的中间调部分，分别对应直方图下方黑、白、灰色 3 个滑块。拖曳 3 个滑块可以调整图像的亮区、暗区和中间调部分。通过对话框上方的下拉菜单，可以选择对【RGB 通道】、【红色通道】、【绿色通道】、【蓝色通道】的电平进行调整。

一幅质量较好的图像，亮度分布较广，直方图应该从左端延伸到右端。而在该图中，可以看出，图像的大部分像素都集中在中间调区域，亮区和暗区的像素较少，特别是左边的暗区像素较少，所以图像会发灰。下面进行调整。

Step 05　将鼠标指针放到柱状图左下方的黑色滑块上，向右拖曳。再将鼠标指针放到柱状图右下方的白色滑块上，向左拖曳，如图 12-25 所示。

> **提示：**向右拖曳黑色滑块，可将图像中较暗的部分直接变为黑色；向左拖曳白色滑块，可将图像中较亮的部分直接变为白色，变化的范围和滑块的具体位置有关。这样，会损失一部分图像信息，但会增大对比度。从右边的缩略图上可以看出，图像的对比度得到了加强。

Step 06　从【RGB 通道】下拉列表中选择【绿色通道】选项，将白色滑块稍微向左移动，如图 12-26 所示，单击 确定 按钮退出。

> **提示：**将绿色通道的白色滑块向左移动，可将绿色通道的电平增加，增加图像的绿色部分。从右侧的缩略图上可以看出，图像的绿色得到了增强。

Step 07　对比一下调整前和调整后的效果，如图 12-27 所示。

> **提示：**单击按钮在弹出的对话框中进行调整和在【效果控制】面板中直接调整各个参数，得到的结果一致。使用弹出对话框调整，效果更为直观。

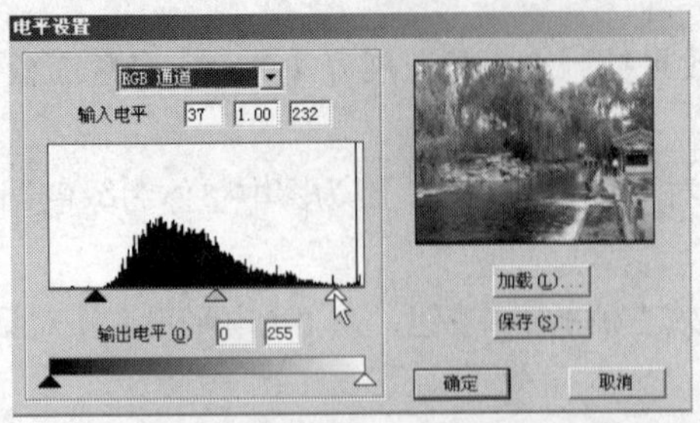

图 12-25 拖曳黑色滑块和白色滑块

图 12-26 调整绿色通道的电平

(a)

(b)

图 12-27 调整前和调整后的效果对比（参见书前彩页）

12.3 专业色彩校正

虽然 Premiere 中其他相关视频特效也能起到校色的作用，但是【色彩校正】文件夹中的多数调色效果是为专业调色而设计的。这些特效对于色彩的控制更为细致、精准，能够完成要求较高的调色任务，本节对这一类特效进行详细的介绍。

12.3.1 【色彩校正】类特效

【色彩校正】类特效中共有 17 种特效，有些特效功能相似。下面按照它们的调整方式来分类介绍。

1.【亮度曲线】、【RGB 曲线】

这两个特效使用曲线的方式来调整图像的亮度和色彩，其参数面板如图 12-28 所示。曲线的水平坐标代表像素亮度的原始数值，垂直坐标代表调整后的输出数值。单击曲线可以增加控制点，可以移动曲线上的控制点来编辑曲线。曲线上弯增加图像亮度，曲线下弯则减少图像亮度。【亮度曲线】特效中只有一个【亮度】曲线，而【RGB 曲线】特效包含【主体】及【红色】、【绿色】、【蓝色】通道的曲线，且可以对 3 个通道单独调整。

曲线的调整方法类似于 Photoshop 中的曲线调节。这两个特效都可以通过【附属色彩校正】选项自定义调节的范围。

在 12.3.4 节将对【RGB 曲线】特效做详细介绍。

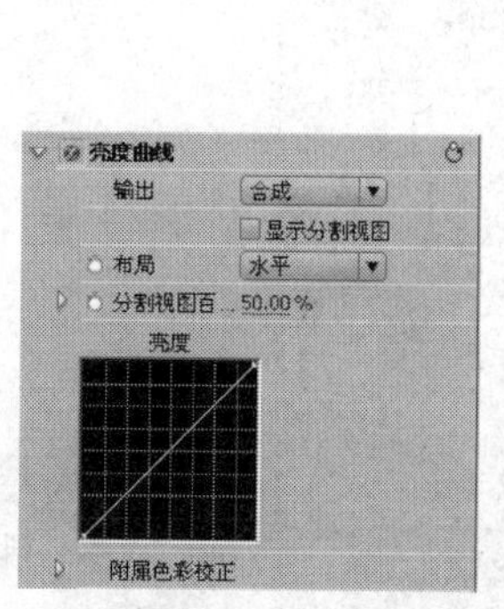

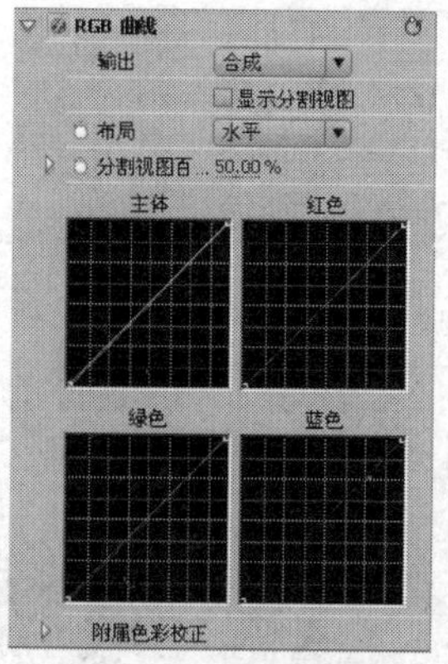

图 12-28 【亮度曲线】和【RGB 曲线】特效参数面板

2.【亮度&对比度】、【亮度校正】、【RGB 色彩校正】

这 3 种特效用于对图像的亮度、对比度进行调整，参数面板如图 12-29 所示。

（1）【亮度&对比度】特效可以调整图像整体的亮度、对比度。

（2）【亮度校正】特效也可以调整图像的亮度和对比度，不同的是它可以选择图像的总体、高光区、阴影区、中间调区来分别调整。对每一部分进行调整时，可以进一步细分，使用【Gamma】选项调整中间亮度，使用【基准】调整暗区，使用【增益】调整亮区。

（3）【RGB 色彩校正】特效功能更为强大，除了可以对图像的总体、高光区、阴影区、中间调来分别调整，还可以对红、绿、篮 3 个通道分别进行调整。

【亮度校正】特效和【RGB 色彩校正】特效还可以利用【附属色彩校正】功能自定义调节的区域。

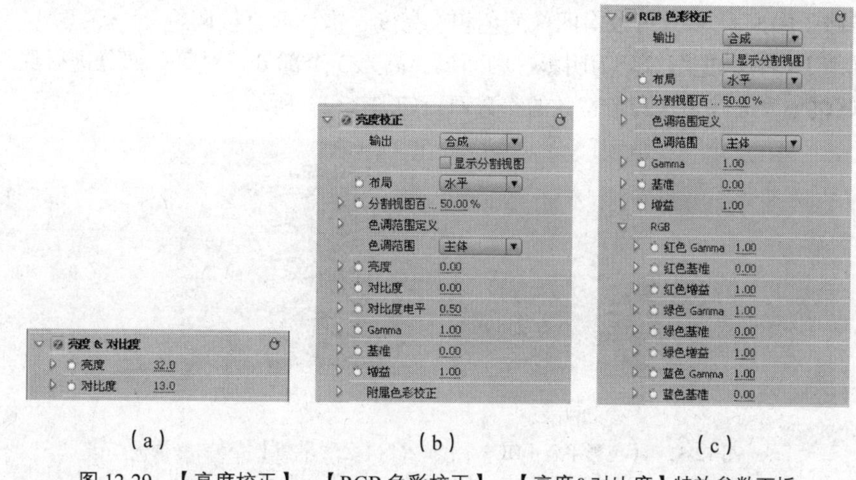

（a） （b） （c）

图 12-29 【亮度校正】、【RGB 色彩校正】、【亮度&对比度】特效参数面板

3.【快速色彩校正】、【三路色彩校正】

这两个特效可以使用色轮的方式来调节图像的色调、饱和度。图 12-30 所示为【快速色彩校正】特效、【三路色彩校正】特效的参数面板和色轮的分析图。

（1）【色相位角度】：色轮的外环角度，旋转时改变图像整体颜色。顺时针方向移动外环会使整体颜色偏红，逆时针移动会使整体偏绿。

（2）【平衡幅度】：控制颜色改变的强度。将圆向外移动会增加颜色改变的强度。

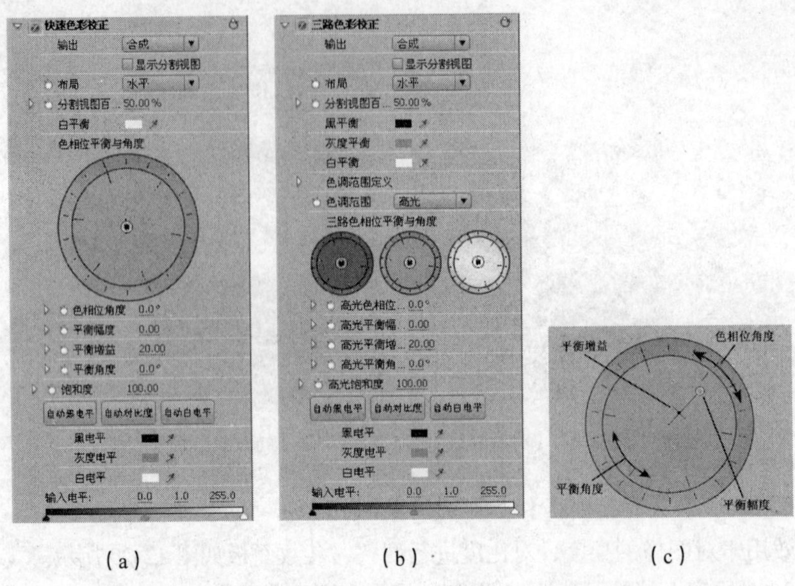

（a）　（b）　（c）

图 12-30 【快速色彩校正】特效、【三路色彩校正】特效参数面板和色轮分析图

（3）【平衡角度】：通过转动色轮内环调整，使视频颜色偏向目标颜色。

（4）【平衡增益】：设置平衡幅度和平衡角度调整的精细程度。将垂直手柄向外移动会使调整更加明显，反之向中心移动会使调整变得更精细。

【快速色彩校正】特效中的色轮对图像整体进行调节，而【三路色彩校正】特效使用 3 个色轮分别用于调整图像的暗区、中间调和高光部分，还可以利用【附属色彩校正】功能自定义调整区域。

4.【色彩平衡（HLS）】、【色彩平衡】

【色彩平衡（HLS）】特效可以对图像的色相、亮度、饱和度直接调整。

【色彩平衡】特效则把图像分为阴影、中间调、高光 3 个部分，对每一部分进行红、绿、蓝色增减调节，调整更为细致。这两个特效的参数面板如图 12-31 所示。

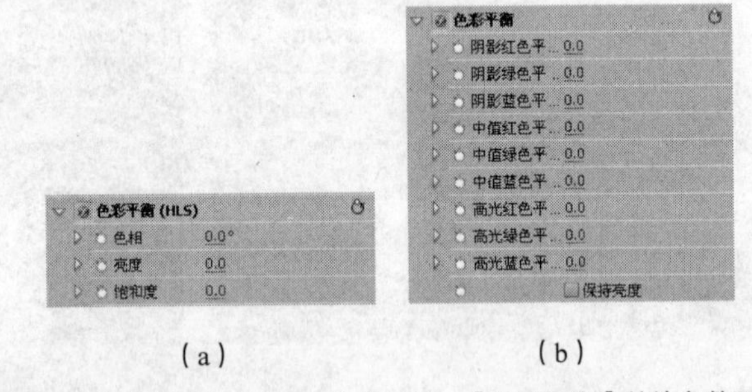

（a）　（b）

图 12-31 【色彩平衡（HLS）】特效、【色彩平衡】特效参数面板

5.【改变颜色】、【转换颜色】、【着色】、【颜色分离】

这 4 种特效分别对图像中的局部色彩进行调整，或者改变图像原有的色彩关系，创建新的色彩效果。

【改变颜色】特效指定图像中的一种颜色，对其进行色相、亮度、饱和度的改变。【转换颜色】特效将图像中所指定的一种颜色替换成另一种颜色。这两种的特效的参数面板如图 12-32 所示。

【着色】特效将原图像中的色彩信息去掉，只保留黑白亮度关系，将图像中的黑色、白色像素分别映射到两种指定的颜色。【颜色分离】特效只保留画面中被选中的颜色，其他部分的图像则变为黑白色调。其参数面板如图 12-33 所示。

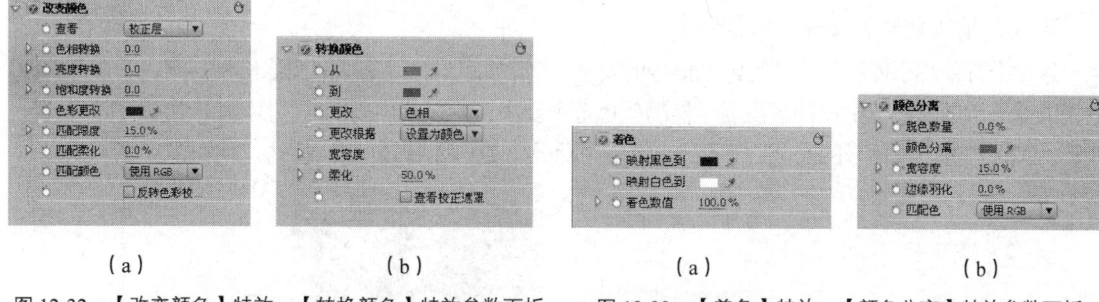

（a）　（b）

图 12-32　【改变颜色】特效、【转换颜色】特效参数面板

（a）　（b）

图 12-33　【着色】特效、【颜色分离】特效参数面板

6.【色彩均化】

【色彩均化】特效重新分布图像中像素的亮度值，以便更均匀地呈现所有范围的亮度级别，它使最亮值变为白色，最暗值变为黑色，同时加大相近颜色像素之间的对比度，与 Photoshop 中的【色彩均化】命令相似。图 12-34 所示是对图像使用该特效前后的效果，使用特效后图像的对比度增加，层次感增强。

（a）　（b）

图 12-34　原图与应用【色彩均化】特效后的效果（参见书前彩页）

7.【通道混合】

【通道混合】特效将另外两个通道的亮度值混合到当前通道，来调整图像的色彩。使用这种方法，可以得到很多其他调色工具无法创建的创新性色彩，其参数面板如图 12-35 所示。

在【通道混合】特效中，默认的【红-红】、【绿-绿】、【蓝-蓝】参数为“100”，其余选项参数均为“0”。在图 12-35 中，将【红-绿】和【绿-红】选项设置为“100”，而将【红-红】、【绿-绿】选项设置为“0”，表示将原图像中的红色通道和绿色通道互换。所以图像中原来绿色的部分变红，红色的部分变绿，调整前后的效果如图 12-36 所示。

（a）　（b）

图 12-35　【通道混合】特效参数面板

图 12-36　原图与应用【通道混合】特效后的效果（参见书前彩页）

在使用该特效时，将各参数调为不同的数值，可以得到更为多样的色彩。

8.【广播级色彩】、【视频限幅器】

这两个特效用于控制影片作为电视信号的安全，可以将超出允许范围的图像信号控制在安全范围内。电视能够显示的颜色范围比计算机显示器的颜色范围要小，所以使用后期非线性编辑过的影片都要经过调整，确保作为电视信号的安全，才能有效传输和播出。这两个特效的参数面板如图 12-37 所示。

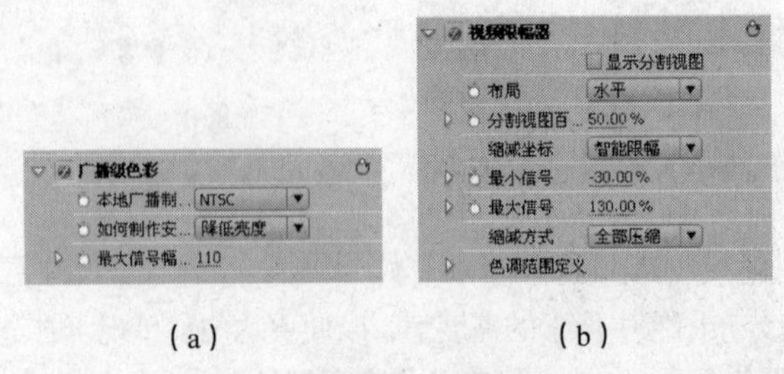

（a）　　　　（b）

图 12-37　【广播级色彩】特效、【视频限幅器】特效参数面板

从图 12-37 中可以看出，【广播级色彩】特效参数较为简单，但是比较直接，能够确保将信号调整到安全范围内。而【视频限幅器】特效参数较为复杂，它可以保持与广播电视标准一致的同时，对视频的亮度和颜色信息进行更加精确的控制，以最大程度地保证原来的视频质量。

12.3.2　使用【颜色分离】特效

使用【颜色分离】特效，可以只保留图像中的一种色彩，而将图像中的其他部分变为灰度图。这种单色保留的效果，具有较强视觉冲击力，在强调画面中的某种颜色的时候常常使用。下面通过例子说明。

Effect 03

Step 01　启动 Premiere，新建项目文件“lesson12-3”。导入“第 12 章”文件夹下的素材“12a.avi”。在【项目】面板中拖曳“12a.avi”至【时间线】面板，使之与【轨道 1】左端对齐。

Step 02　打开【效果】面板，选择【视频特效】/【色彩校正】/【颜色分离】特效，将其拖曳至【时间线】面板的剪辑上释放鼠标，如图 12-38 所示。

图 12-38　为剪辑添加【颜色分离】特效

Step 03　选中时间线上的剪辑，打开【效果控制】面板，展开【颜色分离】参数面板。单击【颜色分离】选项右边的【吸管】按钮，将鼠标指针放到【节目】监视器中的红花上单击，此时，花的颜色被吸取到【颜色分离】颜色样本中，如图 12-39 所示。这里设置的颜色是最后要保留的颜色。

Step 04　设置【脱色数量】参数为“80%”。此时，图像中的绿色几乎消失，如图 12-40 所示。

Step 05　观察图像可以看到，有些花的颜色也被变为灰色了。设置【宽容度】参数为“20%”。

此时，图像中保留的红色区域略有增加，如图 12-41 所示。

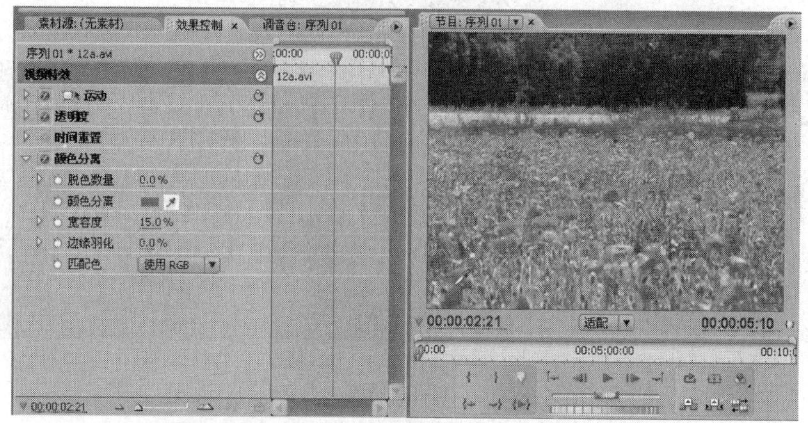

图 12-39　吸取图像上的颜色到【颜色分离】样本中

图 12-40　图像中的绿色消失

Step 06　观察图像，仍然有些花的颜色变为灰色。在【匹配色】下拉列表中选择【使用色相】选项，花的颜色得到较好的还原，如图 12-42 所示。

Step 07　此时，花的边缘又出现一些黄绿色，再将【宽容度】参数改为“11%”，最后效果如图 12-43 所示。

图 12-41　调整【宽容度】参数后的效果

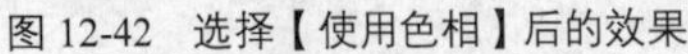

图 12-42　选择【使用色相】后的效果

图 12-43　最后的调整效果（参见书前彩页）

12.3.3　使用【着色】特效

使用【着色】特效，可以改变视频剪辑中原有的色彩关系，而赋予图像另外两种色彩的过渡，可以为影片增添艺术效果。使用方法如下。

Effect 04

Step 01　启动 Premiere，新建项目文件“lesson12-4”。导入“第 12 章”文件夹下的素材“12b.avi”。在【项目】面板中拖曳“12b.avi”至【时间线】面板的【视频 1】轨道，如图 12-44 所示。

Step 02　打开【效果】面板，选择【视频特效】/【色彩校正】/【着色】特效，将其拖曳至【时间线】面板的剪辑上释放鼠标。

Step 03　选中时间线上的剪辑，打开【效果控制】面板，展开【着色】参数面板，如图 12-45 所示，【节目】监视器中的图像变为灰色。

图 12-44　【节目】监视器中的图像

图 12-45　添加【着色】特效后的效果

Step 04　单击【映射黑色到】颜色样本，在弹出的【颜色拾取】对话框中，将颜色设置为“#090C46”，单击 确定 按钮退出，如图 12-46 所示，图像呈现一种暗蓝色的影调。

Step 05　单击【映射白色到】颜色样本，在弹出的【颜色拾取】对话框中，将颜色设置为“#F0FF00”，单击 确定 按钮退出，如图 12-47 所示，图像的色彩由暗蓝过渡到黄色。

图 12-46　修改【映射黑色到】颜色样本后的效果（参见书前彩页）

图 12-47　修改【映射白色到】颜色样本后的效果（参见书前彩页）

Step 06　将【着色数值】参数设置为“60”，效果如图 12-48 所示。【着色数值】参数减小以后，着色效果减弱，和图像原来的颜色出现叠加效果。

图 12-48　修改【着色数值】参数后的效果（参见书前彩页）

提示：通过以上的操作可以看到，【着色】命令会去掉图像原来的色彩信息，只保留黑白灰的亮度关系，将图像中的黑色到白色的过渡替换为另外两种颜色的过渡。在建立新的色彩关系时，要注意，【映射黑色到】的颜色要设置为一种较深的颜色，【映射白色到】的颜色要设置为一种较浅的颜色，这样才会得到较好的亮度层次。

12.3.4 使用【RGB 曲线】特效

在【RGB 曲线】特效中，分别调整 3 个通道的曲线，可以改变图像的整体影调关系。下面通过实例进行介绍。

Effect 05

Step 01 启动 Premiere，新建项目文件“lesson12-5”。导入“第 12 章”文件夹下的素材“12c.avi”。在【项目】面板中拖曳“12c.avi”至【时间线】面板的【视频 1】轨道。

Step 02 打开【效果】面板，选择【视频特效】/【色彩校正】/【RGB 曲线】特效，将其拖曳至【时间线】面板的剪辑上释放鼠标。

Step 03 选中时间线上的剪辑，在【效果控制】面板中展开【RGB 曲线】参数面板，如图 12-49 所示。

此时，【效果控制】面板中出现 4 个带有网格的曲线图。曲线图的水平坐标代表图像中亮度的输入电平，也就是图像的初始亮度，垂直坐标代表亮度的输出电平，也就是修改后的亮度。现在 4 个图像上的曲线都是 45° 角的斜线，水平坐标和垂直坐标相等。

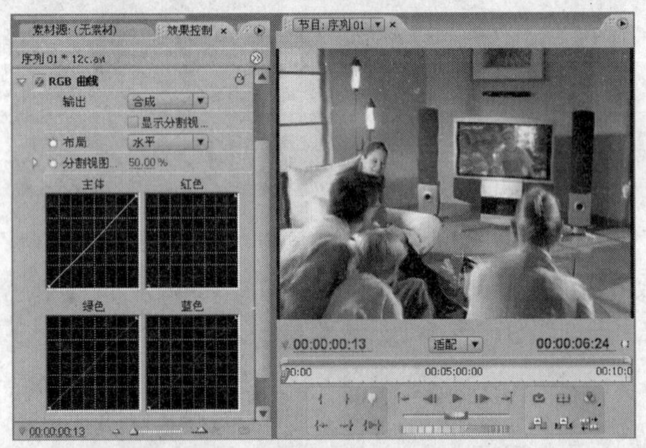

图 12-49 加入【RGB 曲线】特效（参见书前彩页）

如果让【主体】曲线向上弯曲，输出电平提高，图像会变亮；如果让曲线向下弯曲，输出电平下降，图像会变暗。其他 3 个曲线图分别用于提高或降低红色通道、绿色通道和蓝色通道的亮度。

Step 04 将鼠标指针放到【红色】通道的曲线中间，按住鼠标左键向上拖曳，让曲线稍微向上弯曲，如图 12-50 所示，此时【红色】通道的亮度被提高，图像中的红色成分增加。

现在想让图像呈现一种温馨的橙红色调，图像中红色的成分增加了，但是整体色调有些偏紫，紫色由红色和蓝色叠加而成，所以还要降低图像的蓝色通道的亮度。

Step 05 将鼠标指针放到【蓝色】通道的曲线中间，按住鼠标左键向下拖曳，让曲线稍微向下弯曲，如图 12-51 所示，此时【蓝色】通道的亮度被降低，图像中的紫色成分消失。

现在，图像的整体亮度看起来有些暗，下一步需要将图像整体亮度提高。

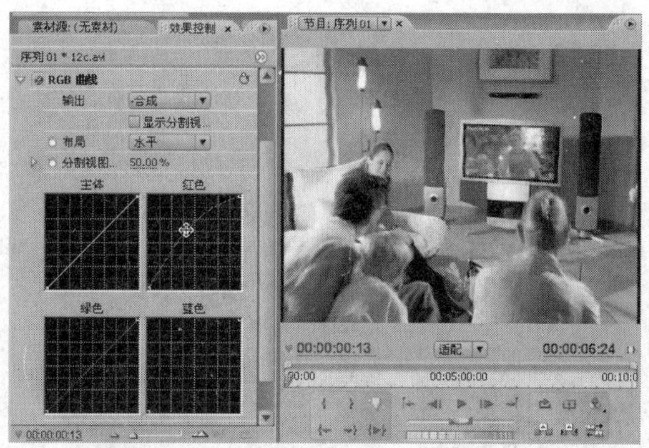

图 12-50 修改红色通道曲线后的效果

Step 06 将鼠标指针放到主体曲线的中间，按住鼠标左键向上拖曳，使曲线向上弯曲。此时，图像的整体亮度提高，如图 12-52 所示。

现在，图像调整为温馨的暖色调。要对比一下调整前后的效果，可以在【节目】监视器中显示分割视图。

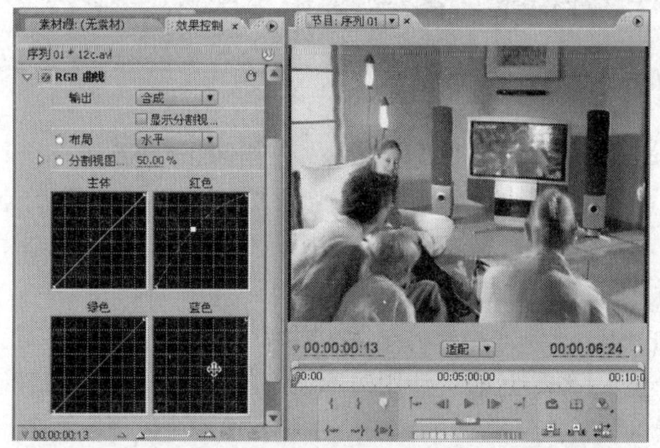

图 12-51 修改蓝色通道曲线后的效果

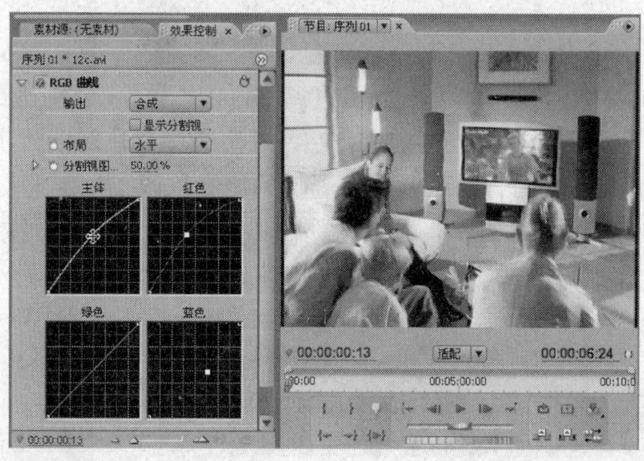

图 12-52 修改主体曲线后的效果（参见书前彩页）

Step 07 在【效果控制】面板，勾选【显示分割视图】复选框，设置【布局】选项为“垂直”，如图 12-53 所示。

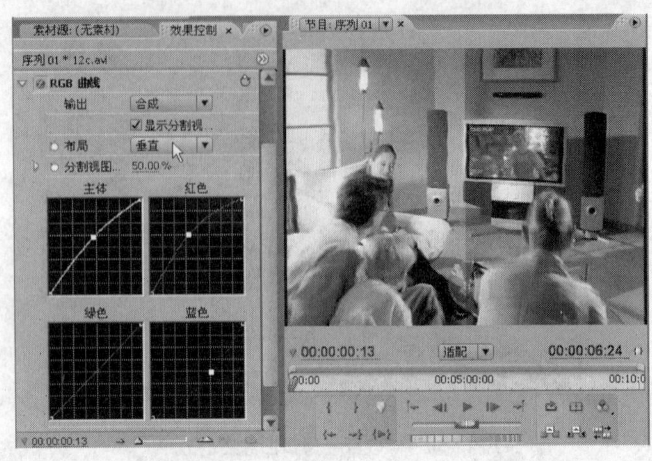

图 12-53　显示分割视图

在【节目】监视器中，左侧显示的是调整后的图像效果，右侧则是调整前的效果。

12.4 编辑技巧之七——渲染气氛

一部影片，即使它是一部纯粹的商业性的故事片，也不能从头到尾一刻不停地叙事，在进行了一段重头戏的讲述之后，导演需要一个段落来充分加强所要表达的意图，提升剧情带来的情绪效果。这里常用到的手法就是渲染，渲染是一种表现手法，用以细腻强烈地表现情绪，传达创作者的意图，使观众能够深入地感受影片所要传达的信息，得到强烈的感染和熏陶。

渲染实际上是强调、夸大、修饰影片的气氛、情绪，或者烘托影片主题，时常用到对比、重复、积累、隐喻、象征、联想等手法，色彩的使用对于渲染气氛也非常重要。在运用这些手法的时候要注意与剧情、环境、场景和整体气氛联系起来，否则会显得牵强刻板。

合理使用色彩，能够对气氛起到很强的渲染作用。电影《英雄》中色彩的运用令人印象深刻。电影中渲染气氛、抒发感情的场景较多，常常使一个段落的画面整体呈现某种色调，这些画面增强了视觉冲击力，不仅恰如其分地渲染了气氛，抒发人物内心强烈的情感，同时，也增加了影片的视觉美感。

在电影《辛德勒名单》中，有一个镜头是黑白的，画面中只有一个穿红衣服的小女孩是彩色的，小女孩在人群中穿越走动，仿佛一个红色的音符在一片沉寂中欢快跳跃，激荡起人们内心的情感。

再如，在表达一些温馨的场景时，常常使用温暖的橙红色调，在表达人物内心的阴郁情绪，或者一部主题比较严肃、冷静的影片，常常使用暗色调或者冷色调的画面。在表现回忆片段或者想象片段时，常常对画面做无色或者单色处理，用来和现在发生的事情形成对比，强调这些事件已经成为过去或者不可能发生。

12.5 图像信号安全控制

在非线性编辑过程中，编辑好的影片要保证能够作为电视信号进行正常的传输和播出。然而，电视信号传输和播出系统对节目质量具有一定要求，图像的亮度范围和饱和度都要符合相应的标准。制作完成的影片有可能会因为某些原因超标，使得影片中的某些部分不能正常播出。

视频信号超标的原因主要有以下几点。

（1）在调色过程中，由于亮度和饱和度的提高往往会造成超标。

（2）摄像机参数设置不对，或者拍摄时没有进行适当的控制。

（3）使用了计算机软件生成的图像素材和动画素材，采用纯色的饱和度超标。

（4）字幕与背景使用了高饱和度的颜色，比如使用纯黑或纯白的颜色。

由此可以看出，非线性编辑过程中，应随时打开波形示波器或矢量示波器对视频信号进行实时检测。

12.5.1　使用视频示波器

在 Premiere 中，单击【素材源】监视器或【节目】监视器下方的输出按钮，或者监视器窗口右上方的小三角，在弹出的菜单中选择需要的监测器类型。Premiere 提供的信号电平监测器有矢量示波器（Vectorscope）、YC 波形示波器（YC Waveform）、YCbCr 分量示波器（YCbCr Parade）和 RGB 分量示波器（RGB Parade）4 种，如图 12-54 所示。比较常用的是 YC 波形示波器和矢量示波器。

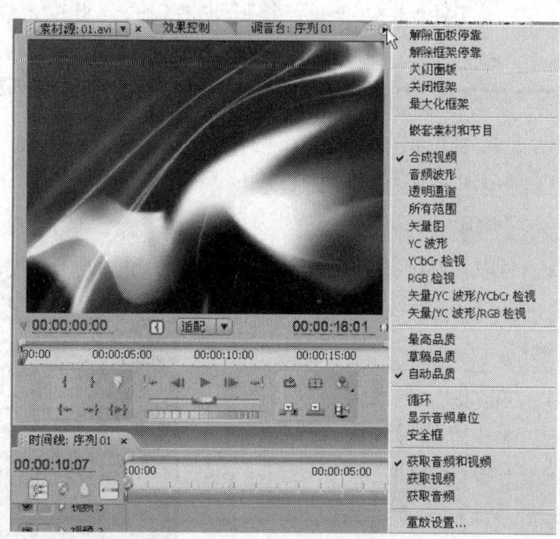

图 12-54　选择示波器类型

通常，使用 YC 波形示波器监测视频信号的幅度是否符合标准，而使用矢量示波器监测视频信号的饱和度是否符合标准，下面通过实例介绍。

1．利用 YC 波形示波器监测视频信号的幅度

Effect 06

Step 01　启动 Premiere，新建项目文件“lesson12-6”。导入“第 12 章”文件夹下的素材“12e.avi”。在【项目】面板中拖曳“12e.avi”至【时间线】面板的【视频 1】轨道。

Step 02　选择菜单栏中的【窗口】/【参考监视器】命令，打开【参考】监视器，如图 12-55 所示。

一般来说，通常使用【节目】监视器和【参考】监视器配合监测图像波形。在【节目】监视器中显示图像，在【参考】监视器中显示波形。

Step 03　单击【参考】监视器右上方的小三角，在展开的菜单中选择【YC 波形】命令，此

时，【参考】监视器中显示 YC 波形图，如图 12-56 所示，此时显示的是亮度信号和色度信号叠加后的全电视信号。

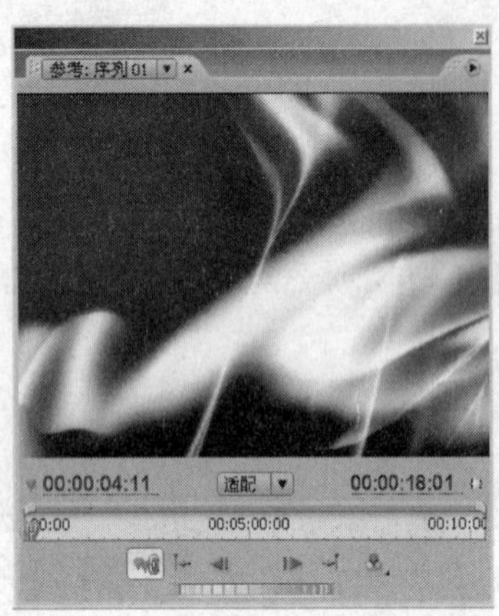

图 12-55 【参考】监视器

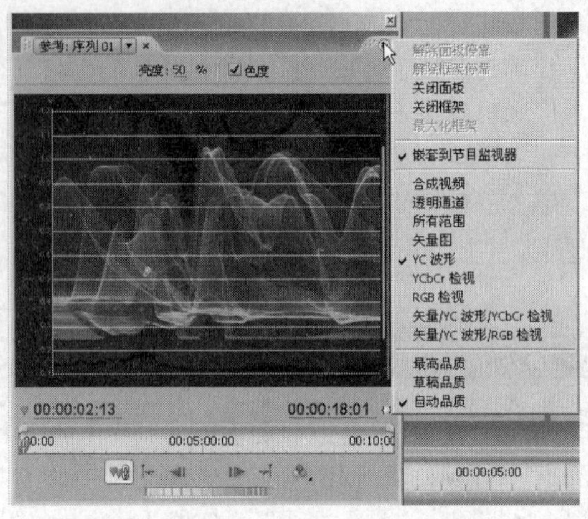

图 12-56 【参考】监视器中显示 YC 波形图

Step 04 单击波形图上方的【色度】复选框，将其取消勾选。此时，波形图显示的是图像的亮度信号，如图 12-57 所示。

图 12-57 所示的波形图，从左到右显示的是一帧图像从左到右的亮度分布，用来监测信号波形幅度是否超标。在垂直方向上是电视信号的电平值，单位是“伏”（V）。

国家标准规定了 PAL/D 制全电视信号幅度的标准值是 1.0V（p-p 值）。在 Premiere 的 PAL 制波形监视器中，只要亮度信号的波形幅度保持在 1.0V 以内，就符合标准。对于叠加了色度信号的全电视信号，只要波形幅度小于 1.1V，可以认为该视频信号是安全的。黑电平是指图像信号的最低亮度，一般在 0.3～0.35 V 为正常。

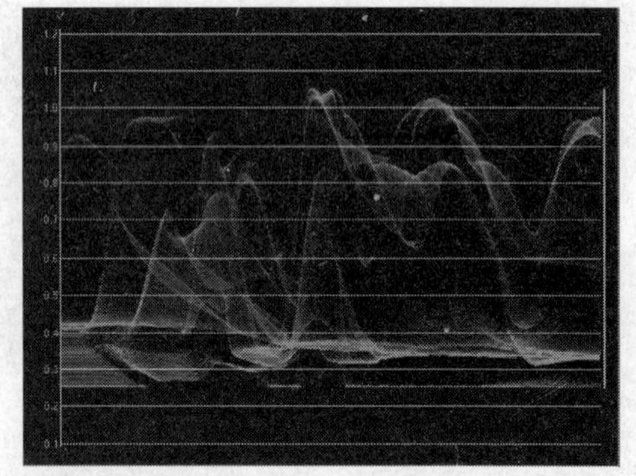

图 12-57 取消勾选【色度】复选框后的 YC 波形

从图 12-56 中可以看出，图像的全电视信号波形幅度已经超出了 1.1V，图 12-57 中亮度信号的幅度也超出了 1V。因此，该帧图像的信号在电视信号的传输和播出过程中，有些色彩信息将不能被正确还原。超出的部分会造成白限幅，损失亮部图像细节，影响画面的层次感。图像的亮度信号中，黑电平在 0.3V 以下，比正常标准偏低。黑电平过低时，虽可以突出图像的亮部细节，但对于暗淡的画面，会出现图像偏暗或缺少层次、彩色不清晰自然、肤色失真等现象。

在【参考】监视器中显示的只是一帧图像的波形，即时间指针所停留的帧。要查看其他帧的波形，只要将时间指针移动到相应的位置即可。

使用 YC 波形示波器能够监测视频信号的幅度是否超标。在 Premiere 中，还提供了 RGB 波形、YCbCr 波形两种示波器。RGB 波形主要用来监测红、绿、蓝 3 个通道的信号幅度。YCbCr 波形用来监测亮度、Cb 色差、Cr 色差通道的信号幅度，这里不再详细介绍。

提示： 在 Premiere 中，单击【节目】监视器下方的 ▶ 按钮，【参考】监视器中的波形图并不动，当播放停止时，【参考】监视器显示当前帧的波形。如果要看到波形图的动态变化，可以将二者互换，在【参考】监视器中显示图像，在【节目】监视器中显示波形。

2．利用矢量示波器监测视频信号的色度

视频信号由亮度信号和色差信号编码而成，电视信号对色彩饱和度也有一定要求。监测信号的色度和饱和度要采用矢量示波器。

Effect 07

Step 01 接上例。单击【参考】监视器右上方的▶图标，在其下拉菜单中选择【矢量图】命令，此时，【参考】监视器中显示矢量波形图，如图 12-58 所示。

矢量示波图中，距中心的距离代表饱和度，圆心位置色度为 0，因此黑色、白色和灰色都落在圆心处，离圆心越远饱和度越高。沿着圆形的一周，代表色相的变化。

在矢量示波图中，有 12 个带有“R”、“G”、“B”、“Mg”、“Cy”和“YL”标识的“田”字形小方框，分别表示彩色电视信号中的红色（Red）、绿色（Green）、蓝色（Blue）3 种原色，及对应的青色（Cyan）、品红色（Magenta）和黄色（Yellow）3 种补色。这些“田”字形小方框的位置代表了电视信号中允许的最高饱和度，只要图像信号的饱和度都在这些“田”字形小方框所包围的范围内，图像的饱和度就符合要求。

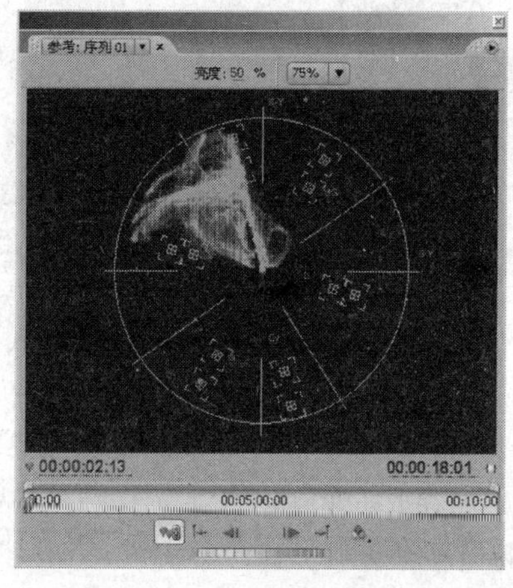

图 12-58 矢量波形图

从图 12-58 中可以看出，绿色的雾状斑点代表了图像中的饱和度信息，该图像的饱和度过高，超出了允许范围，有些颜色将不能正确还原。相反，如果图像的饱和度过低，那么绿色的图像信息将会集中在圆心位置。

Step 02 单击【参考】监视器右上方的▶图标，在展开的下拉菜单中选择【矢量/YC 波形/YCbCr 检视】或【矢量/YC 波形/RGB 检视】命令，此时，【参考】监视器中同时显示 3 种波形。

从前边的操作中可以看出，使用示波器可以监测图像信号是否符合电视播出的标准，但是要对图像信号进行校正，还需要使用视频特效进行调整。下面对刚才的剪辑进行调整。

12.5.2 使用广播级色彩控制信号安全

下面使用【广播级色彩】特效，对刚才的剪辑进行调整，使其符合电视信号的标准。

Effect 08

Step 01 接上例。选择菜单栏中的【窗口】/【工作区】/【色彩校正】命令，此时界面变为如图 12-59 所示的状态。【节目】监视器下方出现了【参考】监视器，左边为【效果控制】面板和【效果】面板。

Step 02 单击【参考】监视器右上方的▶图标，在展开的菜单中选择【YC 波形】命令。

Step 03 在【效果】面板中，找到【视频特效】/【色彩校正】/【广播级色彩】特效，按住鼠标左键将其拖曳到【时间线】面板的剪辑上。打开【效果控制】面板，单击【广播级色彩】左边的▷图标，如图 12-60 所示。

该特效的主要功能是将一段剪辑的信号幅度限制在广播级信号要求的安全范围之内，有 3 个参数调节，下面介绍如何调整。

Step 04 在【本地广播制式】下拉列表中有【NTSC】和【PAL】两个选项。选择【PAL】选项，我国广播电视使用 PAL 制式。

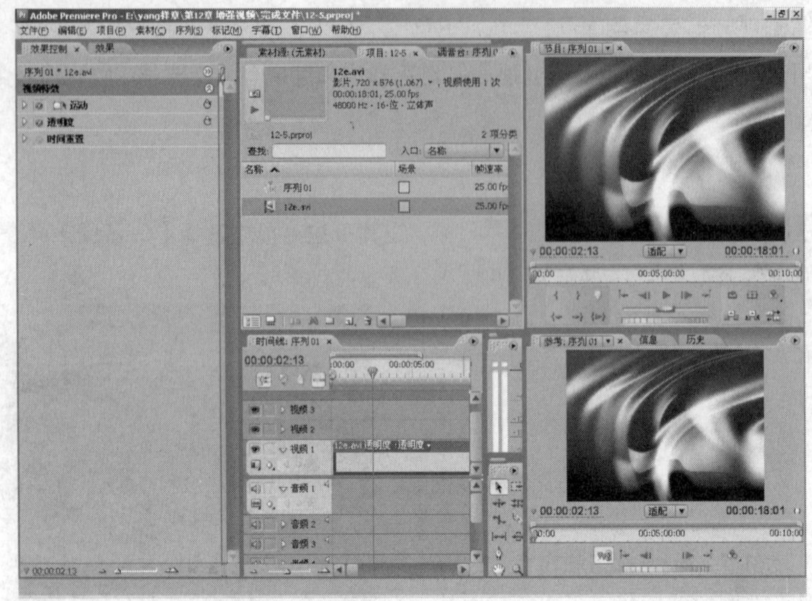

图 12-59 【色彩校正】模式下的工作区

图 12-60 【广播级色彩】特效

在【如何制作安全色】下拉列表中，有【降低亮度】、【降低饱和度】、【非安全切断】、【安全切断】4 个选项。其含义如下。

① 【降低亮度】：会缩减亮度信号的幅度，超出安全范围的部分变暗。

② 【降低饱和度】：会缩减色度信号的强度，降低超出安全范围的色彩饱和度。

③【非安全切断】：将超出安全范围的画面部分抠掉。

④【安全切断】：将没有超出安全范围的画面部分抠掉，只留下超出要求的部分。

【非安全切断】和【安全切断】可以帮助确定当前画面中的哪一部分超出了标准要求，观察 YC 波形的输出情况，从而确定缩减亮度还是色度。

Step 05 选择【安全切断】选项，此时【节目】监视器中的图像效果如图 12-61 所示，图中显示的是超出电视信号允许范围的部分图像。

Step 06 单击【参考】监视器右上方的图标，在展开的下拉菜单中选择【YC 波形】和【矢量图】命令，查看超出允许范围图像的波形，如图 12-62 所示。

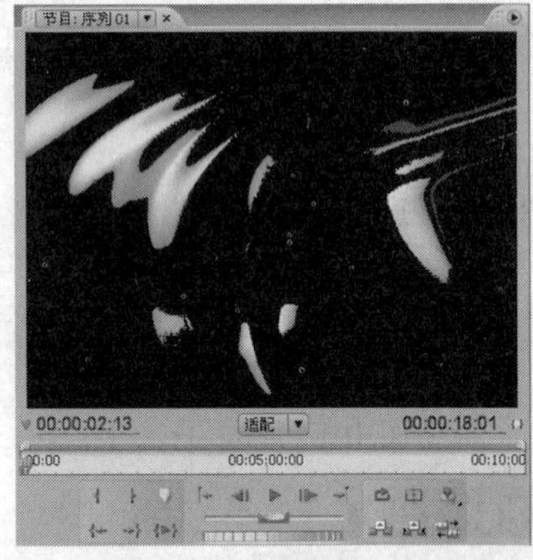

图 12-61 选择【安全切断】选项后的效果

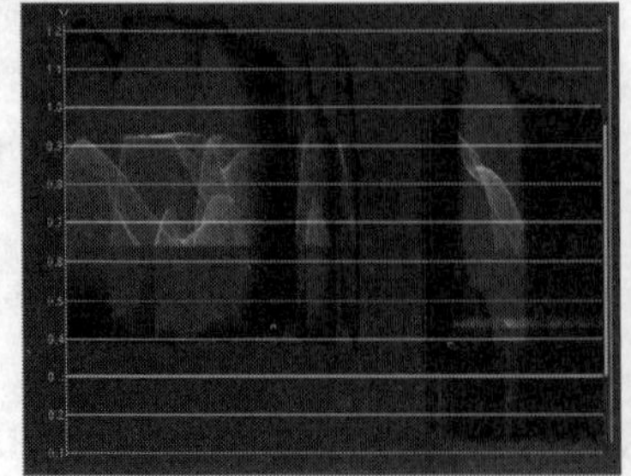

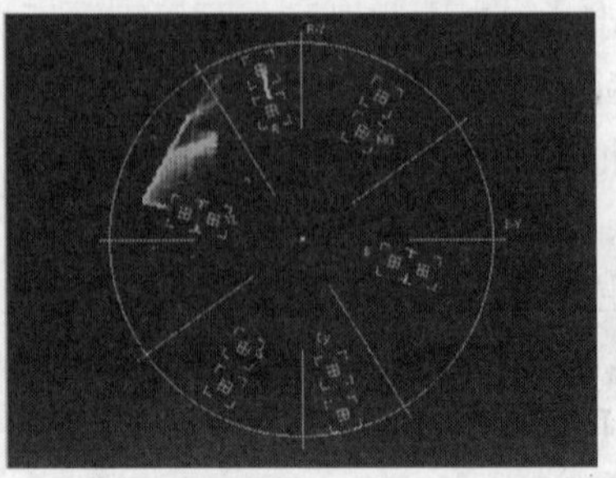

图 12-62 超出允许范围部分的波形

从图 12-62 中可以看出，在超出允许范围的图像部分，YC 波形中蓝色的全电视信号部分超标，其中叠加有色度信息。而矢量图波形中，色度严重超标。所以该图像主要是色度超标。所以，应该选择降低饱和度的方式对该剪辑的信号进行缩减。

Step 07　在【如何制作安全色】下拉列表中，选择【降低饱和度】选项，再次执行上一步的操作，查看此时的波形，效果如图 12-63 所示。

从图中可以看出，图像的亮度信号基本符合要求，但色度仍然有少数部分超标。

Step 08　在【广播级色彩】参数面板中，将【最大信号幅度（IRE）】选项的数值调整为“104”。再次执行上一步的操作，查看此时的波形，效果如图 12-64 所示。从图中可以看出，图像的信号范围再一次得到缩减，饱和度得到控制。

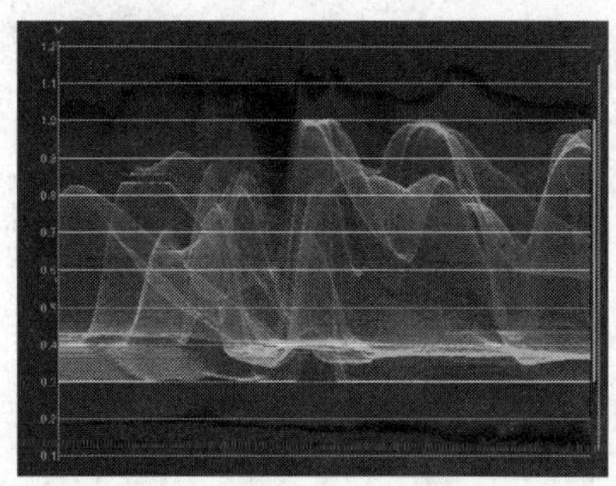
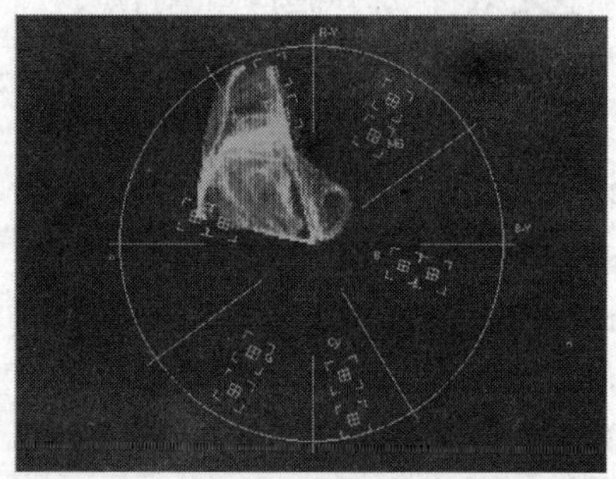

图 12-63　设置【降低饱和度】选项后的波形

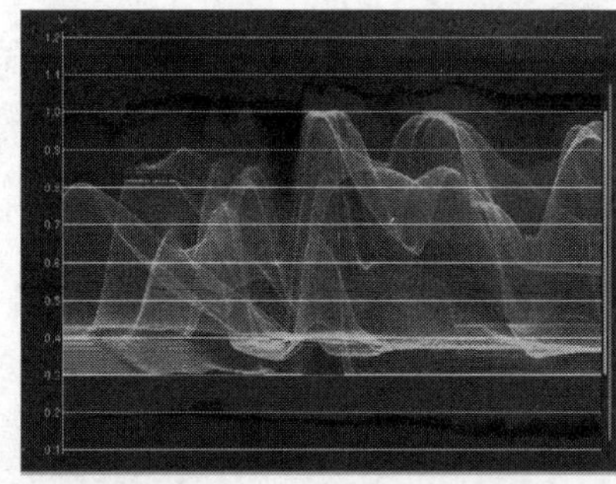
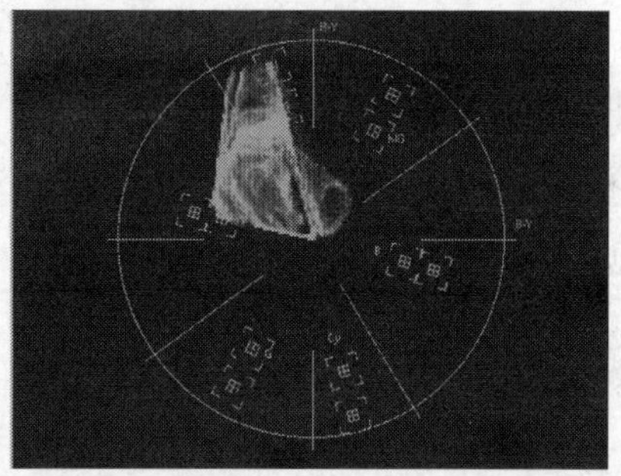

图 12-64　修改【最大信号幅度（IRE）】选项后的波形

提示：在使用【广播级色彩】特效来控制图像信号的安全时，图像的质量会受到一定损失。因此，要根据不同的图像质量情况选择适当的方式缩减信号，在保证图像质量受损最小的情况下保证信号安全。使用视频特效中的一些其他色彩校正特效也能有效控制信号安全，限于篇幅不再介绍。

小结

在【效果】面板的视频特效中，【图像控制】、【调节】、【色彩校正】这 3 类特效用于调整图像的亮度、色彩和饱和度。其中【图像调整】、【调节】两类特效参数和选项相对简单，能够满足一般的调色任务。而【色彩校正】类特效，参数相对复杂，调整更为精细，为专业色彩校正而使用。在使用特效来调整图像色彩时，一定要清楚特效的用途和调整方法，对各种特效综合运用会做出更多样的色彩效果。

习题

一、简答题

1. 使用哪些特效可以提高剪辑的对比度?
2. 如何将一个剪辑调整为蓝色调?
3. 示波器的作用是什么?
4. 如何控制影片使其符合电视信号的要求?

二、操作题

1. 利用视频特效，为一个发生蓝色色偏的剪辑进行色彩校正。
2. 利用视频特效，将一个剪辑调整为橙红色调。
3. 利用视频特效，增加一个剪辑的饱和度。

第13章 Photoshop 和 After Effects 增强

Photoshop 是一款用于处理静态图像的软件，在平面设计与制作领域应用十分广泛。After Effects 是一款后期特效合成软件，主要用于制作片头、广告等视频影片作品。Photoshop、After Effects 和 Premiere 三者之间具有良好的相互兼容性。本章将介绍使用 Photoshop 和 After Effects 来增强非线性编辑的功能。

【教学目标】

- 了解 Photoshop 的功能。
- 掌握 Photoshop 的基本操作。
- 了解 After Effects 的功能。
- 掌握 After Effects 的基本操作。
- 掌握 After Effects 中特效的使用方法。

13.1 Photoshop 简介

Photoshop 是 Adobe 公司推出的一款处理静态图形图像的软件，它集图像扫描、编辑修饰、广告创意、图像输入与输出于一体，在平面设计和计算机美术领域应用广泛。其功能可分为图像编辑、图像合成、校色调色、特效制作等几个方面。

13.1.1 Photoshop 界面与功能介绍

本节将对 Photoshop 的界面及功能做简要介绍。

1. Photoshop 的界面

在使用 Photoshop 进行编辑之前，先来认识一下 Photoshop 的工作区。

将本书附盘中的“第 13 章”目录复制到本地硬盘上，启动 Photoshop，选择【文件】/【打开】命令，在弹出的对话框中，选择本地硬盘“第 13 章”文件夹下的素材图片“building.jpg”，将其打开，工作界面如图 13-1 所示。

图 13-1　Photoshop 的工作界面

Photoshop 的界面可分为标题栏、菜单栏、工具选项栏、工具箱、工作区、面板区等几部分，下面对几个重要区域进行介绍。

（1）标题栏。标题栏位于界面最上方，用于显示软件和文件名称，通过单击右侧的 3 个按钮可以控制界面的缩小、复原、最大化和关闭。

（2）菜单栏。菜单栏位于标题栏下方，和其他软件一样，Photoshop 大部分功能在菜单中都可以找到。

（3）工具箱。工具箱在界面的左侧，其中放置了 Photoshop 中所有的编辑工具。使用工具时，将鼠标指针放到工具上单击，再移动鼠标指针到文件窗口内，鼠标会变为该工具的形状，就可以进行各种操作了。需要注意的是，各种工具要配合界面上方的工具选项栏来使用。当选择一种工具时，工具选项栏中会显示该工具的各种选项和参数，通过调整这些选项和参数，能够提高对图像的编辑控制能力。

（4）面板区。面板区在界面的右侧，集中了用于辅助编辑的 17 个面板，这些面板有的用于显示图像文件的相关信息，有的用于进行辅助编辑和调整。这些面板可以展开、折叠和关闭。关闭的面板通过【窗口】菜单可以再打开。

（5）工作区。在该区内可以新建、打开文件。可以同时打开多个图片进行操作。打开的文件窗口上方有它的各种信息显示。文件窗口中的图像显示区叫做画布，在画布上可以使用工具进行各种编辑操作。

2．Photoshop 的主要功能

Photoshop 主要有以下一些功能。

（1）图像编辑。Photoshop 的图像编辑控制能力非常强大。工具箱中提供了多种选择工具，可以根据实际需要选择文件中的局部图像，对其进行各种操作。使用【编辑】菜单中的【自由变换】命令，可以对图像进行缩放、旋转、倾斜、透视等操作。使用工具箱中的各种修饰工具，可以对图像进行去除斑点、修补等操作。

（2）图像合成。Photoshop 的图层面板中，对多个图像使用不同的图层进行管理，单个图层间的操作互不影响。对于多个图层，通过调整透明度和混合模式，能够实现多个图像间的合成。

（3）校色调色。校色调色是 Photoshop 的重要功能之一，【图像】菜单中的【调整】命令放置了多种用于调色校色的命令，可方便快捷地对图像进行亮度、色彩的调整和校正。很多调色方法与 Premiere 中相似，如【曲线】、【色彩平衡】等。还可以将图像在不同颜色模式间进行转换，以满足图像在不同领域中的应用。

（4）特效制作。Photoshop 中提供了大量滤镜，配合通道及一些工具的使用可以为图像制作多种特效，包括图像特效和文字特效。很多滤镜的效果和 Premiere 中的特效类似，如镜头光晕、浮雕、模糊、马赛克等。

Photoshop 与其他 Adobe 软件具有良好的兼容性，保存为 PSD 格式后，在 Premiere 中能够选择导入其中的单个图层或所有图层的内容。

13.1.2　使用 Photoshop 制作 PNG 格式图像

如果在 Premiere 中要使用一个图标作为标志，可以在 Photoshop 中将该标志的图片编辑好，并保存为 PNG 格式，就会保留透明背景。下面通过实例来介绍。

Effect 01

Step 01　启动 Photoshop，选择【文件】/【打开】命令，找到“第 10 章”文件夹下的素材“car.jpg”，将其打开，如图 13-2 所示。

图 13-2　打开图片文件

下面，要把该图片的白色背景和下面的黑色阴影删除，保留透明背景。

Step 02　将鼠标指针放到工具箱中的工具上，单击鼠标右键。显示折叠的工具，如图 13-3 所示，选择【魔术橡皮擦】工具。

Step 03　将鼠标指针放到画布上，在白色背景区域单击，白色的背景被删除，如图 13-4 所示，露出表示透明背景的棋盘格。

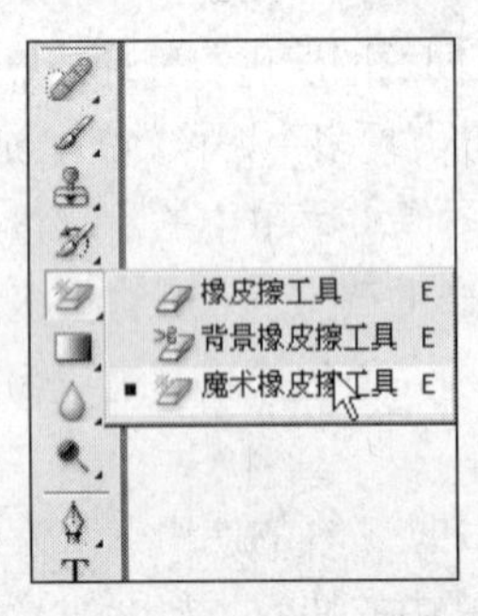

图 13-3　选择魔术橡皮擦工具

图 13-4　用【魔术橡皮擦】工具删除白色背景

Step 04　将鼠标指针放到汽车底下的白色区域内，继续单击鼠标，将其他的白色背景删除，如图 13-5 所示。

图中还有黑色的阴影需要删除。如果继续使用工具删除，会将黑色的轮胎一起删掉，下面采用绘制路径的方法来选中阴影。

Step 05　选择工具箱中的工具，将鼠标指针放到画布上单击，扩大显示比例，如图 13-6 所示。将鼠标指针放到文件窗口的右下角拖曳，将文件窗口放大，以显示更多的图像区域。

提示：选择工具后，使用界面上方的工具选项栏，可以对视图进行更多调整。单击工具选项栏中的按钮，将鼠标放到图像中多次单击，可以将图像不断放大。单击工具选项栏中的按钮，将鼠标放到图像中多次单击，可以将图像不断缩小。

图 13-5　继续删除白色背景

图 13-6　扩大视图显示比例

Step 06　选择工具箱中的工具，在界面上方的工具选项栏中单击按钮，如图 13-7 所示。

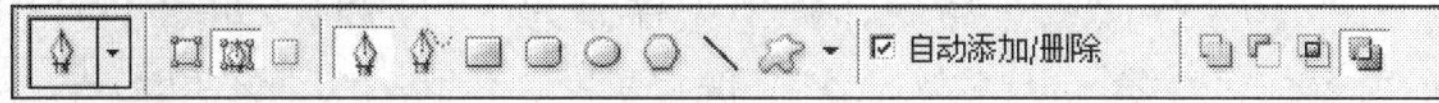

图 13-7　工具选项栏

Step 07　将鼠标指针移动到文件窗口中，在汽车底部位置处单击，沿着汽车底部和轮胎绘制路径，如图 13-8 所示。

Photoshop 中路径的绘制方法与 Premiere 类似，单击鼠标左键确定锚点，要绘制直角点直接单击鼠标左键，要绘制曲线点，按鼠标左键时拖曳即可。

Step 08　将绘制的路径首尾相接，成为闭合路径。在画布上单击鼠标右键，在弹出的菜单中选择【建立选区】命令，如图 13-9 所示。

图 13-8　绘制路径

图 13-9　将路径建立选区

Step 09　弹出【建立选区】对话框，如图 13-10 所示，单击 确定 按钮。

Step 10　图像中的路径变为选择区，按键盘上的 Delete 键，将选区内的内容删除，效果如图 13-11 所示。

Step 11　选择【选择】/【取消选择】命令，取消选择区。用相同的方法，使用工具在其他汽车投影区域绘制路径，转化为选区之后删除，最终效果如图 13-12 所示。

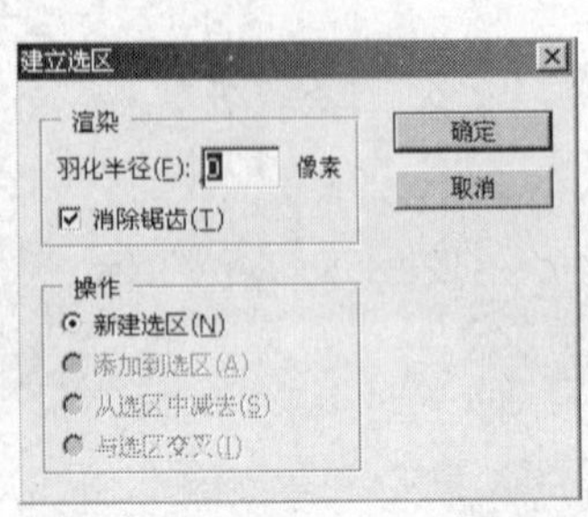

图 13-10 【建立选区】对话框

图 13-11 删除选区内的图像

Step 12 选择【文件】/【存储为】命令，弹出【存储为】对话框，如图 13-13 所示。在【格式】下拉列表中，选择“PNG”格式，为文件命名，选择要保存的路径，单击 保存(S) 按钮。

图 13-12 最后的图像效果

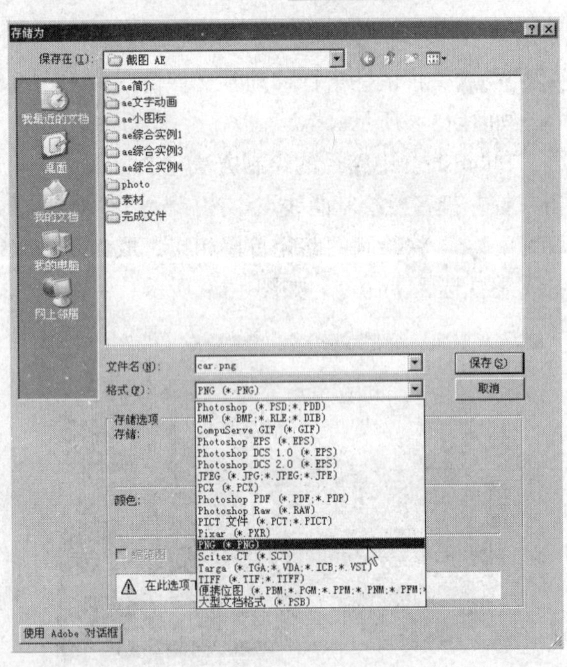

图 13-13 【存储为】对话框的设置

将文件保存为 PNG 格式，可以保留图像中的透明背景。将其在 Premiere 或 After Effects 等软件中打开，就不会有白色背景。

13.2 After Effects 简介

After Effects 是 Adobe 公司推出的一款专业视频后期合成软件，它整合了二维与三维制作方式，主要用于影视后期合成、动画创作和特效编辑，可以满足创作者制作高品质的动画与合成特效的需求，被广泛应用于电影、电视、多媒体、网络视频等视频制作行业中，是视频制作者进行艺术创作的重要工具。

13.2.1　After Effects 界面与功能介绍

下面介绍 After Effects 的界面及其功能。

1. After Effects 的界面

运行 After Effects，选择【文件】/【打开项目】命令，找到“第 13 章”目录下的项目文件“start.aep”将其打开，可以看到 After Effects 的工作界面，如图 13-14 所示。

图 13-14　After Effects 的工作界面

整个用户界面大体分为 7 个部分：标题栏、菜单栏、工具栏、【项目】面板、【合成】面板、【时间线】面板以及选项面板停靠区。

（1）标题栏。标题栏位于界面最上方，用于显示软件和文件名称，通过单击右侧的 3 个按钮可以控制界面的缩小、复原、最大化和关闭。

（2）菜单栏。菜单栏位于标题栏下方，同大多数软件一样，After Effects 的绝大部分操作都可以通过菜单命令实现。

（3）工具栏。工具栏中存放了所有要用到的工具，使用这些工具可以完成视图控制、路径绘制、图像编辑等功能。选择一种工具时，工具栏的右侧的深灰色区域会显示该工具的选项。

（4）【项目】面板。在此面板中，可以存放制作中所需要的视频素材、声音素材、图像、合成等，并且会显示素材的属性、存储位置等信息，以方便工作中随时调用。其用法类似于 Premiere 中的【项目】面板。

（5）【合成】面板。在此面板中，可以预览时间线上的合成影像，其作用类似与 Premiere 中的【节目】监视器。该区域还包含【图层】面板和【素材】面板。在【项目】面板中双击选中的素材，可以打开【素材】面板浏览素材；在【时间线】面板中双击选中的图层，可以打开【图层】面板浏览该图层。

（6）【时间线】面板。界面最下方为【时间线】面板，其作用类似于 Premiere 中的【时间线】面板。在此面板中素材以图层形式存放，并且以时间为基础进行操作，用以控制素材的位置、时间长度、叠加方式、特效关键帧等。该面板的左侧为图层控制区，右侧为时间线控制区。

（7）选项面板停靠区。界面右侧上下贯通的区域为选项面板停靠区。在此区域中，停靠着在实际操作中会涉及的选项面板。

2．After Effects 的功能介绍

（1）图层操作功能。After Effects 的【时间线】面板包括图层操作区和时间线操作区，集合了 Premiere 中的时间线编辑功能和 Photoshop 中的图层编辑功能。操作更为灵活，功能更为强大。

（2）图像合成功能。After Effects 综合了 Premiere 和 Photoshop 的图像合成功能。不仅可以使用路径、蒙版、键控进行抠像，通过设置透明度实现图像叠加，还可以通过图层模式的设置实现多个图像间的合成。

（3）3D 合成功能。After Effects 的特效中，不仅拥有很多 Premiere 特效的功能，还有很多类似于三维软件的特效，加上灯光、摄像机等的设置，After Effects 可以制作很多三维特效。

（4）输出功能。After Effects 不但可以输出高质量的影片文件，与其他 Adobe 软件也有较好的兼容性。After Effects 可以方便地调入 Photoshop 的层文件，Premiere 的项目文件也可以再现于 After Effects 中，After Effects 的项目文件也可以导入到 Premiere 中。

13.2.2 使用 After Effects 制作文字动画

下面来介绍使用 After Effects 制作文字动画的方法。

Effect 02

Step 01 启动 After Effects，选择菜单栏中的【文件】/【保存】命令，在弹出的【保存】对话框中为其命名，选择合适的路径位置，单击 保存(S) 按钮，将项目文件保存。

> **提示：** 在开始工作前，先保存项目文件，可以防止突然死机或其他意外情况下文件的丢失，在制作过程中，也要养成经常保存文件的良好习惯。

Step 02 选择【图像合成】/【新建合成组】命令，弹出【合成设置】对话框，如图 13-15 所示。

在该对话框中，可以设置合成的视频格式、尺寸、帧频率、分辨率、开始时间码、持续时间等选项。

Step 03 在【预置】下拉列表中，选择【PAL D1/DV】选项，设置【持续时间】为“0:00:06:00”，如图 13-16 所示，单击 确定 按钮退出。

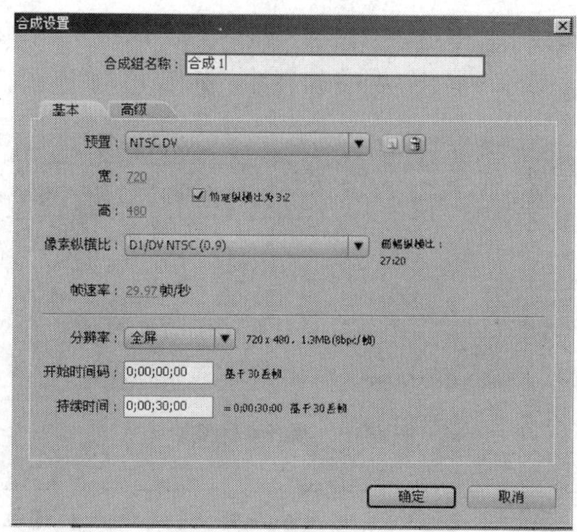

图 13-15 【合成设置】对话框

新建的合成在【时间线】面板中出现。After Effects 中合成的含义与 Premiere 中序列的含义类似，可以创建多个合成，可以实现合成的嵌套，对每个合成进行独立操作，创建的合成都会在【项目】面板中列出。

Step 04 选择【文件】/【导入】/【文件】命令，选择“第 13 章”文件夹下的“autumn.bmp”文件，将其导入，如图 13-17 所示，导入后的图片文件出现在【项目】面板中。

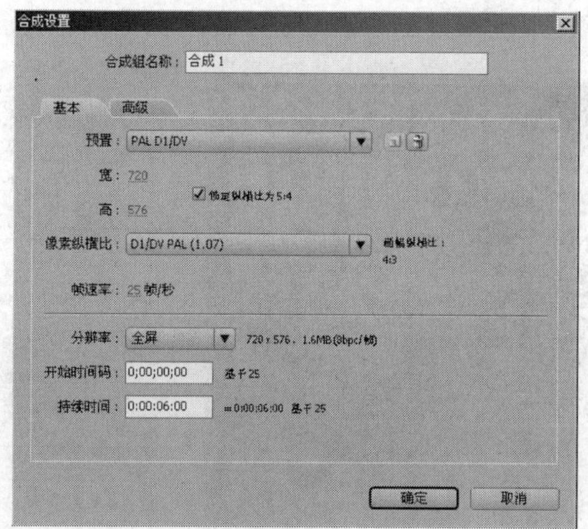

图 13-16 【合成设置】对话框中的参数设置

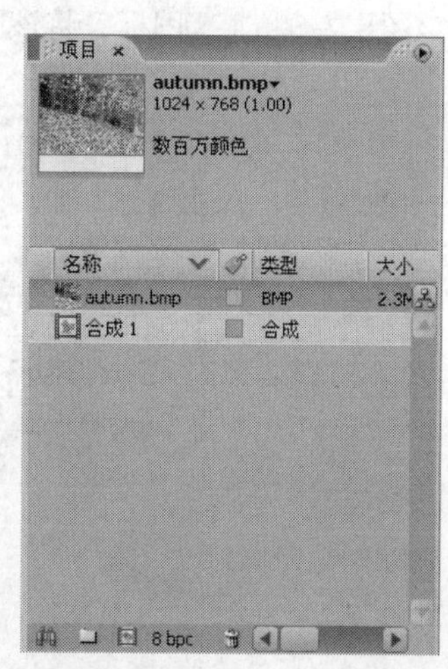

图 13-17 【项目】面板中的图片素材

Step 05 在【项目】面板中选择“autumn.bmp”，按住鼠标左键将其拖曳到下方的【时间线】面板。此时，【时间线】面板中出现该素材的图层，如图 13-18 所示。

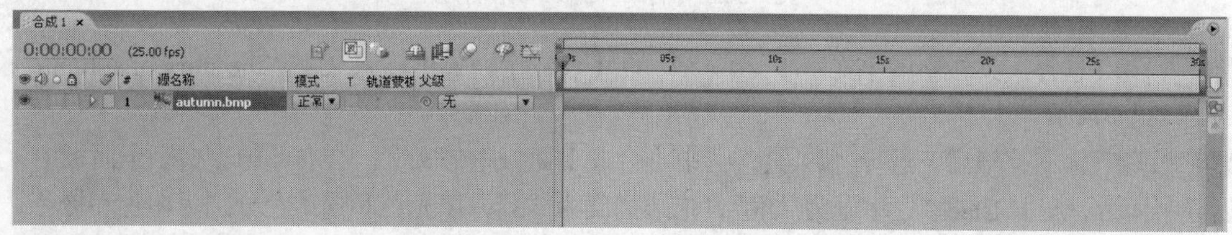

图 13-18 【时间线】面板中的图层

Step 06 在【时间线】面板中，单击该素材层左侧的图标，展开该图层，看到【变换】属性。单击【变换】选项左侧的图标，展开 5 种变换属性，如图 13-19 所示。

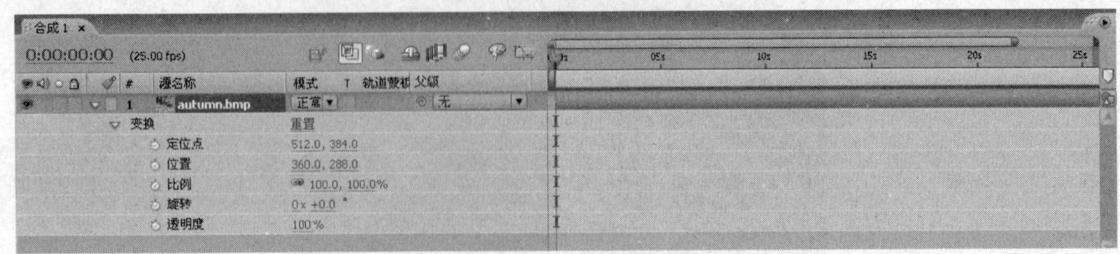

图 13-19 展开素材图层

提示：在图 13-19 中，显示了图层的 5 种变换属性：【定位点】、【位置】、【比例】、【旋转】、【透明度】。通过调整其参数，可以分别调整该图层的中心点、位置、比例、旋转、透明度，对属性的参数调整可以通过单击属性左侧的按钮，设置关键帧制作动画，其用法类似于 Premiere【效果控制】面板中的固定特效。设置的关键帧会在【时间线】面板右侧的时间线区域出现。

Step 07 将鼠标指针放到【比例】选项右侧的参数上，拖曳鼠标调整图片大小，使其与【合成】面板的尺寸一致。单击【合成】面板下方的 100 % 选项，可以改变该面板中图像的显示比例。这里把显示比例设置为“50%”，以看到图像的边界，如图 13-20 所示。调整完毕后，在【时间线】面板单击该图层左侧的图标，将该图层的选项折叠。

图 13-20 【合成】面板中的图片

Step 08 选择工具栏中的【文字】工具，在【合成】面板中输入文字“the story of autumn”，如图 13-21 所示。

Step 09 输入完毕后，选择工具，选中【合成】面板中的文字。在右侧的【文字】面板中，设置字体为“Arial Black”，字号为“40”，描边宽度为“3”，填充色和描边色分别为白色和橙色，如图 13-22 所示。

图 13-21　在【合成】面板中输入文字

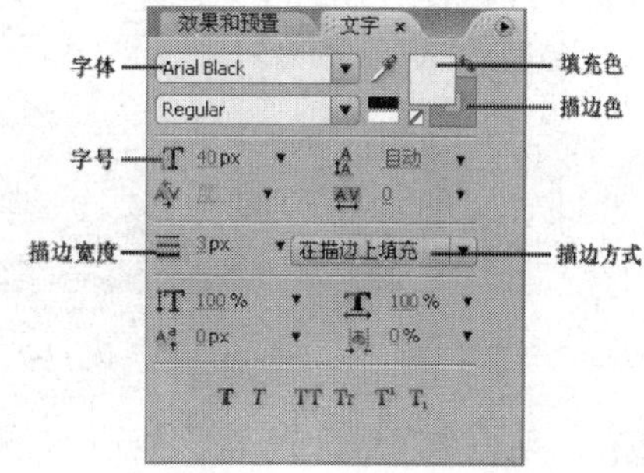

图 13-22 【文字】面板

Step 10　此时【时间线】面板中出现文字图层，如图 13-23 所示。

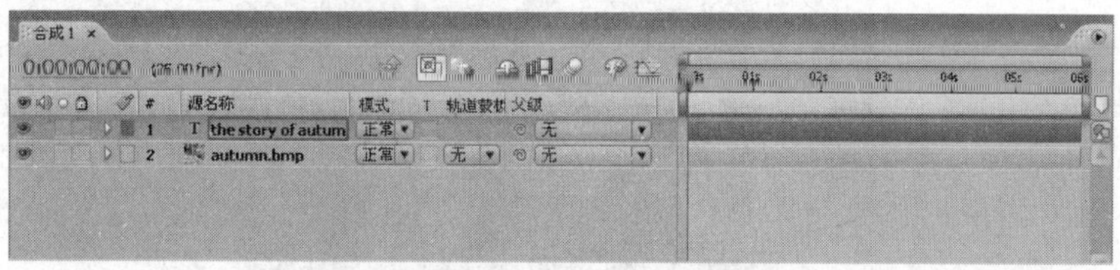

图 13-23 【时间线】面板中出现文字图层

Step 11　单击文字层左侧的▷图标，将该图层展开，如图 13-24 所示。

图 13-24　展开文字图层

从图中可以看到，文字层不但具有【变换】属性，还有【文字】属性。

Step 12　单击【动画 1】属性右侧的⊙按钮，在展开的下拉菜单中选择【位置】命令，【时间线】面板效果如图 13-25 所示。

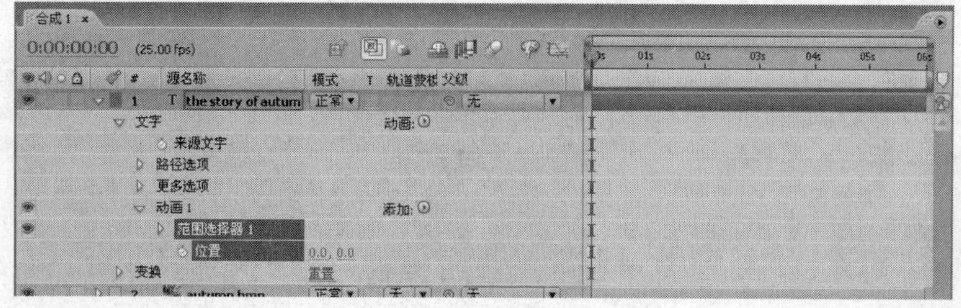

图 13-25 【时间线】面板

Step 13 单击【动画 1】属性右侧的◉按钮，在展开的下拉菜单中选择【选择】/【摆动】命令，【动画 1】属性列表中增加新的【波动选择器 1】属性，如图 13-26 所示。

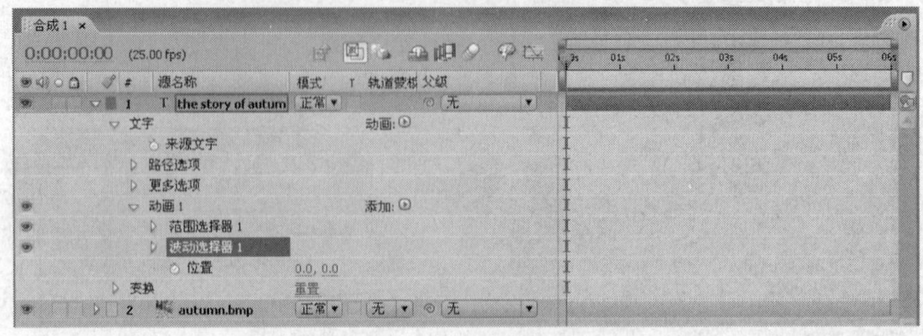

图 13-26 添加【摆动】选项

Step 14 将鼠标指针放到【位置】选项右侧的坐标参数上，拖曳鼠标调整参数为“–142，260”，【合成】面板中的文字效果如图 13-27 所示。

图 13-27 调整【位置】选项后的【合成】面板

Step 15 在【时间线】面板中，将时间指针移至最左端，单击【位置】选项左侧的⏱按钮，记录关键帧，如图 13-28 所示。

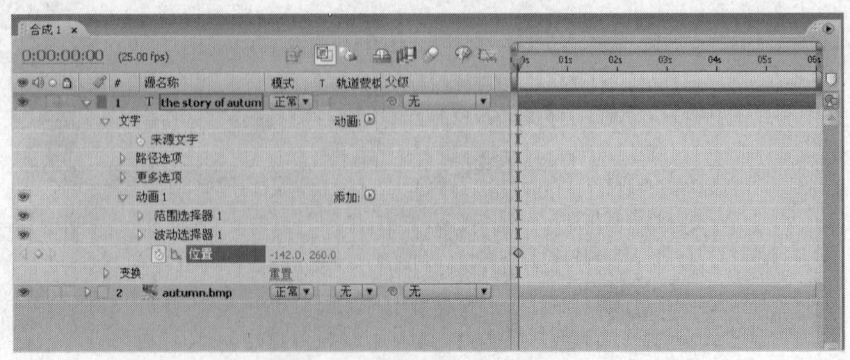

图 13-28 为【位置】选项添加关键帧

Step 16　将时间指针移至“0:00:02:00”处，将【位置】选项的坐标参数调整为“0，0”，如图 13-29 所示。

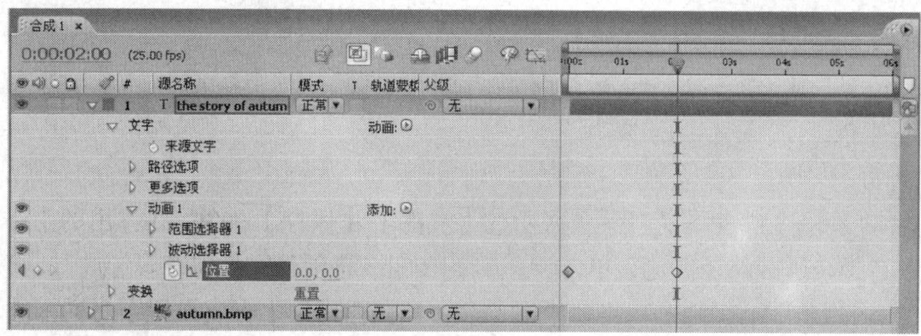

图 13-29　调整【位置】参数

提示：定位时间指针的方法与 Premiere 类似，可以拖曳时间指针，也可以单击【时间线】面板左上角的当前时间显示，在弹出的对话框中进行修改。

Step 17　将时间指针定位至时间线最左端，按键盘上的 0 键，在【合成】面板中预览动画效果。可以看到文字摆动得太快，下一步调整摆动的速度。

Step 18　在【时间线】面板中，单击【波动选择器 1】左侧的▷图标，将其展开，如图 13-30 所示。

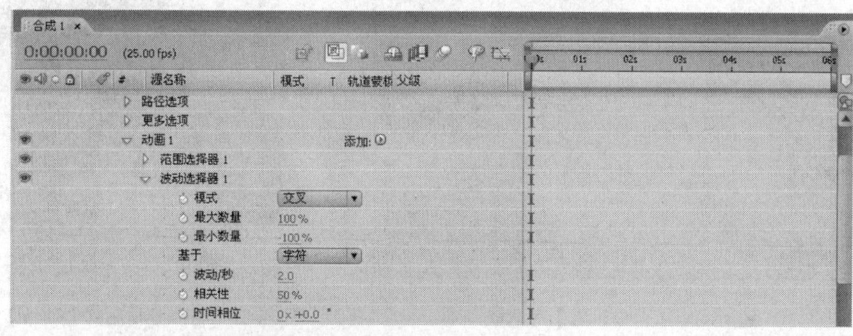

图 13-30　展开【波动选择器 1】选项

Step 19　设置【波动/秒】参数为“0.5”。将时间指针移至左端，再次按键盘上的 0 键，预览动画效果。可以看到，文字摆动的速度减慢了。

Step 20　选择菜单栏中的【文件】/【保存】命令，保存项目文件。

提示：在 Premiere 中，选择【文件】/【Adobe 动态链接】/【导入 After Effects 合成】命令，可以导入在 After Effects 中制作的项目文件。如果此时在 After Effects 中通过【文件】/【打开项目】命令也打开同一个项目文件，在 After Effects 中的修改操作会实时反映到 Premiere 中，不需要重新渲染。

13.3 综合实例——制作“车行天下”片头

下面将使用 After Effects 来制作一个“车行天下”的片头动画。制作中会综合运用 After Effects

中的几个特效，动画最后的效果如图 13-71 所示。

13.3.1 制作路径描边效果

首先来制作汽车轮廓的路径描边效果。

Effect 03

Step 01 启动 After Effects，选择菜单栏中的【文件】/【保存】命令，在弹出的【保存】对话框中为其命名，选择合适的路径位置，单击 保存(S) 按钮，将项目文件保存。

Step 02 选择【图像合成】/【新建合成组】命令，在弹出的【合成设置】对话框中设置参数，如图 13-31 所示，单击 确定 按钮。

Step 03 选择【文件】/【导入】/【文件】命令，导入“第 13 章”文件夹下的素材“汽车.png”，如图 13-32 所示。

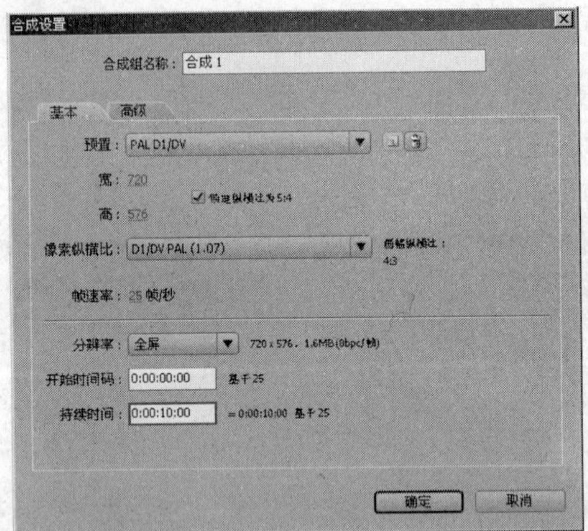

图 13-31 【合成设置】对话框

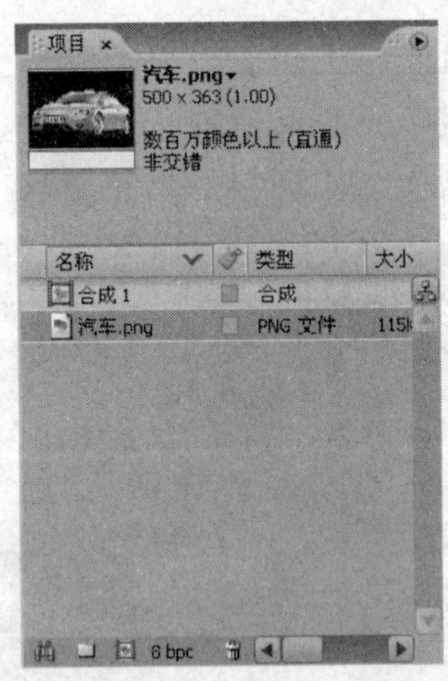

图 13-32 导入素材后的【项目】面板

Step 04 将【项目】面板中的素材“汽车.png”拖入【时间线】面板，如图 13-33 所示。

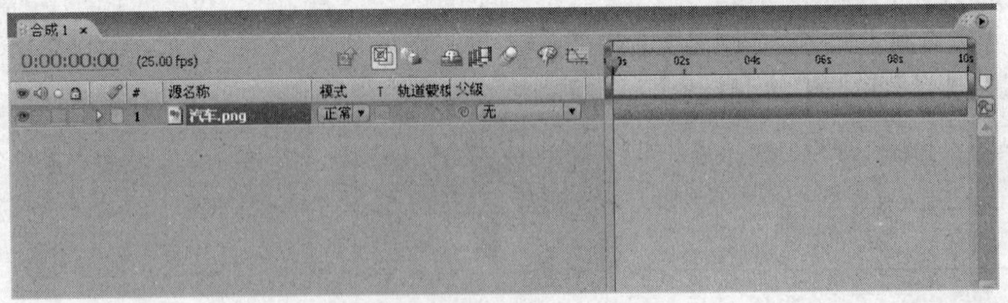

图 13-33 将素材拖入【时间线】面板

Step 05 选择【图层】/【新建】/【固态层】命令，在弹出的【固态层设置】对话框中，进行如图 13-34 所示的设置，单击 确定 按钮退出。

Step 06 在【时间线】面板中，出现刚才建立的固态层。按键盘上的 T 键，展开【透明度】属性，将其参数设置为“20%”，如图 13-35 所示。

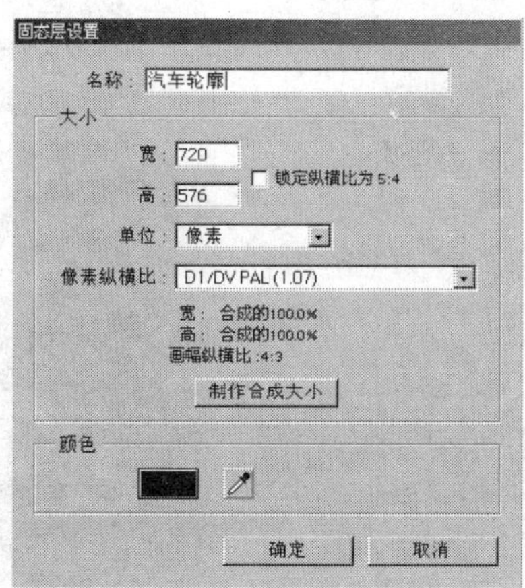

图 13-34 【固态层设置】对话框

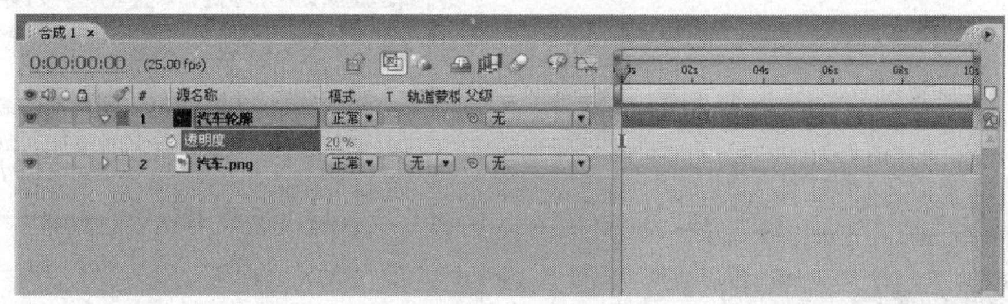

图 13-35　设置【透明度】属性

提示： 在【时间线】面板中选中一个图层，按键盘上的 A 键、P 键、S 键、R 键、T 键，可以分别展开该图层的【定位点】、【位置】、【比例】、【旋转】、【透明度】属性。

Step 07　【合成】面板中的效果如图 13-36 所示。

黑色固态层在素材层的上边，由于把固态层的透明度调小，所以会透出汽车的图片。

Step 08　选择【钢笔】工具，在【合成】面板中单击，沿着汽车轮廓制作路径，如图 13-37 所示。

图 13-36 【合成】面板中的效果

图 13-37　在【合成】面板中绘制路径

绘制路径的方法与 Premiere 和 Photoshop 类似。要绘制直角点，直接单击鼠标即可。要绘制曲线点，在按住鼠标左键的同时拖曳鼠标。

Step 09 用【钢笔】工具沿着汽车的轮廓线绘制一周，如图 13-38 所示。

图 13-38 用【钢笔】工具绘制的路径

绘制完成后如果对路径不满意，可以使用工具组中的其他工具调整。在工具上按住鼠标左键，即可看到其中折叠的其他工具。使用工具单击锚点可以进行直角点和曲线点的转换；使用工具可以在路径上添加锚点；使用工具可以删除选择的锚点。使用工具可以调整手柄和锚点的位置。

在调整时，可以按 Ctrl + + 组合键，将【合成】面板内的图像比例放大。按空格键可以平移视图，显示需要调整的图像部分。

Step 10 路径绘制完毕后，选择【时间线】面板中的素材层“汽车.png”，按键盘上的 Delete 键，将其删除。将固态层“汽车轮廓”的透明度设置为“100%”，【合成】面板的效果如图 13-39 所示。

Step 11 在界面右侧的【效果和预置】面板中，找到【生成】/【描边】特效，如图 13-40 所示。

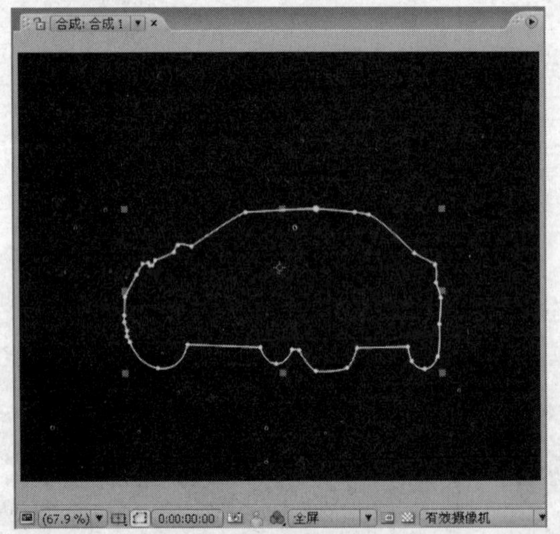

图 13-39 绘制的路径效果

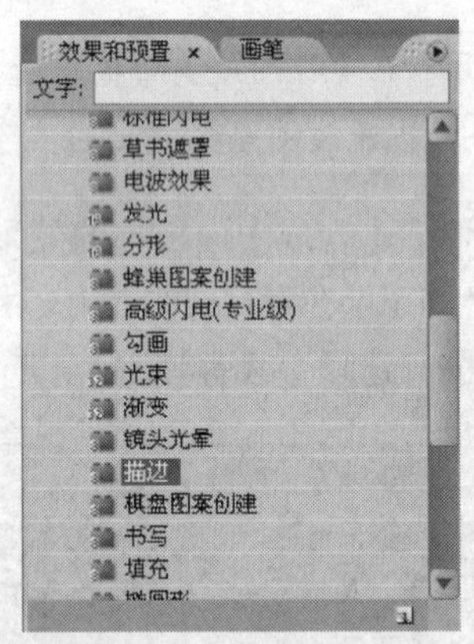

图 13-40 【效果和预置】面板

> **提示：** 在【效果和预置】面板上方的【文字】输入框中输入特效名称，可以快速找到需要的特效。

Step 12 选中【描边】特效，按住鼠标左键将其拖曳至【时间线】面板的固态层“汽车轮廓”上。此时，界面左侧的【特效控制台】面板打开，如图 13-41 所示。

此时看到，沿着路径描上了一层白边。选择工具，在【合成】面板的路径区域外单击鼠标左键，可以隐藏黄色的路径，只显示描边后的效果。

Step 13 在【特效控制台】面板中，设置【画笔大小】为“1.2”。

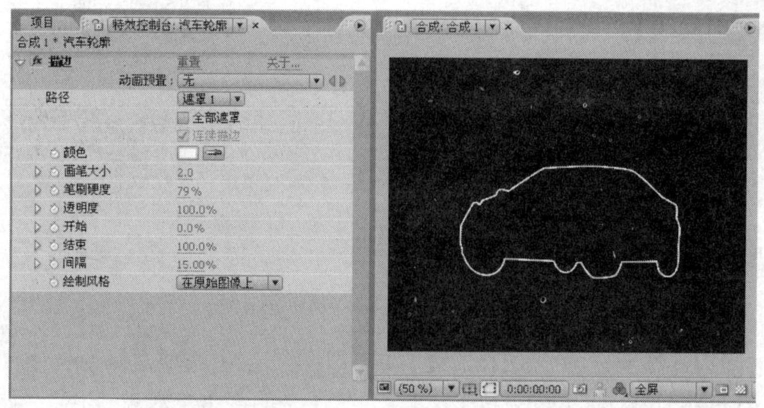

图 13-41 【特效控制台】面板和【合成】面板

Step 14 将时间指针移至时间线最左端，在【特效控制台】面板中，设置【结束】为“0%”，单击【结束】左侧的按钮，将当前位置记录关键帧，如图 13-42 所示。

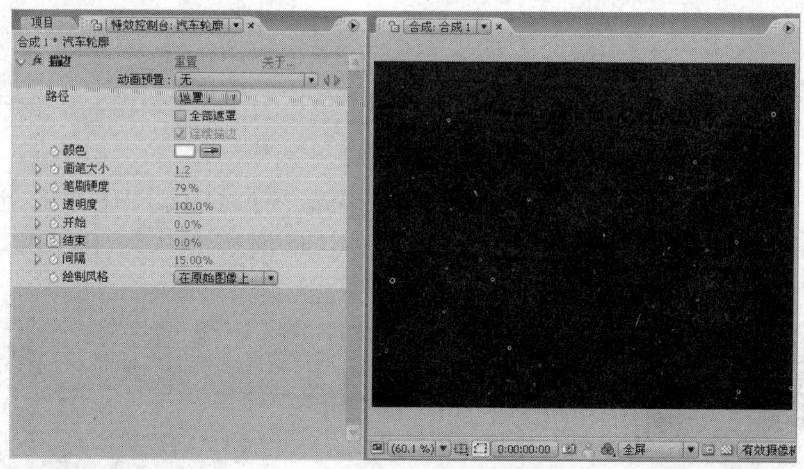

图 13-42 调整【结束】选项

此时看到，【合成】面板中的汽车轮廓线消失，描边还未开始。

Step 15 将时间指针移至“0:00:02:10”处，将【结束】设置为“100%”，如图 13-43 所示。

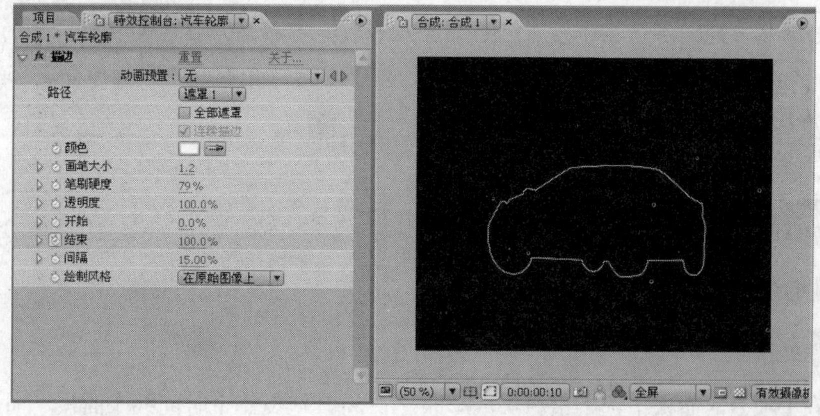

图 13-43 再次调整【结束】选项

Step 16 选择【时间线】面板的固态层，按键盘上的 T 键，打开【透明度】属性，效果如图 13-44 所示。

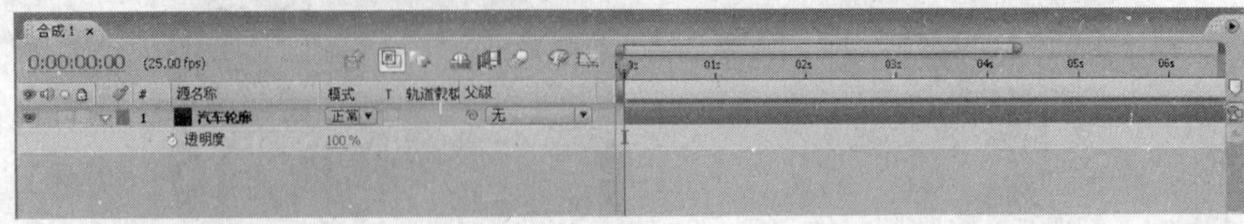

图 13-44 打开【透明度】选项

Step 17 将时间指针移至“0:00:02:18”处，单击【透明度】选项左侧的 按钮，在当前位置记录关键帧。将时间指针移至“0:00:03:03”处，设置【透明度】参数为“0%”，如图 13-45 所示。

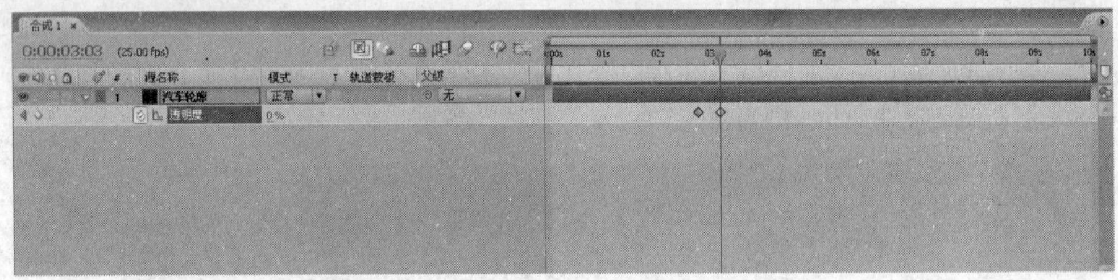

图 13-45 设置【透明度】选项关键帧

Step 18 选中固态层“汽车轮廓”，按键盘上的 U 键，在【时间线】面板中显示该层所有关键帧，如图 13-45 所示。将时间指针移至“0:00:03:10”处，按键盘上的 Alt +] 组合键，将时间指针右侧的部分删除，如图 13-46 所示。

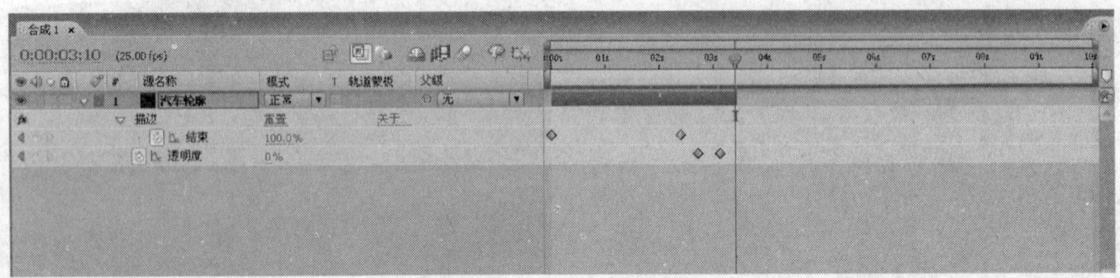

图 13-46 显示固态层“汽车轮廓”的所有关键帧

提示： 选择相应的图层，按键盘上的 Alt+ [组合键，可将该层在时间指针左侧的部分删除。按键盘上的 Alt+] 组合键，可将时间指针右侧的部分删除。将不用的剪辑部分删除，会让时间线更为简洁清晰。

13.3.2 为图片添加特效

接上例，继续制作图片的扫光和渐显动画。

Effect 04

Step 01 在【项目】面板中选中素材“汽车.png”，将其拖曳到【时间线】面板。【时间线】面板出现素材层“汽车.png”，如图 13-47 所示。

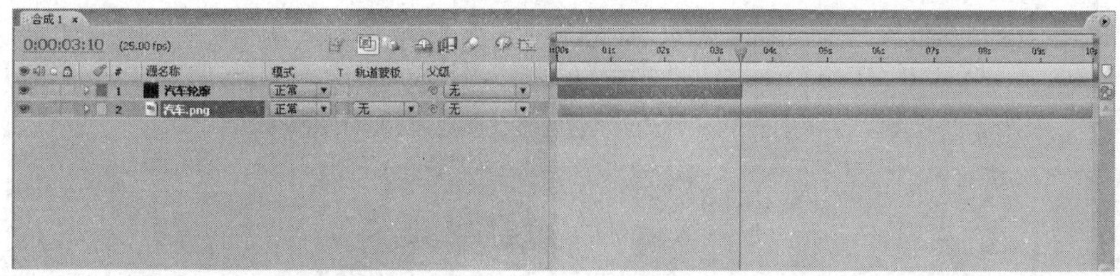

图 13-47 【时间线】面板的素材图层

Step 02　选中素材层“汽车.png”，将其拖曳至固态层“汽车轮廓”的上方，释放鼠标。让素材层“汽车.png”处于上层，如图 13-48 所示。

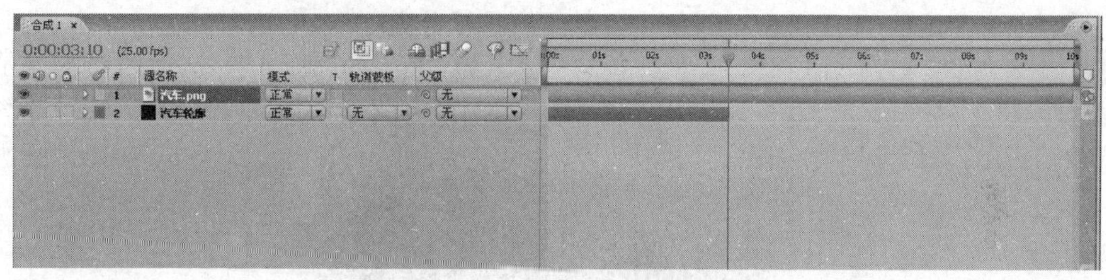

图 13-48　调整素材层“汽车. png”

Step 03　选择【图层】/【新建】/【固态层】命令，在弹出的对话框中，将固态层命名为“扫光”，单击 确定 按钮退出，【时间线】面板效果如图 13-49 所示。

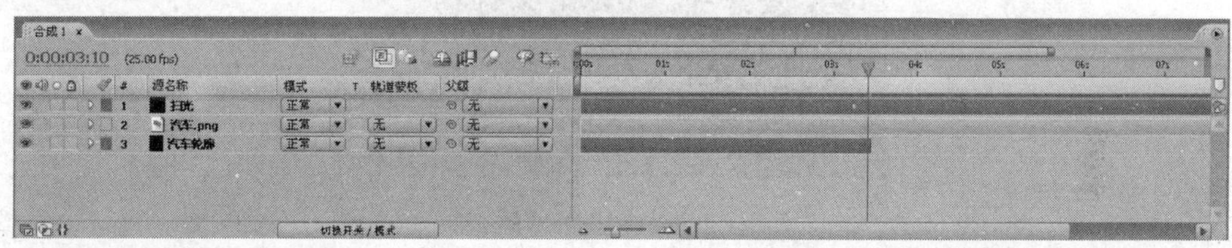

图 13-49　新建固态层“扫光”

Step 04　在【效果和预置】面板中，选中【生成】/【CC 扫光（光线）】特效，如图 13-50 所示，将其拖曳至【时间线】面板的固态层“扫光”上。此时，界面左侧的【特效控制台】面板打开，如图 13-51 所示。

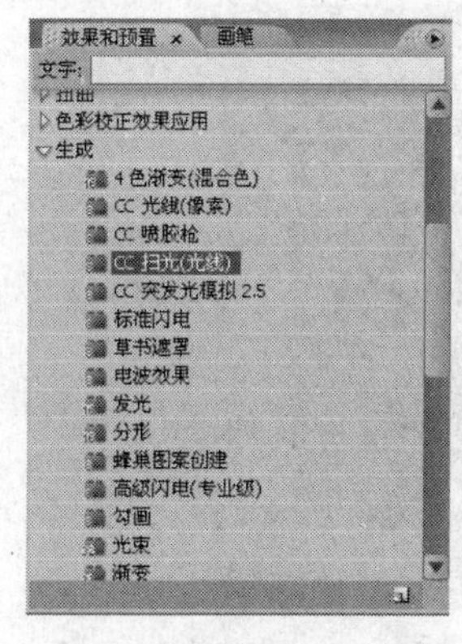

图 13-50 【效果和预置】面板

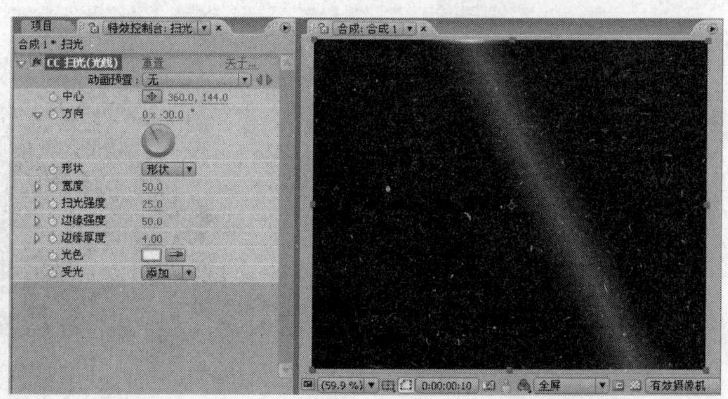

图 13-51　添加【CC 扫光（光线）】特效后的效果

Step 05 单击素材层“汽车.png”的【轨道蒙版】下拉列表，选择【亮度蒙版“扫光”】选项。如图 13-52 所示，素材层“汽车.png”的【轨道蒙版】选项显示“亮度”字样。如果图层中没有【轨道蒙版】选项，单击【时间线】面板下方的 切换开关/模式 按钮即可显示。

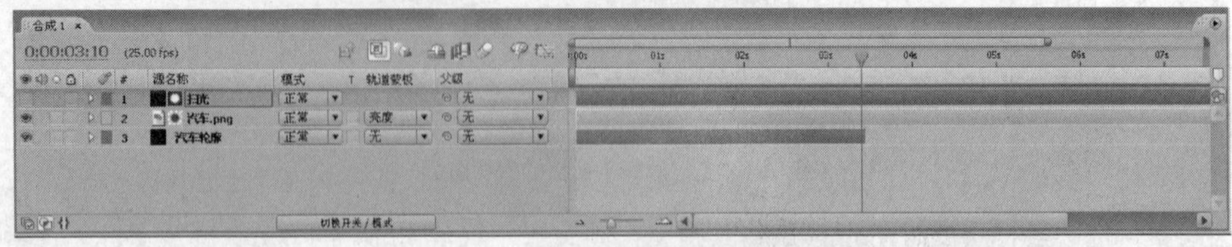

图 13-52 设置素材层“汽车. png”的轨道蒙版

将固态层“扫光”设置为亮度蒙版后，左侧的图标自动关闭，该图层隐藏。

Step 06 在【特效控制台】面板中，设置【扫光强度】为“70”,【合成】面板效果如图 13-53 所示。

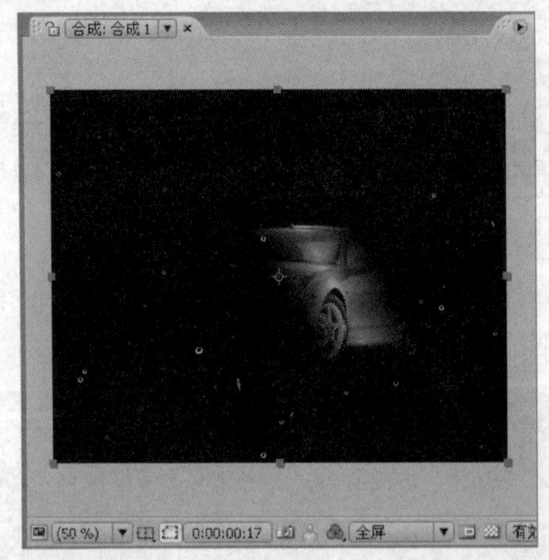

图 13-53 【合成】面板中的效果

由于将固态层“扫光”设置为素材层“汽车. png”的亮度蒙版，所以只有光束所在的位置才会显示汽车，从而实现汽车的扫光效果。

Step 07 将时间指针移至“0:00:03:06”处，在【特效控制台】面板中，调整【中心】选项的 x 轴坐标参数，使光束扫在汽车的左侧，如图 13-54 所示。

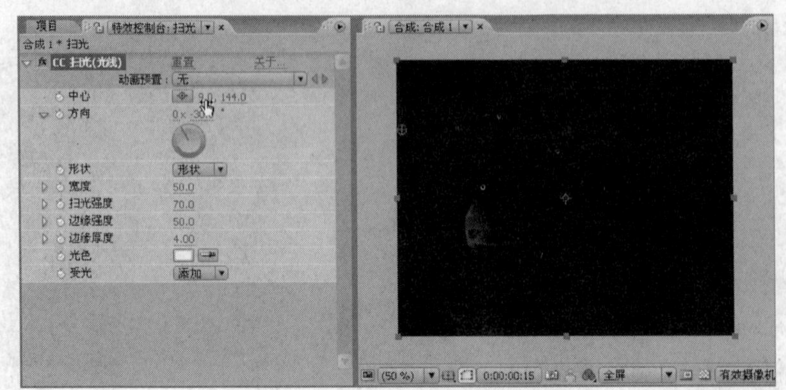

图 13-54 调整【中心】选项参数（1）

Step 08 单击【中心】选项左侧的[秒表]按钮，将当前位置记录关键帧。

Step 09 将时间指针移至“0:00:05:00”处，调整【中心】选项的 x 轴坐标参数，使光束扫在汽车的最右侧，如图 13-55 所示。

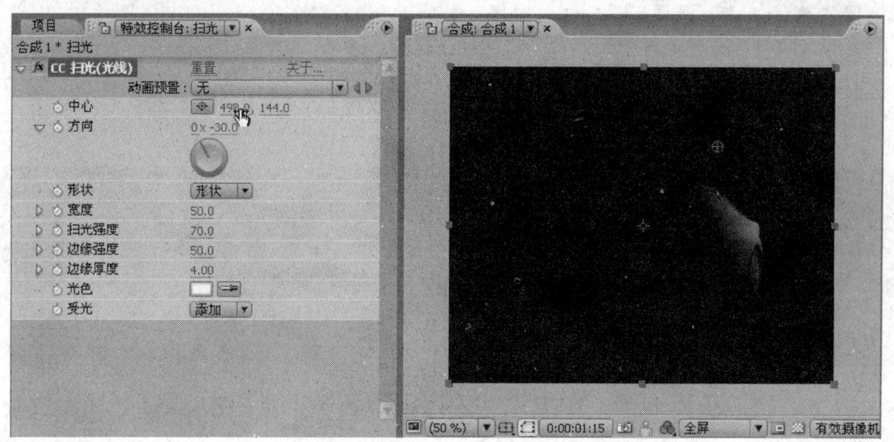

图 13-55 调整【中心】选项参数（2）

Step 10 按键盘上的 Shift 键，同时选中固态层“扫光”和素材层“汽车.png”，按键盘上的 U 键，显示两个图层所有的关键帧。将时间指针移至所有关键帧的左侧，按 Alt + [组合键。将时间指针移至所有关键帧的右侧，按 Alt +] 组合键，将多余的部分删除，如图 13-56 所示。

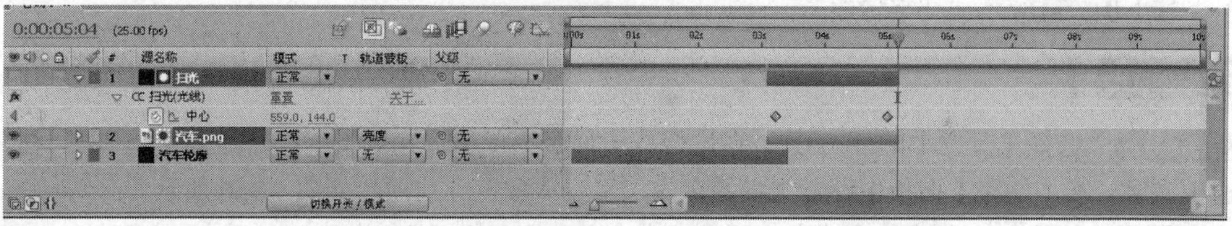

图 13-56 调整固态层“扫光”和素材层“汽车. png”

Step 11 在【项目】面板中选择“汽车.png”，将其再次拖入【时间线】面板，并将该图层拖曳到所有图层的上方，如图 13-57 所示。

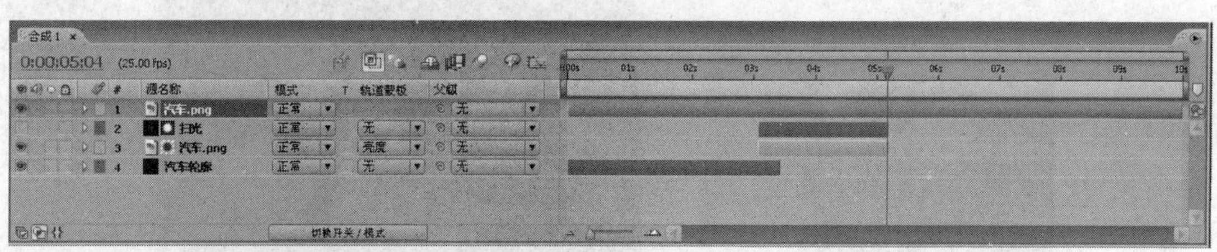

图 13-57 再次将素材“汽车. png”放入【时间线】面板

Step 12 选中上边的素材层“汽车. png”，按键盘上的 T 键，打开【透明度】属性，设置参数为“0%”。将时间指针移至“0:00:05:03”处，单击该选项左侧的[秒表]按钮，记录关键帧。

Step 13 将时间指针移至“0:00:05:21”处，设置【透明度】参数为“100%”，如图 13-58 所示。

Step 14 将时间指针移至“0:00:06:05”处，单击【透明度】选项左侧的[关键帧]按钮，设置关键帧。将时间指针移至“0:00:06:21”处，设置【透明度】选项为“0%”，如图 13-59 所示。

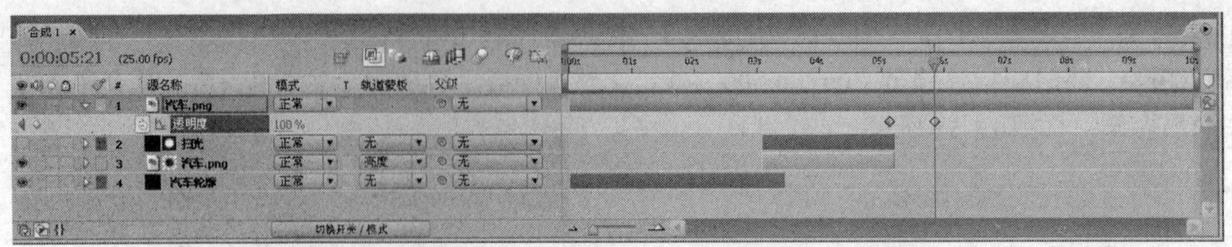

图 13-58　为素材层“汽车. png”设置【透明度】动画

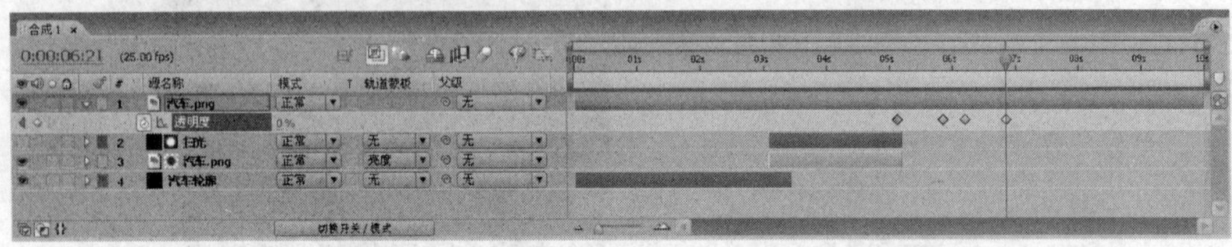

图 13-59　为素材层“汽车. png”设置【透明度】动画

Step 15　选择素材层“汽车.png”，将时间指针移至该层所有关键帧的左侧，按 Alt + [组合键。将时间指针移至该层所有关键帧的右侧；按 Alt +] 组合键，将多余的部分删除。

13.3.3　制作文字特效

接上例，继续添加文字特效。

Effect 05

Step 01　选择工具栏中的 T 工具，在【合成】面板中单击，输入文字“车行天下”。用工具选中文字，在【文字】面板中设置文字的字体、字号、颜色等选项，如图 13-60 所示。

Step 02　使用工具在【合成】面板中选中文字，拖曳鼠标调整位置，如图 13-61 所示。

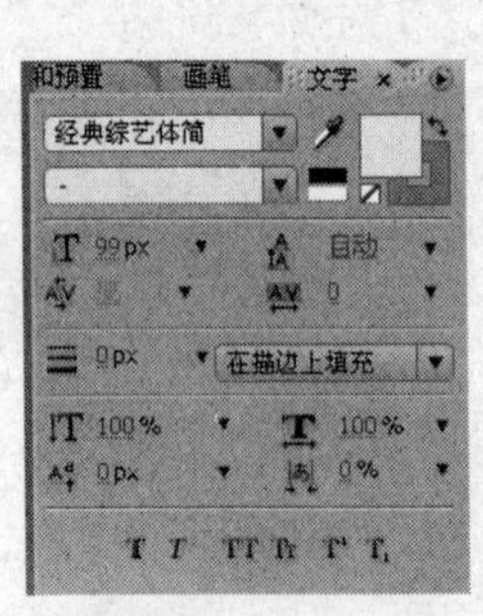

图 13-60 【文字】面板

图 13-61　输入文字后的效果

Step 03　选择【时间线】面板中文字层“车行天下”，按键盘上的 T 键，打开【透明度】属性。将时间指针移至“0:00:06:22”处，设置【透明度】参数为“0%”，单击左侧的按钮，记录关键帧。

Step 04　将时间指针移至“0:00:07:02”处，设置【透明度】参数为“100%”，如图 13-62 所示。

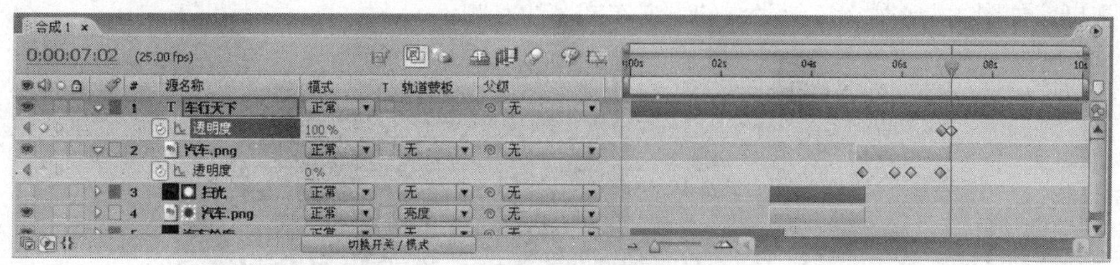

图 13-62　设置【透明度】参数

Step 05　在【效果和预置】面板中，选中【生成】/【CC 突发光模拟 2.5】特效，如图 13-63 所示，将其拖曳至【时间线】面板的文字层“车行天下”上。打开【特效控制台】面板，如图 13-64 所示。

图 13-63 【效果和预置】面板

图 13-64 【特效控制台】面板

Step 06　在【特效控制台】面板中，将鼠标指针放至【中心】选项的 x 轴坐标参数上，向左拖曳，如图 13-65 所示，让光线的方向在文字右侧。

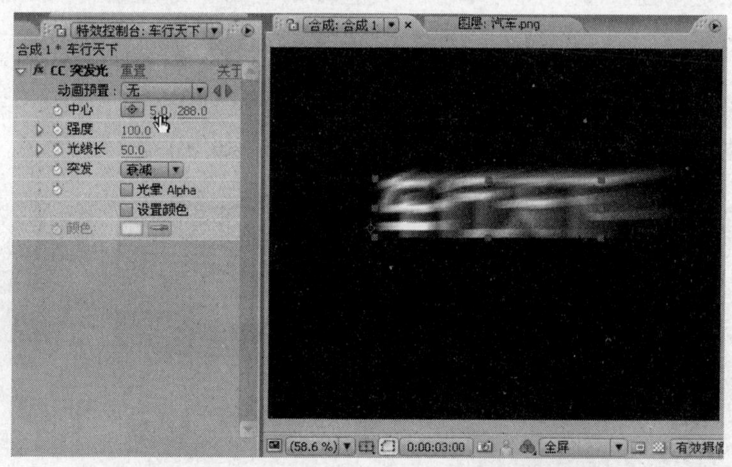

图 13-65　调整【CC 突发光模拟 2.5】特效的选项

Step 07　将时间指针移至“0:00:07:02”处，单击【中心】左侧的按钮，记录关键帧。

Step 08 将时间指针移至“0:00:08:14”处，将鼠标指针放至【中心】选项的 x 轴坐标参数上，向右拖曳，如图 13-66 所示，让光线的方向在文字的左侧。

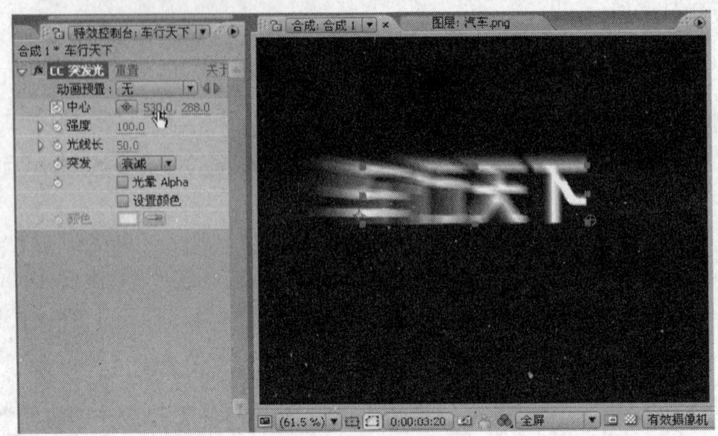

图 13-66 调整【CC 突发光模拟 2.5】特效的选项

Step 09 单击【光线长度】左侧的按钮，将当前位置记录关键帧。

Step 10 将时间指针移至“0:00:08:23”处，设置【光线长度】参数为“0”。

Step 11 选择文字层“车行天下”，按键盘上的U键，显示该层所有的关键帧，如图 13-67 所示。

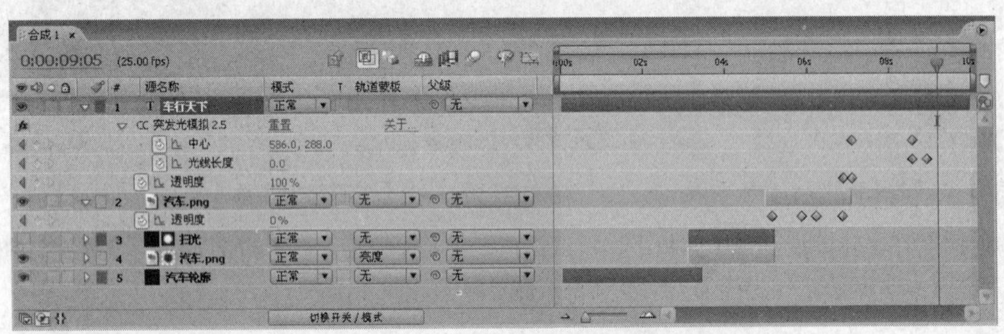

图 13-67 文字层“车行天下”所有的关键帧

Step 12 将时间指针移至该层所有关键帧的左侧，按Alt+[组合键。将时间指针移至该层所有关键帧的右侧，按Alt+]组合键。删除文字层的多余部分，如图 13-68 所示。

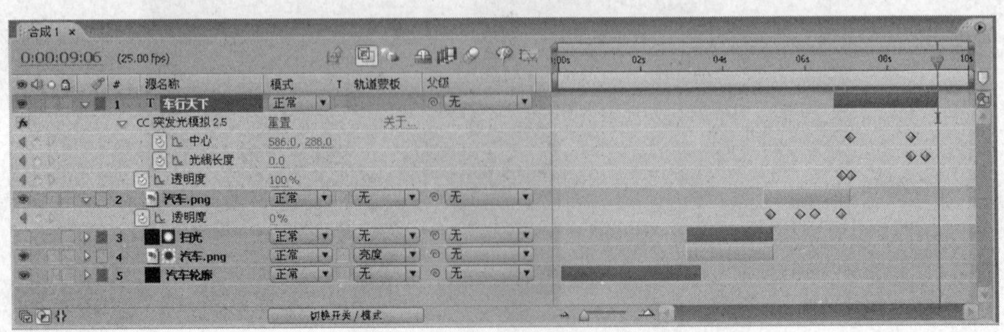

图 13-68 删除文字层的多余部分

提示：在【时间线】面板显示关键帧后，可以框选一个或多个关键帧左右拖曳，来调整关键帧的位置。选择相应的图层左右拖曳，也会改变关键帧的位置。如果预览后发现动画的节奏需要调整，可以再来调整相应的关键帧的位置。

到这里，【时间线】面板中所有的制作部分已经完成。下面将对动画进行渲染输出。

13.3.4 预览和输出

本节来介绍预览和输出动画文件的方法。

Effect 06

本节来介绍预览和输出动画文件的方法。

Step 01 将时间指针移至时间线左端，按键盘上的0键预览整体动画效果。预览时，单击【合成】面板下方的 全屏 选项，选择较低的分辨率，可以加快预览速度。

Step 02 选择【图像合成】/【制作影片】命令，弹出【输出影片为】对话框，如图 13-69 所示。为要输出的影片命名，并选择保存的路径，单击 保存(S) 按钮退出。

图 13-69 【输出影片为】对话框

Step 03 在界面下方出现【渲染队列】面板，如图 13-70 所示，单击 渲染 按钮进行渲染。

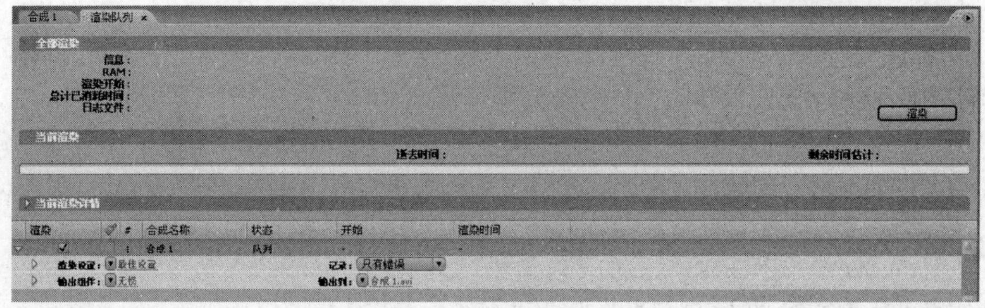

图 13-70 【渲染队列】面板

Step 04 在本地硬盘找到输出的 AVI 文件，用视频播放器播放，效果如图 13-71 所示。

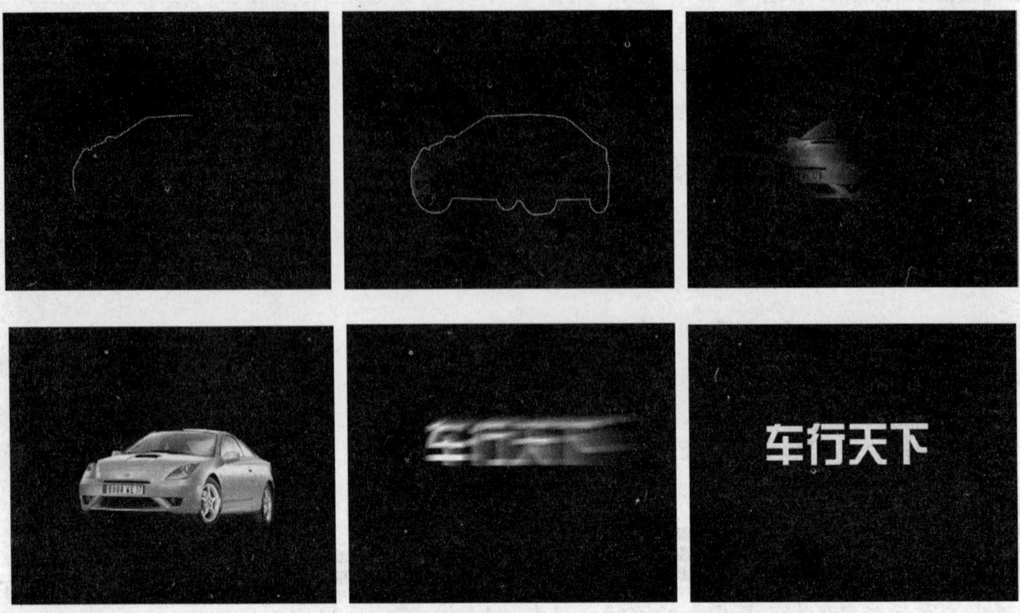

图 13-71　输出影片的播放效果（参见书前彩页）

小结

本章简要介绍了 Photoshop 和 After Effects 的功能及基本使用方法。前者是一款静态图像处理软件，后者是一种影视后期合成软件，而 Premiere 是一种后期编辑软件。这 3 种软件各有不同的特点，同时具有良好的兼容性，在一种软件里编辑的图像或视频可以输出或应用到其他的软件中，在后期节目制作中经常相互配合使用。

习题

一、简答题

1. 简述 Photoshop 的主要功能。
2. 简述 After Effects 的主要功能。
3. 简述 Photoshop、After Effects 和 Premiere 的区别与联系。

二、操作题

1. 使用 Photoshop 制作 PNG 格式的图像文件。
2. 使用 After Effects 的【CC 扫光（光线）】特效，制作图像的扫光动画。
3. 使用 After Effects 的【CC 突发光模拟 2.5】特效，制作文字特效动画。

第14章 作品的输出

输出是影视制作过程中的最后一个环节，Premiere Pro CS3 提供了多种输出方式。输出时首先要确定输出的内容：单帧、剪辑或整个序列。然后选择输出方式：磁带、电影或 DVD。利用 Adobe Media Encoder 提供的各种视频编码方式，可以根据应用终端选择多种输出方式。本章主要介绍作品的各种输出方式。

【教学目标】

- 了解各种输出选项。
- 掌握将序列输出到磁带、制作单帧的方法。
- 掌握影片的输出设置方法。
- 掌握如何输出音频。
- 熟悉 Adobe Media Encoder 的使用方法。

14.1 导出选项

Premiere 可以把作品录制到磁带上，以备在电视上播放；也可以输出为在计算机上播放的视频文件、动画文件或者静态图片序列；还可以刻录到 DVD 光盘上。Premiere Pro CS3 为各种输出途径提供了多种文件格式和视频编码方式，不同的输出方式之间也有相互交叉。选择菜单栏中的【文件】/【导出】命令，在子菜单中显示各种输出选项，打开如图 14-1 所示。

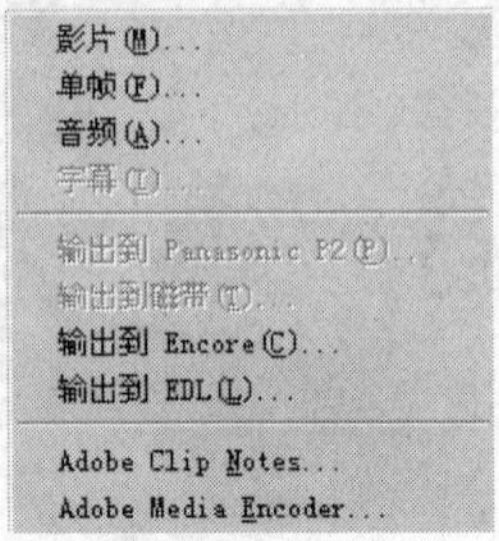

影片(M)...
单帧(F)...
音频(A)...
字幕(T)...
输出到 Panasonic P2(P)...
输出到磁带(T)...
输出到 Encore(C)...
输出到 EDL(L)...
Adobe Clip Notes...
Adobe Media Encoder...

图 14-1 不同的输出方式

(1)【影片】：创建 Windows AVI 文件、Apple QuickTime 桌面视频文件，或者静态图像序列。

(2)【单帧】：将选中的帧输出为 BMP、GIF、Targa、TIFF 4 种格式的静态图像。

(3)【音频】：只输出 WAV、AVI 或者 QuickTime 3 种音频文件。

(4)【字幕】：将选中的字幕文件导出为独立的文件，供其他项目使用。使用该项，首先要在【项目】面板中选择字幕。

(5)【输出到磁带】：将作品输出到磁带中。

(6)【输出到 Encore】：把作品输出到 Encore 中，以创建或者刻录光盘。

(7)【输出到 EDL】：创建编辑决策列表，以便把项目送到制作机房进一步编辑。

(8)【Adobe Clip Notes】：输出一个 PDF 文件，其中包含序列视频。客户收到这个文件后可以打开，播放视频，直接在 PDF 文件中添加意见注释。

(9)【Adobe Media Encoder】：将作品输出为 MPEG、Windows Media、RealMedia 或者 QuickTime 4 种高端文件格式。

14.2 输出到磁带

通过与计算机相连的录像机或者具有录像功能的摄像机，可以将编辑好的作品输出到磁带上。将作品输出到录像机，方法如下。

Effect 01

Step 01 单击【项目】面板下方的【新建分类】按钮，弹出快捷菜单，选择【彩条】或者【黑场视频】命令。如果选择【彩条】命令，将在【项目】面板中新建一个 6s 长的彩条和声音，如图 14-2 所示。如果选择【黑场视频】命令，则新建一个 6s 长的黑场。

Step 02 选中彩条或者黑场，单击鼠标右键，在弹出的快捷菜单中选择【速度/持续时间】命令，打开【素材速度/持续时间】对话框，调整时间长度为“00:00:30:00”，如图 14-3 所示。

Step 03 按 Ctrl 键，将彩条或者黑场拖曳到【时间线】面板中整个序列的起始处，为作品插入一段带声音的彩条或者黑场，其余剪辑均向右移动。

Step 04 确保录像机和计算机连接正确，装入一盘空磁带。

Step 05 选择【文件】/【导出】/【输出到磁带】命令，打开【输出到磁带】对话框，如图 14-4 所示。

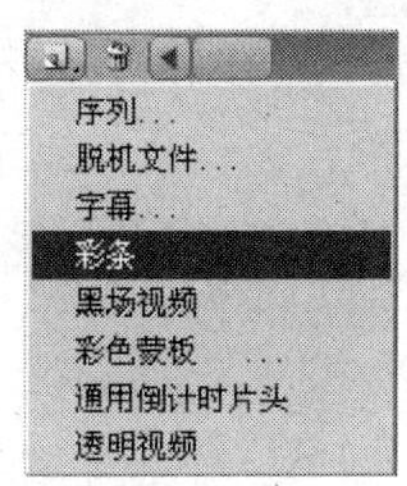

图 14-2 创建彩条

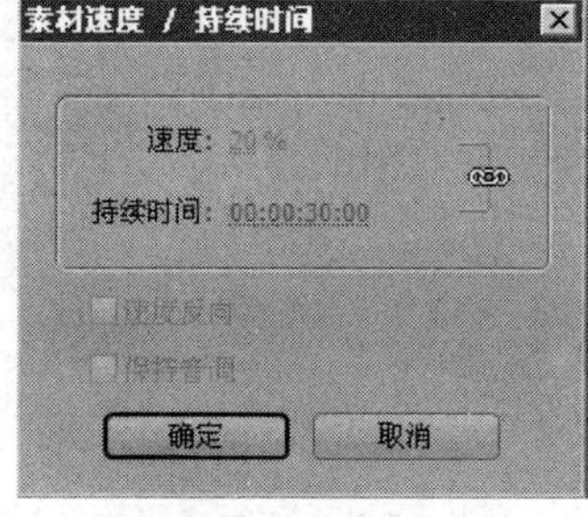

图 14-3 调整时间

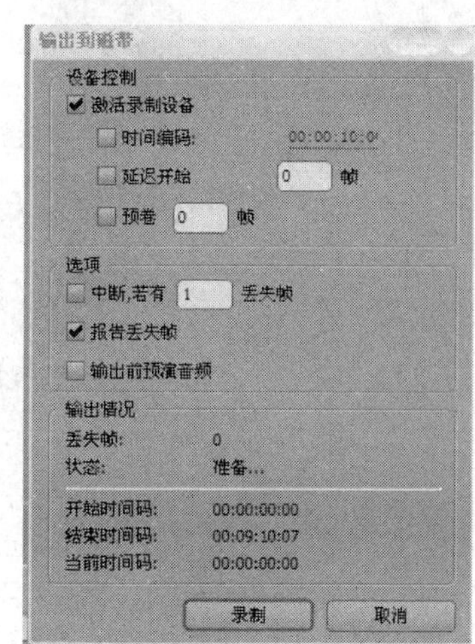

图 14-4 【输出到磁带】对话框

下面介绍【输出到磁带】对话框中的常用选项及参数。

①【激活录制设备】：勾选该项，Premiere 将控制录像设备。

②【时间编码】：勾选该项，输入磁带上的录制入点时间值，否则在磁带当前位置开始录制。

③【延迟开始】：该项针对一小部分 DV 录制设备，它们从接受视频信号到开始录制之间需要一小段时间。具体数值可以参考设备手册。

④【预卷】：保证录制设备开始正式记录时达到稳定速度需要的时间。对于大多数设备，设置为 150 帧比较合适。

⑤【选项】组：该组参数用于报告掉帧和放弃录制设置。

Step 06 单击 录制 按钮即可开始录制。

> **提示：**在 Premiere 把项目录制到磁带之前，必须先渲染项目。如果还没有渲染序列，录像机会处于暂停状态。在【时间线】面板中按 Enter 键回放，Premiere 会预先进行渲染。渲染结束后，自动启动录像机，将作品输出到磁带中。

14.3 制作单帧

在输出影片时，可以选择序列的一帧，将其输出为一张静态图片。

制作单帧，方法如下。

Effect 02

Step 01 将时间指针移动到要导出的帧上。

Step 02 选择【文件】/【导出】/【单帧】命令，打开【输出单帧】对话框，如图 14-5 所示。

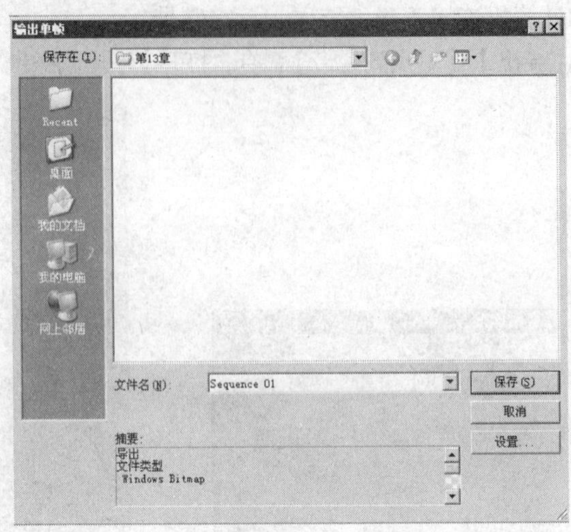

图 14-5 【输出单帧】对话框

Step 03 单击 设置... 按钮，打开【导出单帧设置】对话框，从【文件类型】下拉列表中选择一种图片格式。只有 GIF 格式可以设置编译选项。勾选【完成后添加到项目】复选框，如图 14-6 所示，输出后图片会自动添加到【项目】面板中。

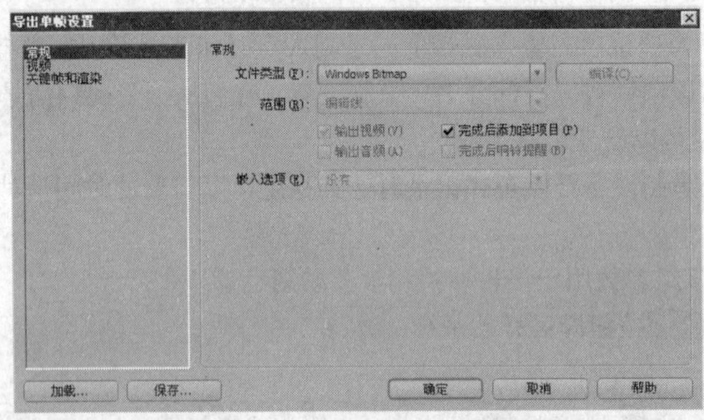

图 14-6 【导出单帧设置】对话框

Step 04 单击 确定 按钮，关闭【导出单帧设置】对话框。

Step 05 在【输出单帧】对话框内，指定导出的位置和文件名，单击 保存(S) 按钮。

14.4 输出电影、序列和音频文件

在 Premiere 中，还可以将剪辑整体或者部分序列导出为视频、音频文件或者静态图像文件序列。在介绍具体的导出选项之前，先介绍怎样指定导出的内容。

14.4.1 导出序列

在 Premiere 中，可以将整个序列导出，也可将序列的一部分导出。方法如下。

Effect 03

Step 01 在【时间线】面板或者【节目】监视器中选中序列。

Step 02 将【工作区域条】的起始和结束位置放在要导出序列的开始和结束部分。

Step 03 选择菜单栏中的【文件】/【导出】命令，如果选择【影片】、【音频】等子菜单，在相应的设置对话框里会出现【范围】选项，如图 14-7 所示。选择【完整序列】选项，将整个序列导出；选择【工作区】选项，将与工作区域条对应的部分序列导出。

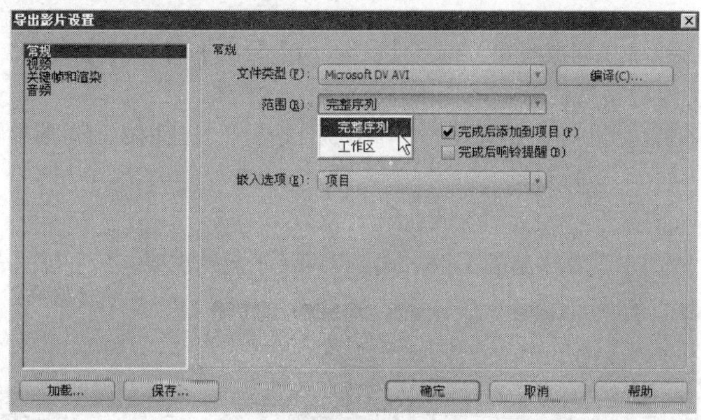

图 14-7　导出设置对话框

14.4.2　导出素材

在 Premiere 中不仅可以导出序列，也可以将某段素材导出。方法如下。

Effect 04

Step 01 在【素材源】监视器中选中剪辑。

Step 02 通过【素材源】监视器下方的工具栏设置入点和出点，指定剪辑导出范围。

Step 03 选择菜单栏中的【文件】/【导出】命令，如果选择【影片】、【音频】等子菜单，在相应的设置对话框里会出现【范围】选项，如图 14-8 所示。选择【全部素材】选项，将整段剪辑导出；选择【从入点到出点】选项，将剪辑入点、出点之间的部分导出。

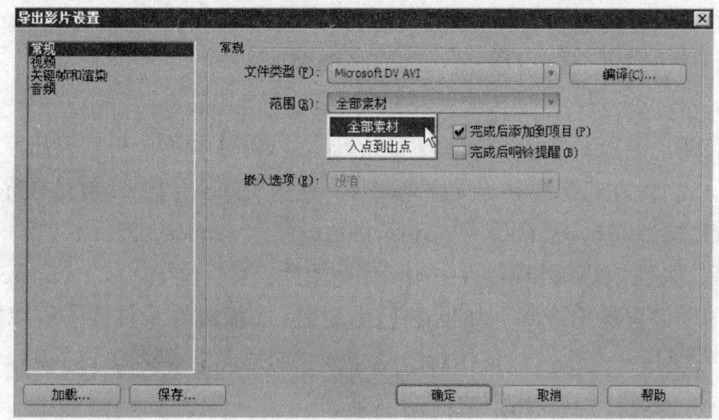

图 14-8　导出设置对话框

14.4.3 导出视频、序列和音频文件

通过【文件】/【导出】/【影片】命令，可以将序列导出为视频、音频文件或者图像序列，以便在其他系统平台上使用，或者在其他编辑软件中再次修改。

将序列导出为视频、序列和音频文件，方法如下。

Effect 05

Step 01 选中要导出的序列或剪辑，选择【文件】/【导出】/【影片】命令，打开【导出影片】对话框。

Step 02 单击 设置... 按钮，在打开的【导出影片设置】对话框中可以对输出格式和输出区域等各选项进行设置，如图 14-9 所示。

【导出影片设置】对话框中的常用参数介绍如下。

①【文件类型】：用于设置输出的文件格式，以满足不同的需要，其下拉列表如图 14-10 所示。

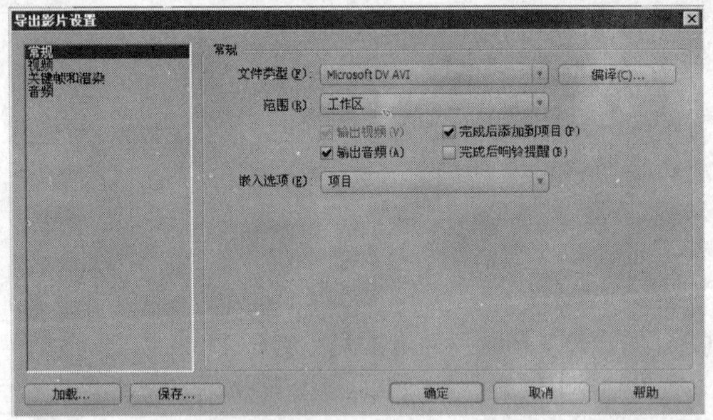

图 14-9 【导出影片设置】对话框

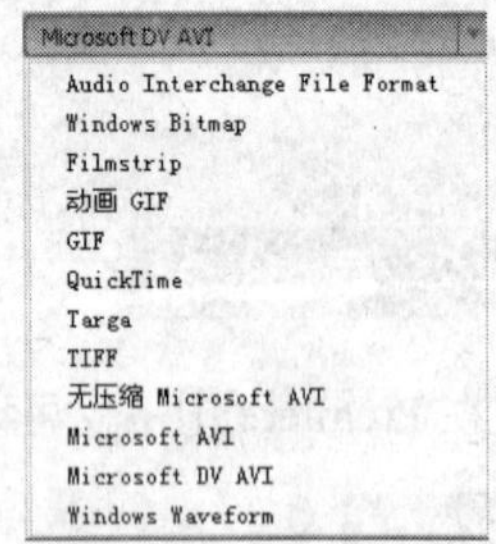

图 14-10 文件类型

- 【Filmstrip】：输出胶片带。利用胶片带格式，可以将 Premiere 中的序列输出，以在 Photoshop 中进行逐帧的编辑。胶片带文件未被压缩，会占据大量的磁盘空间。
- 【动画 GIF】：输出动画文件。
- 【Quick Time】：输出基于 Mac OS 操作平台的数字电影。
- 【Microsoft AVI】：输出基于 Windows 操作平台的数字电影。
- 【Microsoft DV AVI】：输出 DV 格式的数字视频。
- 【Windows Waveform】：只输出影片中的声音。

另外，选择【TIFF】、【Targa】、【Windows Bitmap】、【GIF】类型，可以输出序列文件。通过输出序列，可以将作品输出为一组带有序列号的序列图片。这些文件从号码 01 开始顺序计数，并将号码添加到文件名中。例如，“Sequence01.tga”、“Sequence02.tga”、“Sequence03.tga”等。输出序列图片后，可以在 Photoshop 等其他图形图像处理软件中编辑序列图片，然后再导入到 Premiere 中进行编辑。

②【范围】：用于设置输出范围。如果在【时间线】面板或者【节目】监视器中选中序列，可以选择导出全部序列还是与工作区域条相对应的序列；如果在【素材源】监视器中选中剪辑，可以选择导出整个剪辑还是剪辑入点到出点之间的部分。

- 【输出视频】：勾选该项，输出视频轨道，否则不输出。

● 【输出音频】：勾选该项，输出音频轨道，否则不输出。

● 【完成后添加到项目】：勾选该项，作品输出结束自动添加到【项目】面板，作为素材使用。

● 【完成后响铃提醒】：勾选该项，作品输出结束时发出提示音。

③【嵌入选项】：设置是否在输出的文件中包含一个项目链接。选择“项目”，可以嵌入项目链接，在另一个 Premiere 项目或者支持编辑原始素材命令的其他应用程序中可以打开和编辑原来的项目。选择“无”则不嵌入。

Step 03　切换到【视频】分类，打开【视频】参数面板，如图 14-11 所示。

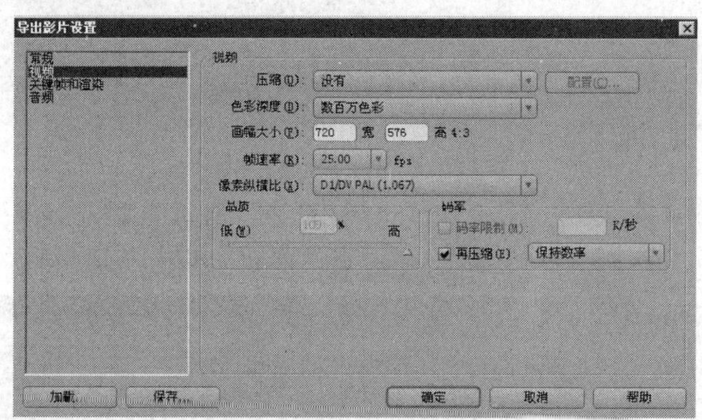

图 14-11　【视频】参数面板

【视频】参数面板中常用选项及参数功能如下。

①【压缩】：选择视频压缩的编码解码器，不同的输出格式对应不同的编码解码器。

②【色彩深度】：选择输出视频文件的色彩深度，确定输出视频所能使用的颜色数。

③【画幅大小】：指定输出视频文件的图像尺寸。

④【帧速率】：指定输出视频文件每秒钟包含的帧数。帧速率越大，视频中的动作越平滑，但需要的磁盘空间和渲染时间越长。

⑤【像素纵横比】：设置输出视频文件帧的像素宽高比。

⑥【品质】：设置画面的质量。质量越高，文件尺寸越大。

⑦【码率限制】：勾选该项并输入一个码率，可以设置输出视频文件播放码率的上限。

⑧【再压缩】：勾选该项，确保输出的视频文件低于设置的码率。选择“始终”，压缩视频文件中的每一帧，即使码率已经低于设置的码率；选择“保持数率”，只压缩超过设置码率的帧，以保护画面质量。

Step 04　切换到【关键帧和渲染】分类，打开【关键帧和渲染】的参数面板，如图 14-12 所示。

【关键帧和渲染】参数面板中的选项及参数介绍如下。

①【场】：为输出的视频选择场。选择“无场”，即逐行扫描，适用于计算机显示动画。当输出为 NTSC 制或者 PAL 制式时，应选择“上场优先”或者“下场优先”。

②【视频反交错】：当序列中包含交错视频素材，而要输出非交错视频文件时，应勾选此项。

③【优化静帧】：优化长度超过 1s 的静止图像。例如，一个静止图像在一个 25 帧/秒的序列中持续了 2s，系统会自动创建一个 2s 的帧，以替代 50 个 1/25s 的帧，大大节约了资源。

④【关键帧间隔】：勾选该项，会在输出的视频文件中以输入的时间为间隔，创建相应的关键帧。

⑤【在标记处添加关键帧】：勾选该项，当【时间线】面板中包含标记时，在输出的视频文件中标记的位置添加关键帧。

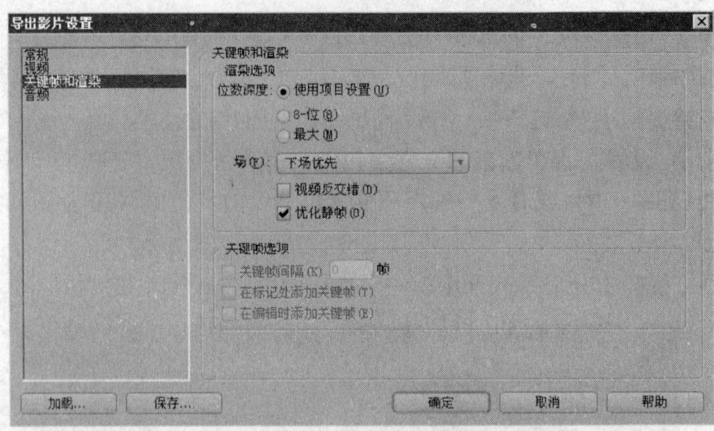

图 14-12 【关键帧和渲染】参数面板

⑥【在编辑时添加关键帧】：勾选该项，在输出视频文件每个片段的开始位置处创建关键帧。

Step 05 切换到【音频】分类，打开【音频】参数面板，如图 14-13 所示。

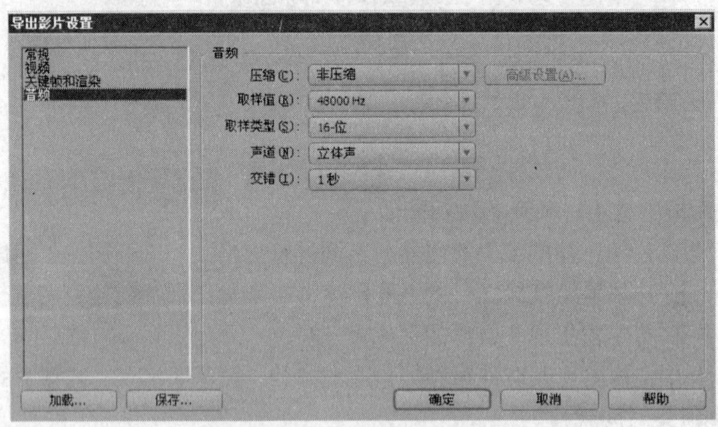

图 14-13 【音频】参数面板

【音频】参数面板中选项及参数介绍如下。

①【压缩】：用于设置输出文件音频的编码解码器，不同的输出格式对应不同的编码解码器。

②【取样值】：用于设置输出视频文件时音频的采样率。高采样率可以增加音频质量，但同时也增加文件大小。

③【取样类型】：用于设置音频的位深度。高的位深度可以增加音频采样的属性，增加动态范围，减少声音失真。

④【声道】：用于设置输出的文件中包含的声道类型。

⑤【交错】：用于设置输出的文件中音频数据插入视频帧的频率。数值越高，播放时读取音频数据的频率就越高，占用的内存就越多。

Step 06 设置结束后，单击 确定 按钮，回到【导出影片】对话框。选择保存路径，输入文件名称，单击 保存(S) 按钮，即可按照设置输出为所需格式。

如果只需要导出音频，在【导出影片】对话框的【常规】分类中取消【输出视频】的勾选。可以通过【导出影片】的【常规】参数面板创建纯音频文件，还可以通过导出音频直接导出纯音频。方法如下。

① 选择【文件】/【导出】/【音频】命令，在打开的【输出音频】对话框中单击 设置... 按钮，打开【导出音频设置】对话框，如图 14-14 所示。

② 在【文件类型】下拉列表中，可以选择音频文件类型：AIF、WAV、AVI 和 QuickTime。后两种格式主要是处理视频/音频文件，但也可以处理纯音频文件。

③ 其他设置功能与导出影片相应参数基本相同，这里就不一一赘述。

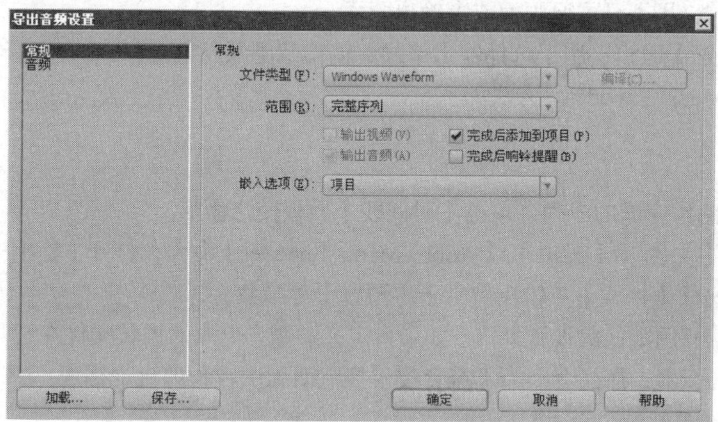

图 14-14　【导出音频设置】对话框

14.5 使用 Adobe Media Encoder

Adobe Media Encoder 是 Adobe 视频软件共同使用的格式编码器。根据不同的输出终端，提供了多样化的输出格式。对于每一种输出格式，提供了大量的预置参数，还可以将设置好的参数保存起来，供以后使用。Adobe Media Encoder 界面如图 14-15 所示。

图 14-15　Adobe Media Encoder 界面

（1）【来源】面板：显示原视频画面，可以对其裁切。

（2）【输出】面板：显示导出后的画面，包含一个反交错的功能。如果序列中的视频是隔行扫描（所有标准 DV 都是隔行扫描），而需要导出的媒介是非隔行扫描，需要勾选【反交错】复选框。

（3）图像区域：用于显示原画面或者输出画面。

（4）【输出设置】面板：用于选择输出格式、输出范围及与输出格式对应的预置参数等。

使用 Adobe Media Encoder，方法如下。

Effect 06

Step 01 打开制作完成的序列，单击【时间线】面板使之激活。

Step 02 选择【文件】/【导出】/【Adobe Media Encoder】命令，打开【输出设置】对话框。根据需要，设置输出的【格式】、【输出范围】、【预置】等参数。

一般情况下，使用默认的设置即可。如果自定义参数，生成的视频文件在计算机上可以正常播出，但是在刻录光盘时，往往会因为不符合技术规范而无法在影碟机上播放。所以，一般情况下使用预置的设置输出即可。

小结

Premiere Pro CS3 可以根据作品的用途和发布媒介，将序列导出各种需要的格式。本章主要介绍了如何直接输出到磁带、如何输出各类影片文件、如何输出单帧和音频等。本章最后简单介绍了 Adobe Media Encoder 的使用，利用 Adobe Media Encoder，可以根据不同的输出终端输出不同格式的视频。

习题

一、简答题

1. 【输出到影片】和【输出到 Adobe Media Encoder】的主要区别是什么？
2. 纯音频有哪两种输出方式？
3. 如何将作品输出到磁带上？

二、操作题

1. 从一段序列中输出静帧图片、动态序列图片。
2. 制作一段视频，输出为 Windows Media 文件。
3. 制作一段视频，直接输出到磁带上。